태양, 바람, 빛

친환경 건축 통합설계 디자인전략

| 3E |

SUN, WIND & LIGHT
ARCHITECTURAL DESIGN STRATEGIES

Published by John Wiley & Sons, Inc.

ISBN 978-0-470-94578-0
Korean ISBN
Printed in Korea

태양, 바람, 빛

친환경 건축 통합설계 디자인전략

SUN, WIND & LIGHT architectural design strategies | 3E |

MARK DeKAY · G.Z.BROWN 공저
박지영 · 이경선 · 오준걸 공역

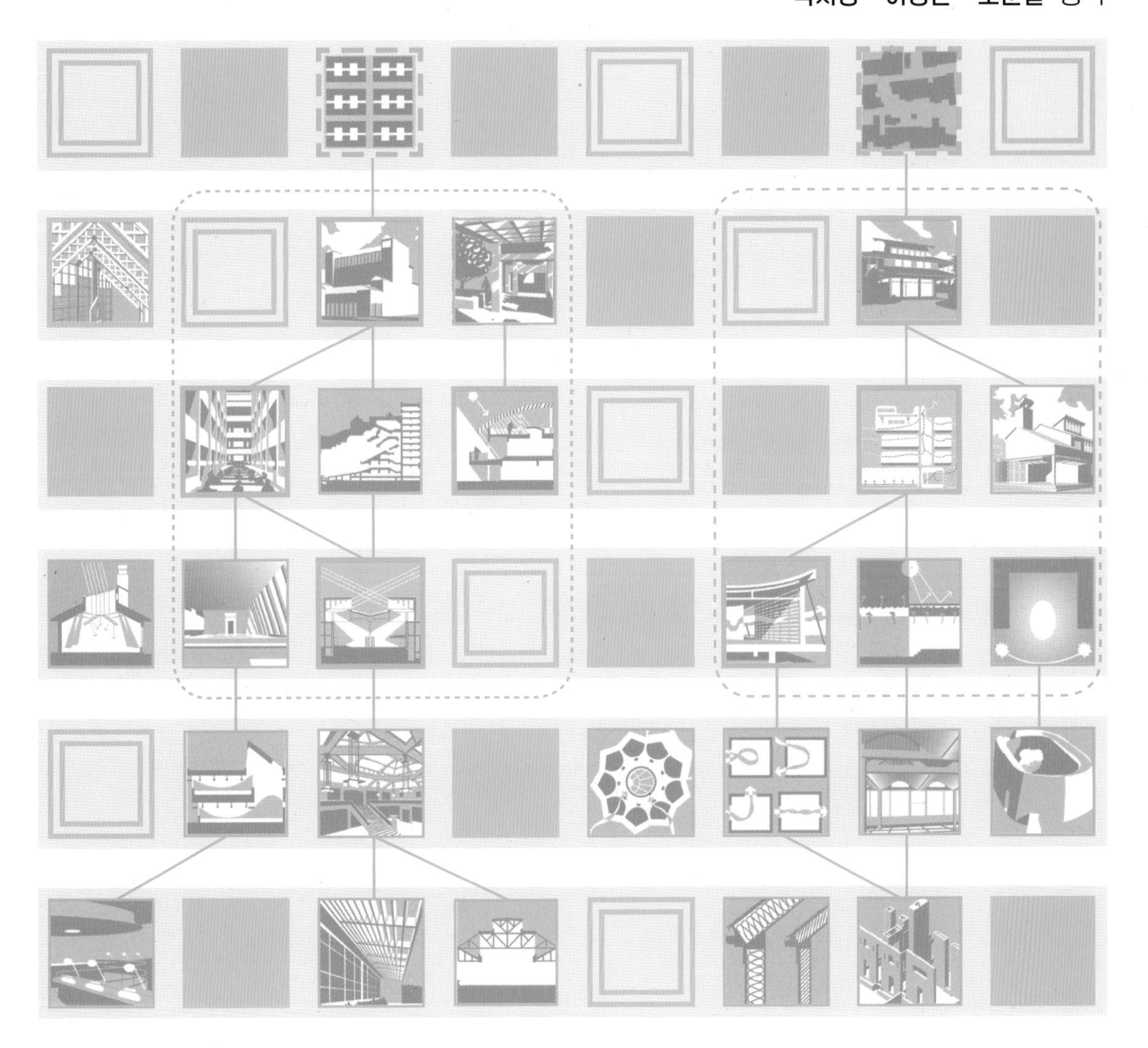

도서출판대가

(역주)

1. 7장 이후는 미국 도시에 국한된 사례들과 데이터 위주의 내용임에 본 번역판에서는 제외하였다.
2. 전자판의 내용은 방대하여 한권의 책으로 출간하기에는 어려움이 있어 추후 별도의 책으로 소개할 계획이다.
3. 본 개정3판 역서의 부록은 별도로 번역수록하지 않았다.
4. 인쇄판은 현재 번역한 개정 3판을 의미하는것이다.
5. 전자판이라함은 개정 3판의 인쇄판과 별도이며 본 번역서에는 포함되어 있지 않았다.
6. 전자판의 내용으로는 PART VIII DETAILED DESIGN STRATEGIES 이며 9개의 레벨을 중심으로 그 하위의 번들을 설명하였다.

목차

5장 선호되는 디자인 도구들(요약편)

건물군 스케일

건물 스케일

건물 요소 스케일

6장 선호되는 디자인 전략들(요약편)

지어지지 않은 상태

건물군 스케일

건물 스케일

들어가며

태양, 바람, 빛(Sun, Wind & Light)[1]의 목적과 진화

SWL 개정 3판의 목적은 초판과 뜻을 함께 한다: 가장 기본적인 디자인 결정들이 미치는 건물 에너지 성능에 대하여 에너지 전문가가 아닌 건축 디자이너의 이해를 돕고자 한다. 건축 디자이너는 이 정보를 통해 에너지 문제를 단순히 수용해야 하는 제약으로 보기보다는 건축형태를 만드는 데 이용할 수 있다. 또한 **Architecture 2030**의 에너지 및 탄소 목표를 충족하고 넘어서기 위한 초기 디자인 도구들과 전략들을 제공하고자 한다.

개정 3판에서는 **분석기법**과 **디자인 전략들**을 109가지에서 150가지로 확장시켰다. 이는 건축가가 대지의 태양, 바람, 빛을 기반으로 지속가능한 디자인을 하도록 하여 넷-제로에너지 건물을 설계하는 데 도움을 준다. 즉 태양열로 데우고, 바람과 땅으로 식히고, 하늘로 채광하고, 재생에너지로 전력을 만드는 방법에 대해 다룬다. 궁극적으로 **SWL**은 건축디자인과 관련된 전문가와 학생 모두를 위한 책이다.

SWL 개정 3판은 2판의 단순한 개정이 아니며 초기 단계 넷-제로에너지디자인의 지식체계가 완전히 새롭게 계획되었으며, 이는 다음의 3가지 방법들로 정리된다:

1) **디자인 전략체계도**는 기존의 디자인 전략들을 체계도로 만들어 누락된 전략들을 찾아내고 '수직적' 위계구조를 보여준다.
2) **전략 번들**은 전략들과 쟁점들 간의 시너지 있는 상호관계들을 보여준다.
3) **디자인 결정도표**는 질문에 기반하여 디자인 전략들을 선택하고 이를 **번들(bundle)**로 묶는다.

1) 본 책의 영어제목, Sun, Wind & Light, 이하 SWL

지식을 탐색하고 표현하는 새로운 방법들과 지식체계와 더불어서 7가지의 시너지, 9가지의 번들, 15가지의 디자인 전략, 4가지의 분석기법, 6가지의 고성능 건물 평가기법, 여러 가지 간단한 디자인 전략들과 선호하는 디자인 도구들을 새롭게 더했다. 동시에 총 225개(각 평균 5개)의 새로운 그림자료들을 제공한다.

SWL은 건축디자인의 형태언어와 과학적 원리를 근본적으로 통합하는 유일한 자료 중에 하나이다. 건축디자인에서 기후는 주 요소이며, 기후에 대한 건물의 대응은 에너지 소비에 직결된다. 또한 기후는 지역성 표현과 장소만들기의 방법이 되는 강력한 지역적 맥락이다. 저자는 **SWL**이 전세계적으로 지속가능한 또는 저에너지 설계 과정의 표준가이드로 활용되기를 기대한다. 특히 건축형태와 에너지 흐름의 연계를 통해 건축과 공학의 세계가 연결되길 바란다.

개정 3판의 구성변화

SWL의 오랜 독자는 개정 3판에서 내용이 근본적으로 재구성되었음을 알 수 있다. 모든 내용은 개정판의 **SWL 전자판**에 포함되었고, **SWL 인쇄판**은 완전히 새로운 자료들을 다룬다. 초반에 소개하였던 **분석기법들**은 부분적으로 디자인 사고와 전략들의 중요성을 강조하기 위해 책의 후반부로 이동되었다. 또한 책의 내용은 일반적인 탐색시스템들로부터 에너지디자인 과정으로, 그리고 번들의 전략조합들로 이동한다. 그리고 넷-제로 및 탄소중립 건물에 대한 신기술들로 마무리된다. **SWL 전자판**에서는 디자인 전략들을 큰 스케일부터 작은 스케일 순서로 담았고, 좀 더 상세하고 정량적인 분석기술들로 마무리된다. 그리고 "패시브시스템 보완전략" 부분은 제외되었다. 일반적으로 액티브와 패시브 시스템의 구분은, 이 2가지 시스템들이 조합되는 대부분 건물들의 실제상황보다는, 개념적인 단계에서 더 유용하다. 따라서 "보완" 전략들은 '디자인 전략들' 부분 내에서 적절한 순서로 포함되었고, 좀 더 기계에 의존한 전략들은 건물 요소 스케일 부분에 포함되었다.

새로운 의도: 건축의 배출량 저감

앞서 제시된 기본적인 목적과 더불어 개정 3판은 현 시대의 가장 주요쟁점들 중에 하나인 잠재적 영향에 초점을 두고자 한다. 저자는 작가, 교육자, 디자인 컨설턴트로서 경험을 쌓으면서 지속가능 디자인에 더욱 전념하게 되었으며, 이 분야 정립의 시급성과 혁신적 건축의 필요성을 통감하고 있다.

개정 3판에서는 다음 2가지의 추가적인 목표를 가진다:

1) 새로운 이론적 틀을 통하여 초기 기후디자인의 **기본지식을 도표로 만든다.**
2) 2030년까지 온실가스 배출량을 1990년 이전 수준으로 줄이기 위한 건축 분야의 노력에 도움이 되도록 **넷-제로에너지디자인을 위해 가능한 방법들을 제공한다.**

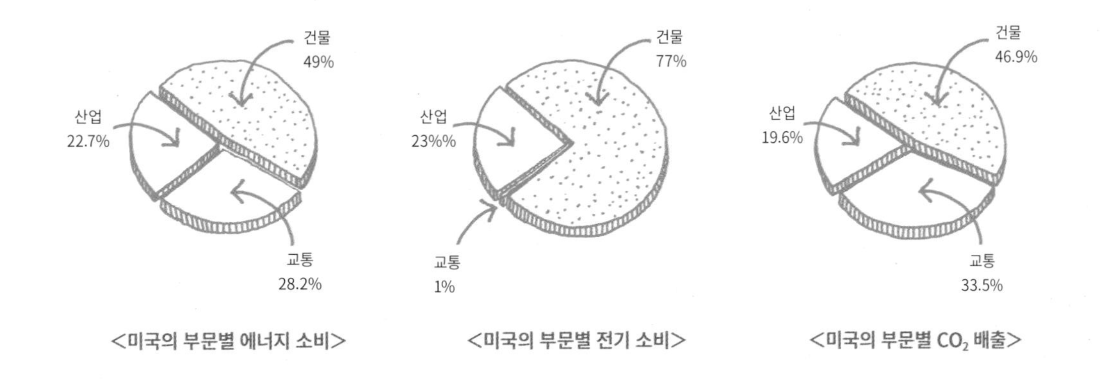

<미국의 부문별 에너지 소비> <미국의 부문별 전기 소비> <미국의 부문별 CO_2 배출>

Architecture 2030 **협회**는 건축 분야가 세계기후변화 문제에 기여할 수 있는 역사적 기회라고 확신한다. 모든 신축건물들이 **2030년까지 탄소중립 성능 기준**으로 지어지도록 유도하여 화석연료(온실가스) 저감의 목표를 충족하고자 한다. 그리고 이를 넘어서는 궁극적인 목표는 대지-내(on-site)에서의 넷-제로이며, 이는 **에너지 소비량만큼 대지-내에서 재생에너지를 생산**하는 것을 의미한다. 따라서 개정 3판은 에너지 사용량을 줄이고 재생에너지를 생산하기 위해, 대지의 에너지자원을 이용하는 전략들을 선택하여 효율적으로 넷-제로에너지디자인을 실행하는 데 도움을 주고자 한다.

전략도구들은 디자인 초기 단계를 위한 속성도구들의 **SWL** 선례를 바탕으로 하며, 넷-제로디자인을 지원하는 디자인 전략들의 네크워크를 밝히고자 만들어졌다. 또한 **속성계산법**은 고비용의 에너지 전문가 도움없이 몇 분 안에 빠르게 계산할 수 있는 방법을 제시한다. 개정 2판과 마찬가지로 이러한 정량적인 기법들은 그래픽을 사용하여 건축형태에 영향을 미치는 변수들과 그 관계들을 시각적으로 바로 알 수 있도록 하였다.

개정 2판의 서문에서는 화석연료 자원은 유한하며, 자연이 사회폐기물을 모두 흡수하는 데 한계가 있다는 점에 주목하였다:

> **에너지를 아끼는 것은 사회적으로 큰 이득이다. 이는 한정된 화석연료의 고갈을 늦추며, 연료를 추출하고 태울 때 발생하는 공해를 줄일 수 있기 때문이다. 또한 산성비나 온난화로 인한 세계기후변화나 지역생태계에 대한 영향을 줄일 수 있다**.[2]

Architecture 2030에서 소개한 3개의 그래프들은 에너지 사용과 탄소를 줄이는 데 건축이 얼마나 중요한 비중을 차지하는지를 보여준다. 미국에서 건물은 전체 **에너지 소비**의 49%, **전기 소비**의 77%, **이산화탄소 배출**의 47%를 차지하며, 전 세계적으로 이러한 수치는 훨씬 높다:

2) SWL2

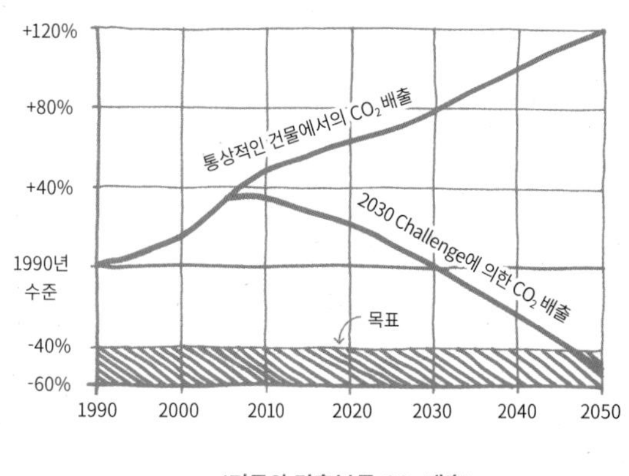

<미국의 건축부문 CO_2 배출>

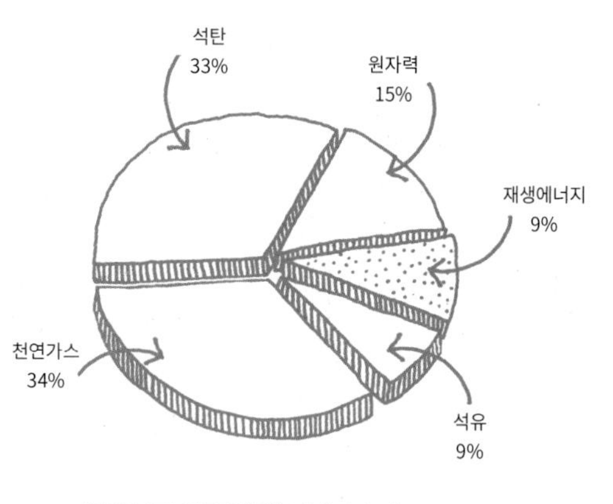

<건축부문 연료종류별 에너지 소비, 2010>

2035년까지 건조환경의 75%가 신축되거나 증개축될 것이다. 향후 30년간의 이러한 전환은 건축이 위협적인 기후변화를 막기 위한 변화를 만들어갈 역사적인 기회이다.[3]

그래프 **<미국의 건축부문 CO_2 배출>**은 2가지 시나리오를 보여준다. 먼저 "**통상적인 건물**" 시나리오에서는 건물이 지금처럼 에너지와 화석연료를 계속 사용하고 전 세계적인 기후변화를 악화시키는 것을 보여준다. 두 번째 "**2030 Challenge**" 시나리오는 화석연료의 급진적 저감을 목표로 한 과감한 실행을 보여준다. 앞으로 건물이 증가할 것이라는 예측을 고려하더라도 2030년까지 1990년 이전의 이산화탄소 배출량 수준으로 낮추고 그 후에도 감소시키는 것을 목표로 한다. 이같은 노력은 미국의 모든 석탄화력발전소의 필요성을 없애는 효과를 낳을 것이며, 기후변화에 대한 국가책임에 큰 영향을 미칠 것이다.

현재 지어진 건물은 에너지원보다도 더 오래 지속된다

그래프 **<건축부문 연료종류별 에너지 소비>**는 건물에 사용된 다양한 에너지원들을 보여준다.[4] 이 중에 화석연료가 76%를 차지하는 데, 화석연료를 태우는 것은 온실가스를 유발할 뿐만 아니라 2030년 이전에 화석연료의 생산량이 줄어들 것으로 예측된다. 이로 인해 건축은 기후변화에 더욱 적극적으로 대응하게 될 것이고, 대체에너지를 찾기 위한 사회적 차원의 노력도 커질 것이다.

석유 생산정점은 석유추출량이 최고치에 달한 시점을 의미하는데, 미국은 1970년을 정점으로 매해

3) Architecture 2030, 2011
4) Architecture 2030, 2011

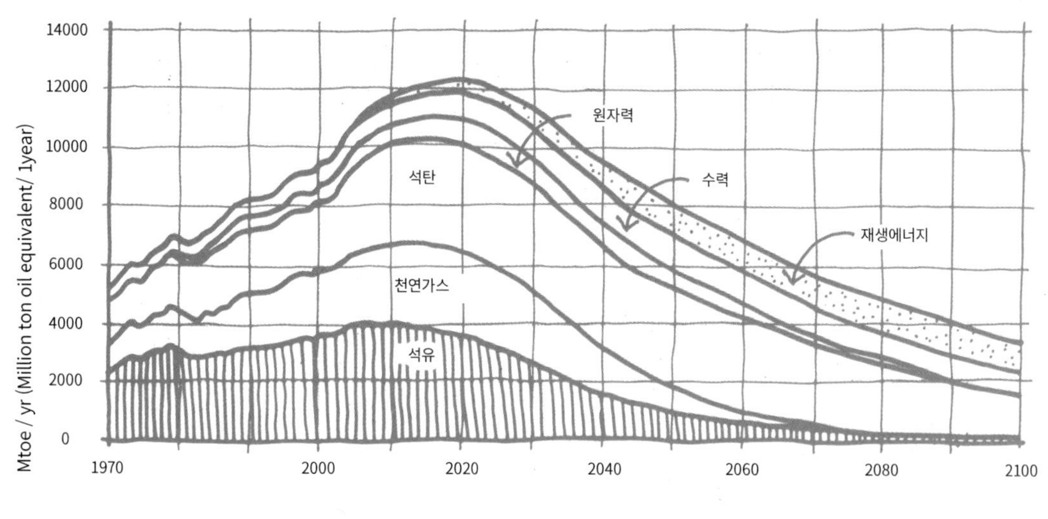

<세계에너지생산, 1970~2100>

새로운 석유나 가스의 발견과 생산량이 줄어들고 있다. 전 세계적으로도 원유생산량은 2004년에 최대치에 달했다.[5]

미국의 **천연가스 생산정점**은 1973년이였다. 새로운 천연가스 매장지의 발견으로 최근 몇 년 동안 생산량은 늘었지만, 전기생산에 천연가스를 사용하게 되면서 가격이 상승하였다. 대부분의 신축발전소들은 천연가스를 원료로 하며, 석탄화력발전소들은 비교적 적은 수로 지어졌다. 전 세계적으로는 에너지의 1/3가량이 천연가스에서 생산되며 그 수요는 꾸준히 늘고 있다. 그리고 전 세계 천연가스 생산정점은 현재부터 2030년까지 다양하게 예측되고 있다.

석탄이 수세기 동안 공급되리라는 낙관적인 초기 예측과는 달리, 현재는 **석탄 생산정점**에 대해 훨씬 덜 낙관적이다. 독일의 싱크탱크(think tank)인 **Energy Watch Group(EWG)**에 따르면, 각국의 석탄 보유량과 생산량이 2025년에는 지금보다 30% 더 많이 생산되면서 전세계적으로 석탄 생산정점에 이를 것으로 예측한다.[6]

그래프 **<세계에너지생산>**에서 폴 체푸르카는 모든 연료자원에 대한 **세계에너지정점**을 2020년 경으로 예상하고, 그 후부터는 화석연료의 생산량이 줄어들 것이라고 보고 있다.[7]

만약 우리가 지금처럼 건물에너지를 사용한다면, 석유를 사용하는 건물(2014년 기준 9%)은 줄어드는

5) Inman, 2010; IEA, 2010
6) Energy Watch Group, 2007
7) Paul Chefurka, 2007

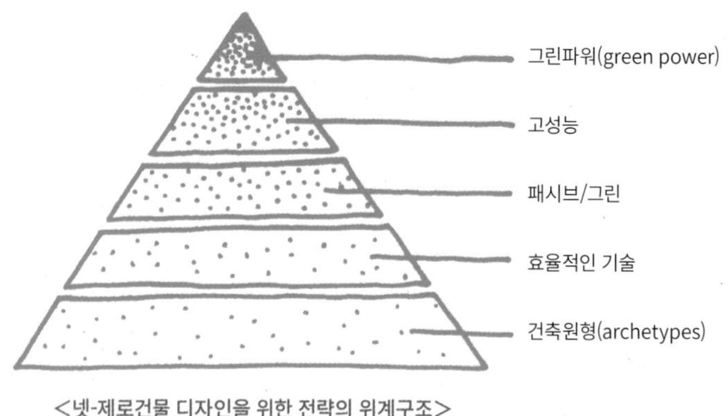

<넷-제로건물 디자인을 위한 전략의 위계구조>

반면에 천연가스나 석탄을 이용한 에너지 사용량은 증가하여 온실가스와 기후변화는 악화될 것이다.

그러나 **건축산업의 지속적인 수요증가와 화석연료 사용에 대한 명확한 대안이 있다: 바로 디자인 과정(the path of design)이다.**

디자인 과정은 건물의 에너지 소비와 화석연료의 의존도를 급격하게 줄일 수 있다. ASHRAE[8]는 현존하는 지식과 기술을 사용해 에너지성능표준 대비 30~50% 감축을 목표로 하는 일련의 **고성능 건물 디자인 가이드**를 제작하였다. 하지만 이는 기후와 건물 종류에 따른 지침일 뿐이며, 패시브디자인 전략들을 담지는 않았다. 그리고 그 기준들은 건물외피의 효율성과 기계식 시스템의 사양에 의존하며, 다음의 2가지 측면에서 **잘못되었다**.

- 넷-제로를 목표로 하는 건축디자인에서 초기 단계를 간과한다. 이는 엔지니어가 할 수 있는 것에만 집중하고 건축가가 할 수 있는 것은 간과한 것이다.
- 재생에너지에 많이 의존하지 않는 **책임있는(responsible)** 넷-제로건물에 도달하기에는 충분하지 않다.

SWL은 태양광이나 풍력 같은 그린파워(green power) 시스템을 가장 고비용이며, 다이어그램 **<넷-제로건물 디자인을 위한 전략의 위계구조>**의 최종 단계로 본다. **SWL3**[9]의 디자인 전략들은 여러 단계에 걸쳐있지만, 특히 **건물디자인이 성능을 주도하는** 하위 세 단계에 중점을 둔다. 이 다이어그램은 고려사항을 5개의 단계로 보여주며, 각각은 **기후, 사용, 디자인, 시스템**에 관련되는데, 이는 2장의 "건물과 에너지 사용"에서 소개될 기본관점들이다.

8) 미국공조냉동공학회, American Society of Heating, Refrigerating and Air-Conditioning Engineers, 이하 ASHRAE
9) SUN, WIND & LIGHT 개정 3판

이러한 단계는 순서대로 고려할 수도 있지만, 일부 디자인 과정들은 큰 질문에서 시작하여 더 상세한 결정들로 진행되거나, 형식적인 질문에서 시작하여 기술적인 질문으로 진행될 수도 있다. 생각의 순서는 다양할 수 있으며, 피라미드는 엄격한 순서를 의미하지는 않는다. 대신에, 이렇게 단계로 생각하는 방법은 각 상위 단계가 하위 단계에 의해 좌우된다는 것을 보여준다. 예를 들어 에너지부하는 큰데 디자인이 미흡한 건물이 대규모의 태양광전지(PV)[10] 시스템을 갖추는 것은 개념적으로는 가능할지라도 비합리적이며 신중하지 못하다. 패시브건축 운동 초기에 제안자들은 "매스와 유리" vs. "가벼움과 견고함" 혹은 "패시브" vs. "액티브" 방식에 대해 논쟁하였다. 하지만 전략들의 위계구조는 건축과 기술의 연결고리를 제공하고, 통합적인 사고와 디자인 방법을 통하여 이전의 이분법적 사고를 넘어선다. 그리고 이러한 위계구조는 최저수준의 기술과 최소비용 전략으로 에너지디자인 문제를 해결하고자 한다.

건물의 넷-제로 에너지방정식은 다양한 방법으로 풀 수 있지만, 넷-제로에 도달하는 효과적인 방법과 그렇지 않은 방법이 있다. 모든 권한과 이익을 그린파워 장비회사, HVAC[11]제조업체, 또는 엔지니어에게 부여하는 방법이 있고, 건축디자인의 힘을 통해 이러한 다른 참여자의 필요성과 규모를 줄이는 방법이 있다. 이러한 다양한 접근방식은 상당한 윤리적 차이로 특징지어진다.

위계구조에 따르면, 대지디자인을 통해 건물에 환경적 부담을 줄이고, 건물디자인을 하기 **전**에 에너지 문제를 일부 해결하기 위해 긍정적인 기후 자원에 접근을 제공하는 것이 좋다. 또한 저-부하건물도 아닌데 태양열난방이나 자연환기를 디자인하는 것은 무의미하다. 위계구조에서는 고효율 HVAC 시스템을 디자인하고 결정하기 **전**에 효과적인 패시브시스템(냉난방과 조명)을 디자인하여 부하를 획기적으로 줄일 것을 제안한다. 기본적으로, 부하가 1/4인 난방시스템은 사용시간이나 용량이 4배 큰 시스템보다 더 효율적이다. 처음의 1~3단계를 잘 충족시키면, **패시브하우스(PassivHaus)**처럼 기존의 냉난방시스템을 아예 제거할 수도 있다. 이를 **록키마운틴 연구소(Rocky Mountain Institute)**는 "비용장벽을 돌파하는 것"이라 말하였다. 위계구조에 따르면, 1~3단계에서 **기후, 사용, 디자인**을 고려하여 에너지부하를 완전히 최소화한 **후**에 고성능 **시스템**이 적절하며, 패시브시스템과의 통합이 신중하게 고려될 경우에 건물의 총 부하를 최소화할 수 있다. 그래야만 대지-내에서 직접 전기를 생산하는 것이 타당하게 된다.

이는 값싼 전력생산을 기대하며 PV로 뒤덮는 고비용의 시범사업, 건축가 미스(Mies)의 건축미학을 되찾고자 하는 이중외피, 넓은 유리외피와 같은 현재의 추세에 반대한다. 이런 프로젝트들은 내재에너지, 내재탄소 및 전체적인 환경영향에 대한 높은 비용을 유발한다. PV는 에너지를 생산할 때 배출을 하

---

10) 태양광전지, Photovoltaics, 이하 PV

11) 냉난방공조시스템, Heating, Ventilation, and Air Conditioning, 이하 HVAC

지 않지만, 환경비용 없이는 실현되지 못한다. 금속프레임의 하이테크 유리외피도 같은 문제를 가진다.

아마도 건축디자인 과정을 에너지디자인 과정의 필수핵심으로써 재확보하기 위한 최선의 방법은 전 세계 인구급증에 대응하도록 더 단순한 건물을 만드는 것이다. 넷-제로에너지디자인 위계구조의 기본 단계를 무시한 고성능 및 첨단건축은 그 기술이 "친환경"일지라도 고비용이다.

수 십 년 동안 건물이 점점 더 복잡해짐에 따라, 건축가는 에너지 사용에 대한 책임을 에너지 컨설턴트나 엔지니어에게 전가하였다. 랜스 라빈의 저서인 "건축에서 기계학과 의미"에 따르면, 디자인과 성능은 별도의 직업, 논리, 방법으로 분리되었다.[12] 건축가는 상위 두 단계(4~5단계)에서 분명히 역할이 있고, 이 단계들은 중요한 건축디자인적 의미를 가지나, 공간과 형태를 구성하는 건축가로서의 건축적 표현은 하위 세 단계(1~3단계)에서 가능하다.

건축가가 지속가능한 고성능 건물을 구상하며 디자인 과정의 힘을 주장할 때에 자연에서 인간의 값비싼 경험과 바람, 빛, 땅, 물, 생명의 힘은 중요할 것이다. 프랭크 로이드 라이트는 대지부터 디테일까지의 형태, 아이디어, 표현의 상호연결과 디자인의 필수속성에 대하여 자주 이야기하였고, 이것이 구현된 예로 **유니티템플**[13]을 들었다. 디자이너는 위계구조의 5개 단계를 모두 아울러서 **자연**의 맥락에서 인간과 건축 간의 관계에 대한 표현을 추구할 수 있다. 결국 넷-제로디자인의 광범위한 문화적 채택은 유능하고 의식있는 디자이너들만이 표현할 수 있는 미와 문화적 표현에 달려있다.

 1단계: 건축원형(Archetype)의 단계

건축원형의 단계는 건축디자인의 기초 단계로 대지, 향, 위치, 형태, 비례, 표면/볼륨의 비율뿐만 아니라 태양, 바람, 빛의 확보를 위한 건물군 패턴과 도시적 맥락에 대해서 고려한다. 본 개정 3판에서는 근린지구 스케일의 디자인 전략 번들들을 새롭게 묶었으며, 이는 「시원한 근린지구」, 「태양을 고려한 근린지구」, 「근린지구의 빛환경」, 「통합적인 도시패턴」을 포함한다. 이 고려사항들은 고성능 건물의 기준 어디에서도 찾을 수 없다. **SWL3**에서는 많은 디자인 전략들이 「공유그늘」, 「솔라외피」, 「미풍 또는 무풍의 가로」, 「이동」, 「동-서방향으로 긴 평면」, 「깊은 채광」, 「태양과 바람을 마주하는 실」 같은 건축원형을 다룬다. 또한 디자이너는 이 기본레벨에서 다음으로 발생할 여러 가지 가능성들을 설정하는 조닝(zoninig)과 실구성에 대한 전략들을 고려한다. 이는 「주광[14]구역」, 「냉방구역」, 「난방구역」, 「빌려온 주광」, 「완충구역」 등의 전략들을 포함한다.

---

12) Lance Lavine, Mechanics and Meaning in Architecture, University of Minnesota Press, 2001
13) Unity Temple, Oak Park, Illinois, USA, Frank Lloyd Wright, 1905-1908
14) 주광(daylight)은 직접태양광뿐만 아니라 간접태양광까지 포함. 즉, 산란광(diffuse light), 반사광(reflective light)을 포함함.

1단계는 조금 더 상세하고 복잡한 전략들이 사용될 때 에너지에 유리한 태양, 바람, 빛에 대한 확보, 긍정적인 외부 미기후의 형성, 생물기후학적으로 좋은 대지위치, 초기 건물구성을 확실하게 한다.

2단계: 효율적인 기술의 단계

효율적인 기술의 단계는 패시브시스템 디자인의 전제조건이다. 예를 들어 유럽의 **패시브하우스** 기준은 효율적인 외피기술에 기반한 난방기간의 외피성능기준이다. 비교적 적은 태양에너지를 겨울철의 열원으로 활용하려면 적은 열공급만으로 에너지부하를 충족할 수 있도록 건물의 열손실률이 낮아야 한다. 마찬가지로, 여름에 내부부하와 건물외피에 의한 열획득이 높은 건물을 자연의 힘만으로 냉방하는 데는 한계가 있다. 욕조를 예로 설명하면, 욕조의 마개가 닫혀 있거나 열려 있을 때에 수위를 유지하려는 것과 비슷하다. 마개가 열려 있는 욕조는 열손실이 많은 건물과 같으며 다량의 물이 필요하다. 이와는 반대로, 마개가 닫혀 있는 욕조는 물을 안 틀어도 수위를 유지할 수 있다. 그리고 마개가 닫혀 있더라도 물이 조금씩은 새기 때문에 가끔씩 물을 보충해주면 된다. 마찬가지로 열손실률이 낮은 솔라건물은 약간의 태양에너지로도 데울 수 있다.

SWL3은 「장비에 인한 열획득」, 「조명에 의한 열획득」, 「환기 또는 침기 획득과 손실」, 「외피두께」, 「창과 유리의 종류」, 「외피색상」, 「외부차양」과 같은 전략들과 분석기법들을 통해 효율적인 건축의 필요성을 제기한다. 또한 「반응형 외피」 전략 번들을 소개하여, 고성능외피를 디자인할 때에 존재하는 복잡성을 분류하도록 도와준다. 외피의 사양기준은 2단계를 이용한 성능향상에 유용하다. 외피성능에 관련된 많은 결정들이 상세하고 디자인 과정의 후반에 이뤄지는 경향이 있지만, 자세하고 실질적인 결정은 나중에 하더라도 **SWL3**은 디자이너가 필요성능에 대한 일반적인 유형선택을 하도록 도와준다.

3단계: 패시브디자인의 단계

SWL은 태양열로 데우고, 하늘로 채광하고, 바람으로 식히는 등 다양한 자연의 힘을 이용한 **패시브디자인의 단계**를 구현하도록 구성되었다. **1단계 건축원형**에서 다루는 근린지구, 대지, 건물매스를 통한 해결과, **2단계 효율적인 기술**에 의한 열획득과 열손실을 줄이는 효율적인 외피가 주어지면 패시브디자인은 가능해진다.

3단계는 디자이너가 「직접획득실」, 「썬스페이스」, 「열저장벽」 같은 다양한 패시브솔라 시스템들과 「축열체」, 「솔라개구부」, 「축열체표면의 열흡수율」 같은 세부사항들을 결합할 수 있는 단계이다. 또한

SWL3은 「패시브솔라 건물」, 「패시브냉방 건물」, 「주광건물」, 「외부 미기후」와 같은 전체 건물 스케일 번들들을 소개한다.

주광과 관련하여 3단계에서는 이전 단계들에서부터 이루어진 일련의 디자인 결정과 연계되어 「주광실 형태」, 「측면채광실 깊이」, 「주광개구부」, 「주광반사면」 등의 실과 건물 요소 스케일까지 빛을 유입시키는 전략들이 사용된다. 이와 유사하게 패시브냉방 시스템들도 3단계에서 선택되고 설계될 수 있으며, 예로는 「맞통풍실」, 「연돌효과실」, 「야간냉각체」, 「증발냉각타워」, 「환기구」, 「이중외피재료」가 포함된다.

한편, **SWL3**은 상위 두 단계(4, 5단계)를 비교적 적게 다루는데, 이는 초기디자인에 집중하고 기술적인 측면보다 건축적인 쟁점에 더 집중하기 위해서이다. 그럼에도 **SWL3**가 상위 두 단계를 다루는 이유는 예비설계와 넷-제로 성능의 예비단계 추정에 필요한 가정들이 서로 연관되어 있기 때문이다.

4단계: 고성능의 단계

고성능의 단계는 효율적인 HVAC 시스템과 건축디자인 및 패시브시스템과의 통합을 모두 제공한다. 전략에는 「전기조명구역」, 「혼합모드 건물」, 「히트펌프」, 「수동 혹은 자동조절」, 「기계식 공간환기」 등이 있다.

5단계: 그린파워(Green Power)의 단계

SWL3은 「태양열온수」, 「태양광전지(PV) 지붕과 벽」을 위한 전략들에서 **그린파워의 단계**를 관련된 분석기법들과 함께 다룬다. 이러한 상위 단계들과 넷-제로건물을 위한 전략들의 전체 위계구조는 넷-제로 및 탄소중립건물을 디자인하고 평가할 수 있도록 일련의 고성능 건물 분석기법들을 지원한다. 여기에는 「에너지목표」, 「연간에너지 사용」, 「넷-제로 에너지균형」, 「에너지 사용도」, 「배출목표」, 「탄소중립건물」 등의 전략이 있다.

개정 3판에 추가된 새로운 내용

폴 얼리히(Paul Erlich)에 따르면, 온실가스의 환경영향은 에너지 사용에 의해 좌우되며 에너지 사용은 에너지 수요에 따른다. 그리고 에너지 수요는 다음의 3가지 요인에 의해 주도된다.

- **인구**[15]
- **풍요**: 인간과 사회가 기대하는 상품과 서비스의 양(가령, 운전거리 또는 주거면적)
- **기술**: 상품이나 서비스 제공과 관련된 효율성(가령, 우리가 따뜻하게 지내는 데 얼마나 많은 에너지가 필요한가, 또는 지붕에 얼마나 많은 재료가 필요한가)

이 3가지 중에서 디자인은 인구에 전혀 영향을 미치지 않지만 풍요와 기술에는 영향을 미친다. 디자인은 문화의 요구와 기대에 반응하지만, 또한 문화를 반영한다. 디자인은 수요를 따를 수도 있으며, 수요를 만들 수도 있다. 예를 들어 도서관을 디자인할 때에 거대한 단일건물이 될 수 있으나 좀 더 효율적인 디자인 사고를 통해 훨씬 작은 건물이 될 수도 있다; 건축가는 능동적으로 건축주와 함께 쾌적기준과 재실일정 등을 에너지 및 환경적 측면에서 정의할 수도 있다. 특히 프로그래밍 및 디자인 초기단계에서 디자인은 문화와 풍요의 변수를 주도하는 가정들에 깊숙히 도달한다.

어느날 친환경건축가겸 분석가인 동료에게 건축주는 1,672m^2 주택이 기존 디자인보다 50% 적은 에너지를 사용하도록 요청하였다. 이에 건축가는 "그건 간단합니다. 크기가 절반인 836m^2 주택을 짓는 것은 어떻습니까?"라고 말하였다. 그런데 LEED[16]나 어떠한 기준에서도 건물크기에 대해서는 명시하지 않는다. 법규와 기준에 의하면, 836m^2/1인의 큰 주택도 면적단위당 에너지기준만 충족하면 된다. 디자인이 환경윤리를 충족할 때 이러한 문화적 불건전성은 극복될 수 있다.

이러한 내재된 가정들을 건물디자인 과정에서 해결하기 위해 새로운 분석기법들이 추가되었다. 이에는 「적응형 쾌적기준」, 「에너지 프로그래밍」, 「부하반응형 일정」과 같은 신기술들이 「에너지에 대해 의식이 있는 재실자」를 포함한 새로운 **시너지들**과 함께 한다. 가장 가성비 높고 간단한 전략들 중에는 온도조절장치를 낮추거나, 천장용 선풍기를 틀거나, 최대순간 냉방시간을 피해서 일정을 조절하거나, 계절별로 기업의 드레스코드를 바꾸는 등의 전략이 있다. 이는 타협불가능한 문화적 관습들로 보일 수도 있지만 실질적인 재정 및 환경적 영향이 크며, 밝혀진 바에 따르면 비교적 최근에 와서야 우리가 집단적으로 만든 관행들이다.

본 책의 대부분은 다양한 스케일에서 에너지 사용과 건축형태의 관계에 관한 것이다.

새로운 건물군 스케일 내용은 「주광밀도」와 「주광블록」에서 「근린지구의 빛환경」을 뒷받침하기 위한 전략들에서 볼 수 있다. 「기후외피」 전략은 겨울철 햇빛과 주광이 잘 들어오는 건물매스를 디자인하고 「양산형 그늘」 전략을 통해 여름에는 그늘을 만든다.

---

15) 개정 3판이 나온 2014년 당시에는 약 70억 명, 2021년 현재는 약 78억 명임.

16) 미국의 친환경건축 인증제도, Leadership in Energy and Environmental Design, 이하 LEED

이전의 SWL2[17]에서 다양한 기후에서의 냉난방 문제해결을 위한 전략들의 조합을 제시하였던 「균형잡힌 도시패턴」은 새로운 전략 번들인 「통합적인 도시패턴」과 통합되었다.

2가지 **조닝전략들**도 추가되었다: 「주기적 변환」은 공간이 계절이나 일일 조건에 따라 "바뀌는" 것이며, 「혼합모드 건물」은 패시브 및 액티브 전략을 모두 사용한 것으로 많은 건물의 하이브리드 특성을 인식하는 전략이다. 예전의 「발열구역」은 「난방구역」으로 개정되어 난방에 영향을 주는 실과 활동을 더욱 광범위하게 다루며 「냉방구역」과 짝을 이룬다.

또한 여러 가지 **새로운 주광 디자인 전략들**을 추가했으며 SWL2에서의 일부 전략들을 수정하였다. 이전의 「아트리움」은 「아트리움 건물」로 개정되어 건물구성을 위한 계획과 디자인 선택사항들을 다룬다. 그리고 아트리움 자체의 크기결정 도구들을 새로운 「천창이 있는 실」 전략으로 옮겼다. 「천창건물」은 천창으로 채광하는 단층공간으로 SWL2에서는 다루지 않았던 내용이다. 그리고 「주광실 형태」는 실의 디자인을 조명기구와 같이 다룬다.

건물 요소 스케일에서 「개방형 지붕구조」와 「주광지붕」을 위한 전략들은 지붕시스템에 고측창 및 모니터(monitor)[18]를 구성하는 방법과 함께 지붕을 통해 더 많이 채광하는 방법에 대해 설명한다. 주광배분을 위한 주광개구부 배치효과에 대한 지침은 「창의 배치」 전략에서 다룬다.

환기전략들은 SWL2 전략인 「맞통풍」과 「연돌효과」에서 「맞통풍실」과 「연돌효과실」로 개정되었다. 이로써 주어진 주제에 대하여 실 특성에 집중한 다른 실-스케일의 디자인 전략들과 더 잘 맞춰 조절된다. 이전에 이러한 전략들에서 볼 수 있었던 개구부 크기결정 도구들은 「솔라개구부」와 「주광개구부」와 유사한 단일전략인 「환기구」에서 찾을 수 있다.

열 또는 신선한 공기와 배분에 대한 전략은 개정 2판에서는 없었던 부분으로 추가 되었다. 열과 냉기의 전달수단으로 열저장이나 복사의 필요를 다루는 2가지 전략들이 추가되었다. 「온도가 낮은 실로 열이동」은 열을 수집한 곳(일반적으로 남향의 실들)에서 열을 수집할 수 없는 실들로 이동시킬 때에 유용하다. 실들이 인접하다면 「대류순환」 전략이 패시브적으로 공기를 배분하는 데 적절하다. 많은 건물에서 「기계식 열배분」은 패시브하게 생성된 난방 혹은 냉방을 배분하는 데 도움이 된다. 제어에 관련된 주요쟁점에 관한 초기 디자인 지침은 「수동 또는 자동제어」에서 다룬다.

열저장과 복사 배분에 대한 확장된 논의는 「축열체」 전략에서 찾을 수 있으며, 직접축열체뿐만 아니라 간접축열체, 상변화물질(PCM)[19]의 크기결정에 대해서도 다룬다. 「축열체 배치」에 대한 더 상세한

17) SUN, WIND & LIGHT 개정 2판
18) 모니터(monitor) 지붕은 채광이나 환기를 목적으로 보통 지붕보다 더 높게 설치한 지붕임.
19) 상변화물질, Phase Change Materials, 이하 PCM

전략이 추가되어 축열체를 어디에 두어야 가장 효율적인 냉난방이 될지에 대해 설명한다.

새로운 일련의 분석기법은 **'고성능분석'** 부분을 추가하여 보충한다. 주광을 고려해 디자인하려면 「주광률」로 시작하여 디자인 목표를 설정할 수 있다.

개정 3판에서는 **넷-제로에너지디자인에 대한 강조**를 위해 6가지 분석기법들이 추가되었다. 이는 「에너지목표와 배출목표」를 설정하는 것으로 시작된다. 독자들이 많이 요청하였던 간단한 「연간 에너지사용」 계산을 위해 건물의 「에너지 사용도」를 계산하고 대상과 비교하는 기법들을 다룬다. 마지막으로 새로운 기술들은 「넷-제로에너지 건물」과 「탄소중립건물」 평가로 마무리된다.

서문

전제

본 책의 기본 전제는 건물의 에너지 사용에 영향을 끼치는 대부분의 결정들은 다이어그램 **<초기단계가 중요한 지속가능 디자인>**과 같이 프로젝트의 기획, 계획, 예비설계 단계 동안 일어난다는 것이다. 디자인 초기단계에서 이런 결정을 위해 들이는 노력의 양은 후반에 필요한 것에 비해 적다. 따라서 에너지에 대한 사안들이 디자인 초기단계에서 적절히 고려된다면, 그 시점에서 고려되고 있는 다른 사안들과 맞물려 유용하며 효과적인 전략이 될 것이다. 초기단계일 때 디자이너는 분석적이기보다는 통합적인 접근으로 아이디어를 모은다. 따라서 SWL에 수록된 정보와 분석은 건축형태의 생성방법으로 제공되며, 여러 건축사례들을 통하여 어떤 건축형태로 에너지에 대응했는지 형태생성 방법의 이해를 돕는다. 계획설계는 다양한 아이디어를 실험하고 결합하며 매우 빠르게 진행되는 단계이다. 에너지에 대한 고려는 정제되고 상세하기보다는 매우 포괄적이고 개념적이다. 따라서 본 책의 정보는 이해하기 쉽고 빠르게 사용할 수 있도록 구성되었다.

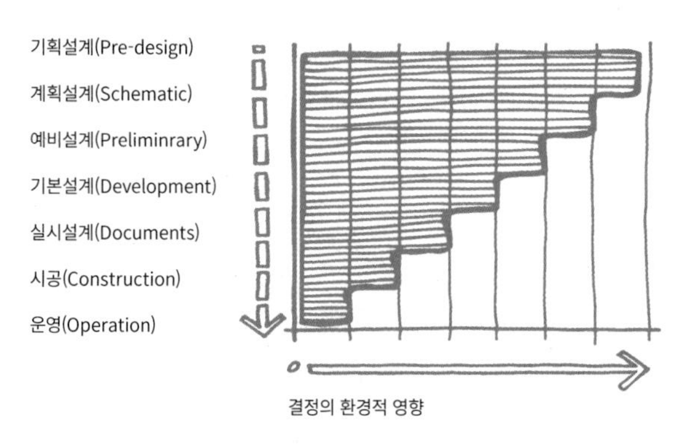

<초기단계가 중요한 지속가능 디자인>

저자는 독자가 에너지 관련 사항과 기술에 대하여 약간의 사전지식을 가지고 있기를 기대한다. 본 책은 완결된 교재가 아니며, 처음부터 끝까지 읽는 입문서도 아니다. 이러한 측면은 본 책의 특성에 큰 영향을 주었고 수록된 정보는 경험에 근거한 지식이나 디자인 지침의 수준으로 건축요소들과 그들의 크기, 다른 요소들과의 관계에 대한 일반적인 아이디어들만을 전달하고자 한다. 일부 내용은 독자가 불필요한 고민없이 바로 사용하도록 다듬어졌고, 아직 논쟁이 있는 요소에 대해서는 근사치가 적용되

었다. **따라서 본문을 읽을 때는 각각의 도구가 어떤 가정들을 하는지 유의해야 한다.** 이러한 가정들이 상황조건에 맞지 않는다면 근사치도 맞지 않을 것이다. 그리고 빠르게 적용시키는 것은 어느 정도의 주의가 필요하지만 계획단계에서 지나치게 고민하는 것보다는 낫다. 이에 여기서 제시된 아이디어들을 토대로 디자인을 **발전시키고 상세화하기** 위해서는 보다 정교한 도구와 별도의 자료를 함께 이용해야 한다.

본 책에서 대부분의 아이디어는 몇 페이지에 걸쳐 수록되었다. 하나의 소주제는 아이디어의 서술, 해당 현상의 간략한 설명과 이로 인한 건축적인 영향, 그리고 다른 건축가가 어떻게 사용해왔는지에 대한 그림을 포함한다. 쉽게 사용하도록 가능한 간결하게 표현했으며, 그림을 통해 아이디어를 건축적인 형태로 바꾸는 것을 도와준다.

범위의 한계

본 책은 미국에 인접한 지역의 사계절 기후를 중심으로 다룬다. 다수의 디자인 전략들이 다른 기후에서도 유용하지만, 극도로 춥고 더운 기후보다는 사계절 기후에서 더 뚜렷한 효과가 있다. 하지만 2판부터 책이 다루는 위도범위는 적도지방에서 극지방으로 확장되고, 많은 전략들에서 캐나다와 알래스카까지 적용가능한 주제를 포함한다.

전략들은 북반구 태양위치로 설명하되 남반구에 대한 정보는 괄호에 넣는다. 예를 들어 “N in SH”[1]는 남반구에서 북향을 뜻한다. 혹은 **극을 향한(polar-facing)**이나 **적도를 향한(equator-facing)**(또는 간단하게 **극지방** 혹은 **적도지방**)이라는 용어를 양반구에 사용했다.[2] 다수의 전략들은 태양위치를 겨울철 남쪽 하늘의 저고도로 가정하였다. 이는 적도 지역에는 부적절할 수 있다는 것을 유념해야 한다.

일부 전략들은 패시브디자인 전략들과 일반적인 전기 및 설비시스템들과의 통합에 있어서 주요 고려사항을 다룬다. 이러한 통합은 특히 대형건물에서 복잡하며, 관련 내용만으로도 책을 모두 채울 수 있을 것이다. 이 전략을 포함시킨 이유는 되풀이되는 고려사항들을 확인하기 위함이다. 예를 들어 패시브시스템 축열체의 열용량을 어떻게 증가시킬 것인지와 축열체로 인한 잠재적인 건축적 영향을 설명하기 위한 것이지, HVAC 시스템의 디자인이나 크기의 결정방법을 설명하기 위한 것은 아니다.

---

1) N in SH는 North in the Southern Hemisphere의 약자임.
2) 본 번역판에서 향에 대한 표기는 모두 북반구 기준으로 하였음. 따라서 적도 방향은 남향, 극 방향은 북향으로 번역됨.

SWL 자료의 구성

개정 3판은 상호보완적인 2부로 구성되어 있다:

1) **SWL 인쇄판**에는 다양한 탐색도구들을 제공하고 **SWL**를 어떻게 이용하며, 최신의 **디자인 결정 도표**, 새로운 **전략 번들, 고성능 건물** 기술들을 포함하는 에너지디자인 과정이 수록되었다.
2) **SWL 전자판**에는 모든 **SWL 인쇄판**의 내용이 포함되었으며, **상세한 디자인 전략들**과 **분석기법들**이 수록되었다. 추가적으로 광범위한 기후 정보와 **SWL 도구**의 제로에너지 스프레드시트를 포함하는 풍부한 부록도 수록되었다.

SWL 인쇄판에는 1장 "탐색", 2장 "태양, 바람, 빛의 이용", 3장 "시너지", 4장 "번들", 5장 "선호되는 디자인 도구들", 6장 "선호되는 디자인 전략들", 7장 "고성능 건물"[3]까지 수록되었고, 8장과 9장은 **SWL 전자판**에서만 찾아볼 수 있다.

1장 "탐색"에서 **SWL 인쇄판**은 독자가 여러 가지 방법들로 특정 정보를 쉽게 찾을 수 있도록 구성되었다. 가장 먼저, 주제별로 구성된 표가 있다: **SWL 인쇄판**과 **SWL 전자판** 모두에서 짧거나 긴 형태로 구성되어 있다. "요약"의 간단한 목록은 모든 시너지, 번들, 기법, 디자인 전략들의 이름들을 담고 있어서 빠르게 참고하기 좋으며, 특히 본 책에 친숙한 독자에게 매우 유용하다. 이름들과 더불어 "상세" 목록에는 실행문을 제목과 부제를 함께 담아 본 책이 어떤 내용을 다루는지 단시간에 파악하도록 하였다.

시너지, 번들, 기법, 전략들의 이름들을 알고 있다면, "알파벳순" 목록을 통한 검색이 가장 빠르다.[4] "탐색 매트릭스"는 스케일과 에너지 주제(난방, 냉방, 조명, 환기, 전력)에 따라 전략들을 선택하고 배치하는 시각적인 방법이다.

"디자인 전략체계도로 탐색" 도구는 이미 고려하거나 사용하고 있는 전략과 어울리는 전략들을 찾는 데 유용하다. 이는 프로젝트의 복잡도에 따라 9개의 단계별 시스템으로 구성되며, **디자인 전략체계도**의 정보구조는 "탐색" 부분에서 더 자세하게 다룬다.

본 책은 다양한 방법으로 색인들을 담았다: 일반적인 "주제별 색인", 건축가와 선례를 찾을 수 있는 "건축가와 선례 색인", 수록된 표와 그래프들을 확인할 수 있는 "디자인 도구 색인". 이러한 내용을 읽은 후에는 검색하기가 한결 수월해질 것이다.

SWL 전자판은 **SWL2**에서 추가된 내용과 새로운 전략들과 기법들을 담아서 재구성하였고 인쇄도 가능하다. **SWL 전자판**은 8장 "상세 디자인 전략", 9장 "상세 분석기법"의 주요 2개의 장으로 나뉘어 있다.

---

3) 앞서 밝혔듯이 본 번역판은 7장 이후는 제외함.

4) 본 번역판은 영어로 된 알파벳 목록을 생략함.

8장 "상세 디자인 전략"은 **SWL 전자판**의 핵심으로 디자인 개념을 형성할 때에 가장 유용할 것이다. 디자인 전략들은 **건물군, 건물, 건물 요소** 스케일로 정리되었다. 이는 디자이너가 진행 중인 프로젝트와 유사한 스케일에서 태양움직임과 같은 특정한 원리를 이해하도록 돕는다.

9장 "상세 분석기법"도 중요하나 8장을 보완하는 역할을 한다. 이러한 기법들은 다음의 3가지 방법으로 제공된다.

- 특정한 대지와 기후의 태양, 바람, 빛을 이해하여 **문제의 맥락을 정의한다**.
- **디자인문제 자체의 본성을 이해한다**: 쟁점이 난방이나 냉방인가? 혹은 자연채광인가? 문제들이 낮과 밤에 어떻게 바뀔까? 혹은 계절이 바뀌면 어떻게 될까? 그리고 이는 건물형태와 외피를 결정하는 데 어떤 영향을 끼칠까? 디자이너는 이러한 정보를 가지고 어떤 종류의 전략들이 중요할지 생각할 수 있다.
- 넷-제로에너지 또는 배출목표의 충족에서 **디자인의 성공을 평가한다**.

"용어해설"[5] 부분은 본문에서 나온 기술용어를 정의한다. 모든 색인목록은 **SWL 전자판**에 포함되어 있고, "색인 A"는 도시별로 기후 정보가 정리되어 있으며, 해당 기후별로 기법이나 전략들이 함께 서술되어 있다. 따라서 특정한 위치에 따라 디자인에 필요한 대부분의 정보를 한곳에서 찾을 수 있다. 뿐만 아니라 부록에는 도시구분 없이 일반적인 기후 정보도가 지도형식으로 포함되어 있다.

디자인 지식의 다양한 구성

수년간 연구자들은 디자인 지식을 구성하는 방법, 특히 에너지로 디자인하는 것에 대한 지식을 체계화하는 방법을 탐구해왔다. 그리고 모든 목적과 개별적인 항에 맞는 완벽한 구성체계는 없다고 밝혀졌다. 일반적으로 출판은 특정한 선형구성을 사용해야 하는 반면에, **SWL**은 주제와 색인, **디자인 전략체계도, 디자인 결정도표, 전략 번들**을 통해 어떤 전략들을 사용할지와 어떻게 접근할지에 대한 여러 가지 방법들을 제공한다. 또한 **SWL 전자판**은 **SWL 인쇄판**에서는 불가능한 검색기능도 제공한다.

복잡도와 스케일에 따른 구성. SWL1과 SWL2처럼, 전략들의 주요구성은 3가지 스케일로 나뉜다: **건물군, 건물, 건물 요소**. 이는 건축-중심적인 논리로부터 조경건축의 영역까지 확장될 수 있다. 따라서 **건물군** 스케일은 **대지** 스케일과 건물군 사이 및 주변공간을 포함한다. **건물** 스케일은 대지와 개별

5) 본 번역판은 용어해설을 생략함.

스케일	디자인 구성요소
건물군/대지 L9 근린지구 L8 도시조직 L7 도시요소	• 가로 주차 대중교통 도로 자전거도로 보도 • 건물 • 오픈스페이스 광장 녹지(공원, 생태계, 보호지) • 대지형태(지형) • 물 • 기반시설
건물/지면 L6 전체 건물 L5 실구성 L4 실	• 실 부공간(알코브[a], 활동영역) 코어[b](서빙공간[c]) • 중정(실외실, 정원, 포치[d]) • 동선(경로, 실내가로, 복도, 계단) • 전이공간(사이 공간, 입구, 아케이드)
건물 요소/식재 L3 빌딩시스템 L2 요소 L1 재료	• 벽(내벽 포함) • 바닥면 • 지붕 • 창문 • 기초 • 나무 • 덩굴나무 • 지피식물 • 시스템 • 배분 • 제어 • 조명 • 기계

디자인 특성	
• 크기 • 형태 • 에워쌈(Enclosure) • 향 • 증가(Increment) • 위치 • 가장자리(Edges) • 용도/재실 • 연결(Linakges) • 레이어(Layers) • 유형 • 색상 • 텍스쳐(Texture) • 재료 • 전환(Switching) • 사이클(Cycles) • 구성(Configuration) • 구성, 개방(Organizatoins, Open)	• 구성, 모듈의(Modular) • 구성, 적층된(Stacked) • 구성, 교차된(Staggered) • 구성, 방사형의(Radial) • 구성, 그리드의(Gridded) • 구성, 결합된(Combined) • 구성, 단면의(Sectional) • 구성, 차이나는(Differential) • 구성, 얇은(Thin) • 구성, 두꺼운(Thick) • 구성, 구역화된(Zoned) • 구성, 긴(Elongated) • 구성, 네트네크의(Networked) • 구성, 교점의(Nodal) • 구성, 압축된(Compact) • 구성, 군집된(Clustered) • 구성, 분산된(Dispersed) • 구성, 위계적(Hierarchical) • 구성, 엮여진(Interwoven)

디자인 쟁점		
• 난방 • 냉방	• 환기 • 채광	• 배출 • 전력

a) 알코브(alcoves)는 한쪽에 설치된 오목한 공간임. 또는 주실 부속의 작은방을 알코브라고 부르기도 함.

b) 코어(core)는 순환과 서비스를 위한 수직공간을 의미하며, 엘리베이터, 계단실 등이 해당됨.

c) 서빙공간(serving spaces)

d) 포치(porches)는 지붕이 돌출되어 지어진 출입구나 현관임.

<SWL 지식구조의 요소>

건물의 **지면(ground)** 스케일을 포함한다. 반면에 **건물 요소** 스케일은 조경 및 식물을 포함하며, **식재(planting)** 스케일이라고 한다. 개정 3판에서 각 스케일은 다시 3개의 하부 범주로 나뉘어 **복잡도에 따른 9단계의 위계**를 구성한다. 이 시스템의 구성논리는 1장 "탐색"에 자세히 설명된다. 본질적으로, 시스템 논리에 따라 하위 단계의 구성요소나 전략들은 상위 단계의 복잡한 전략들을 만들 수 있도록 도와준다. 예를 들어 2단계의 **요소**(창문)는 1단계의 **재료**(나무나 유리)로 만들어졌다. 2개의 창문이 다른 요소와 합쳐져서 3단계의 벽이 되고, 이들이 다시 같은 단계의 벽, 바닥, 지붕과 합쳐져서 4

단계의 **실**을 형성하는 방식이다. 이러한 순차적 흐름은 표 **<SWL 지식구조의 요소>**에서 볼 수 있다. 복잡도를 기반으로 한 단계적 구성 내에서, 전략들은 **건축적 요소**(가로, 블록, 실, 창문, 벽 등)와 **디자인 특성 및 관계**(크기, 형태, 단계, 구역 등)로 구성된다. 모든 디자인 전략들은 이 요소들 사이의 관계로 정의된다. 이 접근방식은 건축요소들이 계획단계에서 고려 중인 쟁점들의 공통분모이기 때문에 사용되었다. 건축요소들은 디자이너가 디자인 개념을 발전시키기 위해 활용되는 것이다. 예를 들어 창문의 역할을 고려할 때에 창문의 향, 크기, 위치와 형태의 범주에서 함께 구성된 냉난방, 주광전략들을 찾을 수 있다. 이 전략들은 창문의 조망과 같은 비-에너지적인 요소와 함께 고려될 수 있다.

건물군 스케일에서 주요 요소는 가로, 건물, 대지이다. 근린지구 및 도시디자인을 위한 디자인 구성요소들의 완전한 세트는 대지계획의 모든 주요소를 포함하는 긴 목록이 필요하다. 가로는 건물군 스케일에서 모든 동선을 지지할 수 있다. 에너지와 기후를 넘어서는 쟁점의 경우에는 더 많은 구별이 필요하지만, 표의 기본체계는 여전히 유효하며 확장가능하다.

건물 스케일에서 주요 요소는 실과 중정이다. 간단히 **실**은 모든 종류의 실을 포함하며, **중정**은 모든 종류의 외부점유공간을 포함한다. 매싱(massing)과 부피 자체는 요소가 아니다; 요소, 실, 중정의 구성으로부터의 패턴이다. 본 개정 3판에서는 실리지 않았지만, 이 스케일에는 **동선**도 포함된다. 왜냐하면 실구성의 기본패턴은 동선으로 연결되는 실들과 동선공간의 결합으로 만들어지기 때문이다. 기본적인 구분은, 실은 내부공간이고 중정은 외부공간이라는 점이다. 하지만 **전이공간(transitional space)**은 많은 건물에서 존재하며, 냉대 또는 고온기후 모두에서 매우 중요한 역할을 담당한다는 점은 명백하다. 각 범주는 변경가능하며 현재의 체계틀은 표에 담겨 있다.

건물 요소 스케일에서 건축적 구성요소들로는 벽, 바닥, 지붕, 창문뿐만 아니라 덕트[6]와 플레넘[7], 기계, 저장 요소들이 있다. 만약 본 책의 쟁점이 좀 더 구조에 대한 문제였다면 기둥, 보, 기초와 트러스까지 확장되었을 것이다. 조경 전략들을 위한 요소들로는 나무, 덩굴식물, 지피식물 등이 있다. 이 스케일에서 디자인 요소의 일부 목록은 표에 담겨 있다.

디자인 특성에 따른 구성. 여러 스케일들에 대한 표 **<SWL 지식구조의 요소>**에 담겨 있듯 만약 디자인 전략이 디자인 구성요소들 사이의 관계로 정의된다면, 디자인 특성은 요소들 간 관계에서 나타난 본질을 명시한다. 많은 경우에 이러한 관계는 크기나 비율로 표현되는 규모를 가진다. 또는 관계들은 같은 구성이지만 다른 스케일에서 일어나는 구성패턴들이다. 이러한 관계들은 양이나 패턴, 또는 2

6) 덕트(ducts)는 효율적인 냉난방, 송풍 등을 위한 공기통로이며 금속판 등 다양한 재질을 이용해 만듦.
7) 플레넘(plenums)은 건물의 천정 위나 바닥 아래의 공간을 말하며, 주로 공조를 위해 쓰임.

가지 모두로 표현할 수도 있다.

SWL의 각 전략은 특정한 스케일과 복잡도에 배치된다; 이는 다루고 있는 구성요소의 관점에서 표현되며, 구성요소들이 특정한 특성의 관점에서 서로 어떻게 관련되는지를 표현한다. 사용되는 특성들의 목록은 완전하지 않으며, 시간이 지나면서 필요에 따라 확장될 것이다.

디자인 쟁점에 따른 구성. SWL3의 각 전략은 에너지 관련 쟁점이나 주제에 미치는 영향에 따라서도 분류되었다. 여기서 쟁점이란 난방, 냉방, 채광, 환기, 배기, 배수, 전력을 말한다. 환기는 신선한 공기를 건물내부로 공급하는 것을 의미하며(냉방을 위해 외기를 들이는 것과 구분된다), 개정 3판에서 처음으로 추가되었다. 개정판에 수록된 전략들은 각각 다루는 쟁점들이 다양하다. 「솔라개구부」나 「주광외피」와 같이 하나의 쟁점을 다루는 전략들이나, 「기후외피」나 「분리 또는 결합된 개구부」와 같은 여러 가지 또는 모든 쟁점들을 한 번에 다루는 전략들도 있다.

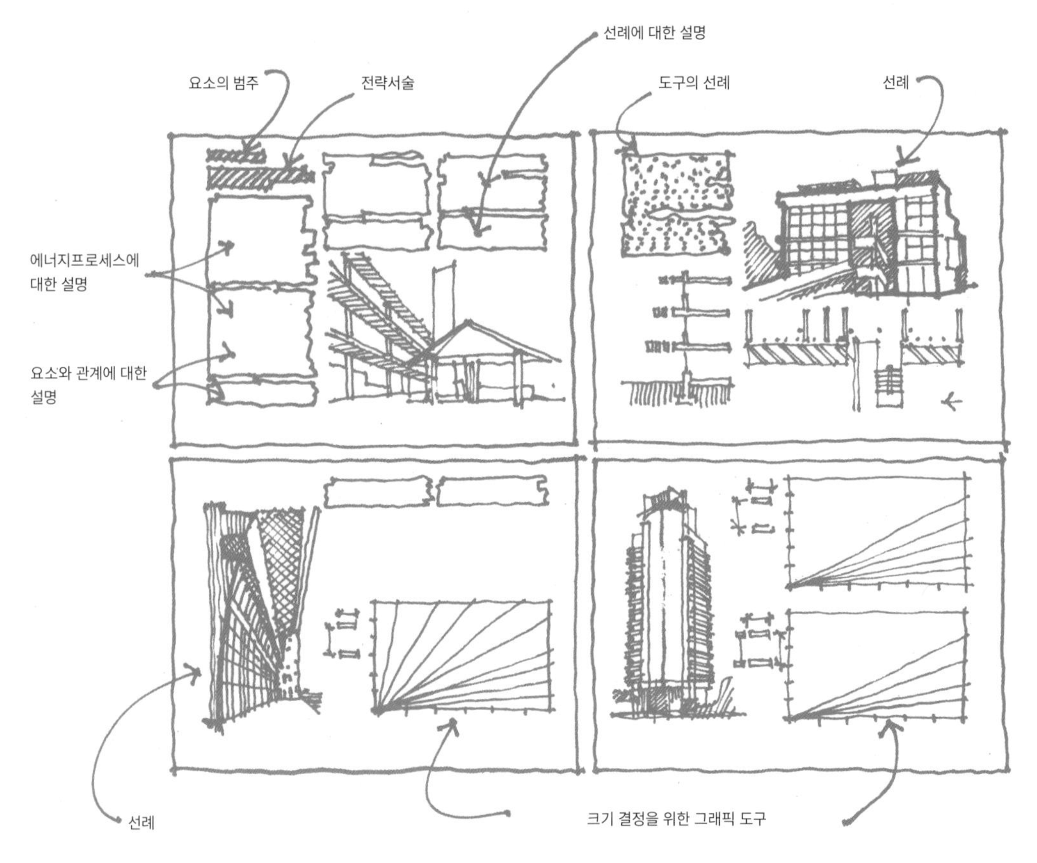

<SWL 디자인 전략의 해부>

디자인 지식에 대한 보편적인 체계로써 환경적 쟁점들과 비-환경적인 쟁점들을 모두 아우르는 더 광범위한 객관적인 쟁점들(재료의 원산지, 오염, 물, 대기질, 서식지 등)로 확장될 수 있다. 또한 쟁점들은 아름다움과 인간의 경험이라는 주관적인 쟁점들을 포함하도록 확장될 수 있으며, 이는 즐거움과 성과로 이어진다. SWL3에서 다루는 쟁점들은 표에 나와있다.

SWL 디자인 전략의 해부

구성의 구조는 각 디자인 전략의 머리글에 서술된다. 예를 들어 「아트리움 건물」 디자인 전략의 머리글은 다음과 같다:

실과 중정: 형태와 외피

33 빛중정을 가진 「아트리움 건물」은 실내공간에 빛을 제공할 수 있다. [주광]

디자인 구성요소는 **실과 중정**이고, 디자인 특성은 **형태와 외피**이다. 전략의 이름은 「**아트리움 건물**」로 「 」 속에 표시되며, **적용지침**이 굵은체로 함께 서술된다. 각 전략의 적용지침에는 고려되어야 할 디자인 쟁점이 대괄호[ ] 속에 같이 표기된다; 이 경우에 쟁점은 **주광**이다.

각 디자인 전략은 계획단계에서 건물군의 형태 또는 구성, 대지, 건물 또는 건물 요소 등의 중요한 디자인 결정들을 돕고자 한다. 이는 다음과 같은 방법으로 제공된다:

- 머리글에서 전략에 관한 짧은 **서술**
- 한 문단 이상의 에너지 관련 현상에 대한 **설명**
- 다른 건축가가 성공적인 결과를 낸 전략의 **사례**
- 크기, 형태, 구성, 색상, 재료 등 디자인 결정을 도와주는 **도구**

사례는 프랭크 로이드 라이트의 **라킨 오피스 빌딩**[8]과 같이 굵은 글씨체로 제공되며, 적절한 크기, 디자인 지침, 설명이 **굵은체**로 강조되어 쉽게 찾을 수 있다. 본문에서 아이디어나 사례에 대한 더욱 자세한 설명의 출처는 각주(저자, 년도)에서 찾을 수 있다. 출처들은 종종 원출처가 아니지만 더 많은 자료를 찾기에 용이하다.

---

8) Larkin Administration Building, Buffalo, New York, USA, Frank Lloyd Wright, 1904

1 탐색 (Navigation)

SWL에 수록된 지식은 다양한 방법들로 접근가능하다. 이는 모듈방식(**시너지, 번들, 디자인 전략, 기법들**)으로 구성되었고, "부분들"이 서로 관계맺고 더 큰 디자인 패턴으로 결합가능한 다양한 방법들이 있기 때문에, 디자이너가 내용에 접근하고 원하는 구성요소를 결정할 수 있도록 여러 가지 방법들을 제시한다.

독자는 **SWL**에 수록된 지식을 다양한 시각으로 볼 수 있다. 디자인 전략들은 이름, 스케일, 복잡도, 디자인 요소, 에너지 문제나 기후에 따라 접근할 수 있다. 각각은 다른 시각에서는 보지 못한 부분을 찾거나 드러낸다. 접근, 구조, 탐색의 방식 중에 무엇이 더 낫다고 할 수는 없으며, 각각은 디자이너의 학습방식, 성격, 디자인 과정, 세계관에 따라 다양한 전략들이 선택될 수 있다. 구성에 대한 각 방식은 장단점이 있으며, 디자이너는 개개인의 요구에 따라 적절한 것을 선택할 수 있다.

이전 개정판들의 내용은 스케일과 건축적 요소로만 구성되었다. 이는 창문과 같은 특정한 디자인 요소의 스케일에서 난방, 냉방, 주광 간의 관계를 강조하는 것이 중요하다고 생각했기 때문에 의미가 있는 방법이었다. 예를 들어 창문에 관련된 모든 디자인 전략들은 묶여 있어서 만약 디자이너가 창문 디자인을 고민한다면 책에서 창문과 관련된 모든 내용을 가까운 페이지에서 찾을 수 있었다. 하지만 이러한 구성방법의 단점은 만약 디자이너가 주광과 같은 한 가지 문제에만 관심있다면, 적용가능한 디자인 전략들을 찾기가 더 어렵다는 것이다.

새로운 정보의 대부분은 **SWL 인쇄판**에 포함되었지만, 내용이 너무 방대하여서 전체 내용은 **SWL 전자판**에서 볼 수 있다. **SWL 전자판**은 **SWL 인쇄판**의 재구성된 탐색도구들은 물론이고, 쉽게 찾을 수 있고 인쇄가능한 전자형식의 내용들을 포함한다.

스케일과 에너지 주제에 따른

탐색 매트릭스

탐색 매트릭스는 SWL의 **시너지, 번들, 디자인 전략, 기법**들을 스케일과 에너지 주제에 따라 구성한다. 세로축에서는 번들 및 디자인 전략에 적용되는 3가지 스케일(**건물군, 건물, 건물 요소**)과 여러 스케일에 관련된 **분석 및 평가**[기법]을 찾을 수 있다. 수평축에서는 에너지에 관련된 **시너지, 번들, 전략, 기법들**을 유형별로 찾을 수 있다. 이러한 주제들은 **난방, 냉방, 환기, 조명, 전력**과 이들의 조합을 포함한다.

SWL에 수록된 각 지식모듈(knowledge module)에는 번호가 매겨졌다. **시너지(Synergy)**는 S1, S2, S3 등, **번들(Bundle)**은 B1, B2, B3 등으로 지정되었으며 모두 **굵은체**로 표기하였다. 디자인 전략은 1, 2, 3 등, **분석기법(Analysis Techniques)**은 A1, A2, A3 등, 새로운 **고성능 건물(High-Performance Buildings)** 평가방법은 P1, P2, P3 등으로 표기되었다. 이는 본문과 다른 탐색도구들에도 적용된다.

강점

- 특정한 스케일에서 작용되는 전략이나 번들을 찾을 때에 유용함.
- 주광 같이 특정한 에너지 주제의 디자인 지침을 찾을 때에 유용함.
- 이미 고려하고 있는 특정한 스케일이나 주제의 전략을 찾을 때에 유용함.
- 특정한 주제에 적용되는 다양한 전략들을 이해하는 데 유용함.

약점

- 전략들 간의 관계에 대한 수치나 복잡도를 보여주지는 않음.
- 에너지 주제들 간의 관계에 대해 암시는 하지만 정확히 명시하지는 않음.

	난방	냉방	냉방, 환기	난방, 냉방	
분석 및 평가	A3 태양복사	A26 차양달력		A1 해시계 A2 태양궤적도 A4 풍배도 A5 바람정보표 A6 공기움직임의 원리 A7 대지 미기후 A13 적응형 쾌적기준	A16 재실자로 인한 열획득 A17 조명에 의한 열획득 A18 장비에 의한 열획득 A21 외피 열흐름 A22 창의 일사획득 A24 생체기후도 A25 접지 A27 총 열획득 및 열손실
건물군 L7~L9	**B3 태양을 고려한 근린지구** 8 점진적 높이변화 11 겨울에 적합한 중정 12 근린지구 햇빛 15 솔라외피 18 고층건물의 기류 20 태양 확보를 위한 건물간격	**B2 시원한 근린지구** 2 공유그늘 9 엮어진 건물과 식재 10 엮어진 건물과 물 16 양산형 그늘 22 녹지 가장자리 23 오버헤드 차양	1 모여지는 바람길 19 분산된 건물	3 지형적 미기후	7 저밀도 또는 고밀도의 도시패턴 21 바람막이
건물 L4~L6	**B7 패시브솔라 건물** 28 난방구역 36 동-서방향으로 긴 평면 37 깊은 채광 39 온도가 낮은 실로 열이동 42 대류순환 48 직접획득실 49 썬스페이스 50 열저장벽 51 집열벽 및 지붕	**B6 패시브냉방 건물** 54 야간냉각체 59 그늘진 중정	26 냉방구역 27 혼합모드 건물 30 투과성 좋은 건물 44 맞통풍실 45 윈드캐처 46 증발냉각타워 53 연돌환기실	**B8 외부 미기후** **S5 열적 이동** 24 이동 29 완충구역 32 외부공간 배치 34 군집된 실들	40 열성층구역 52 옥상연못 58 미풍 또는 무풍의 중정
건물 요소 L1~L3	70 적절히 배치된 창 80 숨쉬는 벽* 81 태양반사장치 84 솔라개구부 102 매스표면의 흡광도 * 난방 및 환기	61 수변 63 차양레이어 91 외부차양 92 내부차양과 중공차양 105 이중외피 재료	69 환기구 배치 86 맞통풍과 연돌환기 크기결정 96 기계적 공간환기	60 축열체 배치 62 외단열 74 외피두께 75 축열체 76 지중 77 복사표면	89 가동형 단열 94 암반 95 기계식 축열체 환기 100 히트펌프 104 외피색상

난방, 냉방, 환기	난방, 냉방, 주광	냉방, 주광	주광	전력	
A12 온도와 습도 A23 환기 또는 침투 획득과 손실 A28 균형점 온도 A29 균형점 프로필	**S1 기후 자원** **S2 재실자 행태** A14 에너지 프로그래밍 A15 부하반응 일정 A32 에너지 사용강도 (EUI) A33 배출목표*		A8 구름량 A9 주광가용성 A10 주광방해 A11 설계주광률	A19 전기부하 A20 급탕부하 A30 에너지 및 오염목표 A31 연간 에너지 사용 A34 넷-제로 에너지 균형 A35 탄소중립건물*	분석 및 평가
17 미풍 또는 무풍의 거리	**B4 통합적인 도시패턴** **S3 자원이 풍부한 환경** 5 기후외피		**B1 근린지구의 빛환경** 4 주광밀도 6 선형아트리움 13 주광블록 14 주광외피		건물군 L7-L9
43 태양과 바람을 마주하는 실	**S4 공간조닝** 25 주기적 변환		**B5 주광건물** 31 빌려온 주광 33 아트리움 건물 35 얇은 평면 38 천창건물 41 주광구역 47 천창이 있는 실 55 주광실 형태 56 현휘가 없는 실 57 측광실 깊이		건물 L4-L6
71 HVAC 시스템 72 기계식 열배분 97 덕트와 플레넘 98 지중-공기 열교환기 99 공기-공기 열교환기	**B9 반응형 외피** **S6 다원적 디자인** **S7 액티브 맞춤시스템** 67 분리 또는 결합된 개구부 87 공기흐름이 있는 창 106 창과 유리의 종류 101 수동 또는 자동제어 *또한 배출	88 광선반 90 주광 향상 차양	64 태양반사광 65 개방형 지붕구조 66 주광지붕 68 창 배치 73 전기조명 구역 82 저-대비 83 우물천창 85 주광 유리창 크기결정 93 작업조명 103 주광반사면	78 태양광전지(PV) 지붕과 벽 79 태양열온수 *또한 배출	건물 요소 L1-L3

디자인 전략체계도로 탐색

주요핵심

- 전략들은 복잡도에서 구성됨.
- 덜 복잡하고 더 작은 스케일의 전략들은 더 큰 스케일의 전략들을 구성하는 데 도움이 됨.
- 모든 전략은 맥락을 가짐.
- 더 복잡하고 큰 전략들은 더 작은 전략들의 패턴을 구성함.
- 복잡도의 모든 범위는 전체적이고 완성된 환경을 위해 필요함.

강점

- 모든 스케일을 아울러 전략들의 관계와 연계를 밝히는 데 도움이 됨.
- 더 효율적인 전략모음을 수직적으로 볼 수 있도록 지원함.
- 다른 전략의 성공에 중요하거나 주어진 전략이 의존할 수 있는 전략들을 식별함.
- SWL에 수록된 모든 지식에 대한 그래픽적인 개요를 제공함.

약점

- 여러 전략들의 핵심을 이미 알 때에만 도움이 됨.
- 전문가에게는 최적이지만 초급자에게는 어려울 수 있음.
- 독자는 그래픽 뒤에 있는 전략들 간의 관계에 대한 규칙을 이해해야 함.

디자인 전략체계도의 위계구조

디자인 전략체계도는 넷-제로에너지디자인과 기후에 따른 디자인을 위한 지식기반의 구조를 살펴보는 한 가지 방법이다. 여기서는 다양한 디자인 전략의 관계를 보여주며, 디자인 전략을 격자형식의 위계적 네트워크로 정리하였다.

건물군 [대지]
L9 근린지구
L8 도시조직
L7 도시요소

건물 [지면]
L6 전체 건물 [플롯(Plot)]
L5 실구성
L4 실 [정원]

건물 요소 [조경요소]
L3 건물시스템 [조경시스템]
L2 요소 [식재]
L1 재료

<디자인 전략체계도의 복잡도 단계>

L9 근린지구: **「근린지구의 빛환경」**
L8 도시조직: **「기후외피」**
L7 도시요소: **「주광외피」**
L6 전체 건물: **「주광건물」**
L5 실구성: **「얇은 평면」**
L4 실: **「측면채광실 깊이」**
L3 건물시스템: **「창 배치」**
L2 요소: **「주광개구부」**
L1 재료: **「창문과 유리의 종류」**

<복잡도 단계: 주광 전략들의 예>

디자인 전략체계도의 구성은 각 전략이 **전체이자 부분**이라는 아이디어에 기초한다. 각 전략은 더 작은 스케일의 하위전략들로 구성된다. 각 전략은 더 복잡하고 큰 스케일의 전략이라는 상황을 가진다.[1]

디자인 전략체계도에 내재되어 있는 두 번째 아이디어는 전략 안에서 전략의 중첩은 **스케일의 단계**와 연관될 수 있으며, 큰 스케일일수록 더 복잡하다는 것이다. **<디자인 전략체계도의 복잡도 단계>**와 같이 복잡도는 9단계의 시스템으로 정리되며 재료에서부터 근린지구까지 다뤄진다.

부분과 전체의 논리로 볼 때에 나무나 유리 같은 **재료[L1]** 없이는 창문 같은 건축적 **요소[L2]**가 존재할 수 없다. **요소[L2]**는 벽, 지붕, 바닥 같은 **건물시스템[L3]** 단계의 더 크고 복잡한 전략들을 구성하는 데 사용된다. 즉 **건물시스템[L3]**은 **요소[L2]**의 구성이다. 유사하게 **실[L4]**은 **건물시스템[L3]**의 구성이며, **실구성[L5]**은 **실[L4]**로 구성되며, **건물[L6]**은 **실구성[L5]**의 조합으로 이루어진다.

1) 전략체계도의 구조는 부분과 전체의 관계에 기반함. 이는 공식적으로 일반 시스템론(general system theory)과 생태학적 위계론(ecological hierachy theory)에서 밝힘. 비공식적으로는 알렉산더(Alexander et al.)의 패턴랭귀지(A Pattern Language, 1977)에 사용되었으며, 윌버(Wilber, 2000)는 "20가지 신조(the twenty tenets)"라고 명명한 이 시스템구조를 많은 지식영역에 적용할 수 있다고 밝힘.

물론 이는 부분과 전체의 순서를 보는 한 가지 방법일 뿐이며, 더 세밀하거나 더 적은 수의 단계로 시스템을 만들 수도 있다. 그러나 이는 디자이너가 사용하는 일반적인 논리와 전문가가 건물의 구성요소와 스케일을 설명하는 방식(예를 들어 건물은 실과 중정으로 구성되며, 재료가 모여서 건물이 구성되고, 재료는 벽이나 지붕과 같은 건물조립체로 구성된다)과 같다. 이는 디자인의 모든 물리적 요소를 아우르는 가장 간단한 단계의 시스템이며, 이를 통해 어떻게 부분의 조합이 더 큰 패턴을 형성하는지 이해할 수 있다.

이러한 단계시스템의 가설은, 스케일들 간의 관계는 **전체적이고 완성된** 건조환경을 위해 필요하며 대부분의 경우에서 다양한 스케일의 전략들은 특정한 전략이 잘 기능하도록 하고 건물이 시스템으로써 작동하도록 하는 데 필요하다는 것이다. 건축디자인에 사용되는 전략들에 이러한 스케일의 연속성이 없다면, 전체 건축적 아이디어는 **아마도** 무너지고 실패할 것이다.

주광의 예

주광을 위한 건물 및 컨텍스트를 디자인할 때에 전체 위계를 아우르는 한 가지 또는 여러 가지 방법은 **<복잡도의 단계: 주광 전략들의 예>**에서 다룬다.

예를 들어 「측면채광실 깊이」[L4] 전략은 한 면에만 창문이 있는 실의 깊이는 창문높이의 2.5배 이하가 되어야 실내채광이 적절하다고 설명한다. 이는 태양, 하늘, 창문, 실, 면의 반사도와 인간의 시각적 지각의 관계성에 의한 것이다. 만약 이를 평면으로 확장하면 「얇은 평면」[L5]이라는 새로운 전략을 생성한다. 이러한 패턴에 의해, 측광을 받는 평면두께는 창문높이의 6~7배(내부동선을 위한 전기조명 구역이 허용된다면) 또는 창문높이의 5배(적절한 주광이 모든 실마다 도달한다면)를 초과하지 않아야 한다.

근린지구 스케일의 경우에도 도시그리드의 「주광블록」[L7]에서 비슷한 패턴이 나타나며, 이는 「주광밀도」[L8]를 형성하는 데 도움이 된다(**<디자인 전략체계도: 건물군 스케일>** 참고). 「근린의 빛환경」[L9]은 「주광밀도」나 「기후외피」[L8] 같은 패턴을 형성하는 데에 도움이 되며, 빛과 태양을 보장하기 위해 도시건물의 매싱을 돕는 「주광외피」나 「솔라외피」[L7] 전략들을 구성한다.

만약 건물이 특정 단계의 모든 전략이 부족하다면 주광 조건이 불리하게 된다. 예를 들면 「창과 유리의 종류」[L1]에서 유리가 충분히 투명하지 않거나, 「주광개구부」[L2]가 너무 작거나, 「창 배치」[L3]가 너무 조밀하거나, 「실 깊이」[L4]가 너무 깊다면 건물이 목표하는 주광을 획득할 수 없다. 마찬가지로 큰 스케일의 전략이 건물에 충분한 주광을 가져오도록 시너지를 함께 만들어내지 못한다면 건물 스케일에서 성공적인 주광 디자인은 어렵다.

SWL의 모든 도구들과 마찬가지로, 디자인 전략체계도는 정확히 어떤 형태를 디자인할 것인지, 어떤 전략을 사용할지에 대해 설명하지는 않는다. 그러나 모든 기본적인 것들을 확인하고 중요한 것들은 다시 한 번 짚어보도록 제안한다. 성공적으로 주광을 사용한 건물은 다양한 단계에서 전략들을 심도 있게 다룬다. 대부분 각 단계에는 유용한 여러 가지 전략들이 있다. 물론, 일반적으로는 모든 건물에서 가능한 모든 전략들이 채택되지는 않을 것이다.

연계(link)와 단계(level)의 의미

<디자인 전략체계도의 전략 간 다이어그램적인 관계>에서 전략 A와 전략 B라는 2가지 전략을 예를 들어 생각해 보자. 일반적으로 체계도에서 전략 A가 전략 B의 상단에 위치한다면, 그 관계는 다음과 같은 다양한 방법들로 설명될 수 있으며 그 반대는 성립되지 않는다:

- A는 **전체**이고, B는 **부분**이다.
- A는 B나 B의 **패턴**을 **구성하는 데** 도움을 준다.
- A는 B를 **포함한다**.
- A는 B의 직접적인 **맥락**에 있다. B는 A에 **내포된다**.
- B는 A없이 **존재할 수 없으나** A는 B없이 **존재할 수 있다**.
- A는 B에 의하여 더 **강화된다**.
- A의 특징은 여러 B들 사이의 **관계구성**이다.
- A는 B를 **포함하지만** B를 **초월한다**.
- A의 단계가 높을수록 그 수는 줄어든다. A보다 B가 훨씬 많다.
- A는 B보다 **더 복잡**하다.
- 보통 B는 여러 가지 A들에 속할 수 있다.

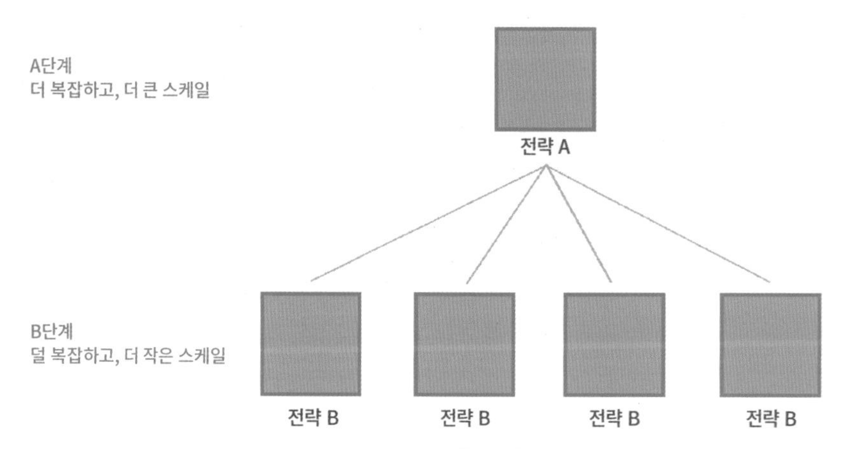

<디자인 전략체계도의 전략 간 다이어그램적인 관계>

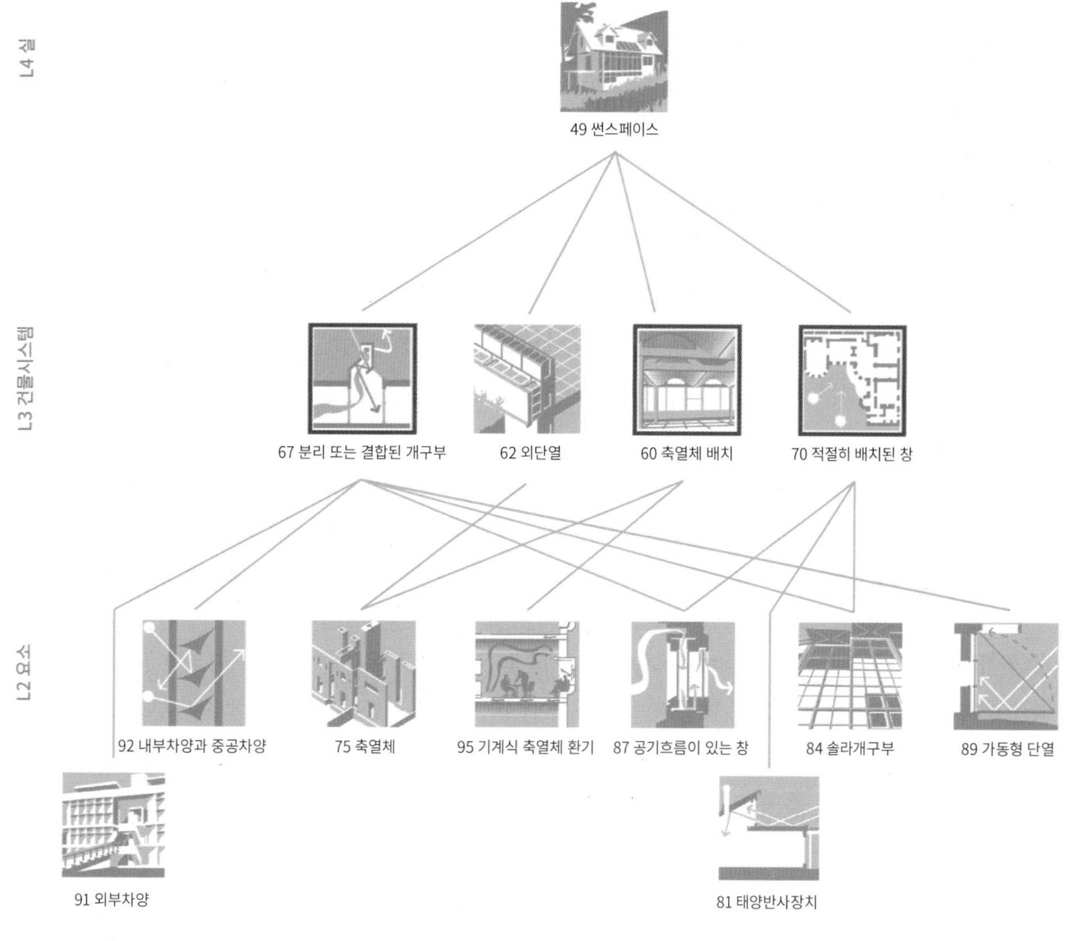

<썬스페이스 전략과 하위의 연계전략들>

전략 A는 전략 B보다 더 상위에 속하고 심도 있는 전략이다. 목록의 모든 변형들이 개별 전략에 맞는 것으로 적용되지 않는 것처럼 보일 수 있지만 위의 원칙은 일반적인 것으로 간주한다.

체계도에서 발췌된 부분

더 명확한 구조는 **<썬스페이스 전략과 하위의 연계전략들>**에서 잘 나타난다. 썬스페이스는 건물이나 건물구역을 위한 수집 및 저장이 같은 공간에 집중되는 태양열난방 시스템의 한 유형이다. 「썬스페이스」는 열을 보존하는 외피, 집중된 축열체, 적절한 위치와 크기의 유리면 구성으로 생각할 수 있다. 다이어그램은 L4「썬스페이스」를 위한 4가지의 **L3 빌딩시스템** 전략들을 제시한다. 창, 축열체, 단열된

외피가 없는 실은 썬스페이스가 아니다.

일반적인 썬스페이스 디자인에서는 남향파사드에 집중된 창문들을 통해 열이 획득되며, 다른 향에는 열손실을 막기 위하여 비교적 작은 크기의 창문이 배치된다[잘 배치된 창]. 이러한 햇빛을 모으는 장치(창문)는 열획득을 위한 것이지만, 대개는 환기를 목적으로 하기도 한다(「분리 혹은 결합된 개구부」). 이와 유사하게 실내개구부는 썬스페이스와 인접한 실 사이의 환기와 실 깊숙이 빛을 유입하는데 사용될 수 있다. 축열체와 그 위치[축열체 배치]는 썬스페이스의 성공에 결정적인 역할을 한다. 이는 축열체바닥과 썬스페이스와 인접한 실 사이의 조적벽, 그리고 종종 물저장고 형태의 추가적인 열저장장치 또는 원격 열저장장치에서 가장 잘 작용한다. 획득된 열의 손실을 막기 위하여 축열체는 썬스페이스의 내부와 접하는 동시에 단열되어야 한다. 디자이너는 선스페이스와 L3 전략들의 연계 등 중요한 요소들을 고려하도록 한다.

그리고 **건물시스템[L3]**의 각 전략은 한 가지 이상의 **요소[L2]** 전략들에 연계된다. 예를 들어 「축열체 배치」 전략은 「축열체」와 「야간냉각체」를 최적의 위치에 배치하도록 한다. 썬스페이스의 축열체 위치나 크기를 정할 때에 겨울철의 난방만을 고려할 수 있으나, 이러한 연계는 여름밤의 냉각체도 고려하도록 한다. 「축열체 배치」 전략은 열획득 요소의 환경을 설정한다. 유사하게 「외단열」 전략은 「외피두께」의 단열과 벽과 지붕의 「축열체」를 설정한다. 만약 「외단열」이 A단계의 전략 A라면 「축열체」와 「외피두께」는 B단계의 전략 B들이다.

디자인 전략체계도는 선택가능한 전략들의 잠재적인 연계와 전략들의 큰 세트를 보여준다는 점을 유념해야 한다. 모든 전략들이 한 건물에 사용되지는 않는데, 그 예로 썬스페이스를 보면 모든 하위전략들에 연계되지는 않는다. 예를 들면 「외부차양」과 「내부차양과 중공차양」은 모두 「분리 혹은 결합된 개구부」에 연계되지만, 썬스페이스는 이 중에 한 가지만 사용할 수 있다. 또한 「태양반사장치」와 「공기흐름이 있는 창」은 선택적인 개선전략들로 이를 사용할 수도 있고 사용하지 않을 수도 있다.

분석과 맥락의 모든 측면에서 사고하기

일반적인 건축용어로 형태는 전체 내에서 부분을 구성하는 패턴으로 이해된다. 이러한 형태 패턴을 이해하는 방법에는 전체를 구성하는 부분 또는 기본배열 및 관계로 분해 또는 해체하는 분석기술이 포함된다. **분석적 기법**은 건물에 대해 많은 것을 알 수 있는 유효한 방법이다. 이는 디자인 전략체계도에서 복잡도의 상위 단계에서 하위 단계로 이동하는 것으로 생각할 수 있다. 분석은 디자인의 한 부분 또는 측면을 기술한다는 점에서 사실이며 정확하지만, 그것만으로는 불완전하고 불충분하다는 것에는 다음과 같은 2가지 이유가 있다:

1) 전체에 고유한 **창발적 특성(emergent qualities)**은 분석을 통해 발견되지 않고, 부분들에서 발견되는 특성뿐이다.

2) 세분화된 분석은 **전체가 어떻게 동시에** 더 큰 것의 한 부분이라는 점을 간과한다.

음(-)과 양(+) 분석 방식은 **전체론(holism)**과 **맥락론(contextualism)**을 따르고 있다. 이는 어떤 것이든 전체적으로 이해하기 위해서는, 전체적으로 무엇이 고유한지를 찾아야 하는 것이지 부분들에서 발견되는 것이 아니다. **맥락적 기법**은 부분의 역할을 통해 전체를 본다. 디자인할 때는 부분의 **관계**를 나타내는 전체를 구성하는 패턴을 매핑(mapping)하는 방법을 이용한다. 해체하는 것에 추가적으로 전체를 이해하기 위해 전체를 더 큰 전체에 놓아보고, 그 전체가 더 큰 전체의 어느 부분이 되는지를 이해해야 한다.

디자이너는 건물형태를 구성 부분들의 생성물인 "내부 질서(order within)"와 동시에 외부 컨텍스트 질서의 생성물인 "외부 질서(order without)"로 생각할 수 있다. 이 논리는 디자인의 모든 스케일에 적용된다. 형태만 보는 대신 부분, 전체, 컨텍스트의 다층중첩인 "장소-형태(place-form)"라는 보다 포괄적인 개념으로 생각해 보자. 이런 관점에서 모든 단계의 전체는 부분들로 이뤄진다. 시스템 이론에서는 동시에 전체이고 부분인 어떤 것을 **홀론(holons)**이라고 하며, 중첩된 홀론들의 위계는 **홀라키(holarchy)**라고 한다. SWL3는 이러한 공간적 홀론을 "디자인 전략"이라고 한다.

<디자인 전략체계도>는 디자인 전략의 복잡한 관계의 중요성을 밝혀낸다. 물론 더 많은 전략을 추가할 수 있으며, 더 많은 관계를 생성할 수 있다. 건물의 부분적 스케일에 있어서는 이 개정 3판의 디자인 전략체계도에서도 분명히 드러나지 않은 중요한 관계들이 있다. 디자인 전략체계도는 단 하나의 매우 중요한 관계만을 제시하고 있으며, 전략 간의 모든 관계를 설명하려고 하지 않는다. 마지막으로 SWL의 전략은 미완성이며 지식을 넓혀 가기 위한 기초이다.

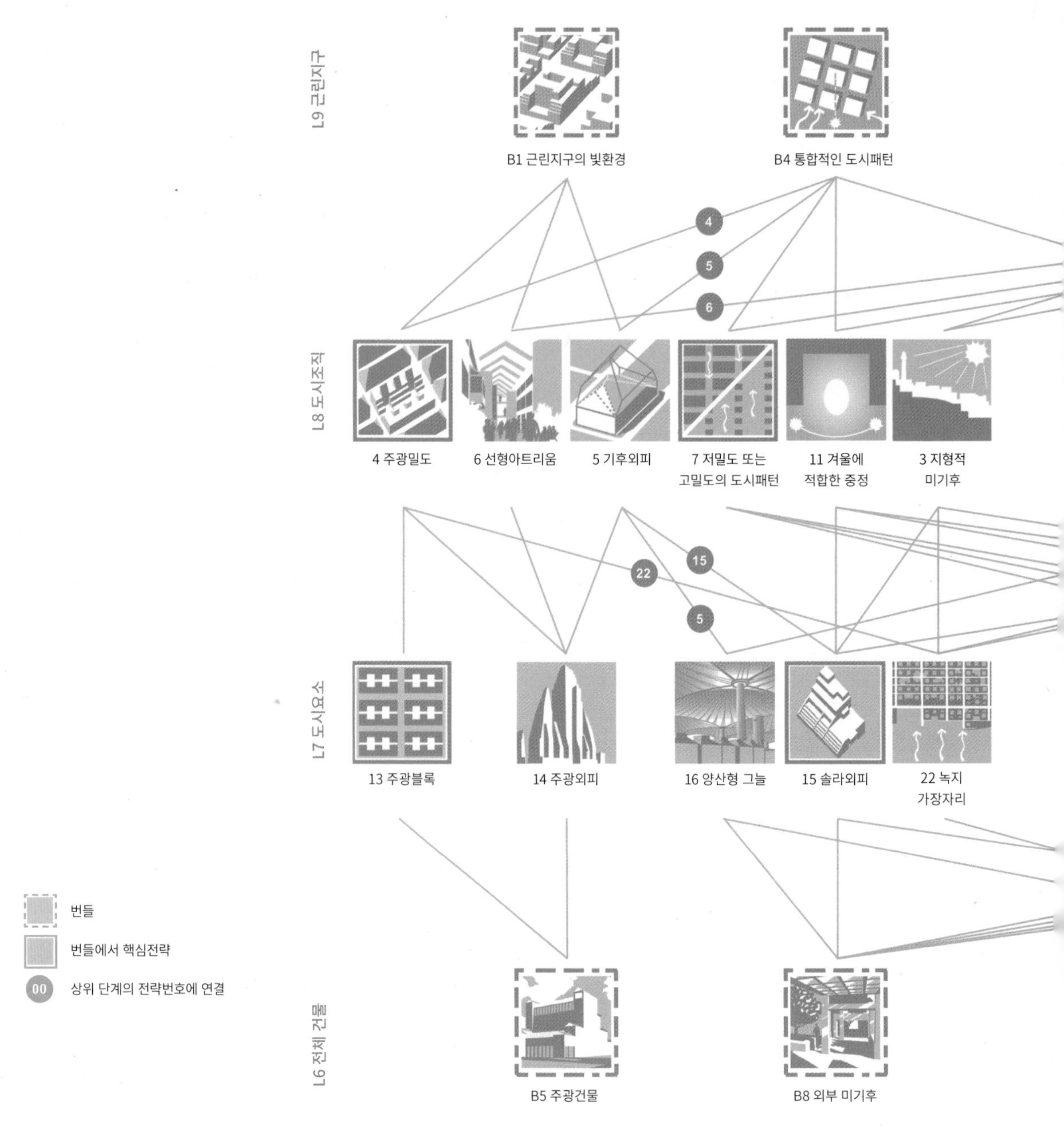

<디자인 전략체계도, 건물군 스케일>

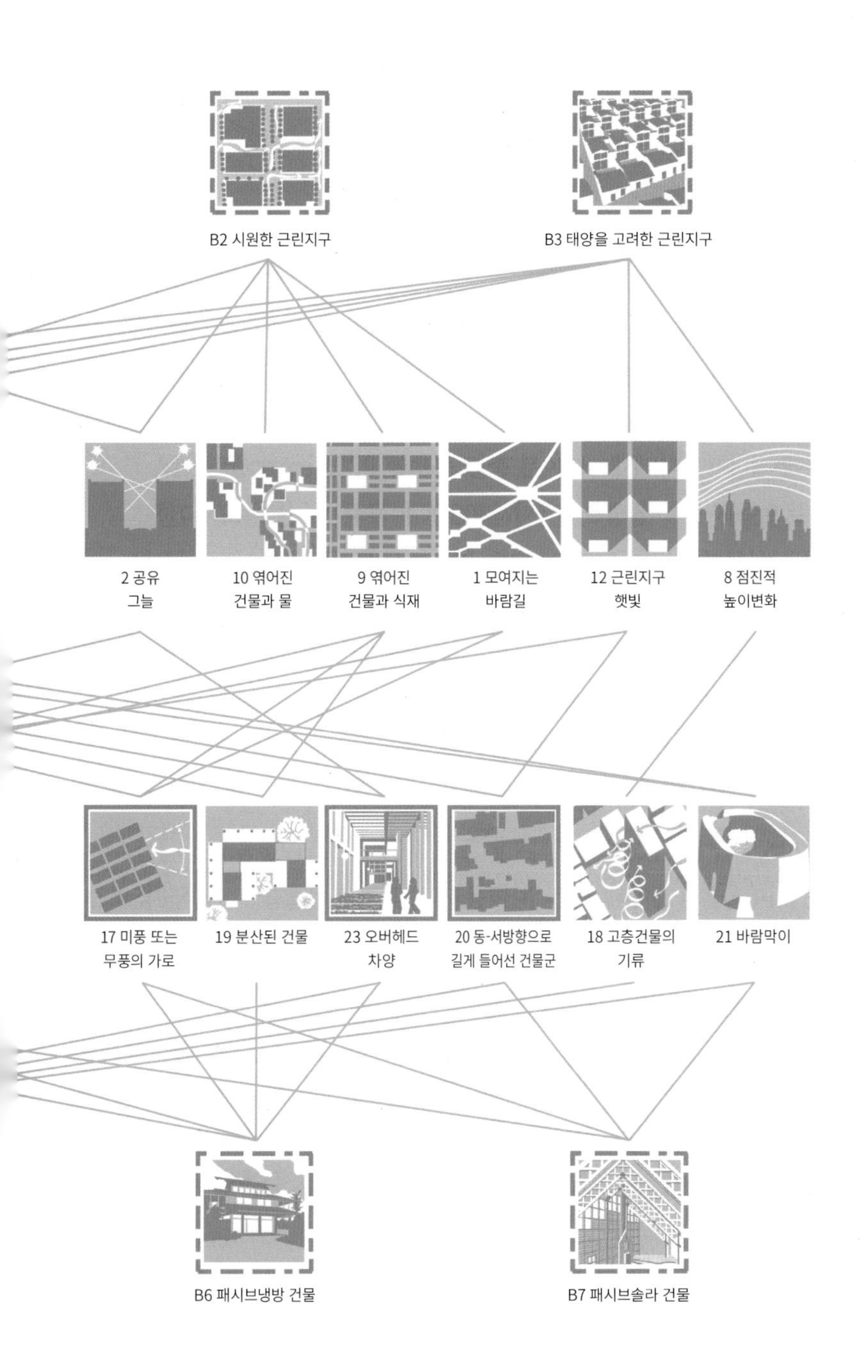
B2 시원한 근린지구
B3 태양을 고려한 근린지구
2 공유
그늘
10 엮어진
건물과 물
9 엮어진
건물과 식재
1 모여지는
바람길
12 근린지구
햇빛
8 점진적
높이변화
17 미풍 또는
무풍의 가로
19 분산된 건물
23 오버헤드
차양
20 동-서방향으로
길게 들어선 건물군
18 고층건물의
기류
21 바람막이
B6 패시브냉방 건물
B7 패시브솔라 건물

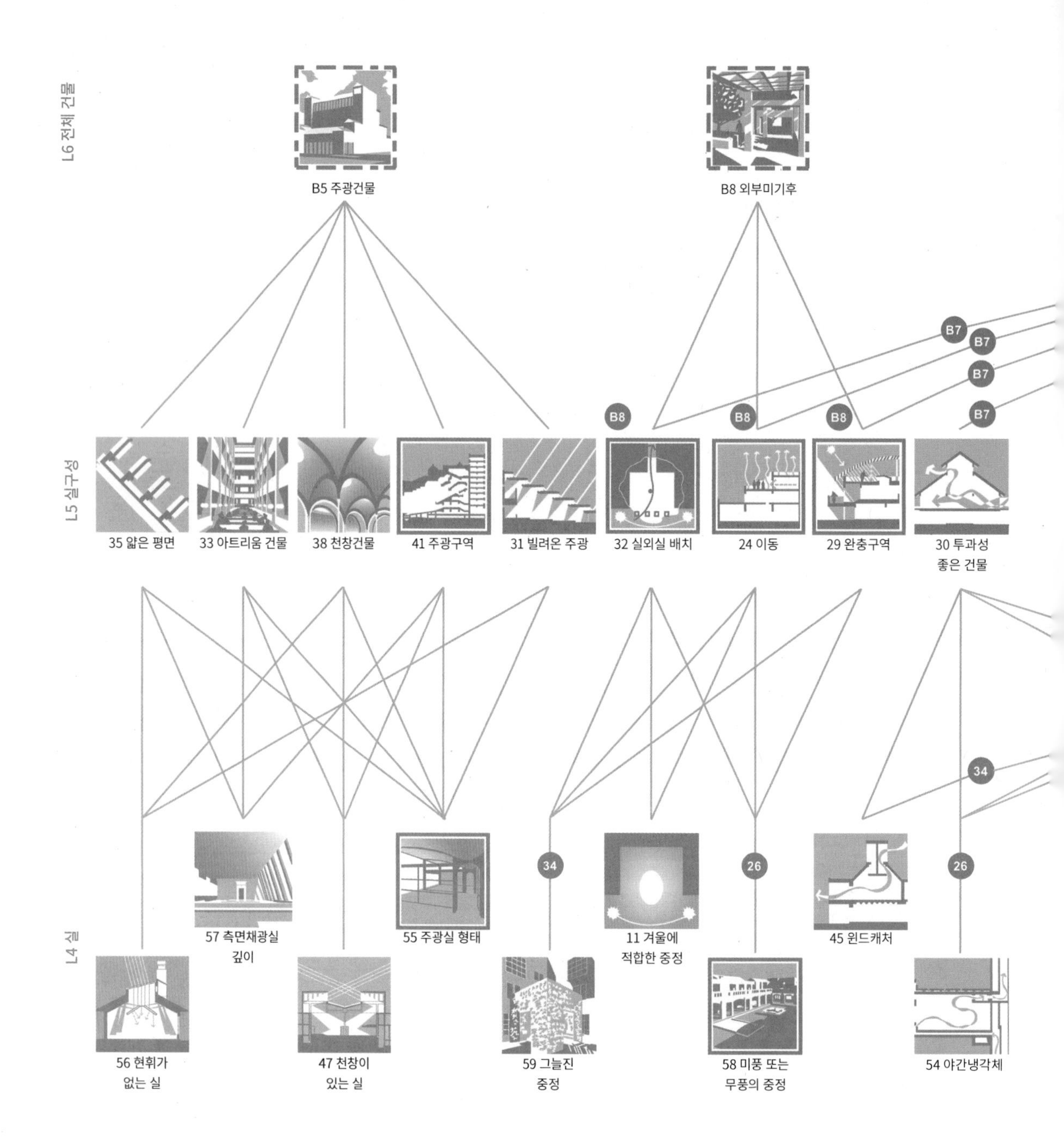

<디자인 전략체계도, 건물 스케일>

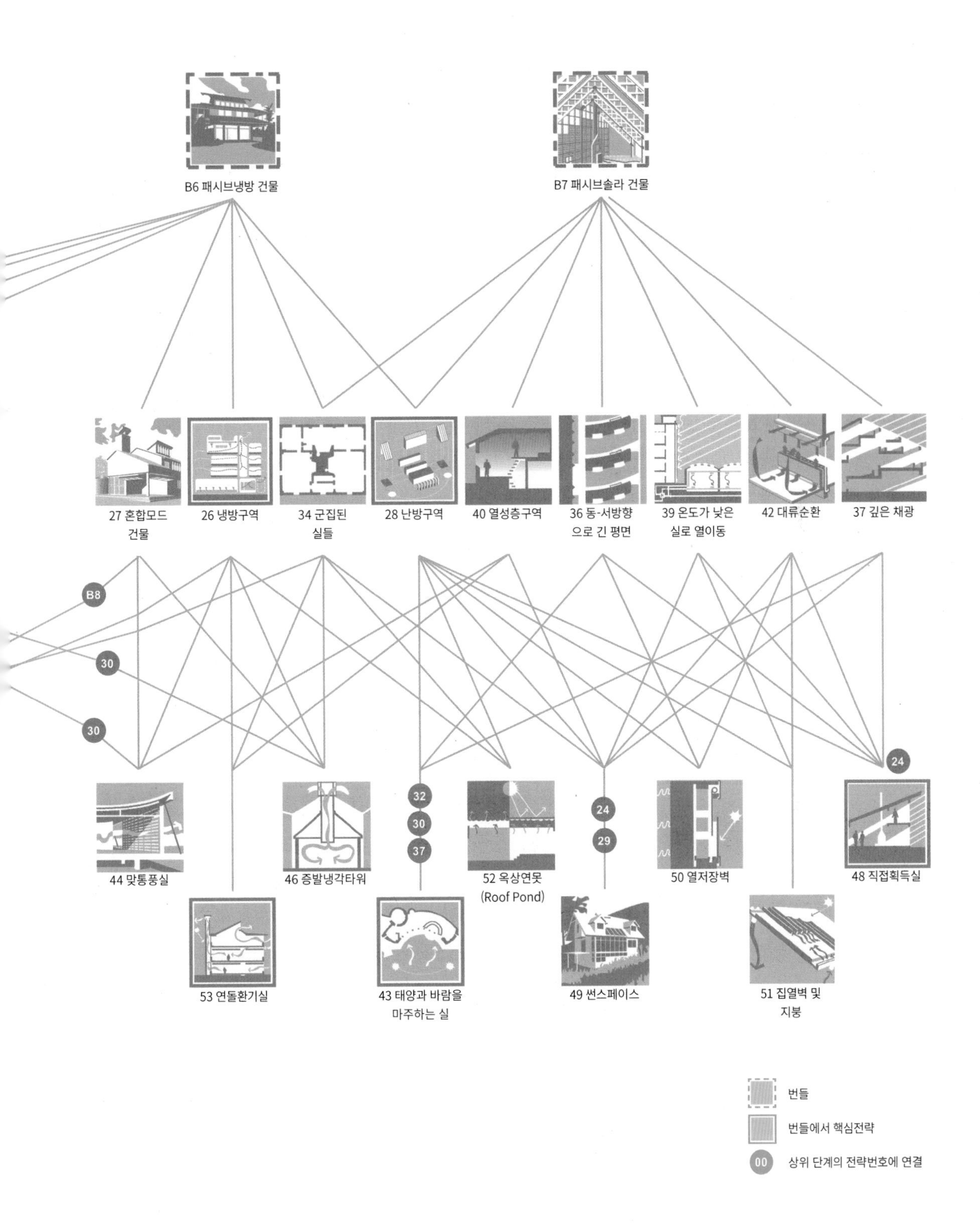
B6 패시브냉방 건물
B7 패시브솔라 건물
27 혼합모드 건물
26 냉방구역
34 군집된 실들
28 난방구역
40 열성층구역
36 동-서방향 으로 긴 평면
39 온도가 낮은 실로 열이동
42 대류순환
37 깊은 채광
B8
30
30
24
32
30
37
24
29
44 맞통풍실
46 증발냉각타워
52 옥상연못 (Roof Pond)
50 열저장벽
48 직접획득실
53 연돌환기실
43 태양과 바람을 마주하는 실
49 썬스페이스
51 집열벽 및 지붕
번들
번들에서 핵심전략
00
상위 단계의 전략번호에 연결

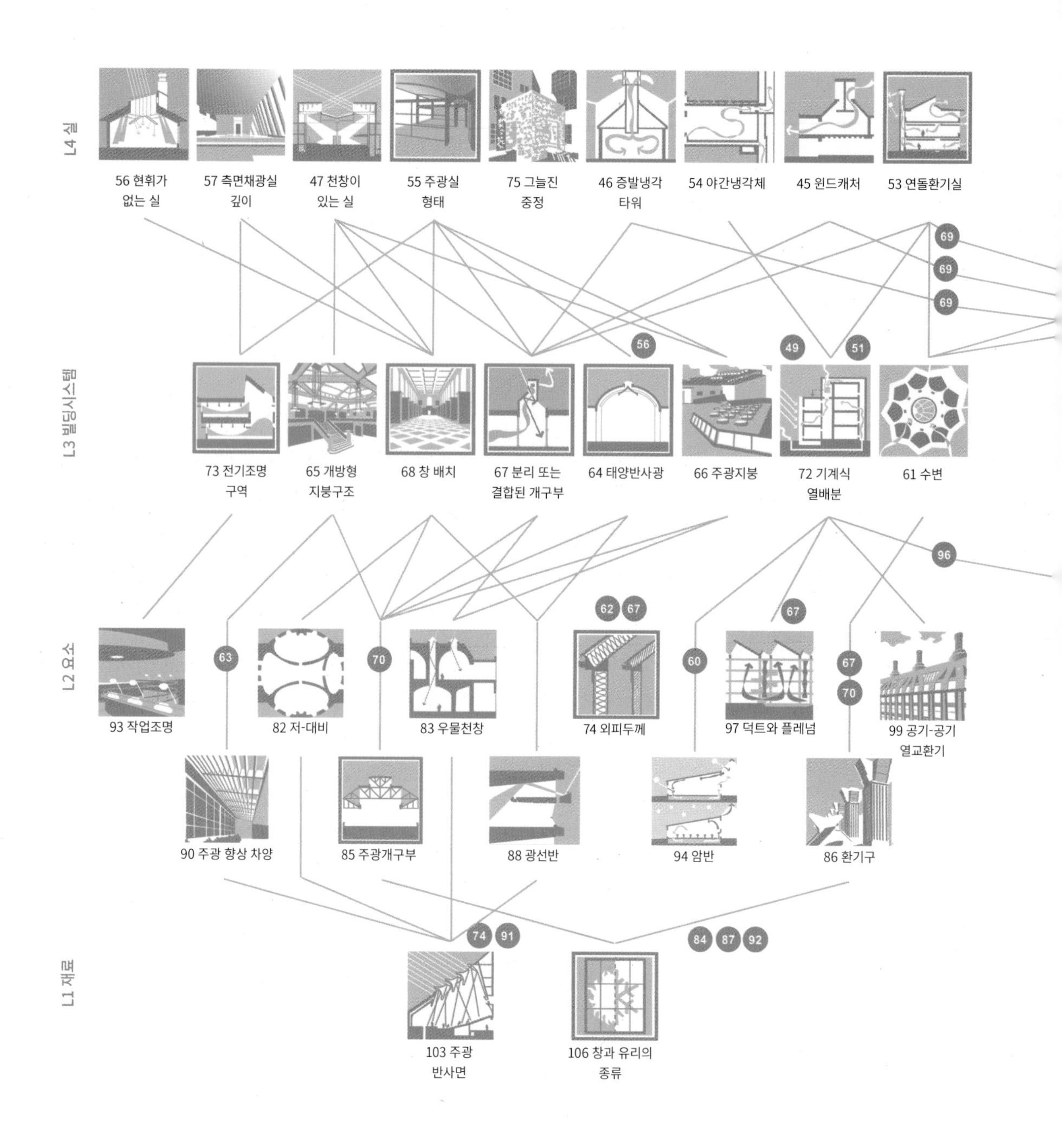

<디자인 전략체계도, 건물 요소 스케일>

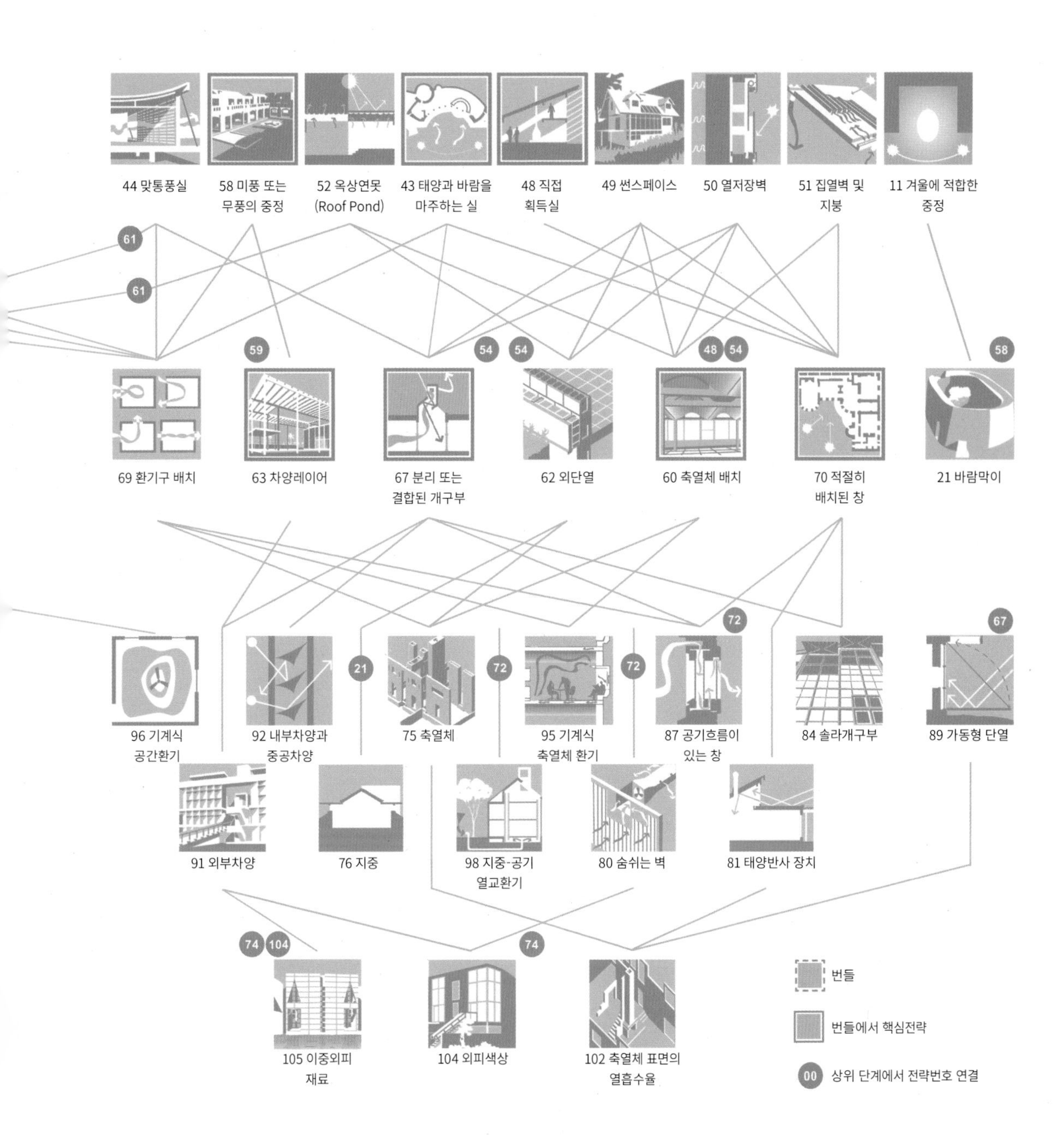
44 맞통풍실
58 미풍 또는 무풍의 중정
52 옥상연못 (Roof Pond)
43 태양과 바람을 마주하는 실
48 직접 획득실
49 썬스페이스
50 열저장벽
51 집열벽 및 지붕
11 겨울에 적합한 중정
61
61
59
54
54
48
54
58
69 환기구 배치
63 차양레이어
67 분리 또는 결합된 개구부
62 외단열
60 축열체 배치
70 적절히 배치된 창
21 바람막이
72
67
21
72
72
96 기계식 공간환기
92 내부차양과 중공차양
75 축열체
95 기계식 축열체 환기
87 공기흐름이 있는 창
84 솔라개구부
89 가동형 단열
91 외부차양
76 지중
98 지중-공기 열교환기
80 숨쉬는 벽
81 태양반사 장치
74
104
74
105 이중외피 재료
104 외피색상
102 축열체 표면의 열흡수율
번들
번들에서 핵심전략
00
상위 단계에서 전략번호 연결

기후에 따른 탐색

기후에 따른 번들변형

SWL에서 사용된 기본 컨텍스트는 건물의 기후대이다. 주광을 제외한 대부분의 디자인 전략들은 냉방, 난방, 또는 냉난방으로 나뉜다; 일부는 고온습윤기후나 고온건조기후에만 적용가능하다. 모든 주광전략들은 어떤 기후에서도 어느 정도 사용할 수 있다. 3가지 기본 기후들은 다음과 같다:

- **냉대(C)**
- **고온습윤(H-hu)**
- **고온건조(H-ar)**[1]

기후와 내부열획득의 조합은 초기디자인에서 적합한 에너지 전략의 결정에 고려된다. 표 **<기후와 내부열획득에 따른 번들변형>**은 건물의 다양한 상황을 다루기 위해 3가지 기본 기후들을 어떻게 조정할 수 있는지를 보여준다. 일반적으로 내부열획득이 높은 건물을 실내부하중심(ILD)[2]이라 부르는데, 주광을 거의 사용하지 않는 사무용 건물을 예로 들 수 있다. 이 건물은 낮은 균형점[3]을 가지며 냉방이 더 요구된다. 반면에 외피부하중심(SLD)[4]은 내부열획득이 낮은 건물이며 **SWL**을 사용하여 디자인할 수 있다. 실내부하중심(ILD) 건물은 고온기후의 건물과 비슷하며 많은 그늘과 냉방 등을 요구한다. 이와 마찬가지로 실외실은 외피와 내부열획득이 없기 때문에, 외피부하중심(SLD)보다 한 단계 더 시원한 기후조건을 위한 공조가 필요하다.

---

1) C는 Cold, H-hu는 Hot-Humid, H-ar는 Hot-Arid의 약자임.
2) 실내부하중심, Internal-Load-Dominated, 이하 ILD
3) 균형점(balance point)은 건물이 난방에서 냉방으로 전환되는 외부온도 기준을 의미함.
4) 외피부하중심, Skin-Load-Dominated, 이하 SLD

기후	인지된 기후조건	ILD / 두꺼운 건물	SLD/ 얇은 건물	실외실
냉대	난방 위주	C + H-hu C + H-ar	C	C2
복합	난방, 냉방의 결합	H-hu H-ar	C + H-hu C + H-ar	C
고온습윤	냉방 위주: 습윤	H2-hu	H-hu	C + H-hu
고온건조	냉방 위주: 건조	H2-ar	H-ar	C + H-ar
		내부열획득 높음	**내부열획득 낮음**	**내부열획득 없음**

<기후와 내부열획득에 따른 번들 변형>

ILD=실내부하중심, SLD=외피부하중심, C=냉대번들, H=고온번들, ar=건조, hu=습윤
H2=매우 덥고 냉방 위주, C2=매우 춥고 난방 위주
두꺼운 건물=패시브 구역의 비율이 낮은 건물
얇은 건물=패시브 구역의 비율이 높은 건물

표의 "중앙"에 SLD 건물의 기본 기후를 나열하였다. 예를 들어 표는 난방 위주의 기후인 Zone 6A(Duluth, Minnesota)를 **냉대(C)**에 배치하고, 고온기후의 냉방 위주의 기후인 Zone 1A(Miami, Florida)를 **고온습윤(H-hu)**에 배치한다.

"H2"나 "C2"는 기본 기후 유형의 조건이 악화된 것을 의미한다. 그리고 H나 C의 조건보다 더 강한 난방 또는 냉방의 우세는 기후에 대응하는 디자인을 더욱 필요로 한다. 예를 들면 냉대기후의 외피부하중심(SLD) 건물은 C에 해당된다. 실외실은 외부조건에 더 많은 영향을 받으며 내부열획득은 없으므로 C2에 해당되며 좀 더 냉대기후 환경에 집중하여 다룬다. 마찬가지로 고온건조(H-ar)기후에서 내부열획득이 큰 실내부하중심(ILD) 건물은 항상 냉방이 필요할 수 있다(H2-ar).

북미 대부분의 기후는 복합기후이며, 건물은 일 년 중에 일정기간 동안 냉난방이 모두 필요하다. 냉난방이 결합된 건물의 경우에는 **냉대와 고온**(고온습윤, 고온건조) 중에 하나를 번들이나 디자인 전략들로 사용할 수 있다. 냉방 또는 난방의 필요성을 결정하는 것은 단지 기후뿐만 아니라 **기후 + 사용 + 디자인**의 조합임을 유념해야 한다(이는 2장의 **"건물부하와 에너지 사용"**에서 더 자세히 다룬다). 이러한 여러 요소들의 조합은 건물의 「균형점 온도」와 「균형점 프로필」에 도달하는데 중요한 요인이 된다.

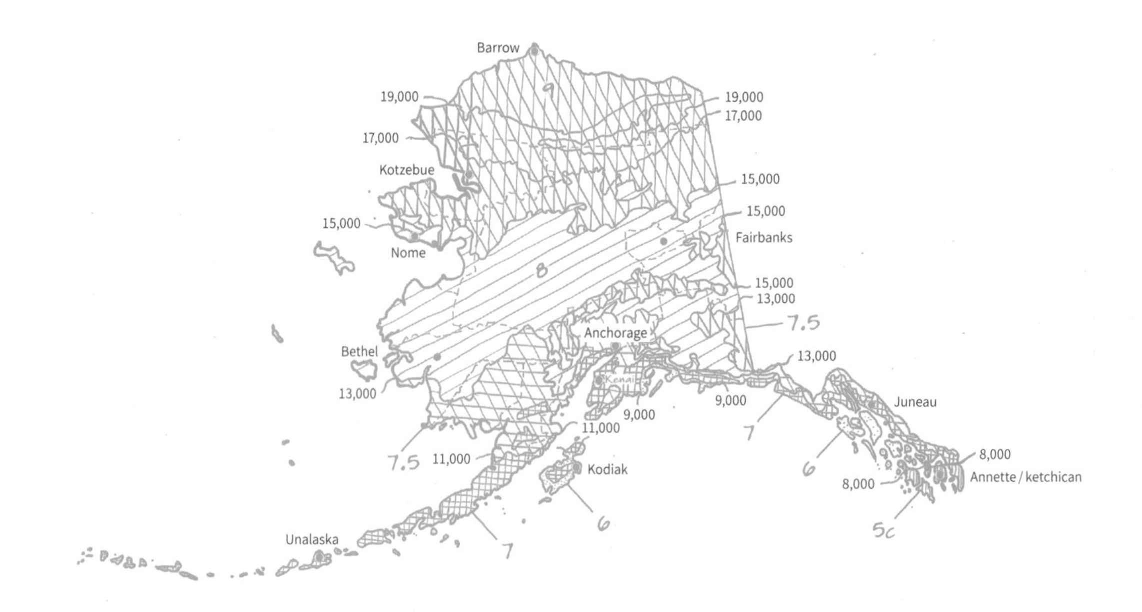

<세계기후대, 알래스카>

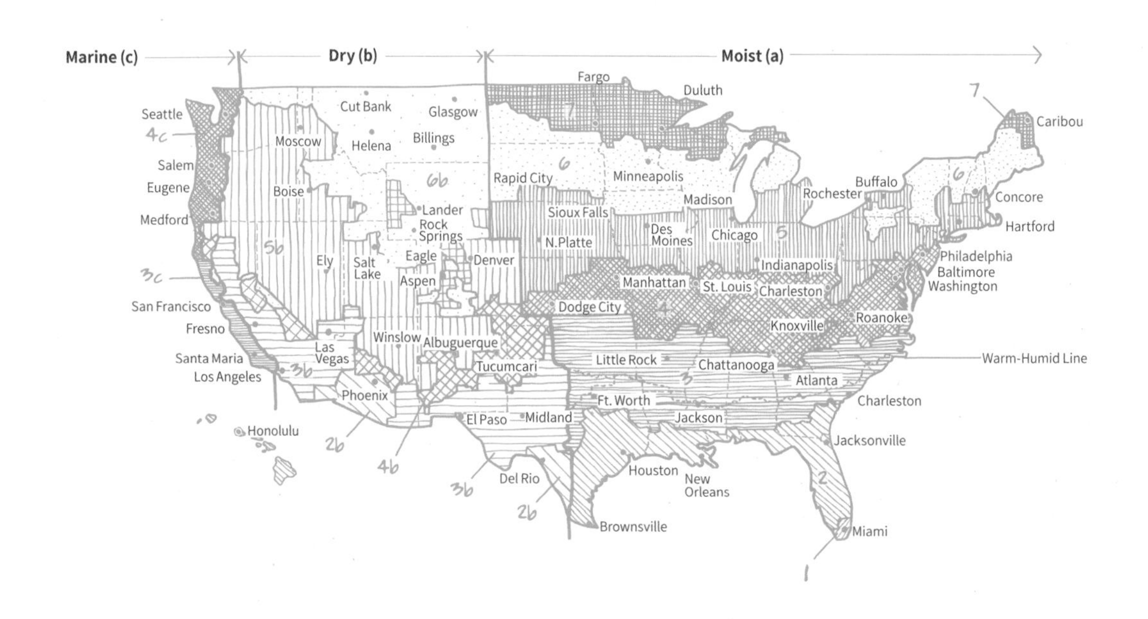

<세계기후대, 미국>

<세계기후대, 캐나다>

해양(C) 정의

다음 4가지의 조건을 충족시키는 위치

1. 가장 추운 달의 평균온도는 -3°c
2. 가장 따뜻한 달의 평균온도는 <22°c
3. 최소한 4개월의 평균온도는 10°c 이상
4. 여름에는 건기. 추운 계절의 강수량은 나머지 모든 달의 강수량보다 3배는 되어야 함. 북반구의 추운 계절은 10월부터 3월까지이며, 남반구의 추운 계절은 4월부터 9월까지임.

건조(B) 정의

다음의 조건을 충족시키는 위치

1. 해양이 아님
2. $P < 2.0 \times (T+7)$
   P=연간 강수량(cm), T=연간 평균온도(°C)

습윤(A) 정의

해양과 건조를 제외한 모든 곳(ASHRAE, 2007)

기후구역				DD °C
매우 더움(Very Hot)		습윤	1A	> 5000 CDD10
		건조	1B	
고온(Hot)		습윤	2A	3500-5000 CDD10
		건조	2B	
온대(Warm)		습윤	3A	2500-3500 CDD10
		건조	3B	
		해양성	3C	< 2500 CDD10 and < 2000 HDD18
복합(Mixed)		습윤	4A	< 2500 CDD10 and 2000-3000 HDD18
		건조	4B	
		해양성	4C	2000-3000 HDD18
시원(Cool)		습윤	5A	3000-4000 HDD18
		건조	5B	
		해양성	5C	
냉대(Cold)		습윤	6A	4000-5000 HDD18
		건조	6B	
매우 추움(Very Cold)			7	5000-6000 HDD18
극도로 추움(Severe Cold)			7.5	6000-7000 HDD18
준극지(Subarctic)			8	7000-8000 HDD18
극지(Arctic)			9	> 8000 HDD18

<세계기후대, 정의>

외피와 일사부하를 결정하는 외부환경은 **기후**에 따른다(「기후 자원」 참고). **사용** 요소는 실내 쾌적함의 조건, 재실일정과 내부열 획득지수를 설정한다(「재실자 행동」 참고). 창문을 통하여 획득된 햇빛이나 그늘에 의해 가려진 햇빛 등에 따라 건물형태는 외피의 열손실과 열획득을 조절한다.

다음 표는 **SWL**의 전략을 구분하고 기본 기후를 유형으로 나눌 때에 사용된다. 각 디자인 전략들을 단일한 유형으로 구분하기에는 광범위하며 대부분은 한 기후에만 적용할 수가 없다. 대신에 많은 전략들이 온대기후부터 극한기후까지 다양한 조건을 다룬다. 예로 「솔라개구부」의 도구들은 패시브 솔라 유리면을 Zone 1A(Miami, Florida) 같은 고온습윤기후부터 7B(Edmonton, Alberta) 같은 매우 추운 기후까지 다양한 기후에서 연간 태양의존율(SSF)[5]과 관련시킨다.

지도와 다이어그램의 기후대 번호는 **<세계기후대, 정의>**에서 가져온 것이며, 대표 도시들은 미국의 기후대이다. Zone 1-7과 8의 도시들은 해당 기후대에서 가장 많은 사람들이 거주하는 지역을 기준으로 **미국에너지부(DOE)**[6]에 의해 선정되었다. 따라서 통계적으로 각 기후대의 전형적인 기후조건을 보여주는 도시들은 아니다. Zone 7.5는 Zone 7에서 세분화되어 **SWL**에 추가되었다. 이는 캐나다에서 제안한 기후대에 의한 것이다. Zone 9과 10은 Zone 8에서 세분화된 것인데, **ASHRAE**에서 정의한 Zone 8의 난방도일(HDD)의 범위가 Zone 9, 10을 결합하면 동일하기 때문이다. 따라서 Zone 7.5, 9, 10은 **SWL**에만 존재한다.

건물의 기후에 적합한 전략과 번들들을 선택하기 위하여:

1) **<세계기후대 지도>**를 이용하여 **대지에 해당하는 기후대를 찾는다.**
2) **<기후대와 냉난방 전략들에 대한 우선순위>**에서 **기본 기후유형을 설정한다.**
3) 표 **<기후와 내부열획득에 따른 번들변형>**을 이용하여 실내부하중심(ILD) 건물, 외피부하중심(SLD) 건물, 실외실인지에 따라 필요시 **기본 기후유형을 수정한다.**
4) 실내부하중심(ILD) 건물이나 실외실을 디자인한다면 **적합한 새로운 기후유형을 선택한다.** 필요시에 기본 기후유형으로부터 좌측(더운 쪽)이나 우측(추운 쪽)으로 움직인다. 표 **<기후대와 냉난방 전략에 대한 우선순위>**에서 **고온기후**(냉방) 또는 **냉대기후**(난방)의 가중치를 읽는다.
5) **적합한 시너지, 디자인 전략, 분석기법들을 선택한다.** 우선순위에 의한 가중치를 이용하여 **<기후와 에너지 의도에 따른 전략>**을 참고한다.

---

5) 태양의존율, Solar Savings Fraction, 이하 SSF. 태양의존율(SSF)은 태양에너지를 난방에 사용하여 절감한 연간 에너지의 비율임. 이는 태양절감률, 태양에너지 이용률 등으로도 번역됨.

6) 미국에너지부, US. Department of Energy, 이하 DOE

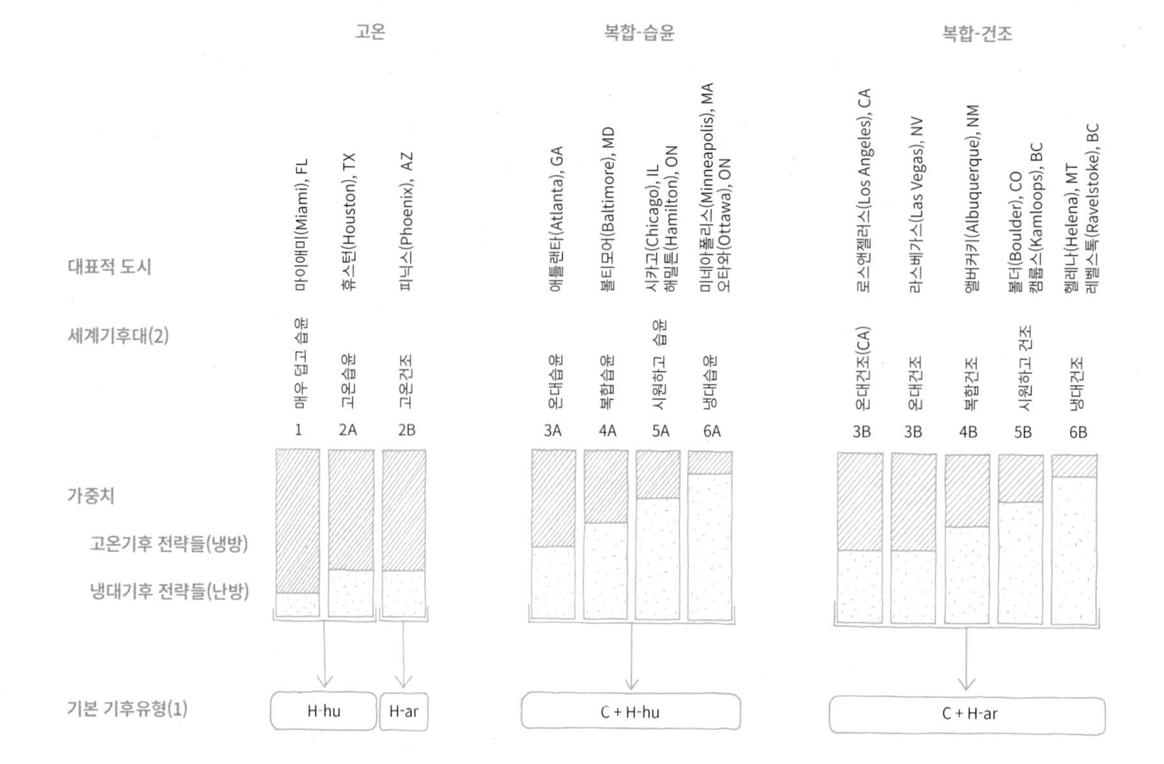

<기후대와 냉난방 전략들에 대한 우선순위>

(1) SLD/얇은 평면, 외부 실(내부열획득 없음) 혹은 ILD/두꺼운 건물의 우선순위는 옮겨질 것이다.
<기후와 내부열획득에 따른 번들변형> 참고.
(2) 미국, 알래스카, 캐나다는 <세계기후대 지도>를 참고.

물론 목록의 모든 전략들을 사용할 필요는 없으며, 다양한 조합들을 통해서 에너지 의도를 달성할 수 있다.

6) **가중치를 이용해서** 고온과 냉대기후의 전략들을 조합하여 **맞춤번들을 만든다.** 4장 "**번들**"에서 "**나만의 번들만들기**" 부분을 참고한다. 어떤 전략 번들은 기후에 따라 달라진다. 이 중에서 선택할 때에 위와 동일한 단계를 사용하여 동등한 기후대를 결정한다.

표 **<기후와 에너지 의도에 따른 전략>**은 **모든 기후** 또는 **냉대기후, 모든 고온기후, 고온습윤기후** 또는 **고온건조기후**에 적용가능성에 따라 전략들을 그룹으로 나눈다. 각 기후유형은 **태양, 바람, 주광, 온도, 습도,** 또는 이들의 조합(**복합적인 영향들**)과 관련된 에너지 의도의 묶음을 가진다. 주광 전략들

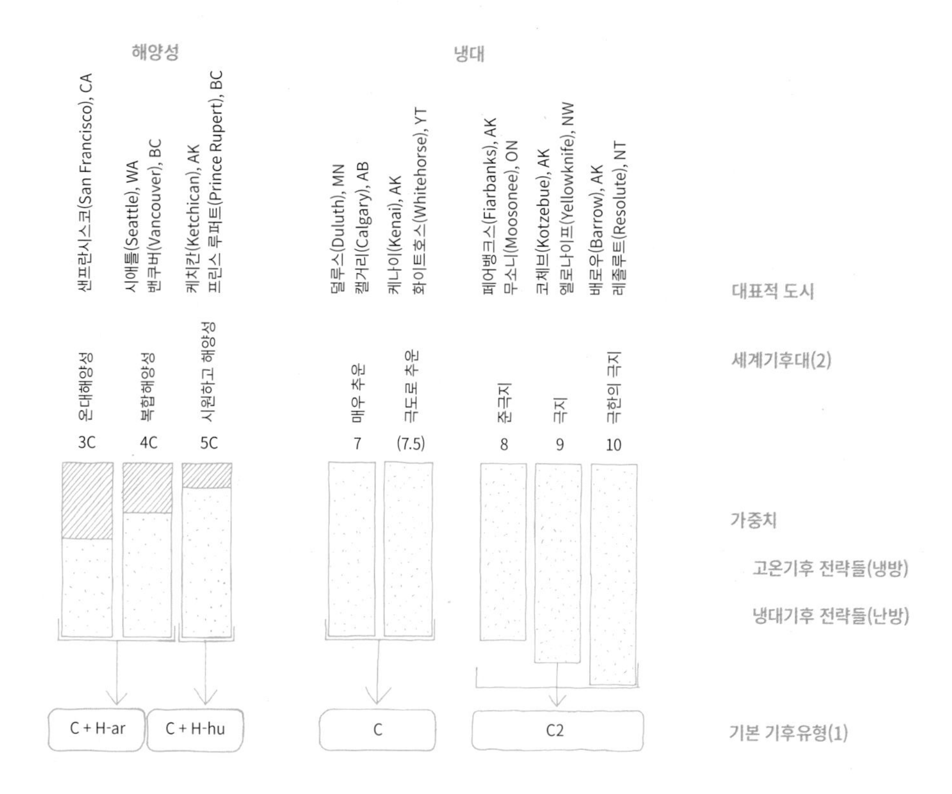

은 모든 기후들에 적용된다. 각 기후의 범주 내에서 표는 **태양**(S1, S2, S3 등), **습도**(M1, M2, M3 등) 등과 같은 에너지 목표들을 보여준다. 각 **의도가 담긴 굵은 글씨체의 설명** 아래에는 이러한 문제를 다룰 수 있는 전략들이 있다.

일부 전략들은 한 가지 이상의 에너지 의도를 달성하도록 돕는다. 모든 **SWL** 탐색 지원들과 마찬가지로 조언은 일반적이며, 다른 전략 또는 전략들의 조합은 같은 목적을 달성한다.

<기후와 에너지 의도에 따른 전략>

모든 기후

시너지(SYNERGIES)

S1 기후 자원
S2 재실자 행태
S3 자원이 풍부한 환경
S4 공간조닝
S5 열적이동
S6 다중디자인
S7 액티브 맞춤시스템

번들(BUNDLES)

B1 근린지구의 빛환경
B4 통합적인 도시패턴
B5 주광건물
B8 외부미기후
B9 반응형 외피

고성능 매트릭스 (HIGH PERFORMANCE METRICS)

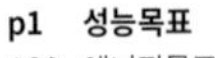

p1 성능목표
A30 에너지목표
A33 배출 목표
A11 설계주광률
84 솔라개구부

p2 에너지성능평가
A27 총 열획득 및 열손실
A31 연간 에너지 사용
A32 에너지 사용강도(EUI)
A34 넷-제로에너지 균형

p3 배출성능평가
A35 탄소중립건물

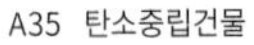

바람 (WIND)

w1 침투를 제어한다.
A4 풍배도
A23 환기 또는 침투 획득과 손실
21 바람막이
76 지중
70 적절히 배치된 창

w2 제어된 신선한 공기환기를 수용한다.
A23 환기 또는 침투 획득과 손실
67 분리 또는 결합된 개구부
80 숨쉬는 벽
87 공기흐름이 있는 창
98 지중-공기 열교환기
99 공기-공기 열교환기

태양 (SUN)

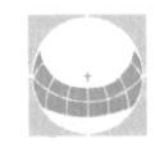

s1 서비스온수를 위해 태양을 이용한다.
A20 급탕부하
79 태양열온수

s2 전기를 생산하기 위해 태양을 이용한다.
A19 전기부하
78 태양광전지(PV) 지붕과 벽

습기 (MOISTURE)

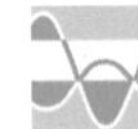

m1 증기가 내부/외부로 건조되도록 한다.
m2 환기로 과도한 습기를 제거한다.
A12 온도와 습도
A24 생체기후도
44 맞통풍실
53 연돌환기실
69 환기구 배치
86 환기부
96 기계적 공간환기

복합적인 영향 (MULTIPLE FORCES)

f1 대지-내 자원에 접근을 유지한다.
A7 대지 미기후
5 기후외피

f2 다양한 열조건을 제공한다.
A14 에너지 프로그래밍
24 이동
25 주기적 변환
26 냉방구역
27 혼합모드 건물
28 난방구역
40 열성층구역

f3 패시브 디자인; 효율적인 장비 사용
71 반응 HVAC 시스템
100 히트펌프
101 수동 또는 자동제어
26 냉방구역
27 혼합모드 건물
28 난방구역

주광 (DAYLIGHT)

d1 대지에서 주광 확보를 유지한다.
A9 주광가용성
A10 주광방해
4 주광밀도
13 주광블록
14 주광외피

d2 건축적으로 주광을 포착한다.
A8 구름량
A11 설계주광률
6 선형 아트리움
31 빌려온 주광
33 아트리움 건물
35 얇은 평면
38 천창건물
47 천창이 있는 실
55 주광실 형태
66 주광지붕
67 분리 또는 결합된 개구부
68 창 배치
85 주광개구부

d3 주광을 내부 깊숙이 반사한다.
57 측광실 깊이
65 개방형 지붕구조
66 주광지붕
83 우물천창
88 광선반
103 주광반사면

d4 열획득을 줄이기 위해 반사되거나 확산되는 빛을 수용한다.
A1 해시계
A2 태양궤적도
A26 차양달력
64 태양반사광
88 광선반
90 주광 향상 차양
106 창과 유리의 종류

d5 다양한 조명조건을 제공한다.
A14 에너지 프로그래밍
25 주기적 변환
31 빌려온 주광
41 주광구역
93 작업조명
101 수동 또는 자동제어

d6 현휘를 제어한다.
56 현휘가 없는 실
64 태양반사광
82 저-대비
88 광선반
106 창과 유리의 종류

d7 주광과 전기조명을 통합한다.
41 주광구역
73 전기조명구역
93 작업조명
101 수동 또는 자동제어

냉대기후

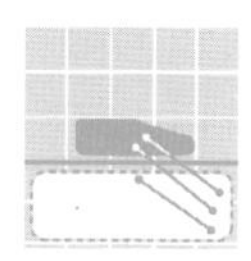

번들(BUNDLES)

B3 태양을 고려한 근린지구
B7 패시브솔라 건물
B8 외부 미기후

태양
(SUN)

s3 대지의 태양 확보를 유지한다.
A7 대지 미기후
12 근린지구 햇빛
15 솔라외피
20 동-서방향으로 길게 들어선 건물군

s4 밤에 난방부하가 있을 때 태양을 받아들인다.
A3 태양복사
A29 균형점 프로필
36 동-서방향으로 긴 평면
37 깊은 채광
43 태양과 바람을 마주하는 실
48 직접획득실
49 썬스페이스
50 열저장벽
51 집열벽 및 지붕
52 옥상연못
67 분리 또는 결합된 개구부
81 태양 반사장치
84 솔라개구부
106 창과 유리의 종류

s5 패시브디자인 이후, 액티브난방을 위해 태양에너지를 모은다.
51 집열벽 및 지붕

복합적인 영향
(MULTIPLE FORCES)

f4 온화한 외부미기후를 만든다.
A7 대지 미기후
3 지형적 미기후
7 저밀도 또는 고밀도의 도시패턴
8 점진적 높이변화
11 겨울에 적합한 중정
18 고층건물의 기류
21 바람막이
24 이동
32 실외실 배치
58 미풍 또는 무풍의 중정

바람
(WIND)

w2 제어된 신선한 공기환기를 수용한다.
80 숨쉬는 벽

w3 차가운 바람을 막는다.
A4 풍배도
A5 바람정보표
A6 공기움직임의 원리
3 지형적 미기후
7 저밀도 또는 고밀도의 도시패턴
11 겨울에 적합한 중정
21 바람막이
34 군집된 실들
76 지중
70 적절히 배치된 창

w4 실내공기 속도를 줄인다.
75 축열체
77 복사표면

기온
(TEMPERATURE)

t1 허용 실내온도를 줄인다.
A13 적응형 쾌적기준
A14 에너지 프로그래밍
A16 재실자로 인한 열획득
A24 생체기후도
24 이동
29 완충구역
40 열성층구역

t2 순간최대 추위를 피하기 위해 일정을 조정한다.
A15 부하반응형 일정

t3 실내열발생을 증가/집중한다.
A18 장비에 의한 열획득
A16 재실자로 인한 열획득
A17 조명에 의한 열획득
28 난방구역

t4 외피를 통한 열손실을 차단한다.
A21 외피 열흐름
A25 접지
A27 총 열획득 및 열손실
21 바람막이
29 완충구역
34 군집된 실들
70 적절히 배치된 창
74 외피두께
76 지중
89 가동형 단열
104 외피색상
106 창과 유리의 종류

t5 밤에 사용하기 위해 주간 열을 저장한다.
50 열저장벽
52 옥상연못
60 축열체 배치
62 외단열
75 축열체
77 복사표면
94 암반
102 축열체표면의 열흡수율

t6 열을 저장 또는 필요한 곳으로 옮긴다.
39 온도가 낮은 실로 열이동
42 대류순환
72 기계식 열배분
97 덕트와 플레넘
95 기계적 축열체 환기

<기후와 에너지 의도에 따른 전략>

모든 고온기후

번들(BUNDLES)

B2 시원한 근린지구
B6 패시브냉방 건물
B8 외부 미기후

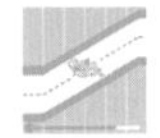

기온 (TEMPERATURE)

t7 허용 실내온도를 증가시킨다.
A24 생체기후도
A13 적응형 쾌적기준
A14 에너지 프로그래밍
A16 재실자로 인한 열획득
24 이동
29 완충구역
40 열성층구역
96 기계적 공간환기

t8 순간최대 열을 피하기 위해 교대일정
A14 에너지 프로그래밍
A15 부하반응형 일정

t9 실내열발생을 감소/분리/분산한다.
A18 장비에 의한 열획득
A16 재실자로 인한 열획득
A17 조명에 의한 열획득
26 냉방구역

t10 열획득을 차단하고 실내가 외부보다 더울 때 외피를 통해 열손실을 허용한다.
A21 외피 열흐름
A25 접지
29 완충구역
74 외피두께
76 지중
89 가동형 단열
104 외피색상
106 창과 유리의 종류

t11 환기하기에 너무 더울 때 열을 저장한다.
A24 생체기후도
A25 접지
A27 총 열획득 및 열손실
52 옥상연못
54 야간냉각체
60 축열체 배치
62 외단열
75 축열체
77 복사표면
76 지중
94 암반
94 기계적 축열체 환기

t12 냉기를 보관하거나 필요한 곳으로 이동시킨다.
72 기계식 열배분
97 덕트와 플레넘
95 기계식 매스환기

바람 (WIND)

w5 대지에 바람의 접근을 유지한다.
A4 풍배도
5 기후외피
A6 공기움직임의 원리
1 모여지는 바람길
3 지형적 미기후
7 저밀도 또는 고밀도의 도시패턴
17 미풍 또는 무풍의 가로
19 분산된 건물

w6 냉방하기에 너무 덥지 않을 때 외기를 허용한다.
A4 풍배도
A24 생체기후도
A27 총 열획득 및 열손실
26 냉방구역
27 열성층구역
30 투과성 좋은 건물
43 태양과 바람을 마주하는 실
44 맞통풍실
45 윈드캐처
53 연돌환기실
58 미풍 또는 무풍의 중정
67 분리 또는 결합된 개구부
69 환기구 배치
86 환기부
96 기계식 공간환기

w7 냉방하기에 너무 더울 때 바람을 차단한다.
21 바람막이
58 미풍 또는 무풍의 중정

w8 실내풍속을 증가시킨다.
69 환기구 배치
86 환기구
96 기계식 공간환기

복합적인 영향 (MULTIPLE FORCES)

f5 더 시원한 외부 미기후를 만든다.
A7 대지 미기후
A24 생체기후도
9 엮어진 건물과 식재
10 엮어진 건물과 물
16 양산형 그늘
22 녹지 가장자리
23 오버헤드 차양
24 이동
32 실외실 배치
58 미풍 또는 무풍의 중정
59 그늘진 중정

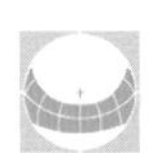

태양 (SUN)

s6 외부온도가 균형점보다 높을 때 태양을 차단한다.
A1 해시계
A2 태양궤적도
A22 창의 일사획득
A26 차양달력
A29 균형점 프로필
2 공유그늘
29 완충구역
63 차양레이어
59 그늘진 중정
90 주광 향상 차양
91 외부차양
92 내부차양과 중공차양
106 창과 유리의 종류
105 이중외피 재료

s7 연돌환기를 증가시키기 위하여 태양을 이용한다.
53 연돌환기실

고온건조기후

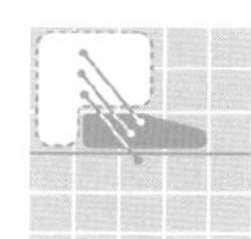

고온습윤기후

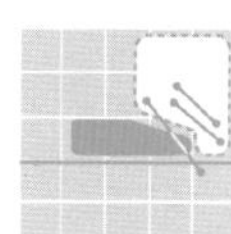

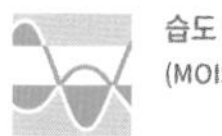

습도
(MOISTURE)

m3 실내공기에 습기를 추가한다(가습).
46 증발냉각타워
71 반응 HVAC 시스템[SWL4]

m4 환기공기에 습기를 추가한다.
99 공기-공기 열교환기
98 지중-공기 열교환기

m5 너무 더울 때 증발냉각을 사용한다.
10 엮어진 건물과 물
46 증발냉각타워
34 군집된 실들
61 수변

습도
(MOISTURE)

m6 실내공기로부터 습기를 제거한다.
71 반응 HVAC 시스템[SWL4]

m7 환기공기로부터 습기를 제거한다.
99 공기-공기 열교환기

m8 추가 습기를 생성하지 않는다.
10 엮어진 건물과 물
46 증발냉각타워
61 수변

2 태양, 바람, 빛의 이용

(USING SUN, WIND & LIGHT)

넷-제로, 피크-제로, 넷-포지티브 에너지건물들을 구현하기 위해서는, 건물들이 에너지를 주로 어디에 사용하는지, 어떻게 다양한 디자인 전략들을 통합하여 에너지 설계과정을 향상시킬지를 이해해야 한다.

2장의 전반부는 **"건물과 에너지 사용"**을 위한 통합설계과정의 기본 구성요소들과 관계들을 설명한다. 그리고 후반부는 **<넷-제로, 피크-제로, 넷-포지티브 건물들을 위한 설계결정도표>**를 소개한다. 이는 7가지 **시너지**들을 유도하는 의사결정과정을 보여주며, 건물의 최대성능을 위한 다양한 **디자인 전략**들과 **번들**들에 의해 지원된다. 먼저 도표 구조에 대해 안내하고, 도표를 제시한다. 이후 사례를 소개하고, 마지막으로 도표의 각 질문모음에 답하는 7가지 시너지 효과를 기억하기 위한 제안들을 제시한다.

건물과 에너지 사용

건물부하와 에너지 사용

현대건물들은 장비를 가동하고 편안한 거주환경을 만들기 위해 에너지를 사용하며, 건물에서 소비되는 에너지의 절반 이상은 난방, 냉방, 환기, 조명에 사용된다.[1] 다이어그램 **<기후, 사용, 디자인의 영향>** 은 이러한 부하의 주요 결정요인들을 보여준다.

기후는 건물부하에 영향을 주는 외부요인들(온도, 상대습도, 복사열, 바람패턴 등)이다.

사용은 건물의 프로그램과 재실자들과 관련된 운영 특성에 따라 구성된다. 부하는 재실자들에 따라 결정되는 경향이 있기 때문에, 건물이 어떻게 사용되는지는 부하의 시기와 크기에 결정적이다.

디자인은 건물의 형태, 구성, 요소, 재료 등 디자이너가 다룰 수 있는 모든 측면들을 포함한다.

부하절감 전략들

에너지 절약을 위한 첫 번째 대응은 기계나 전기조명 시스템의 효율을 향상시키는 것이 일반적이다(예를 들어 T-12 형광등을 더 효율적인 T-8 등으로 교체). 그러나 시스템의 효율향상 **전에** 패시브 전략들로 부하를 절감시킨다면, 시스템의 크기와 초기비용뿐만 아니라 에너지 사용을 훨씬 많이 줄일 수 있다. 이는 다이어그램 **<부하절감으로 에너지 생산의 최소화>**에서 설명된다.

기후, 사용, 디자인 간의 상호작용은 부하절감 전략의 핵심적인 기회를 제공한다. 그 예로 「야간냉각체」는 냉방부하를 줄이거나 제거하는 데 사용되는 패시브디자인 전략이다. 이는 야간의 온도가 재실자 쾌적구역의 상한선 아래이거나, 또는 **기후, 사용**에 의한 실내발열이 축열체에 모두 흡수될 만큼 적은 경우에 가장 효율적이다.

---

1) 미국 에너지부(U.S.Department of Energy, 이하 U.S.DOE), 2012

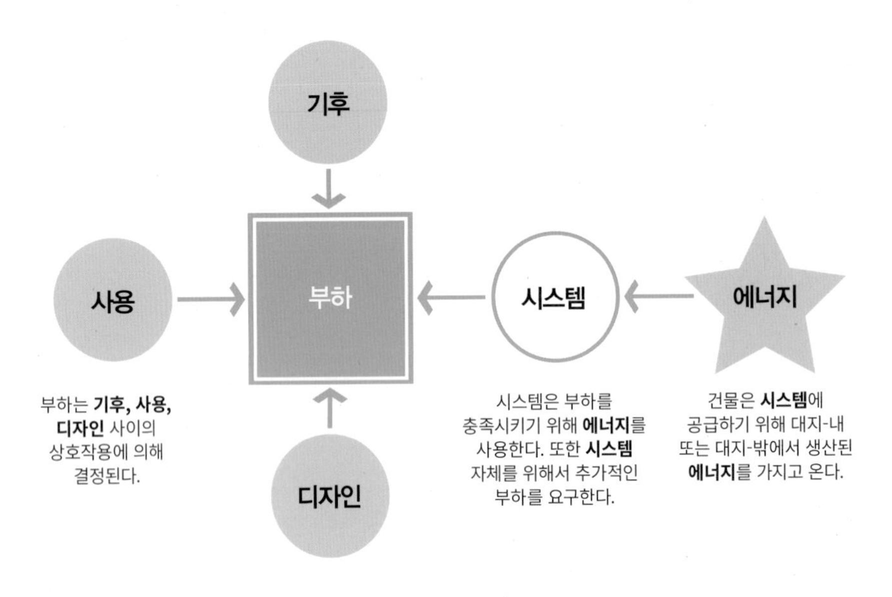

<기후, 사용, 디자인의 영향>

에너지 부하의 최소화는 필수적인 설비, 조명, 전기시스템에 필요한 에너지 수요를 대지-내 에너지 생산으로 충족하여 **넷-제로, 피크-제로, 넷-포지티브** 건물을 가능하게 한다.

넷-제로, 넷-포지티브 EUI 건물들

에너지 사용도(EUI)는 건물 운영에 필요한 에너지 사용량을 측정하고 비교할 때에 일반적으로 사용하는 단위이다.

EUI는 건물의 단위 면적당 필요한 에너지량으로, 연간 총 에너지 사용량을 건물 연면적으로 나누어서 계산한다. EUI는 **에너지 생산도(EPI)**[2]에 비교될 수 있는데, EPI는 재생에너지(풍력발전, 태양광발전(PV) 등)와 같이 대지의 기후 자원을 활용한 생산에너지를 측정한 것이다. 모든 단위는 발전방법, 연료종류에 관계없이 연간 kWh/m^2($kBtu/ft^2$)로 변환되므로 여러 가지 연료 종류와 건물의 대등한 비교가 가능하다. 이러한 2가지 단위를 이용해서 에너지 수요와 생산 간의 관계는 EPI에서 EUI를 뺀 값인 **에너지 균형지표(EBI)**[3]를 통해 알 수 있다.

2) 에너지 생산도, Energy Production Intensity, 이하 EPI
3) 에너지 균형지표, Energy Balance Index, 이하 EBI

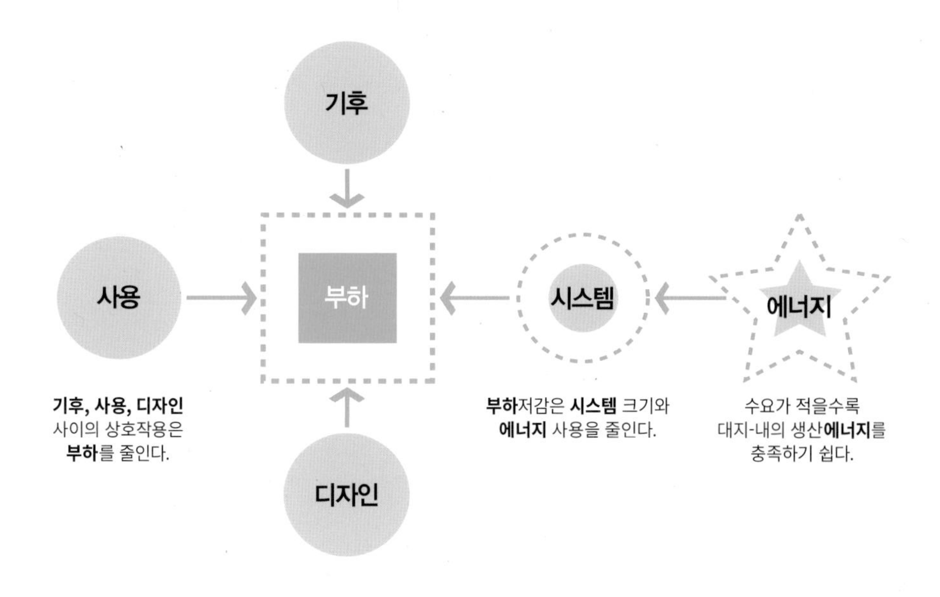

<부하저감으로 에너지 생산의 최소화>

에너지 균형지표(EBI)=에너지 생산도(EPI)−에너지 사용도(EUI)

일반적인 건물들은 열, 빛, 전기부하를 충족하기 위해서 대지-밖에서 에너지를 가지고 온다. 따라서 에너지 균형지표(EBI) 값은 음(−)이다. EBI가 0이라는 것은 수요와 공급이 동일하며 건물이 넷-제로 상태임을 뜻한다. **넷-제로에너지 건물**은 일정 기간 동안 사용하는 에너지와 동등한 양의 에너지를 생산하는 건물로 정의되며[4], 보통 연간 계산에 근거한다. SWL에서 "넷-제로"는 항상 **대지** 넷-제로 건물을 의미한다.[5] 이보다 더 효율적인 건물은 **어떠한** 시점(순간최대 전력부하시간도 포함)에서도 적어도 소비에너지만큼은 생산한다. 그리고 순간최대 전력부하시간이 아닌 비-혼잡시간에는 소비량보다 **더 많은** 에너지를 생산한다; 따라서 EBI는 양(+)이다. 이는 **피크-제로 또는 넷-포지티브** 건물을 의미한다. 어떤 건물들은 연간 EBI가 양(+)이면 **넷-포지티브**로 생각될 수 있으나, 에너지부하가 최대인 경우를 대비하여 외부에너지 유입이 여전히 필요하다.

---

4) Torcellini et al., 2006
5) 「넷-제로에너지 균형」 정의 참고

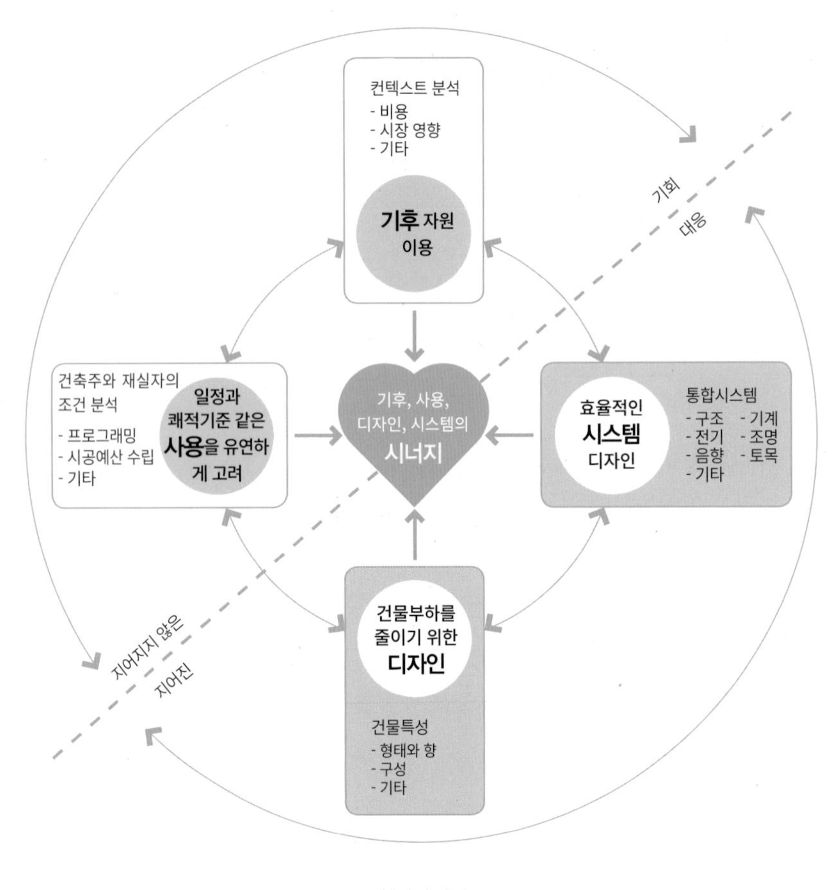

<통합설계 과정>

통합설계

통합설계는 더 나은 지속가능한 건물들을 만들기 위한 이론적 접근과 설계 및 시공현장에서 사용되는 실무적 기법 모두를 뜻한다: "건조환경의 조성에 있어서 통합설계는 재실자에게 더욱 편안하고 생산적인 환경과 에너지효율이 더욱 뛰어난 건물들을 만들기 위한 기후, 사용부하, 시스템의 종합이다."[6] 통합설계는 프로젝트에서 2가지 이상 측면들 간의 시너지들에 대한 반복적인 탐구가 핵심이다. 이는 각 디자인 결정들이 갖는 장점을 산술적으로 더한 것보다 훨씬 큰 혜택을 준다. 통합설계는 프로젝트의 구조시스템, 예산, 안전, 법규를 포함한 수많은 결정 과정 속에서 탄생하며, 이러한 요소들을 볼 수 있는 예리한 시각을 제공한다. 디자인과 시공과정에서 프로젝트 이해당사자들 간의 협업은 통

6) Brown and Cole, 2006

합과정을 통하여 시너지들을 내고 프로젝트에 적용가능성을 높인다.

다이어그램 **<통합설계 과정>**은 디자인 과정의 반복성을 보여주기 위해 이전 다이어그램의 구성요소로 재구성하였고, 각 구성요소들을 바라보는 예리한 시각을 제공한다. 예를 들어 **기후**는 프로젝트에 긍정적 혹은 부정적인 영향을 미치는 요인으로 생각된다. 그러나 통합설계의 관점으로 보면 디자이너는 기후를 자원으로 보는 시각을 갖게 한다. 마찬가지로 **사용**(예: 일정과 쾌적기준)은 고정적인 조건으로 보일 수 있지만, 통합설계의 관점으로 보면 디자인에 의해 바뀔 수 있는 유동적인 조건으로도 볼 수 있다. 또한 다이어그램은 개념적 유사성에 따라 구성요소를 그룹화시키기도 하였다. **기후**와 **사용**은 프로젝트의 디자인 과정에서 기회와 문제를 정의하는 2가지 요소이기에 함께 짝지었다. 또한 이 2가지 요소는 "지어지지 않은" 또는 물리적 형태가 부족한 경우의 특성도 공유한다. 이와 반대로 **디자인**과 **시스템**은 "지어진" 경우를 구성한다. 바깥의 화살표는 기회를 보고 대응을 디자인하는 반복과정을 나타낸다. 그리고 내부의 순환하는 화살표는 2가지 이상의 구성요소들 간의 시너지에 대한 반복적인 탐색을 나타낸다.

넷-제로, 피크-제로, 넷-포지티브 성능을 구현하기 위해 시너지들 사용하기

특정 특성들은 대부분의 건물에 공통적이다; '기후 내에 존재하고, 디자인되어 사용되며, 실내환경을 조성하고, 구조를 가진다.' 따라서 **기후, 사용, 디자인, 시스템** 간의 관계에서 시너지들을 구성하는 몇 가지 기본 개념들을 추출할 수 있다. 다음 3장에서 소개될 7가지 **시너지**들은 각 프로젝트의 초기 단계부터 이러한 시너지 효과를 활용하는 특정 전략들을 안내하여, 궁극적으로 넷-제로, 피크-제로, 넷-포지티브 건물들을 조금 더 쉽게 구현하도록 돕는다.

예를 들어 **사용**과 **기후** 사이에 존재하는 시너지는 에너지(절약)에 대해 매우 의식이 있는 재실자의 행태로 냉방, 난방, 조명의 순간최대 부하를 줄일 수 있다. 구체적인 사례로 미국 뉴멕시코주 푸에블로 아코마[7] 재실자의 기후에 대한 높은 대응수준을 들 수 있다. 이곳은 외부상황에 따라서 건물 내 「이동」이 일어난다. 이와는 대조적으로, 많은 일반건물들은 기후와 직접적으로 충돌하는 방법들로 운영된다. 예를 들어 온대기후에 있는 사무실들은 기온이 높은 기간에 순간최대 점유율과 설비부하를 가진다.

7) Pueblo Acoma, Albuquerque, New Mexico, USA

넷-제로, 피크-제로, 넷-포지티브 건물들을 위한
디자인 결정도표

넷-제로, 피크-제로, 넷-포지티브 건물들을 위한 **디자인 결정도표**는 디자이너의 의사결정을 디자인 과정 초기부터 돕는다. 이 도표는 중요한 디자인 개념이나 **시너지**들을 **번들**과 개별 **전략**들과 연결시켜 주는 방법을 제공한다.

시너지는 앞 장에서 설명했듯이 **기후, 사용, 디자인, 시스템** 사이의 관계를 기반으로 한 기본개념이다. 이는 도표와 목차에서 각 번호와 함께 대문자 **S**로 표기된다.

번들은 일반적인 디자인 문제를 해결하기 위해 함께 사용되는 전략들의 묶음이다. 이는 "**여러 가지 기본 번들**"이 제공되는 4장 "**번들**"에서 좀 더 자세히 다루어지며, 도표와 목차에 대문자 **B**로 각 번호와 함께 표기된다.

디자인 전략은 건물형태와 성능으로 직결되는 반복적인 디자인 문제에 대한 일반적인 해결책이며 유연한 디자인을 가능하게 한다. 모든 **전략**은 **SWL 전자판**에서 찾을 수 있으며, 가장 많이 쓰이는 **전략**은 5장 "**선호되는 디자인 도구들**"과 6장 "**선호되는 디자인 전략들**"에서 찾을 수 있다. 이는 도표와 목차에 대문자로 각 번호와 함께 표기된다.

분석전략은 디자인하기 전에 건물이 어떤 방식으로 에너지를 사용하는지와 어떠한 기후이며 어떠한 디자인 전략들이 적절할지를 알려준다. 이는 도표와 목차에 대문자 **A**로 각 번호와 함께 표기되며, 모든 **분석전략**은 **SWL 전자판 부록**에서 찾을 수 있다.

고성능 건물 기법은 넷-제로에너지와 탄소-중립 건물의 성능을 평가하기 위해서 건물의 에너지 사용량과 탄소배출량 목표를 설정하는 도구를 제공한다. 이는 도표와 목차에 대문자 **P**로 각 번호와 함께 표기되며, 모든 기법들은 7장 "**고성능 건물**"[8]과 **SWL 전자판 부록**의 **SWL 도구**의 스프레드시트에서

8) 7장 "고성능 건물"은 본 번역판에서는 포함하지 않음.

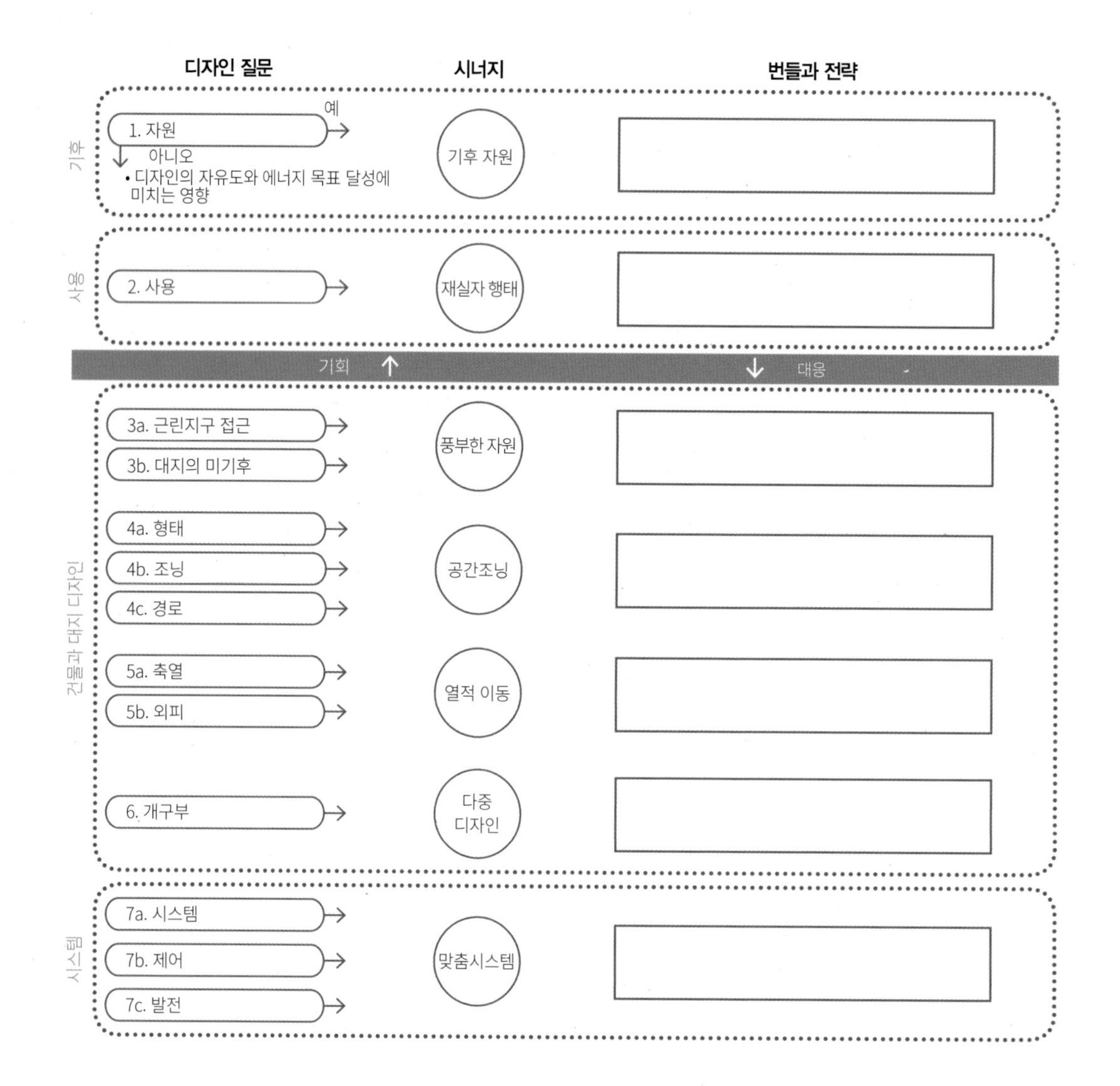

<디자인 결정도표의 개요 다이어그램>

찾을 수 있다.

<디자인 결정도표의 개요 다이어그램>은 **디자인 결정도표**의 논리와 구조에 대한 개요를 제공한다. 도표는 수평적으로 2개의 주요부로 나누어진다. 이는 이전의 "**건물과 에너지 사용**"의 "**통합설계**"에서 설명되었던 **기회**와 **대응**, 혹은 **지어지지 않은 상태**와 **지어진 상태**와 같은 짝으로 대응한다. 결정도표에서 **기회** 부분의 질문 1~2는 **기후**와 **사용** 범주에 해당하는 환경과 재실자의 변수를 다룬다. 마찬가지로 질문 3~7은 **디자인**과 **시스템**, 그리고 지어진 상태에서의 **대응**을 다룬다.

각 질문에서 '아니요'라는 대답은 넷-제로, 피크-제로, 넷-포지티브 건물의 달성 측면과 디자인의 자유도에 대한 제약 측면에서 각 답변의 상대적인 디자인 중요성의 설명으로 이어진다. 그리고 '예'라는 대답은 각 질문모음에 적용되는 **시너지**와 도표 우측의 **번들**과 **전략**들로 연결된다. 각 시너지 다이어그램에서의 핵심은 어두운 음영으로 강조되고 아이콘의 나머지 부분은 흰색으로 나타난다.

질문은 순서에 상관없이 나올 수 있고, 특정 프로젝트에 적용될 수 없는 질문들은 생략가능하다.

시너지와 질문들의 개념적인 분석

넷-제로, 피크-제로, 넷-포지티브 건물들은 다양한 방법과 스케일들에서 구현될 수 있다. 가능한 방법들이 많을수록, 더욱 자유롭게 디자인할 수 있을수록, 다른 건축적 목표들까지도 달성할 수 있는 고성능 건물을 디자인할 수 있다. 도표에 실려 있는 일부 질문들은 다른 것보다 디자인 자유도에 더 큰 영향을 미친다.

질문 1 [자원]과 이와 연관된「자원으로써의 기후」시너지는 대지-내에서 이용가능한 기후 자원과 잠재적인 건물수요와의 관계를 생각하도록 도와준다. 이는 극한의 추위와 더위, 혹은 태양광이 부족한 기후에서 건물부하를 최소화하는 데 결정적이며, 가장 극한의 기후일지라도 기회로 볼 수 있는 측면을 가지고 있다; 예를 들어 더운 사막기후의 풍부한 태양광은 에너지로 변화가능하고 이를 냉방에 사용할 수 있다. 도표 우측에 수록된 **전략**들은 중요한 기후요소와 건물부하의 개요를 결정하는 데 도움을 준다.

자원?

1 대지 자원은 난방, 냉방, 환기, 조명, 전력수요를 충족하는가?

예 →

아니오 ↓

넷-제로, 피크-제로, 넷-포지티브 건물은 대지 자원으로 건물부하를 감당할 수 없다면 구현될 수 없다. 부족한 자원은 다른 자원으로 대체할 수도 있으며, 특정 시간 동안 자원을 모아 두었다가 다른 시간에 사용할 수도 있다.

S1 부하절감과 에너지 생산을 위하여 **[기후를 자원으로 본다]**.

기후

사용?

2 순간최대 부하를 없애거나 줄이기 위해 일정, 쾌적기준, 재실자의 행태를 변경할 수 있는가?

예 →

아니오 ↓

에너지부하를 줄이기 위해 자유로운 디자인을 하거나 다양한 전략을 사용할 수 있지만, 이는 매우 제한적이어서 넷-제로 또는 넷-포지티브 건물을 구현하기는 더욱 어려워진다. 일정 또는 쾌적기준의 유연성에 따라 건물을 부분들로 나누면, 건물의 일부에서는 넷-제로, 피크-제로, 넷-포지티브를 구현할 수 있다.

S2 **「에너지에 대해 의식이 있는 재실자의 행태」**는 난방, 냉방, 환기, 조명의 순간최대 부하를 저감시킨다.

질문 2 [사용]은 재실패턴과 행태를 뜻하는 데, 이는 디자인에 영향을 주는 요소이며 건물 에너지 사용에 큰 영향을 준다. 이와 관련된 「에너지에 대해 의식이 있는 재실자의 행태」 시너지 효과는 재실자의 에너지 절약 행동을 장려하거나, 열 또는 조도에 대한 적응과 같은 생리적 특성을 이용해 건물부하

A1 해시계 · A2 태양궤적도 · A3 태양복사 · A4 풍배도 · A5 바람정보표

A6 공기움직임의 원리 · A7 대지 미기후 · A8 구름량 · A9 주광가용성 · A10 주광방해

A16 재실자로 인한 열획득 · A17 조명에 의한 열획득 · A18 장비에 의한 열획득 · A19 전기부하 · A20 서비스 온수 부하 · A21 외피 열흐름 · A22 창의 일사 획득 · A23 환기 또는 침투 획득과 손실

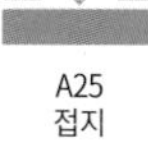
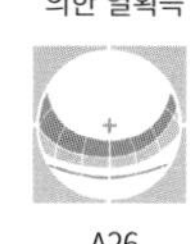

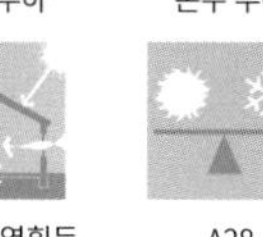
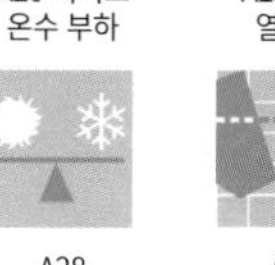

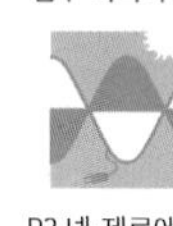

A24 생체기후도 · A25 접지 · A26 차양달력 · A27 총 열획득 및 열손실 · A28 균형점 온도 · A29 균형점 프로필 · P1 에너지 목표 · P3 넷-제로에너지 균형

기후

A11 설계 주광률 · A13 적응형 쾌적기준

A15 부하반응 일정 · 24 이동

사용

를 줄이는 건물을 디자인하도록 제안한다. 4가지의 관련 **전략**들은 재실자들의 행태에 따라 어떻게 대응해야 에너지 사용을 최소화할 수 있는지에 대한 특정 예들을 보여준다.

대지

근린지구의 기후 자원에 대한 접근?

3a **프로젝트가 여러 건물들을 포함한다면, 전체 대지에서 신선한 공기와 햇빛을 누리도록 배치할 수 있는가?**

예 →

아니오 ↓

이 결정은 각 건물이 넷-제로, 피크-제로, 넷-포지티브를 구현할 수 있는 능력에 큰 영향을 미친다. 한 가지 해결안은 자원접근성에 따라 대지를 구역화해서 자원이 적게 필요한 건물들은 자원접근성이 낮은 곳에, 많이 필요한 건물들은 자원접근성이 높은 곳에 위치시키는 것이다.

대지의 미기후?

3b **대지 디자인을 통해, 일 년 내내 혹은 적어도 몇 개월 동안 필요한 자원에 대한 접근성을 높이는 동시에 불필요한 자원은 줄일 수 있는가?**

예 →

아니오 ↓

태양, 바람, 빛에 대한 접근성이 부족한 대지에서는 디자인의 자유가 제한되고, 넷-제로, 피크-제로, 넷-포지티브 건물을 만드는 것도 매우 어렵다. 만약 대지가 필수자원에 대한 접근성이 제한적이라면, 다른 선택안으로 건물조건에 더 적합한 다른 대지를 찾는 것도 방법이다.

53 건물과 오픈스페이스를 쾌적한 외부공간과 대지 자원의 접근성을 제공하는 **「자원이 풍부한 환경」**을 만들도록 구성한다.

질문 3 [근린지구의 기후 자원에 대한 접근과 대지의 미기후]는 두 부분으로 구성되며, 외부공간과 기후 자원에 대한 접근을 근린지구 또는 도시스케일에서 다룬다. 이 스케일에서 질문의 두 부분 모두는, 자원에 대한 접근을 막을 수 있는 유틸리티(utility)보다는 태양, 바람, 빛에 대한 접근의 중요성을 강

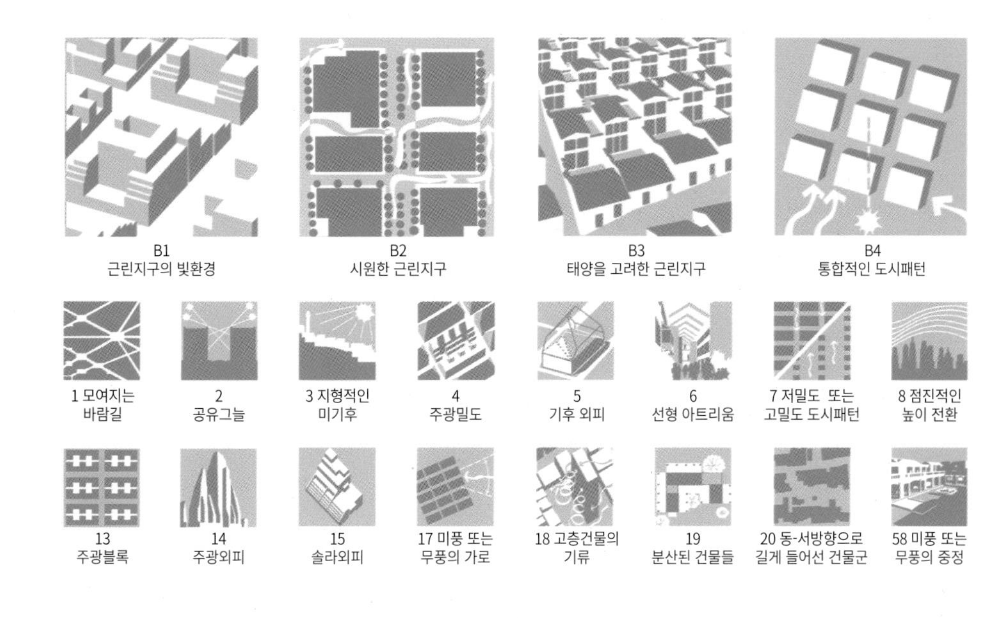

B1
근린지구의 빛환경

B2
시원한 근린지구

B3
태양을 고려한 근린지구

B4
통합적인 도시패턴

1 모여지는 바람길

2 공유그늘

3 지형적인 미기후

4 주광밀도

5 기후 외피

6 선형 아트리움

7 저밀도 또는 고밀도 도시패턴

8 점진적인 높이 전환

13 주광블록

14 주광외피

15 솔라외피

17 미풍 또는 무풍의 가로

18 고층건물의 기류

19 분산된 건물들

20 동-서방향으로 길게 들어선 건물군

58 미풍 또는 무풍의 중정

B6
외부 미기후

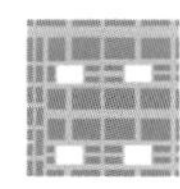

9 엮어진 건물과 식재

10 엮어진 건물과 물

11 겨울에 적합한 중정

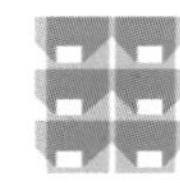

12 근린지구 햇빛

16 양산형 그늘

21 바람막이

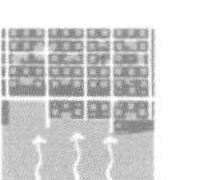

22 녹지 가장자리

23 오버헤드 차양

32 실외실 배치

59 그늘진 중정

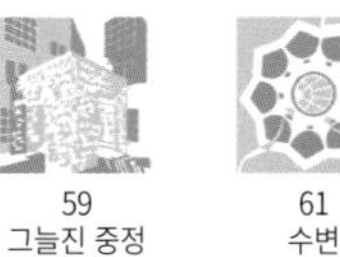

61 수변

63 차양 레이어

조한다. 따라서 대부분의 기후와 대지에서 자원을 받아들일지 또는 막을지에 대한 선택은 건물이나 건물 요소의 스케일에서 유지된다. 외부공간의 쾌적성; 태양, 바람, 빛의 대지 자원에 대한 접근성; 전력생산은 이 질문모음과 그 시너지인 「자원이 풍부한 환경」의 우선사항들이다. 패시브디자인과 재생

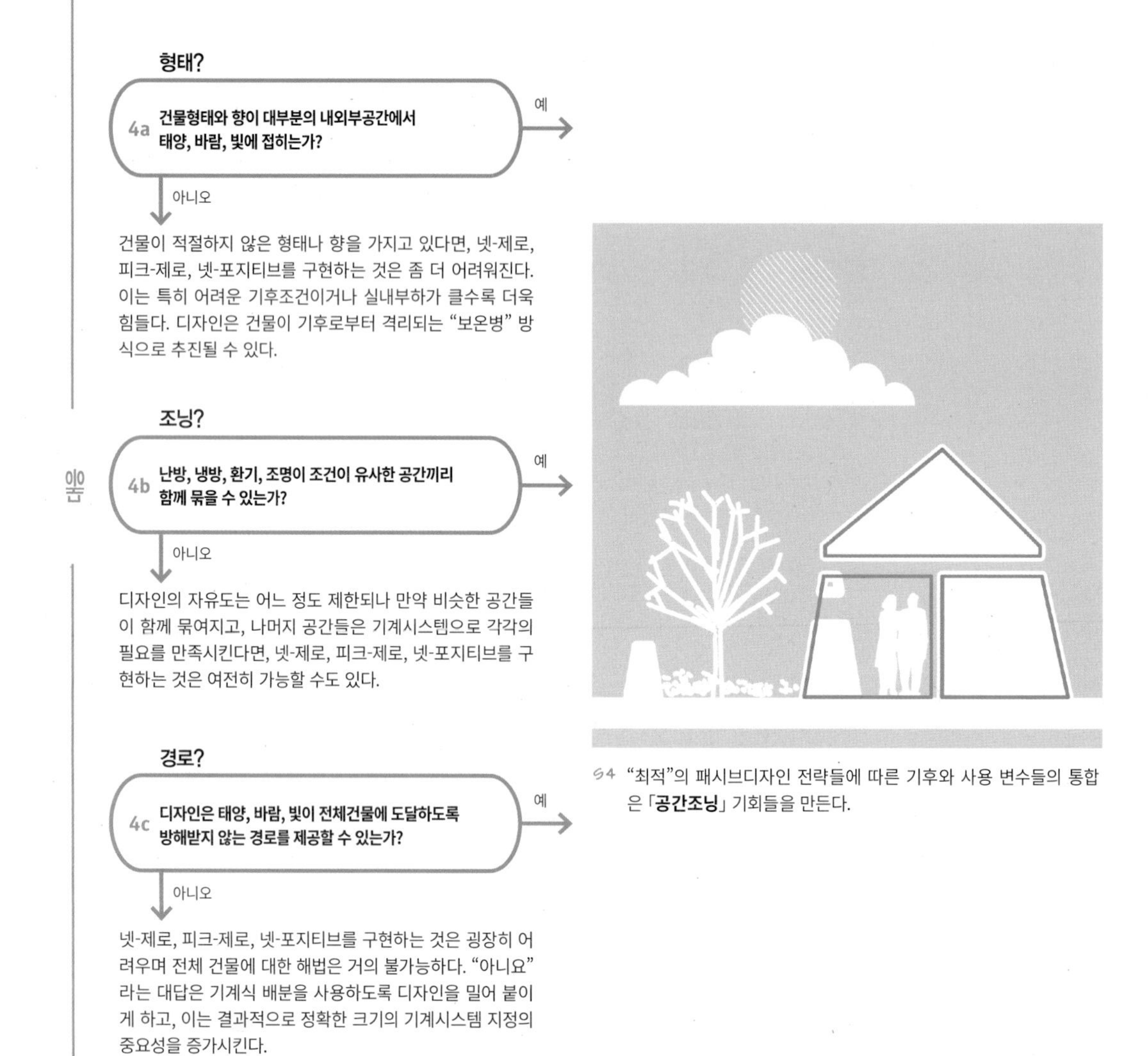

54 "최적"의 패시브디자인 전략들에 따른 기후와 사용 변수들의 통합은 「**공간조닝**」 기회들을 만든다.

에너지 생산을 위한 대지-내 에너지 자원의 접근성을 우선시하면서 건물군과 조경요소 등의 배치를 최적화할 수 있도록 근린지구 스케일의 전략 번들인 「근린지구의 빛환경」, 「시원한 근린지구」, 「태양을 고려한 근린지구」, 「통합적인 도시패턴」을 연관 전략들과 함께 제시하였다. 「외부 미기후」의 번들과 여러 가지 디자인 전략들은 건물들의 주변과 사이의 기후를 개선하고 외부환경을 개선하는 데 도움을 준다.

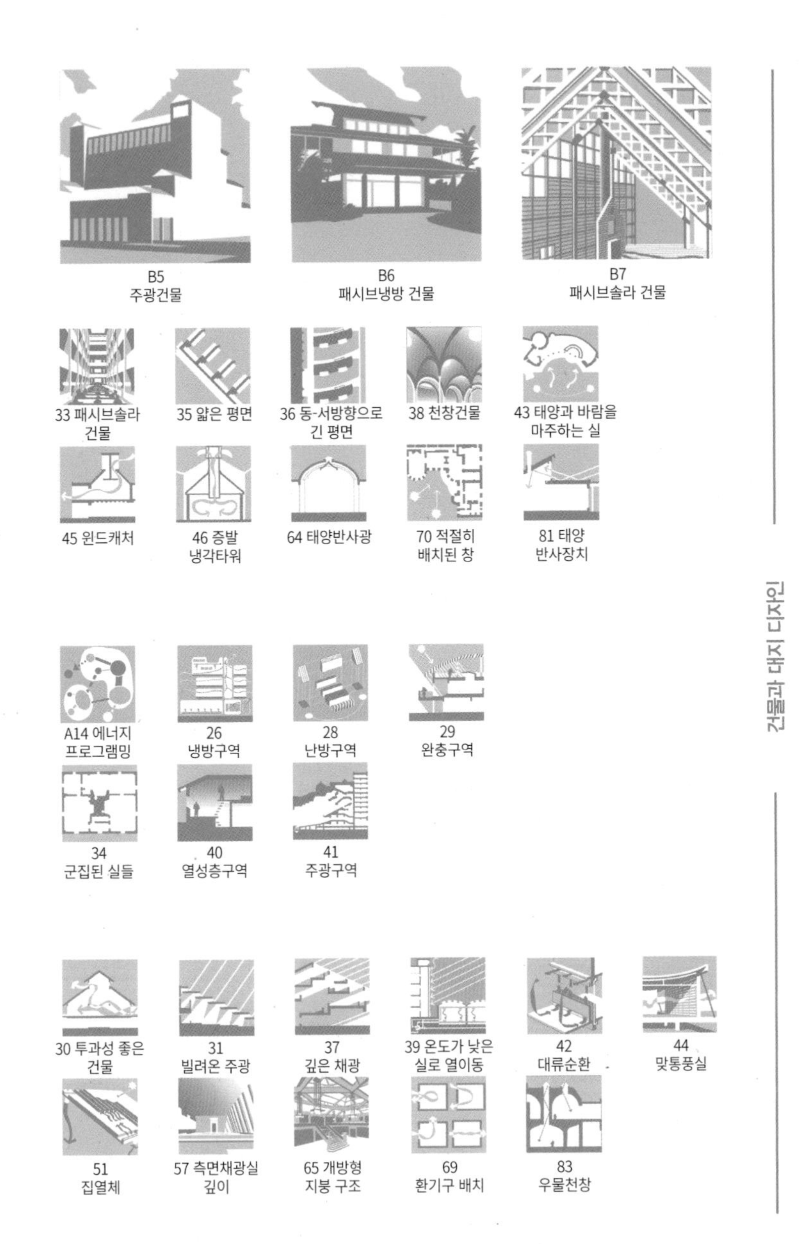

질문4 [형태, 조닝, 경로]는 3부분으로 구성되며, 건물형태와 실내구성의 디자인 결정들에 집중한다. 이 질문과 「공간조닝」 시너지는 재실자의 편안함과 에너지 절약에 가장 유리한 구역설정과 공간의 위계관계를 설정할 때에 기후와 사용에 대한 필요성을 강조한다. 전체 건물 스케일에서 사용되는 번들인 「주광건물」, 「패시브냉방 건물」, 「패시브솔라 건물」은 모든 공간들에서 자원에 접근가능하도록 단일건물 스케일의 방법을 식별한다. [3장의 S4에서 계속됨]

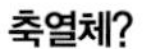

축열체?

5a 디자인이 축열체를 포함할 수 있으며, 일교차와 태양복사량 정도는 열저장 전략들을 향상시킬 수 있는가?

예 →

아니오 ↓

기후와 실내부하에 따라 디자인의 자유도는 적당히 또는 심각하게 제한을 받는다. 자원가용성과 자원의 수요가 일치하지 않고(예를 들어 저녁에 태양열 획득이 필요) 자원이 저장될 수 없다면, 패시브적이지 않은 자원이 사용되어야 한다. 디자인은 최소한의 창을 갖는 고단열 외피와 효율적인 기계 시스템을 가지는 방향으로 진행될 것이다.

외피?

5b 외피는 필요에 따라 대류, 전도, 방사의 열전달을 차단하거나 허용할 수 있는가?

예 →

아니오 ↓

넷-제로, 피크-제로, 넷-포지티브의 구현가능성은 기후나 사용 요소에 크게 좌우된다. 날마다 혹은 계절별로 크게 변화되는 기후이거나 실내부하가 크다면, 넷-제로, 피크-제로, 넷-포지티브 건물의 구현은 매우 어렵다.

운용

S5 **「열적 이동」**을 위해 디자인된 건물은 축열체와 반응형 외피를 통합한다. 이는 태양, 바람, 빛의 변화패턴을 활용하여 쾌적성과 에너지 사용을 조절한다.

개구부?

6 개구부가 과열이나 현휘와 같은 부작용 없이 자원을 받아들이도록 디자인될 수 있는가?

예 →

아니오 ↓

디자인의 자유도는 원하는 자원을 차단하거나(예: 더 작거나 적은 수의 개구부를 허용하는 경우) 또는 관련 문제를 포함하지 않는 전략들을 통해 관련 문제를 완화한다(예: 태양열 획득이 창 디자인에서 배제될 수 없다면 더 많은 냉방을 제공).

S6 「**다중디자인**」은 단일한 건물 요소 내에서 2가지 이상의 기능을 조합한다.

질문 5 [축열체와 외피]는 두 부분으로 구성되며, 축열체와 반응형 외피를 통합적으로 다룬다. 이는 태양, 바람, 빛 자원의 시간적 변화에 긍정적으로 상호작용하는 시스템을 만들기 위한 것이다. 「열적 이동」 시너지는 축열체 설계를 위한 디자인 **전략**들과 함께 3가지 기후조건에 대한 「반응형 외피」 번들을 통합하는 동적인 건물을 제시한다.

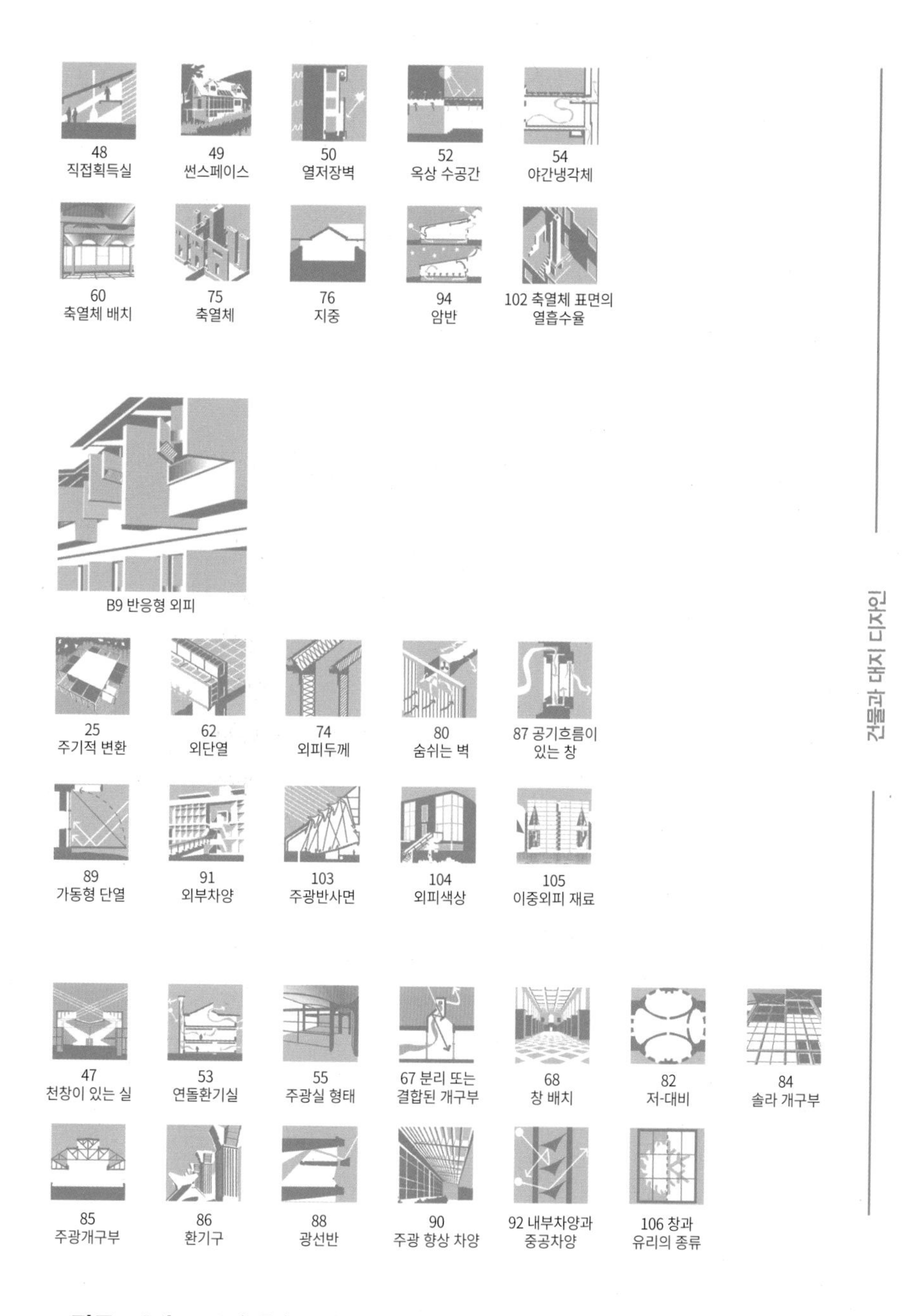

질문 6 [개구부]와 「다중디자인」 시너지는 개구부와 다용도 요소들의 디자인에 관련된 복합적인 고려 사항들에 집중한다. 크기 산정법들과 적절한 정보는 도표 우측의 디자인 **전략**들에서 주어진다.

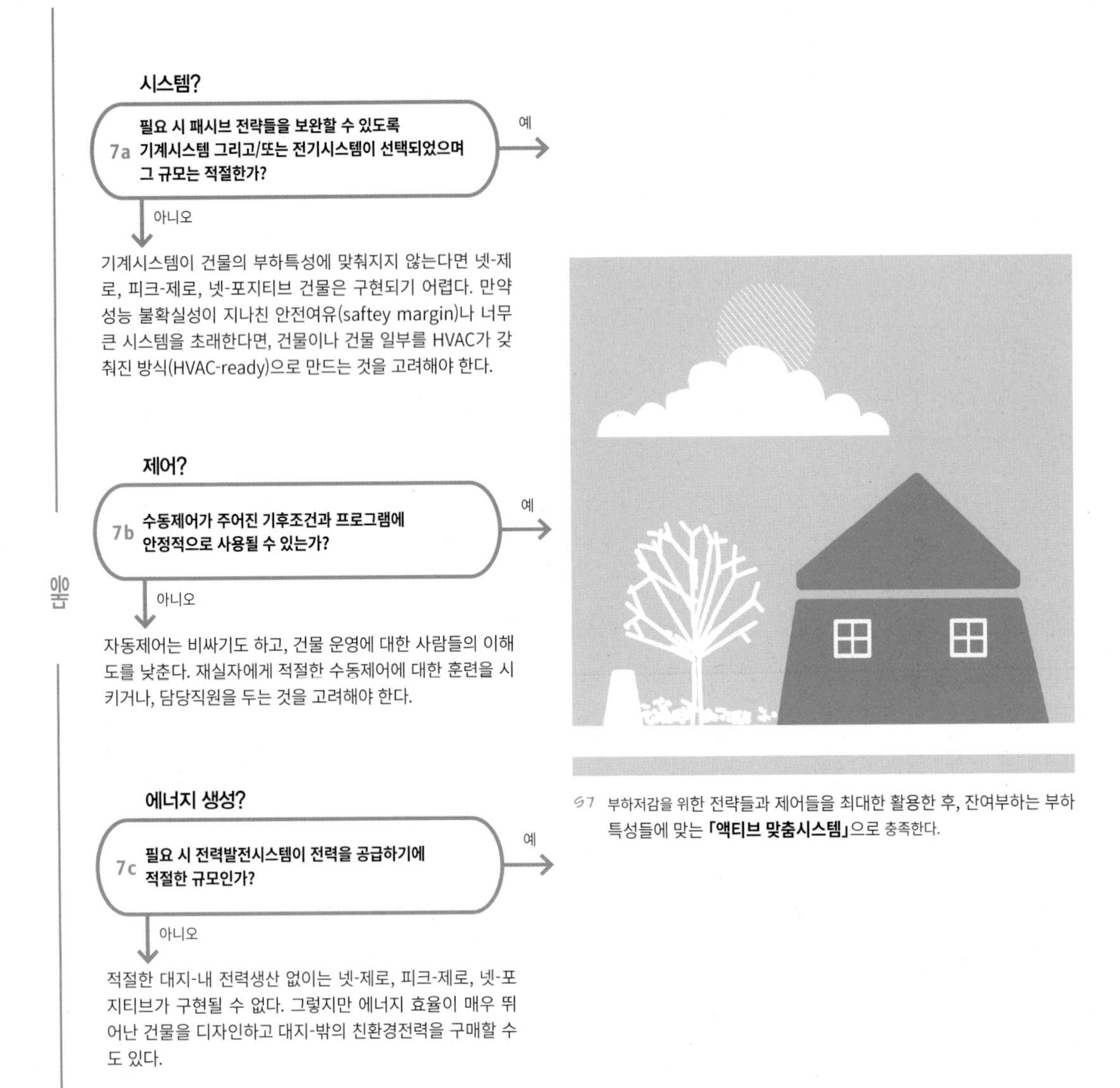

S7 부하저감을 위한 전략들과 제어들을 최대한 활용한 후, 잔여부하는 부하특성들에 맞는 **「액티브 맞춤시스템」**으로 충족한다.

질문 7 [시스템, 제어, 발전]은 3부분으로 구성되며, 기계시스템, 제어, 대지-내 전력생산시스템들을 선택하는 디자인 의사결정의 단계를 구성한다. 이 질문모음과 「액티브 맞춤시스템」 시너지의 주요사항은 순간최대 냉난방, 환기, 조명부하에 대응하도록 규모적, 시기적으로 가능한 시스템들을 정확하게

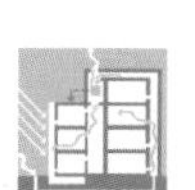
72
기계식 열배분

95 기계식
축열체 환기

96 기계식
공간 환기

97
덕트와 플레넘

98 지중-공기
열교환기

99 공기-공기
열교환기

시스템

27
혼합모드 건물

73
전기조명 구역

93
국부조명

101 수동 혹은
자동 제어

78 태양광전지
(PV) 지붕과 벽

79
태양열온수

P2 연간
에너지 사용

93
작업조명

P5
배출목표

P6
탄소중립건물

맞춤형으로 구성해야 한다는 것이다. 몇 가지 디자인 **전략**들이 적절한 에너지 사용 목표설정과 효율적인 설비, 조명시스템의 선택을 돕도록 제시되었다.

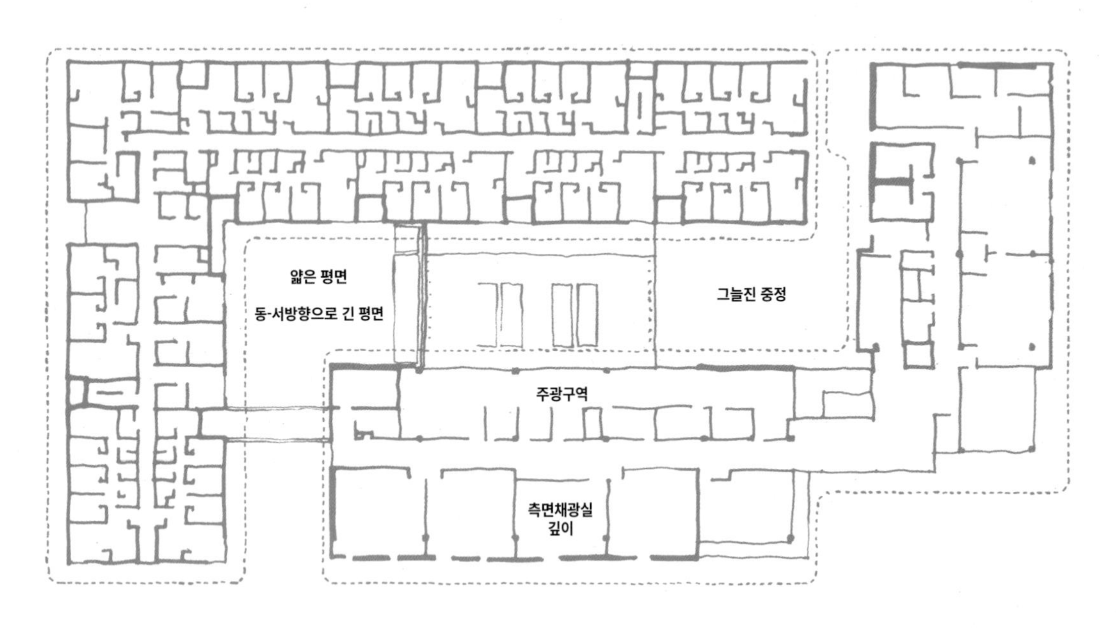

<레인커뮤니티대학 다운타운 캠퍼스>

디자인 결정도표 사용 예제

미국 오레곤주에 위치한 **레인커뮤니티대학 다운타운 캠퍼스**[9]는 여러 가지 이유로 **디자인 결정도표** 사용 예제로 선택되었다: **SWL** 3판의 저자들 중에 한 명이 프로젝트의 디자인 단계에 참여했기에 상세한 지식을 갖고 있다; **통합설계과정**을 사용하여 설계팀 구성원 간의 초기 의사소통 속도를 획기적으로 높였다; 프로젝트의 모든 이해당사자들이 "넷-제로가 갖춰진(net-zero-ready)" 건물을 짓기로

9) Lane Community College Downtown Campus, Eugene, Oregon, USA, Robertson Sherwood and SPG Partnership Architects, 2012

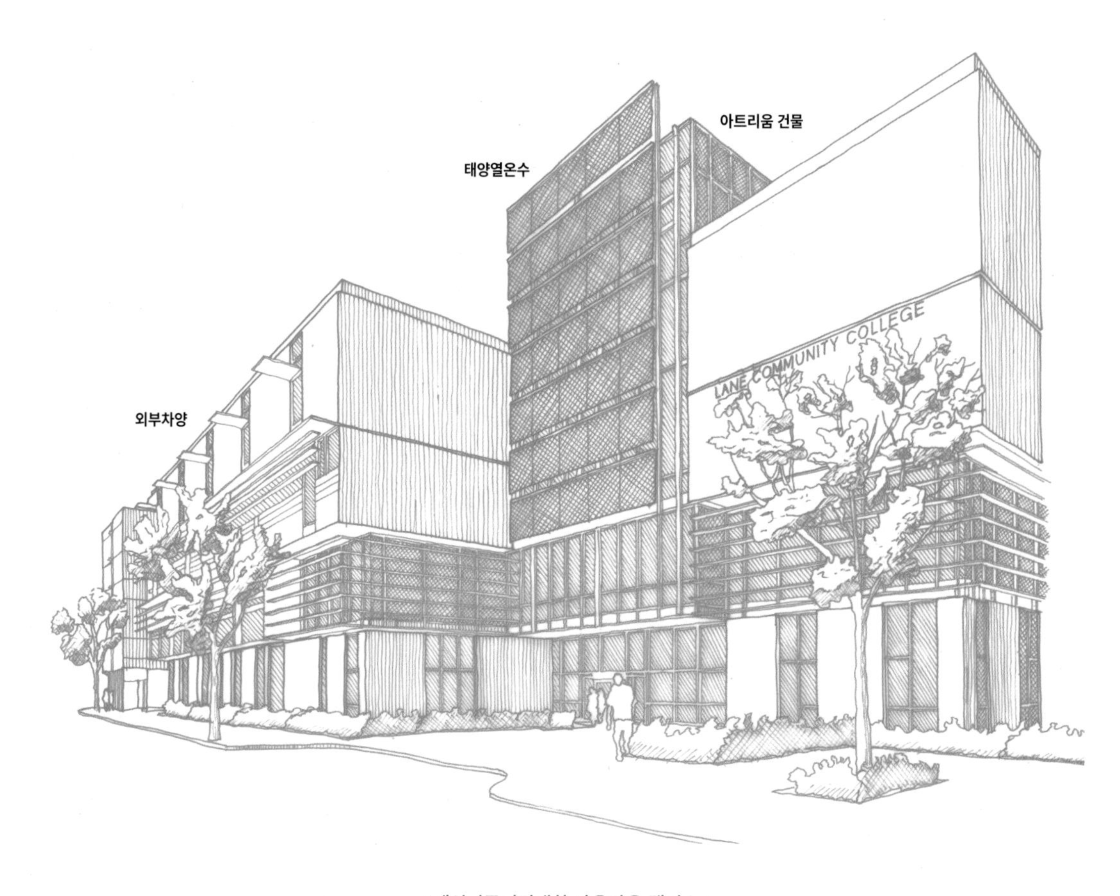

<레인커뮤니티대학 다운타운 캠퍼스>

의견을 모았다. 이 프로젝트에서 "넷-제로가 갖춰진"이라는 용어 사용은 충분한 태양광전지(PV) 패널을 구매할 수 있도록 자금이 투자되면서, 전적으로 패시브 전략과 대지-내 전력생산을 통해 해결될 수 있는 수준으로 부하를 낮추기 위한 노력으로 나타났다.

오레곤주 유진은 난방이 지배적인 기후적 특성이 있지만, 「패시브냉방건물」 번들의 조건이 구조, 기계, 전기, 조명, 음향시스템을 포함하는 건축적 고려요소의 전반(재실자의 일정, 쾌적기준, 보안; 기후패턴; 대지 또는 법규의 제약)에 걸쳐 「야간냉방건물」을 필요로 하면서 대부분의 디자인 구성과 문제해결에서 냉방이 요구되었다. 또한 축열체의 크기는 냉방에 적절하도록 결정되어야 할 뿐만 아니라 난방기간 동안 높은 실내발열과 태양열 획득에 의한 열저장고 역할도 해야 한다. 전기조명에 많은 전력이 사용되고 생산성과 건강의 증진은 자연채광이 잘 되는 공간에서 관찰되기에 자연채광 또한 필수적으로 고려되며, 대부분의 기후와 사용 용도의 결합에서 권장된다.

디자인 결정과정의 단계별 검토는 <**디자인 결정도표**>에 따라 다음과 같이 번호가 매겨진다.

질문 1 – 예

설계팀은 「풍배도」, 「태양복사」, 「주광가용성」, 「주광방해」, 「구름량」과 미국 국립 태양복사데이터베이스[10]의 TMY3[11] 기상정보의 온도와 상대습도 정보를 사용했다. 「생체기후도」, 「총 열획득과 열손실」, 「급탕부하」, 「전력부하」에 의해 결정되는 잠재적 부하에 따라 설계팀은 건물이 주어진 기후와 용도에서 넷-제로, 피크-제로, 넷-포지티브가 가능하다는 결론을 내렸다.

질문 2 – 예

「적응형 쾌적기준」, 「부하반응형 일정」과 면밀히 조사한 「설계주광률」의 조합을 이용하여 재실자와 관련된 부하들을 줄일 기회를 포착하였다.

질문 3a, 3b – 해당 없음과 예

도시의 인필대지(urban infill site)는 크기와 주변환경에 의한 제약이 있지만, 계단식으로 물러난 남측 면을 따라 형성된 「녹지경계」와 「그늘진 중정」이 대지-내 전력생산에 필요한 면적 감소 없이 편안한 「외부 미기후」를 형성하도록 사용되었다.

질문4a, 4b, 4c – 예, 약간, 아마도

이는 「주광건물」 번들에서 개략적으로 나왔듯이, 얇고 두꺼운 건물전략들의 조합이다. 건물은 중정을 감싸는 2개의 'L'자로 나눠졌다. 이는 필요한 프로그램들을 모두 충족하고 대지에 잘 맞으면서도 태양과 바람이 접근가능한 「얇은 평면」을 만들기 위한 것이다. L자의 긴 부분은 「동-서방향으로 긴 평면」을 형성하도록 향이 정해졌으며, 「아트리움 건물」은 빛을 중앙공간으로 끌어들이고 환기구를 제공하기 위해 사용되었다. 높은 조도를 필요로 하는 공간들은 전략적으로 「주광구역」에 배치되었으며, 교실 전체에 빛이 적절하게 퍼지도록 「측면채광실 깊이」가 조정되었다. 「투과성 좋은 건물」과 「연돌환기실」들이 모든

---

10) National Solar Radiation Data Base(NREL, 2005)

11) 표준기상연도, Typical Meteorological Year, 이하 TMY. 1년 동안 태양복사 및 기상요소의 시간별 값 데이터 모음임. TMY, TMY2, TMY3의 3가지 버전이 있으며, 각각은 관측 기간으로 구분함. TMY는 1948~1980년, TMY2는 1961~1990년, TMY3는 1976~2005년의 데이터를 사용함.

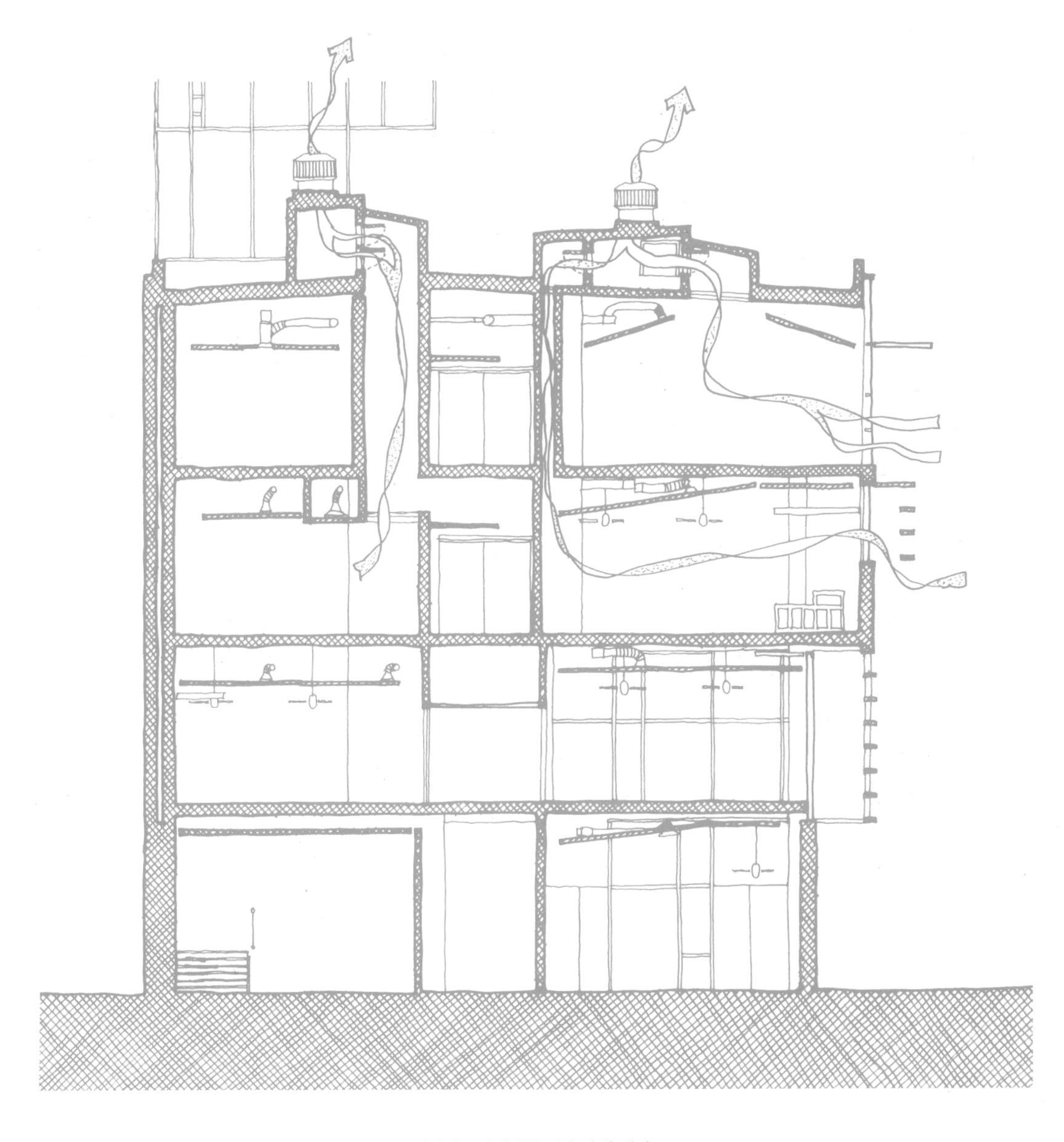

<레인커뮤니티대학 다운타운 캠퍼스>

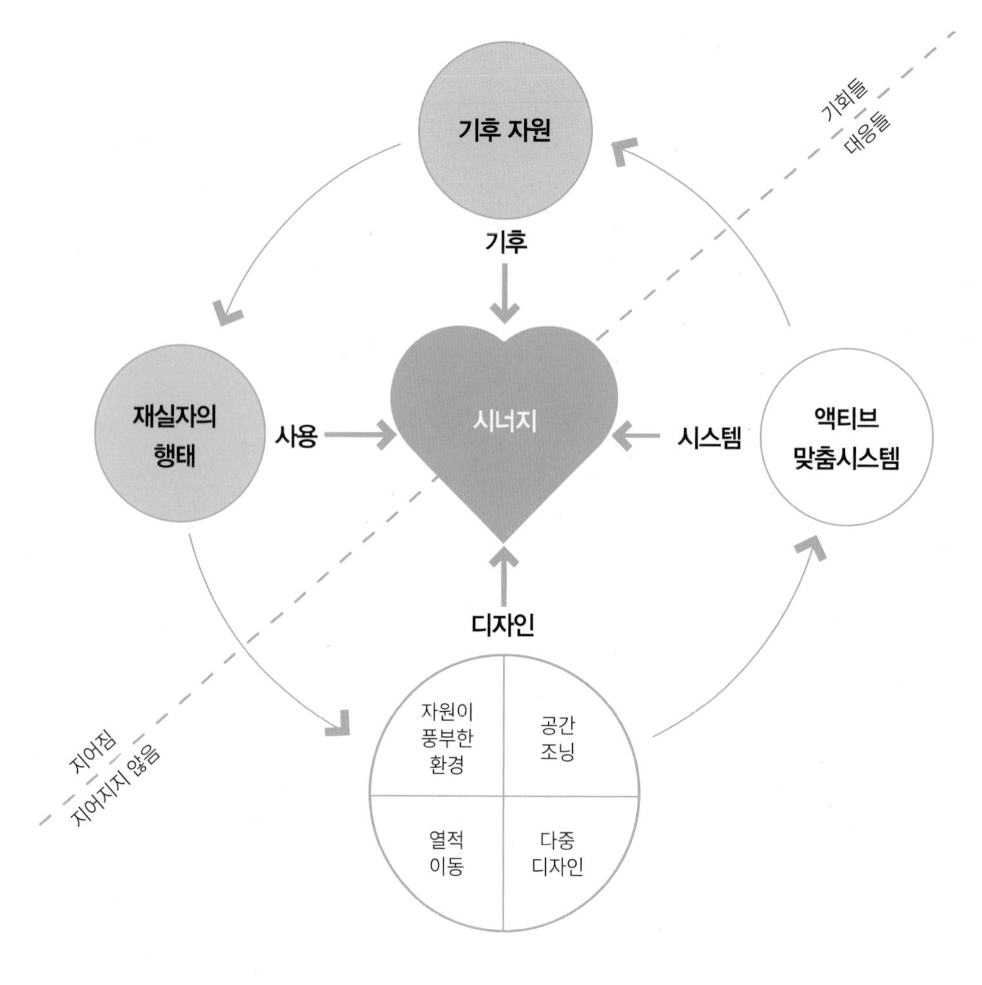

<시너지들과 통합설계의 요소들>

공간들의 냉방과 환기를 위한 적절한 개구부들과 방해받지 않는 경로들을 보장하기 위해 사용되었다.

질문 5a, 5b - 예, 예

「축열체」는 주로 「직접획득실」과 「야간냉각체」로 사용되도록 프로젝트 시작부터 건물디자인에 통합되었다. 필요한 축열체의 표면적을 충족하기 위해 아래층의 천정과 콘크리트 조적벽을 구성하는 노출콘크리트 바닥이 「축열체 배치」로 요구되었다. 「외부차양」, 「외피두께」, 「외피색상」을 포함한 「반응형 외피」 번들은 파사드 디자인과 외벽 단면에 표현되었다. 그리고 「가동형 단열」, 「주기적 변환」과 같은 혁신적인 디자인 전략들은 고려되었지만 적용되지는 않았다.

질문 6 – 예

외피의 유리면 디자인은 「분리 또는 결합된 개구부」를 창, 천창, 빛우물의 다양한 역할들을 수용하도록 이용하였다. 그리고 적절한 크기의 결정은 「환기구」와 「주광개구부」를 이용해 구현하였다. 큰 창들은 「내부 및 중공차양」과 「광선반」을 두어서 현휘[12]와 열획득을 조절하고, 빛은 최소 주광 기준 이하로 내려가지 않도록 분산하였다.

질문 7a, 7b, 7c – 예, 약간, 약간

기계시스템들이 적절하게 선택되고 크기가 산정되었다. 「공기-공기 열교환기」와 「지중-공기 열교환기」가 모두 사용되었고, 「기계식 열배분」과 「덕트와 플레넘」도 함께 사용되었다. 「수동 혹은 자동제어」와 함께 「전기조명구역」과 「국부조명」이 다양한 용도별 시나리오들에 적합한 제어조합들을 제공하도록 사용되었다. 전체적으로 대지면적의 제약들이 현재 예상되는 「에너지 사용도(EUI)」에서 넷-제로 에너지 사용을 달성할 수 있을 정도로 충분한 「태양광전지(PV) 지붕과 벽」을 허용하지 않는다. 그러나 「태양열온수」 시스템은 학교의 급탕 수요를 대부분 충족할 수 있는 충분한 에너지를 제공한다.

시너지들을 기억하기

디자인은 복잡한 작업이다. 따라서 독자를 위해 넷-제로, 피크-제로, 넷-포지티브 건물의 디자인 과정을 7가지 질문모음으로 단순화하였고, 다이어그램 **<시너지들과 통합설계의 요소들>**은 질문모음에 해당하는 시너지들을 기억하도록 도움을 준다.

다이어그램은 통합설계의 4가지 주요소들(**기후, 사용, 디자인, 시스템**)을 보여준다. 이 중에 **기후, 사용, 시스템**은 각각 하나의 연관 시너지가 있고, **디자인**은 다른 스케일(**건물군, 건물, 건물 요소**)에 적용되는 4가지 시너지들이 있다.

12) 현휘(glare)는 너무 밝아 시각적인 불쾌감을 유발하는 현상임.

3 시너지
(SYNERGIES)

3장에 소개되는 7가지 **시너지들**은 넷-제로, 피크-제로, 넷-포지티브 건물의 구현을 가능하게 하는 핵심적인 디자인 개념들이다. 각 시너지는 통합설계의 4가지 측면들 중에 주로 하나에 해당되는데, 먼저 3가지 시너지들은 각각 **기후, 사용, 시스템**에 해당된다. 그리고 나머지 4가지 시너지들은 **디자인**에 해당되며 건물군, 건물, 건물 요소의 스케일을 다룬다.

통합설계의 주요소(**굵은 글씨체**)는 부요소들과 함께 각 시너지의 제목 위에 표기된다. 그리고 **디자인 결정도표**의 관련 질문이 각 시너지 설명의 시작 부분에 소개된다.

기후 + 디자인

S1 부하저감과 에너지 생산을 위하여 「기후를 자원으로 본다」.

본 시너지는 **넷-제로, 피크-제로, 넷-포지티브 건물을 위한 디자인 결정도표**에서 **질문 1**을 다룬다.

1 대지 자원은 난방, 냉방, 환기, 조명, 전력 수요를 충족하는가?

대지의 물리적 위치는 건물의 에너지 사용에 영향을 주는 기후조건들을 정의한다. 주요 기후변수들로는 온도와 상대습도, 태양위치와 강도, 풍향과 풍속, 빛의 질과 양에 영향을 주는 구름량 또는 하늘상태가 있다. 그리고 단순히 기후 자원을 분석하는 것보다 기후조건의 건축적 의미를 인지하는 능력이 더 중요하다.

넷-제로, 피크-제로, 넷-포지티브 건물은 자원의 수요와 공급 사이의 균형을 유지한다. 상대적으로 프로그램의 추가 부하가 적고 최적의 자원(태양, 바람, 빛)이 있는 기후라면, 패시브 전략들을 구현할 수 있다. 반대로 실내부하가 크고 극한의 기후조건이라면, 각 디자인 결정에 대하여 더욱 신중해야 한다. 다양한 부하의 크기와 일정이 대지-내의 기후 자원으로 충족될 수 있을지를 결정하기 때문에, 디자인 초기에 건물부하와 기후 자원 가용성 사이의 잠재적 충돌에 대하여 다뤄야 한다.

우선 「생체기후도」, 「풍배도」, 「주광가용성」, 「태양복사」와 같은 디자인 전략들을 사용하여 온도, 상대습도, 바람, 주광, 태양복사를 포함한 **대지의 기후조건을 분석한다.**

그 다음 「총 열획득과 손실」, 「전기부하」, 「급탕부하」로 **예상 건물부하를 평가하고**, 이전에 결정된 기후 자원들과 비교한다. 이 정보를 바탕으로 부하저감을 위한 건물디자인과 프로그램의 **시너지 창출 기회들을 밝혀낸다.**

부하저감 전략들을 구현한 후, 기후 자원들을 사용하여 대지-내 전력을 생산한다.

그래프 **<넷-제로를 위한 태양광전지(PV) 면적>**을 사용하여 여러 가지 기후에서 건물의 에너지 사용도(EUI)를 충족시키는 데 필요한 「태양광전지(PV) 지붕과 벽」의 면적을 추정한다. **먼저 그래프에서 우측하단의 수평축에서 목표 EUI값을 찾는다. 그리고 원하는 에너지 균형지표(EBI)와 만나도록 수직이동한 다음, 적합한 기후선과 만날 때까지 수평이동한다. 그 교차점에서 좌측하단으로 내려와서 태양광전지(PV) 면적/바닥면적의 비율을 읽는다.**

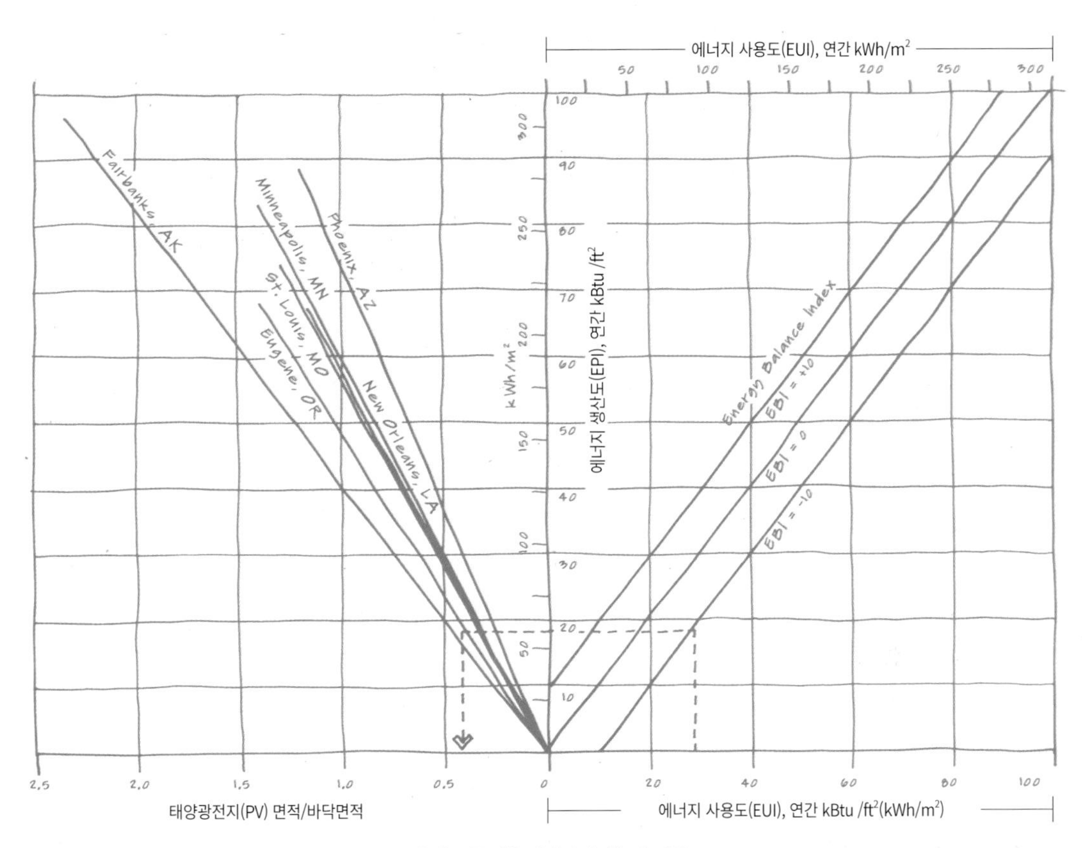

<넷-제로를 위한 태양광전지(PV) 면적>

EBI=0은 **넷-제로** 건물을 의미하며, EBI > 0은 **넷-포지티브 건물**, EBI<0은 에너지 소비 건물을 의미한다. 한편 이미 알려진 값이나 우선순위에 따라, **에너지 생산도(EPI)** 또는 PV면적/바닥면적의 비율에서 시작할 수도 있다. 그리고 다음과 같은 가정들이 PV의 면적계산에 사용되었다: TMY2 데이터를 기반으로 한 날씨, 남향을 향한 고정축 패널, 위도와 동일한 기울기, DC/AC[1] 감소율 0.77.

대지-내 생산과 부하에 대한 자세한 내용은 「넷-제로 에너지 균형」을 참고한다. 그리고 PV의 크기결정은 「태양광전지(PV) 지붕과 벽」, EUI 목표는 「에너지 사용도(EUI)」에서 다룬다.

EUI는 연간에너지 사용률이다. 즉, 큰 차이를 보이는 시간 또는 하루 단위로 에너지량을 다루지 않는다. 따라서 건물의 EUI는 낮지만 순간최대 수요전력이 크거나, 대부분의 에너지 사용이 특정한 계절이나 시기에 몰려 있을 수 있다. 여기서 2가지 질문이 생긴다: 1) 생산가능량은 연간 EUI 또는 순간최대 수요전력과 동일한가? 2) 최대생산량은 순간최대 수요전력과 일치하는가? 그래프는 이에 대한 답을 제시하지는 못하지만, 순간최대를 제외한 에너지 수요를 만족시키기에 충분한 PV의 설치면적(크기조정가능)을 추정하게 한다.

건물부하를 최대한 줄인다고 가정하면, 순간최대 수요는 기후와 재실자 요소가 모두 최대일 때에 발생한다. 순간최대 냉방은 외부온도가 가장 높고, 재실자가 가장 많이 있을 때에 발생한다. 반대로 순간최대 난방은 일반적으로 밤에 가장 추울 때나, 비주거용 건물에서 재실자가 적을 때에 발생한다. 설비 크기는 주로 순간최대 부하를 기준으로 결정되므로 순간최댓값이 낮은 게 바람직하다. 고용량 설비는 더 비싸며, 수요가 적으면 운영효율성이 떨어진다. 자원가용성이 에너지 수요(난방, 냉방, 조명)와 일치하지 않으면, 에너지는 나중에 사용하도록 저장되어야 한다. 배터리 또는 양수 수력발전(pumped water)이 그 예이며, 저장시스템의 효율은 전력생산량에 영향을 미친다.

1) 직류, Direct Current, 이하 DC
교류, Alternating Current, 이하 AC

S2 「에너지에 대해 의식이 있는 재실자의 행태」는 난방, 냉방, 환기, 조명의 순간최대 부하를 저감시킨다.

본 시너지는 **넷-제로, 피크-제로, 넷-포지티브 건물을 위한 디자인 결정도표**에서 **질문 2**를 다룬다:

2 순간최대 부하를 없애거나 줄이기 위해 일정, 쾌적기준, 재실자의 행태를 변경할 수 있는가?

건조환경의 주 목적은 사람들이 일하고, 즐기고, 생활할 수 있는 장소를 제공하는 것이다. 건물에 사용되는 대부분의 에너지는 열적, 시각적 조건들을 일정범위 내로 유지하기 위해 사용된다.[2] 예를 들어 상업용 건물에서 사용되는 에너지의 약 60%는 조명, 온도조절, 환기에 사용된다.[3] 건물부하는 재실자들의 영향을 받기 때문에 넷-제로, 피크-제로, 넷-포지티브 건물을 구현하기 위해서는 재실자들의 습관들을 기후조건들과 결합하고, 그 습관들이 기후정점(climate peak)을 악화시키는 기간을 최소화하는 게 중요하다.

순간최대 건물부하를 유도하는 데 있어 기후와 사람이 다른 역할을 한다는 점을 인식하는 것이 중요하다. 기후조건은 냉방이나 난방의 순간최대 부하에 영향을 준다. 하지만 재실자들은 항상 열원(및 추가 열원을 켜는 경우)이며 기후에 의한 순간최대 난방부하를 증가시키거나, 순간최대 냉방부하를 감소시킨다. 재실자가 환경조건(공간적, 시간적, 행태적)에 적응할 수 있는 유연성이 허용되면, 실내의 쾌적성이 향상된다. **공간적 유연성(spatial flexibility)**은 재실자가 시간(연중 또는 하루 중)에 따라 가장 편안한 장소로 이동할 수 있는 공간의 제공을 의미한다. 예를 들어 추운 겨울아침에 햇볕이 잘 드는 동쪽 공간으로 이동할 수 있도록 하는 것이다(참고: 「이동」). **시간적 유연성(temporal flexibility)**은 재실자가 계절조건에 따라 자신(개인 또는 단체)의 일정을 변경할 수 있는 것을 의미한다(참고: 「부하반응형 일정」). **행태적 유연성(behavioral flexibility)**은 재실자가 주변환경에 적응하기 위해 물리적, 정신적으로 조절하는 것을 의미한다. 예를 들어 의복의 종류 및 양의 변경, 따뜻하거나 시원한 음료 마시기, 가벼운 운동이 포함된다(참고: 「적응형 쾌적기준」). 재실자가 얼마나 유연할지는 건물의 유형과 용도에 따라 일부 결정된다.

2) 2011 Buildings Energy Data Book(DOE, 2012, Table 3.1.4)
3) 2010년 기준

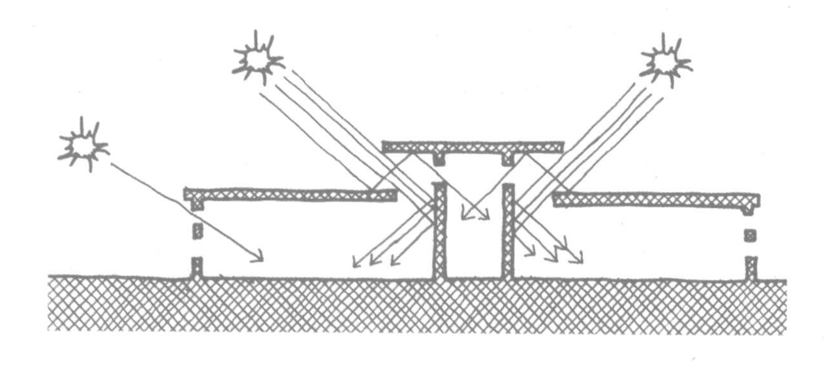

<채광이 잘 되는 주공간 디자인하기>

기후에 반응하는 사용패턴을 장려하는 공간은 건물의 에너지 사용에 영향을 준다. 예를 들어 사람은 어떤 공간이 다른 곳에 비해 어둡다고 인식하면 조명을 켠다. 다이어그램 **<채광이 잘 되는 주공간 디자인하기>**는 중복도의 조도를 교실보다 낮게 디자인한 채광 전략을 보여준다. 중복도의 개구부는 교실의 개구부보다 작아서 복도로 들어오는 햇빛이 적고 대부분은 교실로 반사된다. 어떤 공간의 밝기는 직전에 머물렀던 공간의 조도에서 영향을 받는다. 따라서 사람이 조도가 낮은 복도에서 상대적으로 조도가 높은 교실을 들어갈 때 훨씬 밝게 느끼게 되며, 교실의 조명을 켤 확률이 낮아진다. 「주광률」을 참고하면 조명기준을 설정하는 데 도움이 된다.

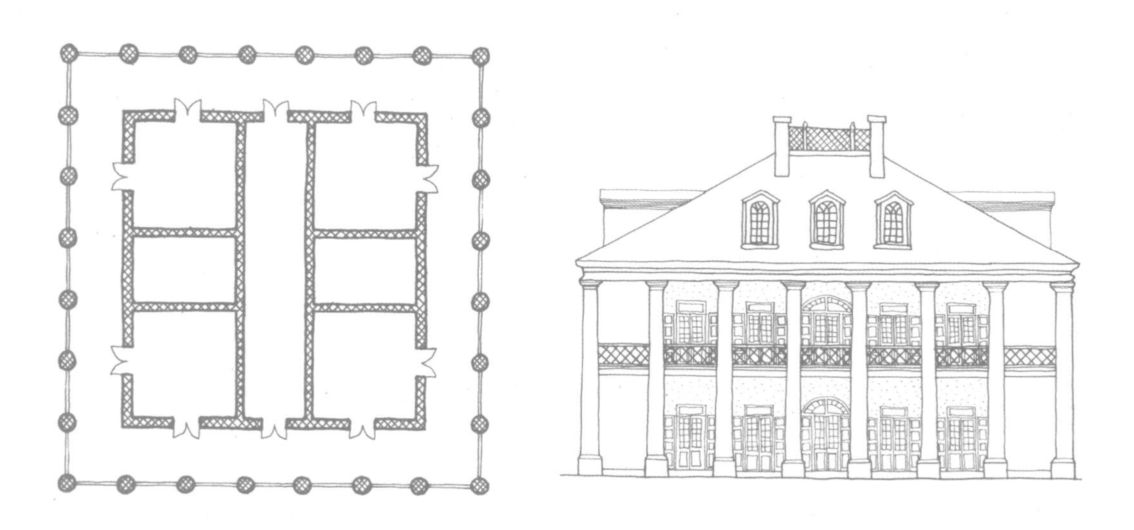

<오크앨리 농가>

에너지 사용을 최소화하기 위하여 재실자들이 쾌적기준, 일정, 행태패턴을 조절할 수 있는 내부공간을 디자인한다.

에너지 절약 의식이 있는 재실자들의 행태패턴은 에너지부하와 사용을 줄인다. 전통적인 미국농가인 **오크앨리 농가**[4]는 반응형 외피를 사용하여 재실자들이 일 년 내내 실내환경을 조절하며 효율적으로 건물을 사용하도록 디자인되었다. 이 집의 특징인 다양한 온도와 조도의 조건은 재실자들이 의식적으로 더욱 쾌적한 곳을 찾을 수 있게 한다(「이동」). 이 집은 2개의 구역으로 뚜렷하게 나뉜다. 하나는 햇빛가림 지붕에 의한 그늘이 있는 외부의 회랑공간이고, 다른 하나는 계절이나 재실자 선호도에 따라 개폐되어 「주기적 변환」으로 운영되는 실내의 보온공간이다. 사람들은 여름에는 주로 「차양레이어」 아래에 있는 외부 회랑공간을 사용하고, 겨울에는 실내의 보온공간에 머문다. 봄가을에는 창호를 열어서 내부공간을 좀 더 외부처럼 사용하기도 하고, 닫아서 외부와 차단하기도 한다. 또한 재실자들은 하루 일정에 맞추어 다양하게 생활할 수 있다. 가구를 밖으로 옮겨서 하루종일 외부의 햇빛가림 지붕아래에서 지낼 수 있다. 또는 밤에는 실내의 보온공간에서 머물며 창문을 열어 좀 더 외부환경처럼 생활할 수도 있다.

4) Oak Alley Plantation, Vacherie, Louisiana, USA, 건축가 미상, 1830년대

디자인 + 기후

S3 **건물과 오픈스페이스를 쾌적한 외부공간과 대지 자원의 접근성을 제공하는 「자원이 풍부한 환경」으로 만들도록 구성한다.**

본 시너지는 **넷-제로, 피크-제로, 넷-포지티브 건물을 위한 디자인 결정도표**에서 **질문 3a, 3b**를 다룬다.

3a	프로젝트가 여러 건물을 포함한다면, 전체 대지에서 신선한 공기와 햇빛을 누리도록 배치할 수 있는가?
3b	대지디자인을 통해 일 년 내내 혹은 적어도 몇 개월 동안 필요한 자원에 대한 접근성을 높이는 동시에 불필요한 자원은 줄일 수 있는가?

도시에서 광장, 보도, 가로, 공원 등의 외부공간들은 대부분의 토지이용을 차지하며, 중요한 만남과 휴식의 장소를 형성할 뿐만 아니라 그 특성들은 도시의 이미지를 결정한다. 대지의 에너지를 사용하여 쾌적한 외부공간의 열환경을 만들면 그 사용 시간이 늘어남에 따라 냉난방이 필요한 내부공간의 면적과 에너지 소비를 줄인다. 에너지에 대해 의식이 있는 도시는 에너지, 비용, 환경영향이 적은 거주지를 제공한다.

미기후의 조건들은 하루와 일 년 내내 변화한다. 즉각적으로 적용되는 디자인 전략들 또는 시간차를 활용한 디자인 전략들은 계절이나 시간대에 따라 외부공간의 편안함을 증진시킬 수 있다. 또한 미기후는 시간에 따른 상태변화 여부에 따라 정적 또는 동적 특징을 가진다. 다이어그램 **<정적 vs. 동적 전략>**에서 나무는 온기와 냉기를 저장하지 않지만, 겨울에 잎이 떨어지면서 햇빛을 받아들이고 여름에는 잎으로 그늘을 만든다. 즉 나무는 즉각적으로 적용되는 동적 전략을 보여준다. 반면 조적벽은 낮 동안 태양으로부터 모은 열을 저장하고 밤에는 조금씩 방출한다. 즉 시간차를 가지고 일어나는 정적 전략을 보여준다.

외부공간의 미기후를 디자인할 때는 외부공간과 주변 건물이 기후 자원에 적절히 접근할 수 있어야 한다. 태양과 바람은 작은 스케일에서 차단될 수가 있지만, 만약 존재하지도 않는다면 생성될 수가 없기 때문이다(참고: 「근린지구의 빛환경」, 「시원한 근린지구」, 「태양을 고려한 근린지구」 번들).

일단 기후 자원에 접근이 가능하면, 대지구성 및 요소를 사용하여 태양, 그늘, 바람, 무풍의 국지적 변화 조건을 만들 수 있다(참고: 「통합된 도시패턴」, 「외부공간의 미기후」 번들).

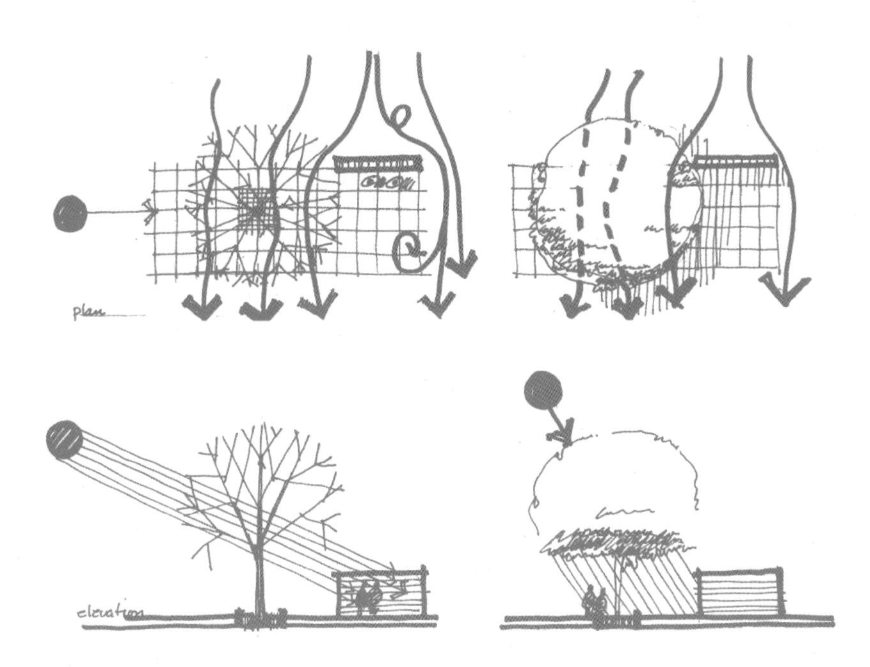

<정적 vs. 동적 전략>

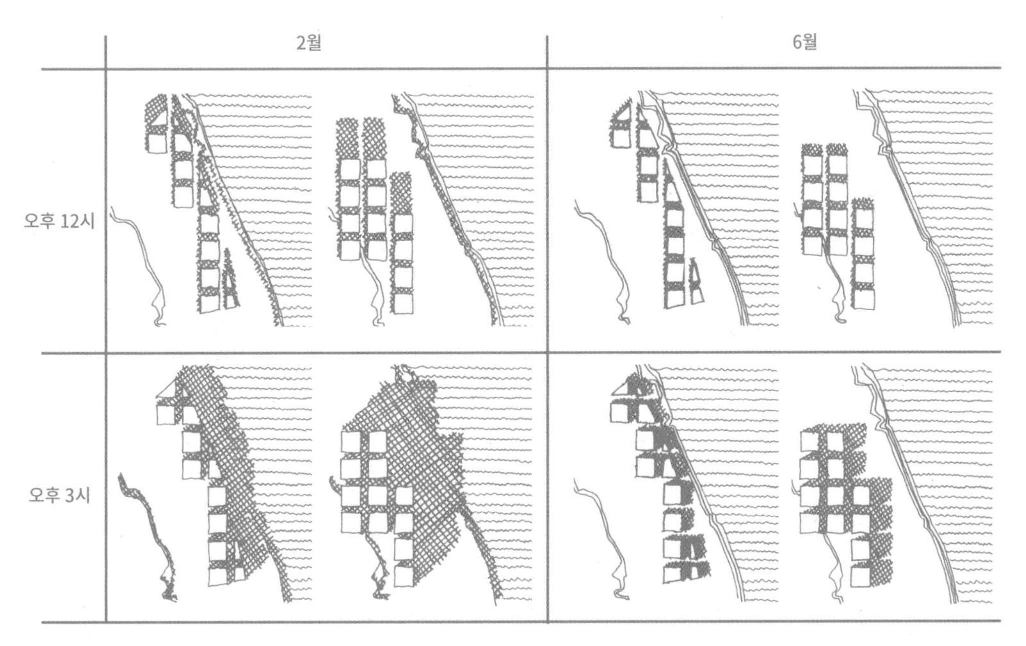

<노스맥아담 산책로 미기후 연구>

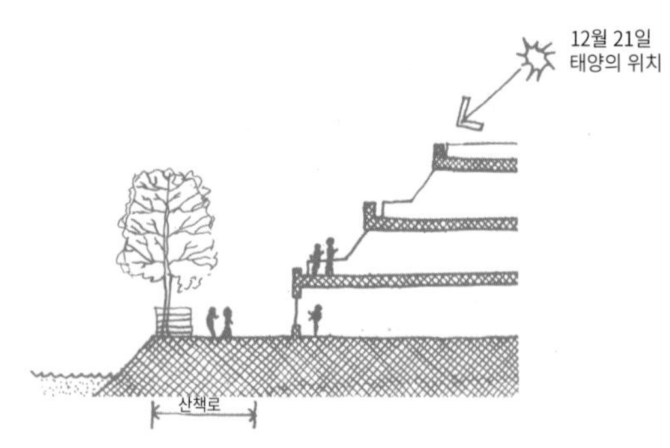

충분한 태양과 바람: 건물매싱은 식생이나 소규모 형태를 이용하여 미기후를 형성한다. 또한 패시브디자인과 신재생에너지 전력에 대한 충분한 접근을 제공한다.

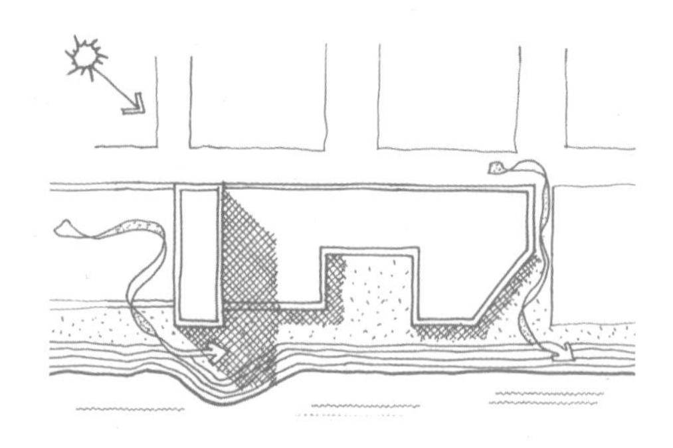

다양한 기후(Climate Smorgasbord): 건물형태를 이용하여 다양한 그늘과 바람의 조건을 만든다. 이로 인하여 일부 공간은 항상 편안하다.

<미기후-형성 시나리오>

<노스맥아담 산책로 미기후 연구>[5]에 의하면 햇빛, 그늘, 바람, 무풍의 패턴은 건물 구성에 따라 결정되며 계절과 시간대에 따라 다양하다. 다이어그램은 2월과 6월의 정오 및 오후 3시에 최대허용높이로 지어진 두 단지의 음영 영향을 비교하여 보여준다. 두 단지는 각각 7.6m 후퇴시 최고높이 38m와 15.2m 후퇴시 최고높이 76m로 설정되었다. 2월의 오후 3시에 산책로는 그늘이 없는 것이 바람직하지만, 두 단지 모두에서 그늘이 많이 생긴다. 반면 6월의 정오와 오후 3시의 산책로는 그늘이 지는 것이 바람직하지만 그늘이 없다. 다른 선택사항들은 **<미기후-형성 시나리오>**에서 찾아볼 수 있다.

5) North Macadam Greenway Microclimate Study for Portland, Oregon, USA, ESBL, 2000

사용 + 기후 + 디자인

S4 **"최적"의 패시브디자인 전략들에 따른 기후와 사용변수들의 통합은 「공간조닝」 기회들을 만든다.**

본 시너지는 **넷-제로, 피크-제로, 넷-포지티브 건물을 위한 디자인 결정도표**에서 **질문 4a, 4b, 4c**를 다룬다.

4a 건물형태와 향이 대부분의 내외부공간에서 태양, 바람, 빛에 접하도록 하는가?

4b 난방, 냉방, 환기, 조명의 조건이 유사한 공간끼리 함께 묶을 수 있는가?

4c 디자인은 태양, 바람, 빛이 전체 건물에 도달하도록 방해받지 않는 경로를 제공할 수 있는가?

건물형태, 향, 구성에 대한 초기의 디자인 결정들은 하루, 계절마다 변화하는 기후조건에 따라 바뀌는 태양, 바람, 빛의 상호작용의 패턴들을 결정한다. 건축디자인은 전체 건물에 햇빛과 바람의 유입과 배분을 제어하여 조절한다.

건물형태에 따라 태양, 바람, 빛에 직접 접근할 수 있는 내부공간이 결정된다(「깊은 채광」, 「천창건물」). 건물형태의 주요 결정요인은 건물외피에 면한 공간의 적정성에 있다(「얇은 평면」; 「동-서방향으로 긴 평면」).

건물의 향은 남향 유리면에서 관찰되듯이 건물에 들어오는 자원(태양, 바람, 빛)의 양과 질뿐만 아니라 유입을 통제할 수 있는 정도에 영향을 미치므로, 여름에는 그늘을 쉽게 만들고 겨울에는 햇빛을 잘 받아들인다(「태양과 바람을 마주하는 실」, 「실외실 배치」).

실내구성은 조건이 비슷한 공간끼리 묶는다(「난방구역」, 「냉방구역」, 「주광구역」, 「전기조명 구역」, 「열성층 구역」).

표 **<건물형태와 분할>**은 건물의 4가지 주요 형태유형, 즉 '낮고 두꺼운', '낮고 얇은', '높고 두꺼운', '높고 얇은' 형태와 내부공간 분할의 4가지 가능성을 보여준다. 이 중에 '높고 두꺼운' 건물은 바닥면적에 비해 표면적이 가장 적으므로, 내부공간은 태양, 바람, 빛의 접근이 가장 적다. 반면에 '낮고 얇은' 건물은 바닥면적에 비해 표면적이 가장 크고, 자원에 가장 잘 접근한다.

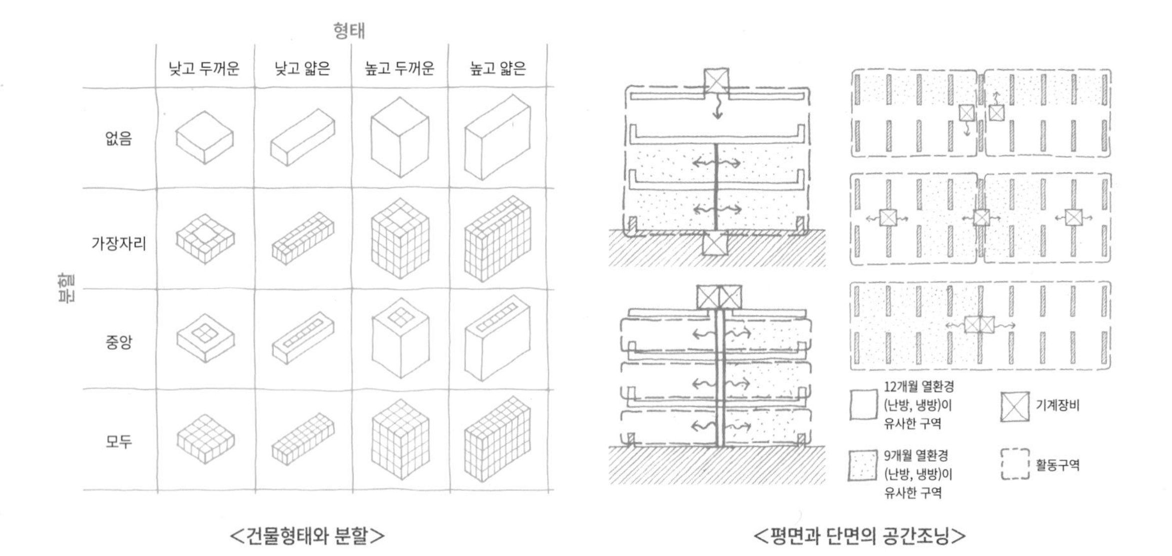

<건물형태와 분할>

<평면과 단면의 공간조닝>

내부공간은 여러 가지 방법으로 구성된다. 예를 들어 다이어그램 **<평면과 단면의 공간조닝>**에서 보이듯이 평면에서 중복도는 세로, 가로, 또는 중심코어에서 다른 영역들로 나눈다. 또한 단면에서는 층이나 향으로 구역들을 나눈다. 내부공간의 분할은 전체 건물의 배분 경로에 영향을 준다. 공기흐름과 주광은 특히 내벽에 영향을 미친다(「투과성 좋은 건물」). 두꺼운 건물에서는 공기흐름과 주광이 「온도가 낮은 실로 열이동」을 필요로 한다. 또는 주광을 건물 깊숙이 끌어오는 방법(「깊은 채광」, 「아트리움 건물」, 「빌려온 주광」, 「우물천창」)을 사용하여 내부공간에 배분한다.

가능한 많은 내부공간들이 태양, 바람, 빛에 접근할 수 있도록 건물을 디자인한다(참고: 「주광건물」, 「패시브냉방 건물」, 「패시브솔라 건물」). 이는 종종 건물이 얇아지는 것을 의미한다(예: 중정 건물).

「에너지 프로그래밍」을 사용하여 다양한 공간 유형들에서 난방, 냉방, 환기, 조명이 필요한 정도를 구분한다. SWL의 다양한 공간조닝 전략들을 이용하여 비슷한 조건의 공간군들을 구성하여 배치하고 향을 결정한다.

레인커뮤니티대학의 보건복지건물[6]은 자연환기와 주광을 위해 공간조닝 원칙과 배분 경로를 이용한 사례이다. 건물은 축열체의 야간냉각을 위해 두 부분으로 나뉜다. 밤에는 중앙복도의 미닫이문들을 닫아서 환기공기가 각 구역에서 계획된 경로를 통해 이동하게 한다. 이렇게 적절한 야간환기를 통하여 각 구역의 축열체는 낮 동안 저장한 열이 제거된다.

6) Lane Community College Health and Wellness Building, Eugene, Oregon, USA, SRG Partnership, 2010

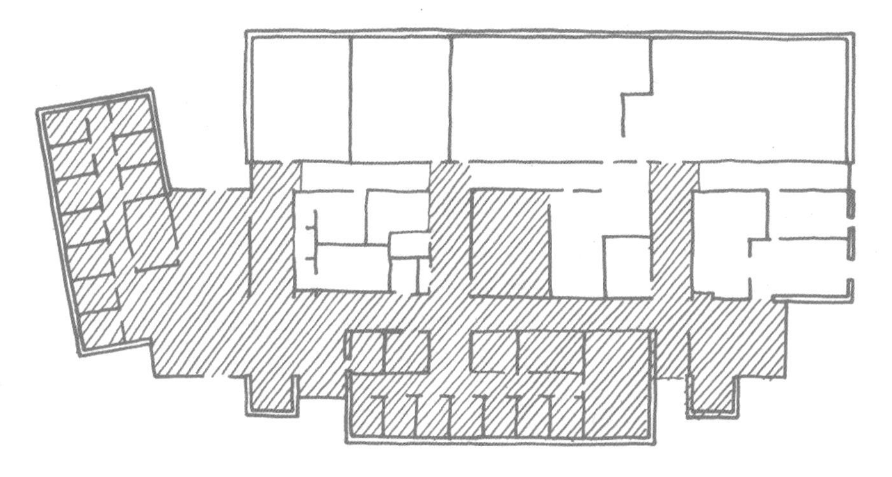

미닫이문이 없는 경우

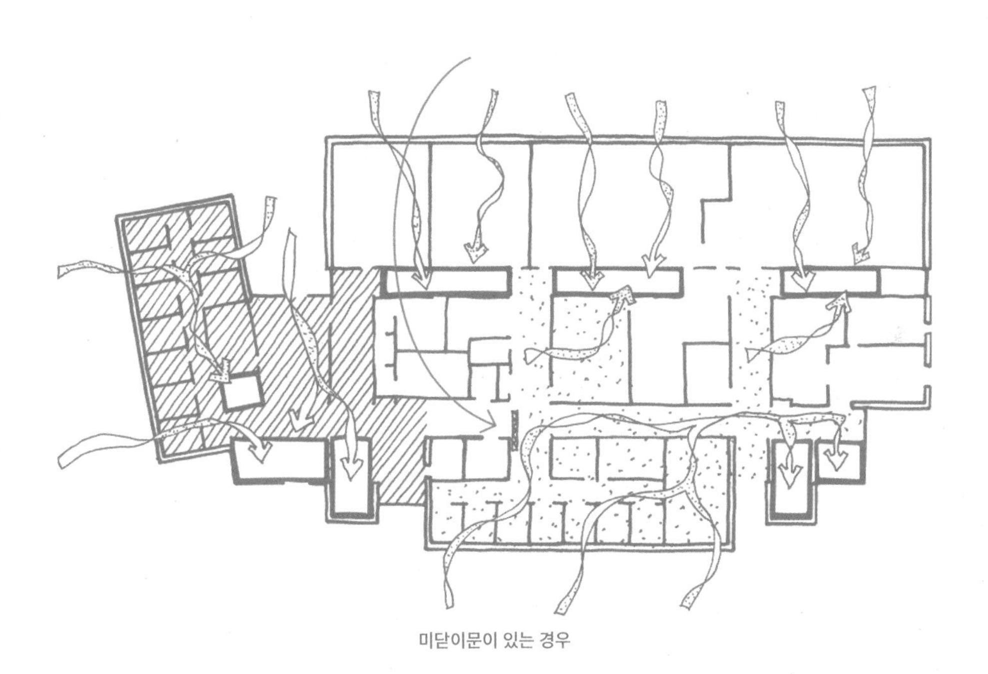

미닫이문이 있는 경우

<레인커뮤니티대학의 보건복지건물>

디자인 + 사용 + 기후

S5 「열적 이동」을 위해 디자인된 건물은 축열체와 반응형 외피를 통합한다. 이는 태양, 바람, 빛의 변화패턴을 활용하여 쾌적성과 에너지 사용을 조절한다.

본 시너지는 **넷-제로, 피크-제로, 넷-포지티브 건물을 위한 디자인 결정도표**에서 **질문 5a, 5b**를 다룬다.

5a 디자인이 축열체를 포함할 수 있으며, 일교차와 태양복사량 정도는 열저장 전략들을 향상시킬 수 있는가?

5b 외피는 필요에 따라 대류, 전도, 방사의 열전달을 차단하거나 허용할 수 있는가?

넷-제로, 피크-제로, 넷-포지티브 건물의 디자이너들은 기후패턴 변화에 따라 적절히 대응한다. 마찬가지로 건물운영자들은 기후 영향의 차단, 수용, 조절을 제어한다. 「반응형 외피」 번들을 구성하기 위해 결합할 수 있는 건물 요소들(패시브와 액티브)로는 「내부차양과 중공차양」, 「외부차양」, 조절가능한 「환기구」, 「가동형 단열」 패널이 있다.

건물디자인에 「축열체」를 통합하면 온도변화를 조절하여 에너지 사용을 줄이고 더욱 쾌적한 공간을 만들 수 있다. 이를 위해서는 축열체의 총 면적 및 두께뿐만 아니라 축열체 성능에 영향을 주는 다른 세부사항들도 고려해야 한다. 예를 들어 「축열체」에 「외단열」을 하거나, 열손실과 열획득을 위한 별도의 경로를 제공한다. 이 외에 많은 요인들이 축열 전략의 효율성에 중요한 역할을 한다. 예를 들어 「축열체 배치」는 따뜻하거나 시원한 공기의 접근과 복사열의 교환 능력에 영향을 준다. 또한 표면반사율과 「축열체 표면의 열흡수율」도 열복사를 통해 얼마나 많은 열이 얻어지거나 손실되는지에 영향을 준다.

냉방기간 동안 조적벽의 저장시스템은 열획득을 줄이고 열손실을 촉진하는 것이 바람직하다. 내부차양 또는 외부차양은 직사광이 실내로 들어오는 것을 막고, 「환기구 배치」는 시원한 밤공기가 축열체를 관통하여 흐르도록 해준다. 반면 난방기간에는 반대의 전략이 적용된다: 낮 동안은 일사획득이 장려되며 밤에는 열손실을 막기 위해 「가동형 단열」이 쓰인다. 벽 자체의 단열 수준을 높이는 것보다, 창문처럼 열손실이 큰 부분에 선택적으로 단열을 적용하는 것이 전체 벽의 *R*값[7]에 더 큰 영향을 준다.

---

7) *R*값은 열저항값, Heat Resistance으로 통과 열량에 대한 저항의 정도임.

유리면이 30%이고 R-30으로 단열된 벽을 예로 들어보자. *U*값[8]이 0.35인 창문이라면, 전체 벽의 R값은 7.79가 된다. 그런데 R-10의 셔터를 설치한다면, 동일한 벽의 R값은 18.75가 된다.

「열적 이동」을 위한 건물을 디자인하기 위해 우선 일반적인 기후조건과 실내쾌적도를 바탕으로 외피 요소가 연결체, 장애물, 필터, 스위치, 또는 이들의 복합체 역할을 하는지 결정한다.[9]

고정창은 햇빛과 주광의 연결체이자 공기흐름의 장애물로 역할을 한다. 개폐가능한 창문은 공기흐름의 스위치 역할을 하는 반면, 전기변색창(electrochromic)과 개폐가능한 차양은 햇빛의 스위치 역할을 한다. 스위치와 필터는 연결체나 장애물보다 더욱 다양한 환경에 적용이 가능하다.

냉난방이 필요한 복합기후에 대해서는 다음의 일반적인 원칙을 고려한다.

- 폭염기에 실내온도가 외부보다 높으면, 자연환기로 냉방이 되도록 「환기구」를 연다.
- 외부온도가 쾌적구역의 상한값보다 높으면, 개구부를 닫아서 과도한 열획득을 지연시킨다.
- 「야간냉각체」를 사용한다면, 밤의 외부온도가 실내보다 낮을 때에 개구부를 연다.
- 「부하반응형 일정」에서 재실패턴을 정리한다. 재실자에 관련된 열획득이 「축열체」의 흡수열을 넘지 않도록 한다. 그러면 낮 동안 냉방작용을 하는 축열체의 능력이 증가된다.
- 냉방기간 동안 모든 유리면은 직사광으로부터 가린다. 충분한 채광창 면적이 확보되거나 사용되지 않는 방이라면, 낮 동안 「가동형 단열」은 열획득을 방해하는 장애물로 사용한다.
- 난방이 이루어지지 않는 기간에는 햇빛이 유입되도록 「실내차양」과 「외부차양」을 연다.
- 「이동」을 사용하여 재실패턴을 구성한다. 그래서 동쪽으로 난 창이 있는 곳이나, 건물의 상부층처럼 먼저 데워질 수 있는 건물 요소를 우선 사용한다. 공간이 사용되지 않고 직사광선의 유입이 어려울수록 「가동형 단열」을 창 위에 덮어서 열손실을 줄인다.
- 열손실의 주 요인인 모든 창은 밤에 「가동형 단열」을 사용한다.

---

8) *U*값은 열관류율, Heat Transmittance으로 1/R이며, 단위는 $W/m^2 \cdot K$

9) Norberg-Schulz, 1965

여름

- 한밤중: 환기구와 야간단열이 열려 있다. 차가운 밤공기가 거실로 흐르고, 트롬브벽과 실내조적벽과 바닥을 식혀준다.
- 동틀녘: 환기구와 야간단열재가 열려서, 아침공기를 들여온다. 차양과 외부 루버는 직사광선이 시원해진 축열체를 데우는 것을 차단한다.
- 정오: 외부가 너무 덥기 때문에, 환기구와 창은 닫고 단열재로 덮어서 거실을 시원하게 유지한다. 차양이 직사광을 차단하고, 야간냉각체가 실내온도를 낮게 유지시킨다.
- 해질녘: 외기가 차가워짐에 따라 환기구, 창문, 야간단열이 열려 있다. 실내의 벽, 바닥, 트롬브벽은 그늘이 잘 지게 한다.

겨울

- 한밤중: 환기구, 창문, 야간단열이 닫혀서 실내를 따뜻하게 유지한다. 전체 건물의 조적벽과 바닥은 낮 동안 얻었던 일사획득으로 따뜻해져 있다.
- 정오: 환기구와 창문이 계속 닫혀 있다. 야간단열은 열려서 직사광을 받아들여 트롬브벽, 조적벽과 바닥은 물론 사람까지 따뜻하게 한다.
- 해질녘: 야간단열이 해가 진 후에 닫힌다. 축열체는 낮에 모은 열을 방출한다.

<데드우드 크릭 커뮤니티센터>

데드우드 크릭 커뮤니티센터[10]에서 조적벽/바닥과 함께 트롬브벽(trombe wall)에서 야간단열과 「축열체」가 일 년 내내 패시브한 방법으로 공간을 조절해준다(「열저장벽」). 재실자는 능동적으로 「가동형 단열」을 작동시키고, 환기구와 조작가능한 차양은 최소한의 대지-밖 에너지를 사용하면서도 건물을 편안하게 만들어준다.

10) Deadwood Creek Community Center, Deadwood, Oregon, USA, Equinox Design, Inc, 1980

디자인 + 사용

S6 「다중디자인」은 단일건물 요소 내에서 2가지 이상의 기능을 조합한다.

본 시너지는 **넷-제로, 피크-제로, 넷-포지티브 건물을 위한 디자인 결정도표**에서 **질문 6**을 다룬다:

6 개구부가 과열이나 현휘와 같은 부작용 없이 자원을 받아들이도록 디자인될 수 있는가?

창과 같은 일부 건물 요소들은 여러 가지 기능을 동시에 수행하도록 디자인된다. 이는 난방, 냉방, 환기, 조명전략들 간의 시너지 효과에서 중요하지만 잘못 디자인되면 문제가 되기도 한다. 예를 들어 잘 디자인된 창은 모든 감각적 즐거움의 원천인 내외부로의 조망, 앉을 곳, 벽의 시각적 변조를 제공하며 고성능 건물에도 기여한다. 그러나 창은 개인 사생활 침해, 냉난방부하 증가, 현휘 발생, 보안문제 등의 문제를 야기하기도 한다. 또한 다양한 요구에 따른 창의 크기 조절과 적절한 작동이 필요하다.

요소	기능 및 주요 전략	잠재적 문제들	가능한 해결안들
수직창	**주광:** 「주광개구부」	• 현휘와 비균질한 빛의 배분 • 전도와 복사를 통한 열획득과 손실 • 개인사생활 침해, 부적절한 작동	• 「광선반」; 「주광 향상 차양」; 「저-대비」; 「창 배치」; 「주광반사면」 • 「외부차양」; 「내부차양과 중공차양」; 「창과 유리의 종류」 • 「수동 또는 자동제어」
	환기: 「환기구」	• 환기와 침기에 의한 열획득/손실 • 방범, 오염 • 부적절한 작동	• 「공기흐름이 있는 창」; 「창과 유리의 종류」 • 「분리 또는 결합된 개구부」 • 「수동 또는 자동제어」
	냉방: 「환기구」	• 전도를 통한 열획득 • 방범, 오염 • 부적절한 작동	• 「창과 유리의 종류」; 「가동형 단열재」 • 「수동 또는 자동제어」; 「분리 또는 결합된 개구부」
	난방: 「솔라개구부」	• 현휘 • 전도와 복사에 의한 열손실 • 부적절한 작동	• 「적절히 배치된 창」; 「태양반사장치」 • 「가동형 단열」; 「창과 유리의 종류」 • 「수동 또는 자동제어」
	다른 디자인 고려사항들 (구조, 조망 등)	• 구조시스템과의 충돌 • 가격상승 • 디자인 기간 증가와 전문지식 요구	• 통합설계과정

<다중요소>

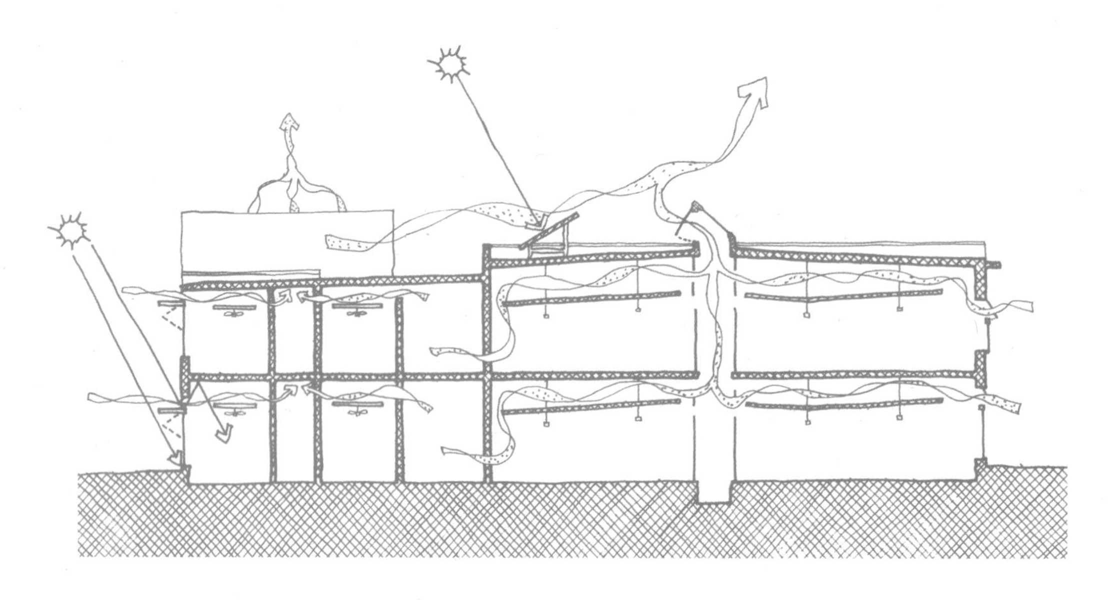

<레인커뮤니티대학의 보건복지건물>

다중적인 요소들을 디자인할 때에 각 요소의 기능들과 잠재적 충돌이나 문제들을 나열하는 표 <다중요소>에서의 수직창 예제와 같이 작성한다. 각 문제에 대해 가능한 디자인 전략 해결안들을 작성한 다음, 여러 가지 기능을 수행할 수 있는 전략들을 찾는다.

개구부의 크기가 난방, 냉방, 환기, 조명에 대해 2가지 이상에서 문제가 된다면, 「분리 또는 결합된 개구부」를 대안으로 고려한다. 「솔라개구부」가 현휘 문제가 있거나 너무 큰 경우에 「반응형 외피」 번들에서 설명되었듯이, 「직접획득실」을 위한 수집개구부를 「열저장벽」, 「썬스페이스」, 「집열벽 및 지붕」과 같이 다른 태양열난방시스템과 결합하여 현휘와 주광이 적은 열을 제공한다.

레인커뮤니티대학의 보건복지건물에는 다양하게 기능하는 창과 빛우물이 디자인되었다. 외피의 개구부는 조망, 주광, 환기를 위한 창으로 구분된다. 「환기구」는 「맞통풍실」과 「연돌환기실」에 외기 수요와 냉방에 모두 사용되는 급기구를 제공한다. 「주광개구부」는 태양고도가 높을 때에 원하지 않는 일사획득을 최소화하면서 높은 비율의 반사광이 유입될 수 있도록 허용하는 「외부차양」 루버가 설치되어 「주광 향상 차양」으로 사용된다. 중앙의 「우물천창」은 주광을 제공하고 「연돌환기실」의 환기배기구로 사용된다. 야간에는 빛우물의 수직남향 면에 있는 자동 유리면이 열리면서 「야간냉각체」를 위해 충분한 밤공기가 건물을 관통해서 흐른다. 반투명 패널은 교실을 빛우물과 분리하여 추가적인 「빌려온 주광」이 들어오도록 한다.

S7 부하저감을 위한 전략들과 제어들을 최대한 활용한 후, 잔여부하는 부하 특성들에 맞는 「액티브 맞춤시스템」으로 충족시킨다.

본 시너지는 **넷-제로, 피크-제로, 넷-포지티브 건물을 위한 디자인 결정도표**에서 **질문 7a, 7b, 7c**를 다룬다.

7a 필요 시 패시브 전략들을 보완할 수 있도록 기계시스템 그리고/또는 전기시스템이 선택되었으며 그 규모는 적절한가?

7b 수동제어가 주어진 기후조건과 프로그램에 안정적으로 사용될 수 있는가?

7c 필요 시 전력발전시스템이 전력을 공급하기에 적절한 규모인가?

넷-제로, 피크-제로, 넷-포지티브 건물은 기계시스템의 조건 및 대지-내 전력생산량을 결정하기 전에 디자인과 사용 전략들을 통해 건물부하를 최소화함으로써 가장 효과적으로 달성된다. 건물에너지는 「연간 에너지 사용량」을 통해 평가된 후에 「넷-제로에너지 균형」을 사용해 잠재된 대지-내 전력생산량과 비교된다. 많은 건물이 대체로 적절하고 일정한 부하를 갖지만, 기후와 재실자의 조건이 일치할 경우에 때때로 순간최대 부하를 가진다. 이러한 최대부하로 인해 기계시스템의 크기가 복잡해진다. 즉 기계설비의 크기를 최대부하에 맞게 조정하여 평균 조건 동안 장비효율성을 떨어뜨려야 하는 것인지, 아니면 부하에 맞게 출력을 조정할 수 있는 가변 또는 2가지 시스템을 사용해야 하는 것일까?

기계는 설계부하로 일정하게 사용될 때에 가장 효율적으로 작동된다. 건물시스템 구축이 이상적인 세계에서는 건물부하가 계절, 일, 시간에 따른 변화 없이 일정할 것이다. 하지만 실제 건물은 그렇게 작동되지 않는다. 건물부하는 재실자의 이동, 장비의 운영 여부, 기후변화에 따라서 시시각각 변한다. 따라서 에너지 수요를 줄이고 일정하게 만들기 위해서 부하저감 전략들을 사용하여 건물부하의 평균값과 최댓값의 차이를 줄여야 한다.

이미 부하저감 전략들이 최대한 사용되었다면, 액티브시스템을 건물부하에 맞추기 위해서 다음의 원칙을 고려한다.

- 건축조직과 기계 및 전기시스템을 통합적으로 본다.
- 난방, 냉방, 환기, 조명시스템을 분리하여 각 부하에 맞도록 크기를 조정하고 효율적으로 제어한다. 시스템은 일정한 운영수준에서 효율적이다.
- 재실공간만 공조를 가동한다. 즉 공간만이 아니라 사람을 위해서 기계 및 전기시스템을 가동한다.
- 사람이 열적 및 시각적 환경을 제어할 수 있게 한다. 「수동 또는 자동제어」의 조합을 사용하여 에너지 사용과 재실자의 쾌적성을 최적화한다.
- 재실자의 요구에 맞는 작업/주변 난방, 냉방, 조명시스템을 사용한다. 다양한 열과 빛 조건에 대한 가능성을 허용한다(「작업조명」, 「적응형 쾌적성」).
- 순간최대부하 동안 재생에너지를 생산하여 추가적인 냉난방을 위해 사용하거나, 나중에 사용할 수 있도록 저장한다.

액티브시스템을 보다 정확하게 건물부하에 맞추는 방법으로, 각 공간의 조건만 충족되도록 크기를 정한 개별시스템들을 갖는 모듈공간을 디자인한다. 이러한 방식으로 실들은 재실 정도와 용도에 따라 개별적으로 운영될 수 있게 되므로 전체건물 에너지 소비가 줄어든다. **마운트엔젤수도원의 수태고**

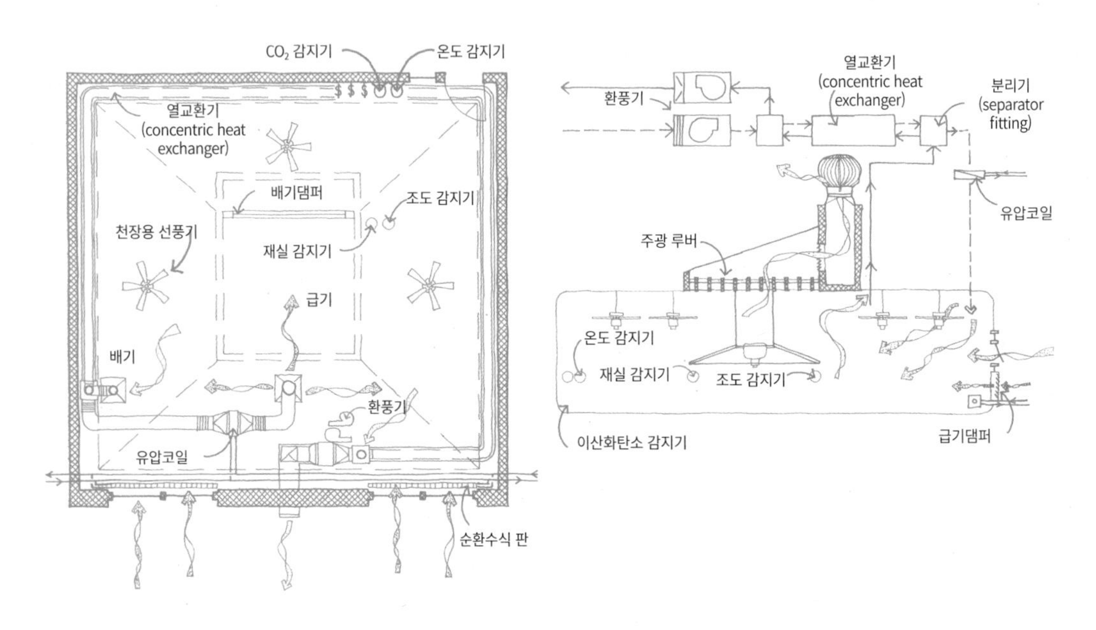

<마운트엔젤수도원의 수태고지 교육센터>

지 교육센터[11]는 부하저감 전략들을 사용하여 기계식 난방시스템의 필요성을 없애고, 하이드로 베이스보드 복사열히터[12]로 난방하고, 공기-공기 열교환기[13]를 사용하여 각 교실마다 독립적으로 환기공기를 제공한다. 강의실 내의 난방, 조명, 환기시스템은 「수동 또는 자동 제어」 기능이 혼합되어 있고, 복사열히터는 빌딩제어시스템에 의해 자동으로 작동한다. 그리고 전기조명시스템은 광센서에 의해 제어되지만 수동으로도 사용이 가능하다. 외기통풍구는 야간의 환기를 위한 자동제어장치와 환기를 높이기 위한 수동제어장치를 사용한다.

<릴리스 비지니스 복합시설>

오레곤대학의 **릴리스 비즈니스 복합시설**[14]에서는 태양광발전이 건물외피에 통합되어 있다(「태양광전지(PV) 지붕과 벽」). 건물은 열과 냉기를 저장하는 데 사용되는 「축열체」를 포함하여 주요 부하저감 전략들을 사용한다. 겨울에는 일사획득을 허용하고, 여름에는 막아준다. 천장용 선풍기는 쾌적구역을 확장하고, 조명이 주변 온도와 밝기에 따라 자동적으로 켜지거나 꺼진다. 창문은 외부온도가 실내보다 1~1.7℃ 낮을 때에 자연환기를 위해 열린다(「혼합모드 냉방」). 전반적으로 이 건물은 미국 오레곤주 규정보다 41% 적은 에너지를 사용한다.

11) Mount Angel Abbey Annunciation Academic Center, St. Benedict, Oregon, USA, SRG Partnership, 2006
12) 하이드로 베이스보드 복사열히터, Hydronic baseboard radiant heaters
13) 공기-공기 열교환기, Air-Air Heat Exchanger
14) Lillis Business Complex, Eugene, Oregon, USA, SRG Partnership, 2003

4 번들
(BUNDLES)

4장의 첫 부분인 **"번들에 대하여"**에서는 고성능 건물을 디자인할 때에 발생하는 일반적인 문제들을 해결하기 위해 시너지 효과를 함께 낼 수 있는 관련 디자인 전략 번들을 자세하게 소개한다. 그리고 4장의 마지막 부분인 **"기본번들"**에서는 번들 다이어그램에서 번들과 그래픽 표현을 정의하는 원칙에 대해 설명한다.

두 번째 **"나만의 번들 만들기"**는 독자 스스로가 특정 프로젝트를 위한 번들을 만들거나, 또는 본 책의 기본번들들 외에 새롭게 추가할 수 있도록 단계별 과정을 제공한다. 개정 3판에서 처음으로 제시된 번들은 유연하고 창의적인 개념체계를 제공한다. 잠재적 번들들과 그 변형들은 고성능 건물 디자인에서 반복되는 수많은 문제와 상황들 만큼이나 많다.

마지막 **"기본번들"**은 'L9 근린지구'에서 4가지, 'L6 전체 건물'에서 4가지, 'L4 실'에서 한 가지 번들로 총 9가지 번들들을 제시한다.

전략 간의 관계

번들에 대하여

번들의 탄생

이전의 **SWL**개정 2판에는 다양한 스케일에 걸친 총 109개의 기술과 디자인 전략들이 포함되어 있으며 난방, 냉방, 조명, 전력에 대한 문제들이 다뤄져 있다. 번들은 지난 10여 년 동안 개정 2판을 사용하면서 발생한 다음의 3가지 문제들에 대한 결과로 탄생하였다:

1. **특정한 디자인 상황(예, 건물외피)에 무슨 전략들을 사용할지 알기가 어려웠다.** 이는 특히 초보 패시브 디자이너가 겪는 어려움이다.
2. **전략들이 어떻게 서로 관계되는지(또는 관계없는지) 파악하는 것**이 종종 암시되었지만 대체로 불분명하고 실질적인 실무경험이 필요하였다.
3. 본문에서 **주요 변수들(예, 기후유형)을 채택하거나 강조할 전략들을 어떻게 바꾸었는지 알기**가 어려웠다.

번들이라는 개념은 이러한 문제를 해결하고자 시도한다. 또한 번들의 목적을 이해하는 데 다음의 2가지 관찰이 중요하다.

"디자인 전략체계도에 의한 탐색"에서 설명된 대로 전략들은 다양한 **스케일에서 중첩(nested) 또는 위계적(hierarchical) 방법으로 서로 관련된다.** 이러한 새로운 탐색도구는 전략들을 번들로 구성하기 위한 또 다른 기초이다.

난방과 같이 한 가지 에너지 문제에 대한 전략은 조명이나 냉방과 같은 다른 에너지 문제들에도 자주 영향을 미친다. 디자이너는 에너지 문제들에 대해 한 가지 이상의 방법으로 생각하기 때문에, 번들은 하나의 문제에 집중하기도 하고 여러 가지 문제들을 다루기도 한다.

반복되는 문제들에 대한 일반화된 해결유형들로써의 번들

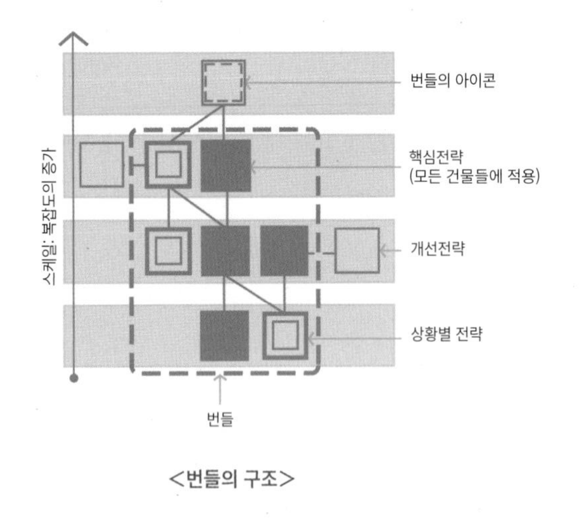

<번들의 구조>

번들은 건물들에서 반복적으로 발생하는 디자인 상황들을 해결하기 위해 거의 항상 필요한 전략들의 세트를 제안한다. 지붕을 통한 채광문제나 추운 기후에서 태양열을 모으고 저장하는 문제와 같은 디자인 상황들은 반복된다. 이러한 디자인 상황들을 일반화한다면, 다양한 조건에서 적용가능한 해결안들과 그 특성들도 일반화할 수 있다. 한 가지 문제가 건물들에서 수없이 반복되면, 건물커뮤니티는 디자이너가 배울 수 있는 특정한 해결유형들을 개발한다. 많은 경우에서 시공자와 디자이너들이 비공식적으로 개발한 해결안들을 검증하거나 개선하기 위해, 연구자들은 일반적이며 지속되는 문제들에 집중한다. SWL은 개별 디자인 전략들과 이 전략들의 조합인 번들에서 지혜를 얻고자 한다.

번들이란 무엇인가?

번들은 일반적으로 발생하는 디자인 문제들의 해결을 위해 함께 작동하는 관련 전략들의 모음이다. 번들은 한 가지 또는 2가지 이상의 에너지 문제들(난방, 냉방, 조명, 환기, 전력)을 해결한다. 일반적으로 번들은 다이어그램 **<번들의 구조>**에서 표현된 대로 다음과 같은 특성들을 가진다.

- **2가지 이상의 스케일**

  번들은 복잡도에 대한 위계시스템에서 2가지 이상의 스케일들을 다룬다. 대부분의 기본번들은 3단계를 포함한다(그림의 회색막대). 정사각형들을 연결하는 선들은 복잡도가 높고 낮은 전략들 사이에서 특정한 종류의 관계를 나타낸다. 단계는 어떻게 낮은 복잡도의 전략들이 높은 복잡도의 전략들을 세우는지 명확하게 하는 기능을 한다.

- **핵심전략(core strategies)**

  번들은 3~5가지의 불변하는 핵심전략들(검은 사각형)이 있으며, 주어진 디자인 상황에서 항상 사용할 수 있다. 핵심전략들은 모든 번들변형들에 적용되는 전략들이다.

- **상황별 전략(situational strategies)**

  번들에는 2가지 이상의 상황별 변형들이 있으며, 각각은 자체의 고유한 번들 다이어그램을 가진다.

여기에는 핵심전략들 이외에 상황별 전략들(점선 안의 빈 사각형)이 추가되어, 일반적으로 존재하는 주요 변수들(예를 들어, 냉대건조와 고온건조기후의 디자인 차이)에 따라 번들을 적용시킨다. 다시 말하자면, 핵심전략들은 중요한 전략으로 모든 상황 변형들에서 나타난다는 것을 유념해야 한다.

- **개선전략(refiner strategies)**
  디자인이 세부단계로 발전함에 따라 번들과 관련된 개선전략들(점선 밖의 사각형)을 고려해야 한다.

각 전략에는 다양한 변수들이 있으며 상황에 따라 변형하여 조정할 수 있으므로, 하나의 번들에 대해 제안된 전략들의 특정한 조합은 수천 가지의 공식적인 결과들을 낳는다. 마찬가지로 하나의 번들에서 전략들 간의 관계는 각 전략이 적용되는 방식에 영향을 미친다. 디자이너는 번들을 구성하는 디자인 전략들의 네트워크에서 하나의 전략을 다른 전략에 적합하게 맞추게 된다.

번들 다이어그램을 읽는 방법

번들 다이어그램의 예시 **<「패시브솔라 건물」: 두꺼운 평면 번들>**은 2가지 변형 중에 하나로 번들의 4가지 구성 원칙을 보여준다.

번들은 **L3 빌딩시스템**부터 **L4 실, L5 실구성**까지 3단계의 복잡도를 포괄하는 **여러 스케일들에서 디자인 전략들을 구성한다.** 이는 다이어그램에서 회색막대들로 표시되며, 일반적으로 작은 부분들에서부터 더 큰 전체들에 이르는 범위이다. **L6 전체 건물**의 스케일은 이 번들의 상황에 맞는 스케일이며 특성이 분명한 단계이다.

정사각형들을 연결하는 회색선들은 낮은 복잡도와 높은 복잡도 전략들 간의 특정한 관계를 나타낸다. 예를 들어, 낮은 복잡도 전략인 「썬스페이스」, 「태양과 바람을 마주하는 실」, 「집열체」는 모두 **L4 실** 스케일에서의 디자인 전략들이다. 이러한 전략들은 「온도가 낮은 실로 열이동」과 같이 보다 더 복잡한 전략을 세우도록 도와준다. 이는 더 복잡한 스케일 **L5 실구성**에서 작동되어 집열하는 실과 집열하지 않는 실 사이의 열배분을 조정한다. 「썬스페이스」는 「온도가 낮은 실로 열이동」을 구축하는 데 도움을 주지만, 상위 전략들은 하위 전략들과 그 연관성에 의해 좌우된다.

간결성을 위해 개선전략들의 관계선들은 다이어그램들에는 표시되지 않지만, **<디자인 전략체계도>**에서 볼 수 있다. 또한 번들들은 전략들의 가장 중요한 조합들을 나타내며, 많은 추가 전략들이 사용될 수 있음을 유념한다. 더 자세한 내용은 **"디자인 전략체계도로 탐색"** 부분을 참고한다.

각 그래픽 아이콘은 개별 디자인 전략들을 나타내며, 핵심전략들은 굵은 테두리로 표시된다: 「난방

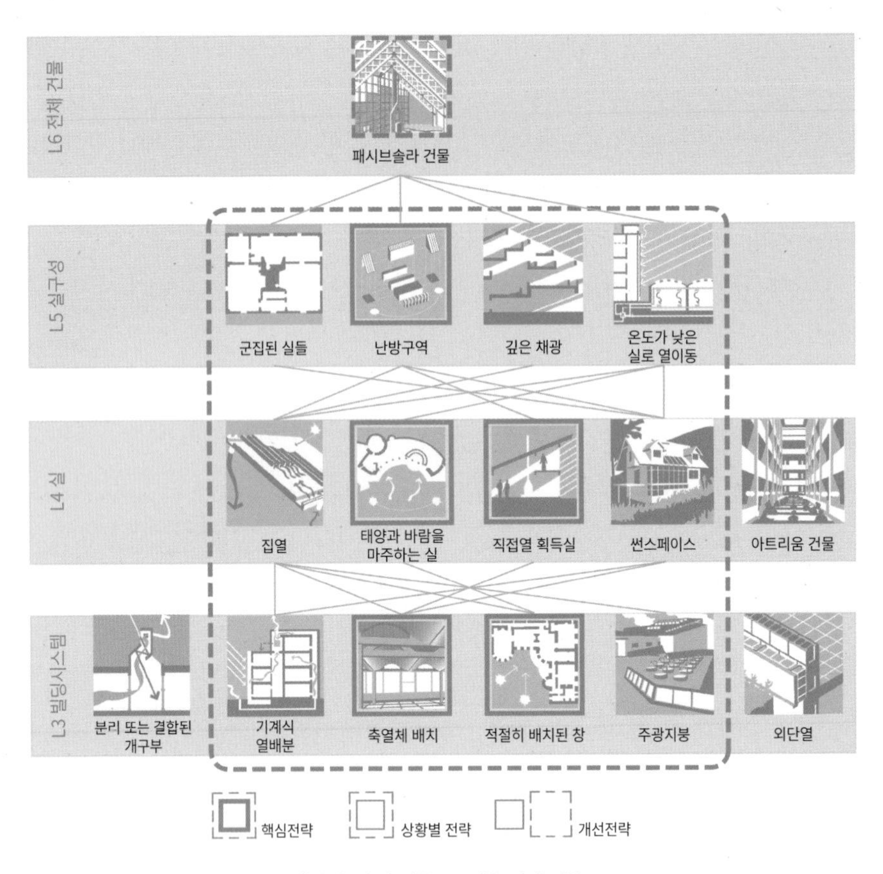

<「패시브솔라 건물」: 두꺼운 평면 번들>

구역」, 「태양과 바람을 마주하는 실」, 「직접열 획득실」, 「축열체 배치」, 「적절히 배치된 창」. 이 전략들은 대부분의 패시브솔라 건물에 적용된다.

번들에는 2가지 상황별 변형들이 있다. 하나는 두꺼운 건물(다이어그램 참고)로, 대부분의 실이 태양을 접하지 않는다. 나머지는 **얇은 건물**로, 각 실이 쉽게 태양에 접한다. **상황별 전략들**은 번들의 경계선(두꺼운 점선) **안에** 위치하며 해당 아이콘에는 테두리가 없다: 「군집된 실들」, 「썬스페이스」, 「기계식 열배분」. 이러한 디자인 전략은 일반적으로 번들번형들 중 하나에 적용되며, 모든 번들변형에 적용되는 것은 아니다. 상황별 전략은 대체로 적절하지만, 모든 전략들이 모든 프로젝트에서 사용되는 것은 아니다. 예를 들어, 두꺼운 건물은 '태양열을 받는 외피 또는 실'로부터 '직접 태양열을 받지 않는 실'로의 열이동을 위해 「기계식 열배분」이 요구된다. 반면에 얇은 건물은 일반적으로 열배분을 위해 국지적인 패시브 「대류순환」 또는 패시브 복사를 사용한다.

개선전략들은 번들의 성공에 덜 중요하며 핵심전략들이나 상황별 전략들보다 건축형태에 미치는 영향이 적다. 하지만 상황에 따라 여전히 성능에 큰 영향을 줄 수 있다. 개선전략들은 번들의 경계선 **(두꺼운 점선) 바깥**에 있으며, 해당 아이콘에는 테두리가 없다: 「아트리움 건물」, 「외단열」, 「분리 또는 결합된 개구부」. 예를 들어, 두꺼운 평면의 「패시브솔라 건물」에서는 빛중정이 「아트리움 건물」에 사용될 수 있다; 또한 아트리움은 지붕이나 벽에 태양을 향하는 「솔라개구부」가 있는 경우에는 열을 모으기 위한 「썬스페이스」로 사용될 수 있다. 이 개선전략은 모든 건물들에 적용되지는 않지만, 사용하는 경우 번들의 성능을 향상시킨다.

번들의 2가지 유형

번들은 2가지 주요 방법들로 고려된다:

주제중심의 번들(topically focused bundles)은 특정한 기후의 디자인 문제와 관련된 전략들로 구성된다. 예를 들어, 주광건물은 다양한 스케일의 전략들을 필요로 한다. 이러한 유형의 번들은 다음과 같다:

「근린지구의 빛환경」

「태양을 고려한 근린지구」

「주광건물」

「패시브냉방 건물」

「패시브솔라 건물」

주제별 통합 번들(topically integrated bundles)은 건물외피가 난방, 냉방, 환기, 주광을 아우르듯이 여러 주제에 걸쳐 관련된다. 이러한 유형의 번들은 다음과 같다:

「외부 미기후」

「반응형 외피」

상황별 변형

이론적으로 번들은 디자인 상황의 큰 변화로 인해 디자이너의 대응을 크게 바꾸는 변수에 따른 상황별 변형을 가진다. 이는 다음의 상황요소에 관련된다:

- **기후**(냉대/고온, 습윤/건조, 저위도/고위도, 대륙성/해양성)
- **내부 열획득률**(조명, 사람, 고밀도 vs. 저밀도의 장비)
- **재실일정**(하절기 미사용 vs. 일 년 내내 사용, 주말 동안 미사용 vs. 일 주일 내내 사용)

- **형태적 대안**(짧은/긴, 두꺼운/얇은 건물 등)
- **에너지 목표**(넷-제로/넷-포지티브 에너지건물 등)

또한 번들변형들은 이러한 변수들의 조합을 기반으로 한다. 요점은 상황이 크게 변하면 적절한 전략군도 변할 수도 있다는 것이다.

또한 많은 SWL 전략에는 변수를 기반으로 한 디자인 대응의 차이에 대한 권장사항이 있음을 기억하는 것이 중요하다. 따라서 어떤 경우에는 하나의 전략이 **모든** 상황에 적용된다. 이는 기후에 따른 번들변형에서 발견되는 핵심전략의 근본이다. **2장의 "기후에 따른 탐색"**에서 깊이 있게 설명되었듯이 SWL에서 사용되는 디자인의 기본맥락은 건물의 기후 영역이다. 일부 번들은 기후를 상황적인 차별화 요소로 사용한다. 이 번들을 사용할 때는 **"기후에 따른 탐색"**에 있는 선택과 조합에 대하여 안내와 기본 기후유형을 참고하도록 한다.

디자인 과정에서의 번들

디자인 과정에 사용할 때에 번들은 디자인 네트워크의 중요 전략이 빠지지 않도록 기본을 다루는 방법이다. 이는 보통 2가지의 형식을 취한다:

1. 솔라난방건물과 같이 한 가지 시스템의 성공에 필요한 **전략군**이 있는지 확인한다. 최소한 중요한 것들을 놓치지 않도록 한다.
2. 시스템의 주요한 공통된 **영향(implications)**을 설명한다. 예를 들어, 태양열을 모으기 위해 태양을 향하는 큰 창을 사용할 때에는 추가적으로 그늘과 현휘에 주의해야 한다.

본 책의 **기본번들**들은 간단한 예시일 뿐이며 방대한 목록을 제시하기 위한 것은 아니다. 그러나 최소에너지를 사용하는 기후적응형 건물을 디자인하기 위한 최선의 방법에 대하여 고민하고 디자인한 수십 년의 경험을 바탕으로 한다. 이와 관련하여 2가지가 중요하다: 첫째, 추가적인 중요 번들들이 향후 저자나 다른 사람에 의해 계속 정의될 것이다. 바라건대 독자가 본인의 실무, 기후, 프로젝트에서 작동하는 나만의 번들을 작성하길 바란다. 둘째, 각 번들의 세부사항은 다양한 방법으로 작성되거나 정의될 수 있다. SWL은 특정한 관점을 취하고, 번들을 다양한 상황에서 폭넓게 적용가능하게 광범위하고 일반적인 방법으로 디자인 상황을 정의한다. 적응(adaptation)이 필요한 상황이라면 반드시 순응하도록 한다.

나만의 번들 만들기

본 책에서는 번들을 선택하는 여러 가지 방법을 제시한다.

첫째, 2장의 **<디자인 결정도표>**는 대부분의 건물에 거의 항상 적용되는 광범위한 통합 시너지 효과를 제시한다. 7가지 질문모음은 질문주제를 기반으로 디자인 안을 탐구하는 데 도움이 되는 번들을 밝혀준다.

둘째, 각 번들은 1장 **"탐색"**에 여러 가지 탐색방법이 나열되어 있다. 따라서 특정 스케일 또는 냉방이나 주광 같은 특정한 주제를 다룬다면 이에 가장 관련된 번들을 쉽게 찾을 수 있다.

셋째, **"기후에 따른 탐색"** 부분은 특정 기후에서 일하는 디자이너에게 가장 도움이 될 것이다. 본 책의 기본 번들은 때때로 특정 프로젝트에서 작동되지 않을 수 있어서 디자이너는 맞춤형 번들을 구성하고자 할 것이다. 대표 사례는 냉난방이 모두 필요한 복합기후를 위한 맞춤형 번들로써, 특히 복합기후에서는 다음 2가지 이유로 맞춤형 번들이 요구된다: 첫째, 고온기후의 전략은 건조 vs. 습윤 여름으로 더욱 더 차별화된다. 둘째, 복합기후에서 냉난방 관련 문제 사이의 가중치는 대략 5:2~1:6의 다양한 비율이다. 이는 냉방에 비중을 더 두는 **Zone 2A 애틀랜타(Atlanta)**부터 난방에 비중을 더 두는 **Zone 6A 미네아폴리스(Minneapolis)**까지 다양하다. 이러한 경우에는 먼저 **"기후에 따른 탐색"**에서 건물의 냉난방 비중을 결정한다.

번들의 다른 조합이나 하이브리드를 통한 변형은 가능하며 때로는 적절할 수 있다. 그 사례로는 **"저밀도"**와 **"고밀도"**의 도시조직으로 나뉘는 「태양을 고려한 근린지구」의 변형이 있다. 또한 맞춤형 번들 변형의 스펙트럼 양극단 사이에는 **"중밀도의 도시조직"**도 있다. 다른 경우에 디자이너는 새로운 번들을 만들거나 현재 **SWL**에 정의되지 않은 전략을 추가하고자 할 것이다. 한편으로, 맞춤형 번들을 구성하는 것은 상당한 경험이 필요한 고급기술이다; 반면 이는 모든 건축디자인에서 비공식적으로 수행하는 과정이다.

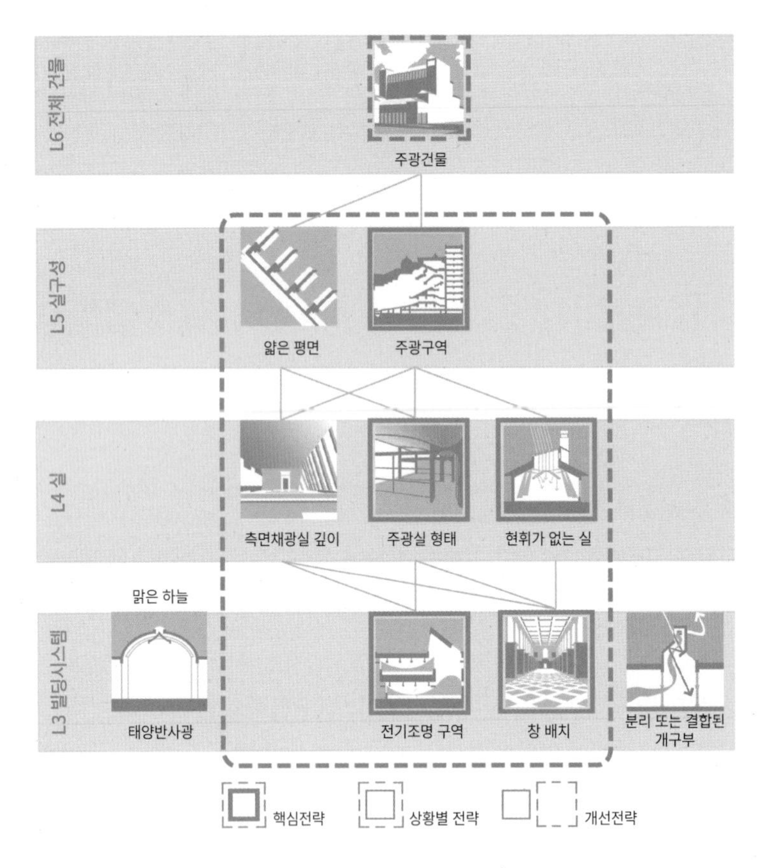

<「주광건물」: 얇은 평면 번들>

나만의 맞춤형 디자인 전략 번들 만들기:

1) 번들이 해결하는 **디자인 상황을 정의한다.** 이는 일반적으로 건축디자인에서 반복되는 문제로써 기본번들의 "영향을 주는 요인(forces)"과 관련된다. 예를 들어, 「주광건물」의 상황은 건물과 하늘 사이의 기하학적 관계를 유지하는 건물을 디자인하는 것이다.

2) **번들의 이름을 정하고 실행문(action statement)을 작성한다.** 번들에서 진하게 적힌 머릿문장을 지침으로 사용한다. 또한 실행문은 번들의 의도를 내포한다. 이름을 지정할 수 없는 번들은 기억되지 못할 것이고, 디자인에 큰 영향을 줄 정도로 명확하거나 강력하지 않다는 것을 의미한다. 다음은 실행문의 예시이다. "「주광건물」은 장소와 용도에 맞는 전략군을 이용하여 하늘로부터 빛을 유입하도록 구성한다."

3) **상황별 변형을 정의한다.** 하나의 번들이 고정된 전략 모음으로 모든 상황을 해결하는 경우는 거의 없다. 디자인 문제의 상황과 사용가능한 전략에 영향을 미치는 다양한 변수를 살펴본다. 자신의 경험과 관점에서 건축형태에 가장 큰 영향을 미치는 **하나**의 상황변수를 선택한다. 또는 에너지나 배출량 또는 디자이너가 정의한 문제에 가장 큰 영향을 줄 수 있는 상황변수를 선정한다. 예를 들어 「주광건물」 번들은 측창을 사용하는 **얇은 건물**과 천창을 사용하는 **두꺼운 건물**에 가장 적합한 전략에 중점을 둔다.

4) **빈칸의 <번들 다이어그램 양식>으로 시작하여, 번들에서 사용 중인 스케일을 결정한다.** 9단계 시스템에서 3가지 스케일을 선택한다. 번들을 구성하는 3가지 스케일과 번들 자체의 스케일(최상단)을 기입한다. 예를 들어, 「주광건물」 번들은 'L3 빌딩시스템', 'L4 실', 'L5 실구성' 스케일로 전략이 구성된다. 번들 자체는 'L6 전체 건물'에 위치한다.

5) 번들의 이름을 **최상단 사각형에 채워 넣는다.**

6) 다른 변형을 위해 **<번들 다이어그램 양식>을 복사한다.** 예를 들어, 「주광건물」 번들은 2가지 상황별 변형에 대한 번들 다이어그램이 있다: "얇은 평면"과 "두꺼운 평면" 번들. 각 양식의 빈칸에 상황의 이름을 기입한다.

7) **여러 가지 방법 중에 하나로 번들을 완성한다.** 디자이너에 따라 번들을 정의하는 경로는 다소 선형적일 수 있다. 일부 디자이너는 이미 알려져서 디자인에 사용할 가능성이 높은 전략으로 시작한다. 예를 들어, 「주광건물」의 얇은 평면 변형에서 「얇은 평면」 전략이 제공된다(참고: **<「주광건물」: 얇은 평면 번들>**). 따라서 이는 시작하기에 좋은 지점이다. 어떤 전략은 미리 선정될 수도 있다. 예를들어, 엔지니어는 에너지 절약을 위해 주광과 함께 「전기조명 구역」을 사용한다. 다른 디자이너는 번들의 성공에 가장 중요한 전략으로 시작할 수 있다. 어떤 사례에서든, 많이 알려진 전략에서 시작하는 것이 가장 쉬운 방법이다.

8) **이제 3가지 질문을 한다.**

- **이 번들에 필요한 다른 전략들은 무엇인가?** 예를 들어, 경험에 비추어 볼때 「주광구역」은 대부분의 건물에 적용되며 **얇은 평면** 변형에 도움이 될 가능성이 있는 것으로 알려져 있다.
- **이 전략은 어떤 하위전략을 구성하는 데 도움이 되는가? 또는 조직, 구성 및 관련시키는 데 어떤 하위 단계의 전략이 도움이 되는가?** 예를 들어, 「얇은 평면」 전략은 평면으로 구성된 실의 크기와 형태를 설정하기 위한 적절한 「측면채광실 깊이」와 「주광실 형태」에 달려 있다.
- **이 전략은 다른 전략을 세우는 데 도움이 되는가? 또는 어떤 상위 단계의 전략에 의존하는가?** 예를 들어, 다양한 향에 이상적인 「창 배치」는 「현휘가 없는 실」을 계획하는 데 도움을 준다.

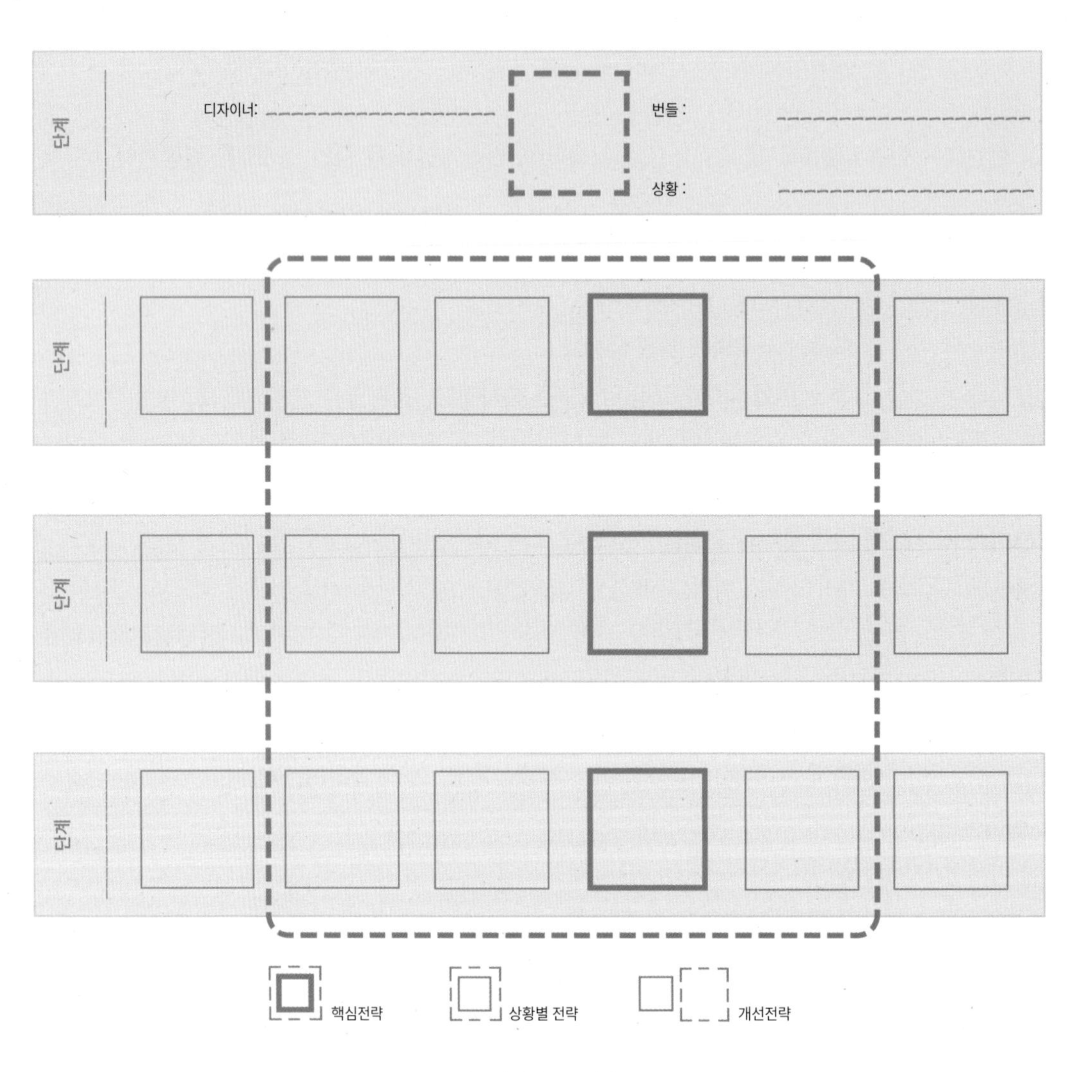

<번들 다이어그램 양식>

9) **번들 다이어그램의 2~3가지 변형을 동시에 작업한다.** 서로 연관된 전략을 추가할 때에 **각각 그리고 모든** 상황별 번들에서 발생하는 전략들을 찾는다. 이들은 **핵심전략**의 후보이다. 그리고 핵심전략이 명확해지면 다이어그램 중심의 굵은 사각형으로 옮긴다. 예를 들어, 「주광건물」 번들에서 5가지 전략은 "얇은 평면"과 "두꺼운 평면" 변형 모두에 적용할 수 있으며 다음과 같다: 「주광구역」, 「주광실 형태」, 「현휘가 없는 실」, 「전기조명 구역」, 「창 배치」. **<번들 다이어그램 양식>**은 각 스케일에서 하나 이상의 **핵심전략**을 위한 공간을 제공하며, 대략 3~5가지의 **핵심전략**을 찾는다. 3가지 이상의 전략을 찾는 경우에 해당 단계의 중심사각형 옆에 굵은 사각형을 추가한다.

10) **전략 간의 연결을 채운다.** 중요한 연결고리를 찾으려면 1장의 **<디자인 전략체계도>**를 참고한다. 1장의 "디자인 전략체계도로 탐색"에서 언급했듯이, 번들 다이어그램 속의 연결선은 내포된 관계를 정의한다. 단계 내의 수평적인 관계를 포함하여 다른 종류의 관계도 가능하다. 제시된 구조 내에서 즉흥적으로 작성하고, 다른 종류의 관계나 조합을 정의하여 이를 그래픽으로 표현한다. 예를 들어, 조건 또는 영향 관계는 화살표로 표현된다. 가장 큰 의미에서 번들은 단순히 전략들 간에 관계의 구성이기 때문에, 디자이너는 전략들의 모음과 그것들의 중요한 관계를 자유롭게 정의할 수 있다.

11) **번들을 단순화하는 방법을 찾는다.** 중요도가 낮은 전략은 **개선전략**의 사각형으로 이동하거나 완전히 제거할 수 있는가? **'핵심전략'**이 모든 번들의 변형에서 작동되는가? 예를 들어, 「주광건물」 번들을 작성할 때에 처음에는 **"맑은 하늘"**과 **"흐린 하늘"**의 변형이 있었다. 하나의 하늘 조건에만 적용되는 주광전략은 거의 없으며, 대부분의 전략은 2가지 상황의 공통문제에 적용될 수 있음이 밝혀졌다. 그리고 「태양반사광」 전략은 "맑은 하늘"에 주로 적용가능하므로 **'개선전략'** 단계로 이동되었다.

12) **맞춤형 번들의 초안**을 유능한 동료들과 **공유**하고, 누락된 사항에 대한 의견을 받는다. 자신이 선택한 핵심전략을 동료들이 동의하는지 확인한다. 그리고 번들의 문제를 해결하기 위하여 동료들은 어떻게 제안할지 질문한다. 본 책에 포함된 기본번들도 동료들의 평가를 통해 상당히 개선되고 다듬어졌다.

기본번들

번들은 **여러 가지 통합주제의 문제**(난방, 냉방, 환기, 조명, 전력)에 대한 전략들을 결합하여, 문제들 사이의 관계를 해결할 수 있도록 돕는다. 종종 이러한 관계는 갈등의 형태를 취한다. 이러한 갈등은 디자이너에게 반복되는 질문들을 던지며 그 중에 일부는 건물에서 반복되는 우려로 이어진다.

또한 번들은 **다양한 스케일로 연결된 단일주제의 문제**(난방, 냉방, 환기, 조명, 전력)를 중심으로 구성된 전략을 결합하여 디자이너가 문제 간의 관계를 해결하도록 돕는다.

번들은 주요 디자인 질문에 다음과 같이 답변한다:

- '더 작고 덜 복잡한 전략'이 '더 크고 복잡한 전략'을 구성하는 데 도움이 되는가?
- '더 크고 복잡한 전략'은 어떻게 '더 작고 덜 복잡한 전략' 군을 구성하는 데 도움이 되는가?
- 특정한 에너지 주제에 대한 건물 또는 근린지구가 시스템으로 작동하려면, 각 스케일에서 어떤 전략이 중요한가?

각 번들을 찾는 것은 힘의 "흐름(flow)"이다. 이는 도시 스케일부터 난방, 냉방, 환기, 조명을 사용하는 작은 스케일까지의 흐름이다.

디자인의 각 스케일은 인간을 위한 기후의 힘을 사용하는 역할을 한다. 예를 들어, 근린지구 번들을 고려하였을 때에 건물형태가 태양, 바람, 빛 자원의 진입을 방해한다면 태양광발전 시스템, 태양열온수 집열기, 패시브솔라 개구부, 주광 개구부, 환기구 등과 같은 건물의 패시브 전략은 실패한다. 이처럼 복잡도의 단계는 사슬의 연결과 같다.

L9 근린지구(NEIBORHOODS)

L6 전체 건물(WHOLE BUILDINGS)

L4 실(ROOMS)

근린지구 → 도시의 조직 → 도시요소

B1 「근린지구의 빛환경」은 모든 건물과 그 사이 공간에 빛을 유입하기 위해 기후에 대응하는 도시조직을 구성한다. [주광]

주요관점(KEY POINTS)

- 도시패턴은 각 건물에 주광이 도달하도록 보장한다.
- 오픈스페이스의 비례는 주광 확보(daylight access)[1]의 주요 변수이다.
- 주광은 태양 확보(solar access) 및 차양과 밀접하다; 따라서 변형은 기후유형에 의해 주도된다.

맥락(CONTEXT)

각 번들은 복잡도의 다음 단계에서 하나 이상의 상위전략을 세우는 데 도움이 된다. 근린지구의 다음 스케일은 도시지구, 도시, 대도시 및 지역 등 도시[2]의 스케일로, 본 책의 범위를 넘어선다. 도시 스케일과 같이 복잡한 스케일에서의 빛에 대한 디자인 전략은 아직 정의되지 않았다. 추측컨대, 이는 도시에 깨끗한 공기를 늘리고 도시구름이나 안개를 줄이는 지원과 같은 전략이 포함될 수 있다.

영향을 주는 요인(FORCES)

미국에서는 건물이 전기사용의 70%를 차지하고 순간최대 에너지 사용의 매우 큰 부분을 차지한다. 비주거용 건물에서 에너지 사용을 줄이는 가장 효율적인 방법은 상업용 건물에서 에너지 사용의 1/3을 차지하는 인공조명을 주광으로 대체하는 것이다.

주광을 사용하는 모든 건물에서 가장 먼저 요구되는 것은 주광 확보이다. 이것은 창문이 하늘을 충분히 "볼 수 있어야 한다"는 것을 의미한다. 이는 간단하지만 근린지구 디자인에 막대한 영향을 미친다.

우리가 모든 건물에 무료인 주광을 제공한다면, 근린지구와 도시구역은 어떤 형태가 될까? 빛은 행태(behaviors)와 기하학을 가지며 논리와 리듬을 가진다. 건축형태에서도 같은 요소를 포함하며, 이와 같은 빛과 형태의 논리적인 상호관계를 통해 「근린지구의 빛환경」이 구성된다.

---

1) 태양 확보(solar access)와 주광 확보(daylight access)는 차이가 있음. 태양 확보는 장애물 없이 직접태양광(direct sunlight)을 받는 능력을 의미하며, 특정한 향에 영향을 받음. 반면, 주광 확보는 직접태양광뿐만 아니라 간접태양광까지 포함. 즉, 산란광(diffuse light), 반사광(reflective light)을 포함하며, 특정한 향에 영향을 받지 않음.

2) 도시(urban)는 도시지구(Urban Quarter), 도시(City), 대도시(Metro), 지역(Region) 스케일임.

빛은 태양과 하늘, 그리고 건물 사이와 주변공간에서 반사된 빛이 건물에 도달한다. 고밀도 환경에서 창과 하늘의 기하학적 형태는 건물 사이 공간의 비례에 의해 결정된다. 따라서 빛에 관련된 설계기준은 기후와 실내채광의 목표설정에 따라 다양하며, 이는 건물의 개구부를 통해 천공돔(sky dome)의 적절한 부분을 보이게 유지하는 것이다.

이는 「주광외피(daylight envelope)」와 같이 규범적으로 수행되거나, **보스턴의 BRADA tool**[3]과 같은 성능적인 방법으로 수행된다.

하늘노출면[4]과 주광외피는 거의 모든 도시 주광 계획과 조닝 규정의 근간이다. 이는 가로를 따라 건물높이를 제한하고, 합리적인 기준에 따라 건물이 많은 대지를 덮는 경향이 있으므로 건물과 가로 사이에는 거리간격이 있다. 「근린지구의 빛환경」의 건물은 가로와 강한 관계를 맺고, 쾌적하고 기후에 적합하며 활기찬 가로와 공공 장소를 만든다. 주광 확보를 위한 개발규제는 빛을 고려하지 않던 이전 도시의 가로에서 사용한 일반적인 패턴의 개발규제보다 더 세밀한 도시입자의 건물을 만든다.

권장사항(RECOMMENDATIONS)

- **건물 정면에서 하늘의 전망을 유지하도록 블록, 가로, 건물의 비례를 조율하여 근린지구를 배치한다.**
- **냉대기후에서는 주광 확보를 태양 확보와 조합한다.**
- **고온기후에서는 주광 확보를 주광 향상 차양 및 반사 전략과 조합한다.**

사례(EXAMPLE)

<테네시주 채터누가 도심계획의 기후에 따른 근린지구에 대한 연구>[5]는 도로변의 건물외벽에 주광을 확보하면서도 실질적인 건축밀도의 증가가 가능하다는 것을 보여준다. 학생들에 의해 계획된 **<채터누가의 가상 주광개발>**[6]은 생성가능한 「주광건물」의 매스구성을 보여준다. 여기에서는 「기후외피」(태양광과 주광)를 충족하고 여러 가지 설계 전략에 따라 대부분의 공간에 양질의 자연광을 유입시키면서 개발잠재력을 최대화하려는 시도가 이루어졌다.[7]

「주광외피」에서 가로가 넓을수록 건물은 더 높아진다. 교차로에서는 건물높이가 6층까지 가능하

---

3) Boston Redevelopment Authority Daylight Analysis, 이하 BRADA
4) 하늘노출면, sky exposure planes
5) Dekay, 1992
6) Climatic Neighborhoods Study of Chattanooga Tennessee's Downtown Plan, Tennessee, USA, Green Vision Studio, 2006(Dekay and Moir-McClean, 2003)
7) Dekay, 2010

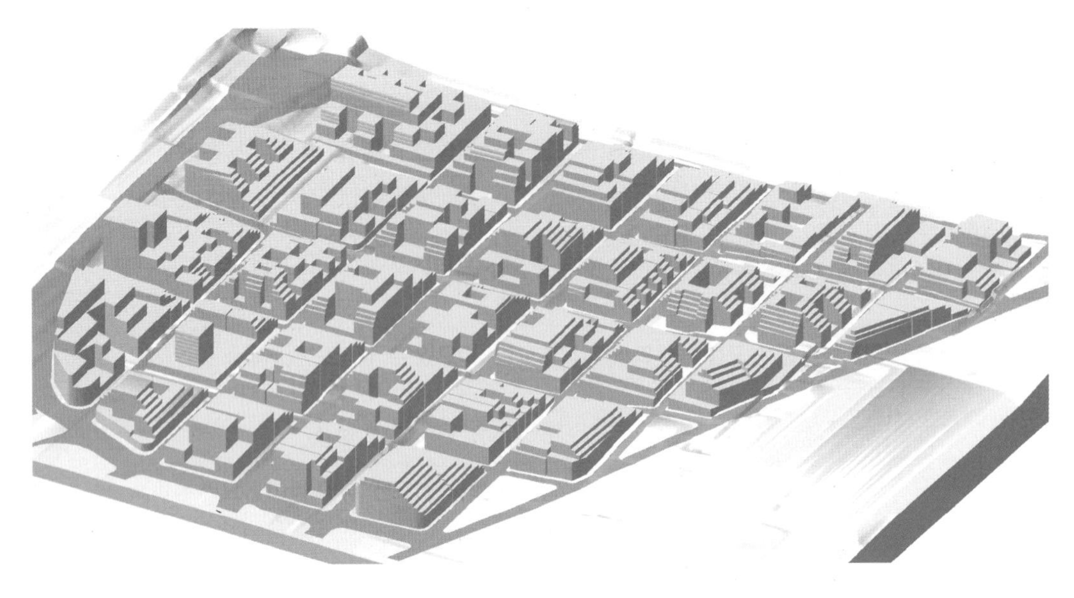

남동쪽에서 북서쪽으로 바라보는 조망

<채터누가의 가상 주광개발>

며, **브로드 스트리트(Broad St.)**를 따라서 14층의 비교적 높은 건물이 가능하다. 고속도로(왼편)를 따라 있는 큰 토지구획과 넓은 통행로는 서쪽 가장자리에 높은 건물이 위치할 수 있도록 해준다. 건물은 15~21m의 얇은 건물, 또는 「주광블록」의 크기가 허용되는 「아트리움 건물」의 2가지 패턴 중에 하나를 따른다. 사용하기에는 바닥면적이 너무 작은 건물의 꼭대기 부분은 잘라냈다. 빛중정은 지붕 없이 표현되었지만, 많은 사례에서 창이나 부분 창으로 덮인 「개방형 지붕구조」로 된 「천창이 있는 실」이 된다. 모든 경우는 아니지만, 대체로 남쪽에 빛중정을 배치하였다. 이를 통해 옥상정원은 햇볕이 잘 드는 바람으로부터 보호되는 「겨울에 적합한 중정」이 된다. 아트리움의 남측이 북측보다 낮으면, 태양열로 데워진 「썬스페이스」로 더 잘 작동한다. 끝으로, 학생들은 기본 토지구획(parcels)의 크기와 배치, 기존 개발의 패턴에 기초하여 어느 정도의 임의성을 추가하도록 지도를 받았다. 일부 블록은 큰 단일건물로, 다른 블록은 2개의 큰 대지로, 어떤 블록은 작은 토지구획의 묶음으로 구성되었다.

학생들은 이러한 도심 「근린지구의 빛환경」을 만들면서 개발외피(development envelopes)내에서 용적률(FAR)[8]을 최대화하고자 하였다. 프로젝트의 밀도분석은 「주광밀도」 번들에서 논의된다.

8) 용적률, Floor Area Ratio, 이하 FAR

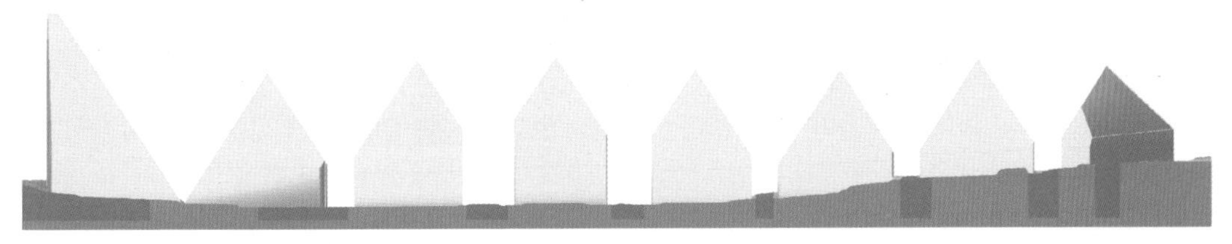

주광외피, 북측을 바라본 동-서 단면

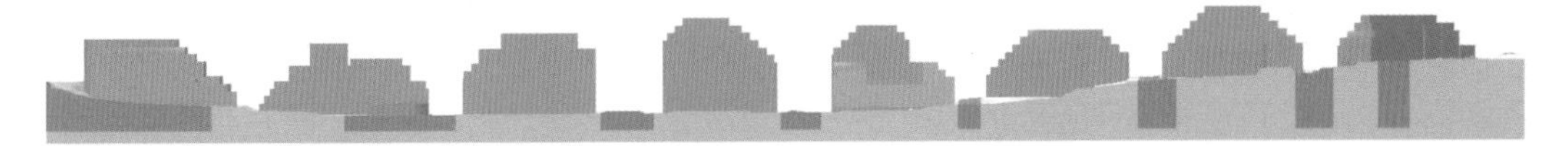

주광외피 내에서의 가상건물들, 북측을 바라본 동-서 단면

<채터누가의 가상 주광개발>

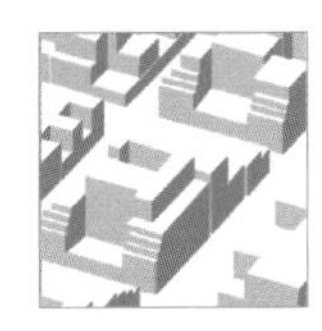

핵심전략(CORE STRATEGIES)

핵심전략은 하나 이상의 건물을 다루는 대부분의 근린지구와 건물군에 적용된다. 주광에 특화된 전략은 다양한 기후에 대한 광범위한 변수를 포괄하도록 작성된다; 그러나 난방이나 냉방전략은 빛환경에 영향을 미칠 수 있기 때문에, "냉대기후"와 "고온기후"에 따른 2가지의 변형이 있다.

「기후외피」는 대지 자원의 균형을 유지하는 개발외피를 제안하기 위해 「주광외피」와 「솔라외피」(냉대기후) 또는 「양산형 그늘」(고온기후)을 조합하거나, 2가지 모두를 조합한다(온대기후).

「주광밀도」는 각 건물에 빛을 제공하기 위해 가로, 블록, 건물을 구성하는 데 도움이 된다. 주광디자인은 주광을 무시하는 규칙에 의해 생성된 디자인과는 다른 도시형태를 생성할 수 있지만, 고밀도 개발이 실제로 가능하다는 것을 보여준다. 이는 「주광블록」과 「주광외피」에 대한 전략의 조합을 제공한다.

「주광블록」은 디자이너가 주광 건물형태를 기준으로 블록 크기를 결정하거나, 반대로 건물의 적절한 주광 매싱을 기존 블록 크기에 맞출 수 있도록 돕는다.

「주광외피」는 아마 이 번들에서 **가장** 중요한 전략일 것이다. 만약 건물 매스가 「주광외피」 내에 있다면, 주변의 모든 건물이 적절한 주광 확보가 되도록 3차원의 개발외피를 만든다. 보호되는 인접 외피의 면에 따라 건물 또는 블록의 스케일에 적용이 가능하다.

「주광건물」은 하늘에서 실내면에 이르는 다양한 전략으로 구성된다. 이는 「얇은 평면」과 두꺼운 건물에 대한 전략의 조합을 제시한다(「아트리움 건물」과 「천창이 있는 건물」).

상황별 전략(SITUATIONAL STRATEGIES)

고온기후와 냉대기후에 따른 변형

기후에 따라 주광 확보는 태양의 접근과 균형을 이뤄야 한다. 태양에 대한 접근은 일부 향에서 제한적일 수 있으며, 그늘에 대한 요구에 따라 일부 기하학의 경우 주광 유입이 감소될 수 있다. 이러한 이유로 변형에 대해 하늘상태(맑음과 흐림)보다는 기후(고온기후와 냉대기후)를 선택하였다.

도시 스케일에서 주광에 따른 디자인 연구는 충분히 이뤄지지 않았다. 대부분의 연구는 흐린 하늘상태를 기준으로 이뤄지지만, 맑은 하늘상태의 주광 디자인에서도 여기서 주어진 전략을 사용할 수 있다. 왜냐하면 맑은 하늘의 "태양이 없는" 조도는 동일한 위도에서 흐린 하늘의 조도와 비슷하기 때문이다. 그러나 천공돔에서 오는 빛분포는 다르다. 맑은 하늘 상태에서는 건물외피 스케일에서 반응할 수 있는 불규칙하고 변화하는 빛 패턴을 만든다(「주광가용성」, 「구름량」).

맑은 하늘의 기후에서는 종종 너무 밝거나 눈부신 외부 빛 때문에 주광 정도를 줄이기 위한 여러 가지 「시원한 근린지구」의 그늘전략이 적합하다. 따뜻하고 맑은 하늘의 기후에서는 「오버헤드 차양」과 「공유그늘」이 고려된다. 하지만 어떤 스케일에서든지 지나친 그늘전략으로 인하여 주광개구부로 들어오는 빛을 감소시키지 않도록 주의하여야 한다(「주광 향상 차양」).

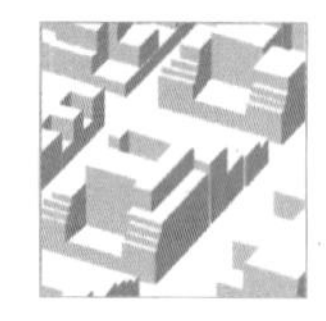

1. 고온기후의 「근린지구의 빛환경」 번들

고온기후에서는 주광 확보를 위해 도로변의 건물높이를 제한하는 경향이 있다. 이는 겨울철 태양 확보는 좋지만, 그늘을 줄이면서까지 주광을 과도하게 확보하지 않도록 해야 한다.

• 고온기후의 상황별 전략

「공유그늘」은 고온기후에서 가로와 인접한 건물에 그늘을 제공하기 위해 종횡비(H/W)[9]를 정하는 것을 돕는다. 「주광외피」를 위한 H/W와 그늘을 위한 H/W를 비교해야 한다. 그늘진 가로에 면하는 「주광개구부」는 줄어든 빛 유입을 고려하여 확대시킨다.

「양산형 그늘」은 오픈스페이스에 그늘을 주기 위해 건물축열체 전략을 제공한다. 중정과 같은 오픈스페이스는 대지-내 공간에 빛이 유인되도록 한다. 가로에 적용되었던 것처럼, 오픈스페이스에도 동일한 주광 확보 원리가 적용된다.

9) 종횡비, Height to Width ratios, 이하 H/W

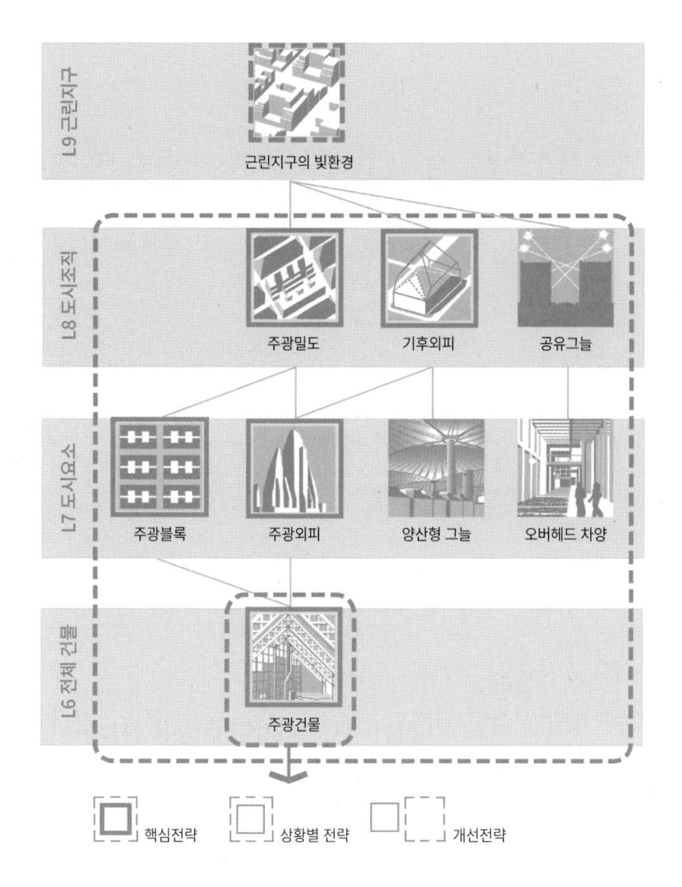

<「근린지구의 빛환경」; 고온기후 번들>

「오버헤드 차양」은 한낮의 높은 태양을 가리기 위한 수평적 요소이다. H/W가 작고 건물의 사이 공간이 넓으면 충분한 빛이 제공되지만 보통 오버헤드 차양이 요구된다. 이 전략은 남향 외벽면과 가로의 북측에 위치한 보행자 동선에 고려된다.

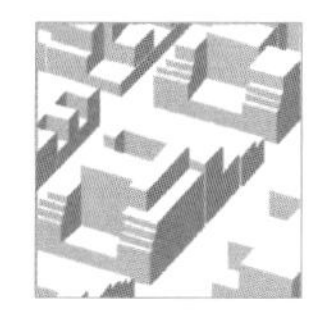

2. 냉대기후의 「근린지구의 빛환경」 번들

냉대기후의 근린지구에는 주광과 직사광 모두를 유입해야 한다. 이 번들에는 세 가지 추가적인 전략이 있다.

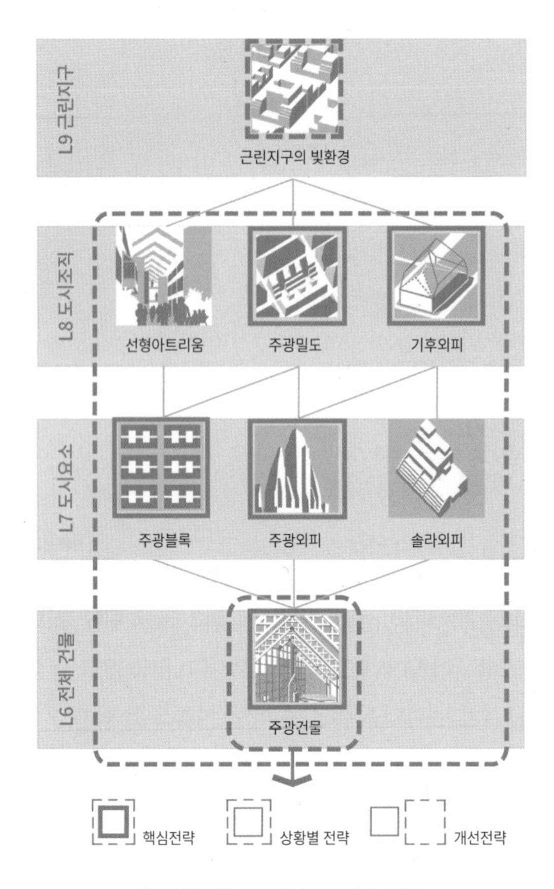

<「근린지구의 빛환경」: 냉대기후 번들>

• 냉대기후의 상황별 전략

「선형 아트리움」은 냉대기후에서 외부보다 온도가 높은 「아트리움 건물」처럼 기능하며, 바람으로부터 보호된 「완충구역」을 제공한다. 이는 여름에도 동일한 기능을 하므로 고온기후에서는 적절하지 않다.

「솔라외피」는 인접한 건물로의 겨울철 태양 확보와 때로는 연중 태양광전지(PV)와 태양열온수로의 접근을 확보하기 위해서 건물매스를 조절한다. 「주광외피」는 향에 대해 중립적이고 「솔라외피」는 태양의 방향에 따라 다르기 때문에 이 관계는 「기후외피」에 의해 해결된다.

• 냉대기후의 사례

캠브리지대학의 마틴센터는 **<노팅엄시티 센터 도시디자인 지침>**을 위한 형태학(morphology)

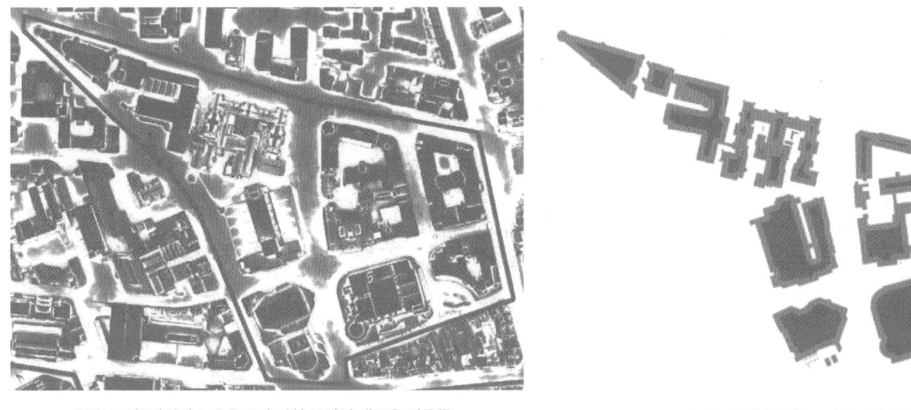

북측 도심: 레저와 교육용도의 거친 조직의 새로운 건물들

패시브 구역(연한색) < 파사드로부터 6m

SVF	Equiv. H/W Ratio	SVF	Equiv. H/W Ratio
0.8	= 오픈 스페이스 또는 지붕	0.4	= 1:1.125
0.7	= 1.2	0.3	= 1:1
0.6	= 1:1.75	0.2	= 1:0.75
0.5	= 1:1.15	0.1	= 1:0.5

<노팅엄시티 센터 분석: 하늘시계지수(SVF) 지도(좌), 패시브구역(우)>

연구를 진행하였다.[10] 이는 **하늘시계지수(SVF)**[11]와 **패시브구역**을 알아보기 위해 현존하는 도시조직을 분석하였다.

그림 **<노팅엄시티 센터 분석>**은 이미지 분석기술을 사용한 3D 디지털모델 분석으로 하늘시계지수와 패시브구역을 보여준다. **하늘시계지수(SVF)**는 각 가로에서 하늘이 얼마나 많이 보이는지를 나타낸다. **마틴센터**에 따르면 "낮은 SVF는 밀도가 높고 밀폐된 느낌을 주며 보호되는 미기후를 만드는 반면, 자연채광과 태양에너지의 획득을 줄여 에너지 사용을 증가시킨다." 반대로 SVF가 높을수록 더 많은 빛과 태양에너지를 건물과 가로로 받아들이고 인공조명과 기계설비 난방의 사용을 감소시킨다. 또한 높은 SVF는 여름과 겨울의 바람을 증가시키고 도시에 그늘을 감소시켜서, 겨울에 유리하나 여름에는 골칫거리가 된다. SVF에 대한 더 많은 내용은 「시원한 근린지구」 번들과 「주광외피」, 「주광간격」 전략을 참고하면 된다.

10) Nottingham City Center Urban Design Guide, Martin Center at Cambridge University (Urbanism, Environment and Design, 2009)

11) 하늘시계지수, Sky View Factor, 이하 SVF. 하늘을 가리는 장애물의 비율임.

<노팅엄시티 센터 분석: 하늘시계지수(SVF)(좌), 패시브구역(우)>

노팅엄에서 **패시브구역**은 "자연적으로 채광, 난방, 환기가 가능한 건물면적의 부분"으로 정의되며, 이는 외벽으로부터 6m 이내에 위치한 건축부분을 의미한다. 낮은 천장을 가진 깊은 평면의 건물은 더 많은 인공광을 필요로 한다(「주광실의 깊이」). 일반적으로 「깊은 채광」과 「투과성 좋은 건물」이 아닌 경우에는 에너지 사용을 급증시키는 기계난방과 기계냉방이 필요하다. 패시브구역 분석은 어떻게 역사적 구도심이 북측 도심에 위치한 큰 건물보다 패시브 전략이 훨씬 더 효과적으로 작동하는지를 보여준다.

노팅엄의 도시디자인 지침은 패시브디자인과 기존의 도시디자인 문제를 설명한다. 건물높이는 주거용은 5~8층, 상업용은 4~6층으로 제한되며, 가로는 도로폭과 도로변 건물높이의 비례(H/W)를 제한한다. 이는 골목의 1 : 0.5(H/W=2)부터 다차선 도로의 1 : 2(H/W=0.5)까지 범위를 가지며, 상업중심가의 가로는 1 : 1(H/W=1)로 제한된다. 이는 더 좋은 SVF를 유지하는 효과를 낸다. 또한 상업용 건물은 양쪽 면에 창이 있으면 12m 깊이로 제한되며, 만약 한쪽 면에서만 빛이 들어오거나 좁은 골목일 때는 8m 깊이로 제한된다. 주거용 건물의 경우에는 6m 깊이로 제한되며, 북향으로 가로를 면하는 것을 제한한다. 주광을 위한 유리면의 최소비는 입면의 향에 따라 30~50%로 설정된다.

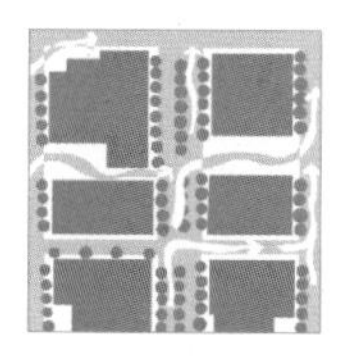

근린지구 → 도시조직 → 도시요소

B2 「시원한 근린지구」는 모든 건물과 그 사이 공간을 패시브냉방으로 하기 위해 기후에 대응하는 도시조직을 구성한다. [냉방]

주요관점(KEY POINTS)

- 최소한의 태양열 획득과 최대한의 밤하늘 노출은 도시의 온도를 낮추는 데 중요하다.
- 건조기후는 도시의 수자원 전략들 혜택을 얻지만, 습윤기후는 그렇지 않다.
- 대부분의 도시조직에서 나무와 열주공간(colonnades)은 패시브냉방을 향상시킨다.

맥락(CONTEXT)

각 번들은 복잡도의 다음 단계에서 하나 이상의 상위전략을 세우는 데 도움이 된다. 근린지구의 다음 스케일은 도시이며, 본 책의 범위를 넘어서기 때문에 여기서는 도시 스케일에서의 빛에 대한 디자인 전략이 정의되지는 않았다. 추측컨대 도시 스케일에서는 깨끗한 공기를 지원하고, 인공적인 열원을 줄이고, 지역의 나무를 보호하며, 근린지구는 더 넓은 공원과 함께 배치하고, 낮은 건물구역으로부터 바람이 불어나가는 방향으로 높은 건물구역을 위치시키는 것과 같은 전략들이 포함될 수 있다.

영향을 주는 요인(FORCES)

만약 건물이 패시브냉방이 된다면, 최대한의 여름그늘과 시원한 외기 확보가 필요하다. 외기는 맞통풍을 위한 바람일 수도 있고, 연돌환기를 위한 깨끗하고 시원한 외기일 수도 있다. 밤에는 외피를 식힐 방법이 필요하다; 낮에는 보행자가 시원한 미기후를 필요로 한다.

도시근린지구 디자인은 외부기후를 더 극단적이고 불쾌하게 만들 수도 있고, 더 온화하고 쾌적하게 만들 수도 있다. 미기후에 대한 도시디자인의 효과는 공기질을 악화시키고 건물 유지비용을 높일 수도 있고, 반대로 공기질을 향상시키고 건물에너지를 더 효율적이 되도록 도울 수도 있다. 많은 곳에서 도시개발은 식생을 아스팔트와 건물로 대체한다. 시원하고 증산(transpiring)하는 녹지표면은 콘크리트처럼 열흡수를 하는 어두운 표면과 열저장을 하는 육중한 표면으로 대체되었다. 도시내부의 고층건물은 바람을 차단하고, 더 많은 마찰을 만들어내며 다른 건물의 야간열손실 능력을 감소시킨다. 이는 도심온도가 주변지역에 비해 눈에 띄게 올라가는 열섬효과를 야기시킨다. 여름의 온도가 높을수록 에너지 소비와 건강상의 위험은 증가한다.

권장사항(RECOMMENDATIONS)

통합적인 효과. 건물형태, 특히 태양에 노출되는 지붕면적과 동-서방향의 벽면적은 여름 냉방부하에 영향을 미친다.

「동-서방향으로 긴 평면」(동-서향의 외벽면적이 더 적음)을 가진 건물과 함께 「동-서방향으로 긴 건물군」을 조직하는 높은 건물(작은 지붕면적)의 도시조직은 여름의 열획득을 감소시키고 겨울의 열획득을 증가시킨다. 이는 특히 복합기후에서 중요하다.

반면에 만약 겨울의 열획득이 우선이 아니고 종횡비(H/W)가 충분히 크다면, 좁은 남-북방향의 가로는 「공유그늘」을 만든다. 그래서 동-서방향으로 긴 외벽은 훨씬 더 적은 열획득 문제를 가진다.

이 변형은 열대기후 또는 일 년 내내 냉방이 필요한 곳에서 더 적합하다. 습윤기후와 건조기후 모두에서 「시원한 근린지구」를 디자인하면서 생기는 갈등은 높은 H/W와 낮은 H/W 사이의 갈

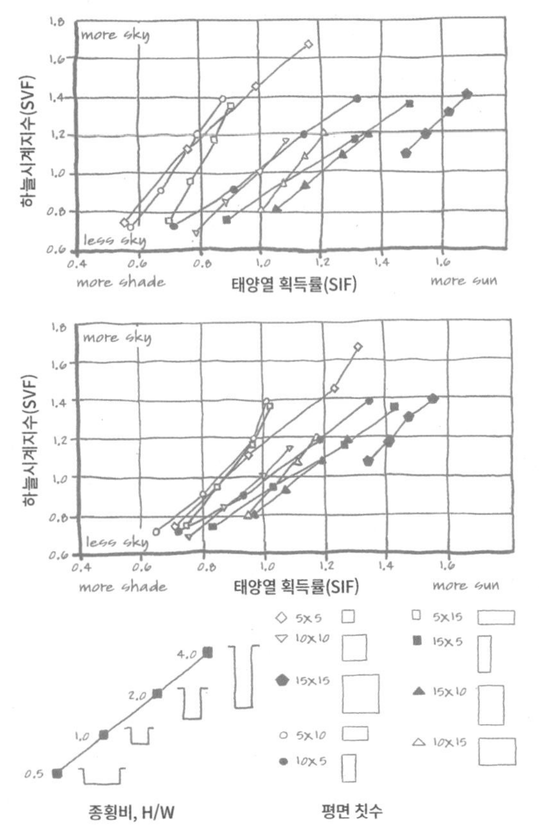

<건물군에 대한 태양열 획득률(SIF)과 하늘시계지수(SVF)>

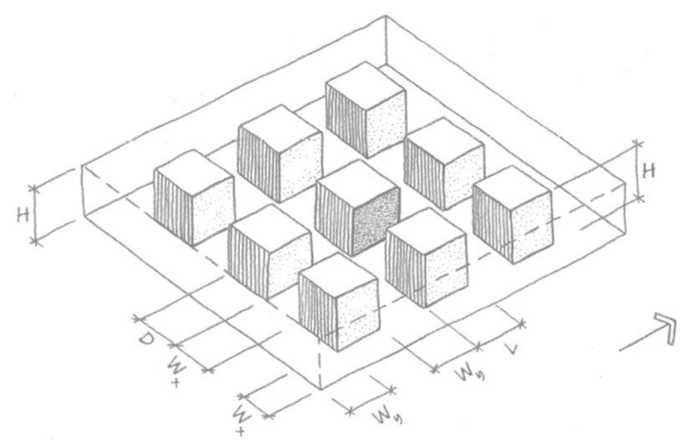

<그래프를 위한 참고모델: 균등하게 위치한 9개의 구조>

등이다. 높은 H/W는 하늘시계지수를 높이고 주광과 복사냉방에 효과적이다. 반면에, 낮은 H/W (사이 공간이 좁을수록 더 높은 건물)는 일사획득의 감소에 효과적이다. 일반적으로 H/W가 클수록 더 많은 그늘과 시원한 낮의 가로의 온도, 적은 열획득, 낮은 풍속, 적은 주광 확보, 야간의 열섬효과 증가, 야간의 냉방저감을 만든다. 그리고 H/W가 작을수록 반대일 것이다.

태양노출을 최소화하는 **효율적인 건물형태**와 야간냉각을 장려하고 바람의 흐름을 촉진시키는 열린 **하늘시계지수(SVF)** 건물 사이의 관계조합은 「시원한 근린지구」을 위한 기본적인 도시형태학적 변수이다. 이와 비슷한 결과는 두 요소의 다양한 조합에서 얻는다.

그래프 **<건물군에 대한 태양열 획득률(SIF)[12]과 하늘시계지수(SVF)>**[13]는 다양한 배치구성 범위에 따른 냉방잠재성의 상관관계를 보여준다. 이 연구는 동일한 총 부피를 가지는 다양한 건물형태를 건물 사이 간격별로 비교한다. **태양열 획득률(SIF)** 스케일에서 보면, 낮은 값은 건물외피로의 적은 태양열 도달과 냉방부하에 대해 적은 태양열 획득을 의미한다. **하늘시계지수(SVF)** 스케일에서 보면, 낮은 값은 **하늘이 적게 보이는 것**을 의미하고, 이는 낮은 주광과 야간복사냉방을 의미한다. 이러한 요소는 모두 도시근린지구의 냉방에 대한 중요한 지표가 된다.

고온기후에서는 높은 냉방잠재성(높은 SVF)과 낮은 태양열부하(낮은 SIF)로 조합된 건물군 조직이 이상적이다. 따라서 그래프의 좌측상단이 가장 최상이다.

핵심전략(CORE STRATEGIES)

이 번들에서는 2가지 변형의 핵심을 형성하는 4가지 전략이 있다.

「저밀도 또는 고밀도의 도시패턴」은 바람에 평행한 가로조직에 기본바람체계를 설정한다. 폐쇄율[14]은 가로의 폭, 건물높이, 바람을 받는 면에 대해 면적의 함수다. 가로가 넓고, 건물은 낮고, 바람을 받는 면이 좁을수록 가로에 더 많은 바람이 생성된다. 특히 바람을 받는 건물군의 가장자리는 근린지구 안으로 바람이 지나가도록 디자인하는 것이 중요하다. 이 전략은 「미풍 또는 무풍의 가로」와 H/W 및 건물형태에 대한 고려에 의해 수정된다. 모든 고온기후에서 가로에 부는 적절한 공기움직임은 중요하다.

「오버헤드 차양」은 보행자동선, 작은 오픈스페이스, H/W가 상당량의 태양을 허용하는 건물(가령 남향외벽)의 음영에 특히 중요한 전략이다. 아케이드처럼 만들어진 그늘과 가로수 같은 식생은 오후의 공기를 시원하게 해주지만, 도시협곡(H/W)[15]이 증가할수록 냉방효과가 사라진다.

---

12) 태양열 획득률, Solar Intercept Factor, 이하 SIF
13) Mills, 1997
14) 폐쇄율, blockage ratio
15) 도시협곡, urban canyon이 고층건축 등이 밀집하고 있는 도심부 공간

「패시브냉방 건물」은 시원한 근린지구의 주요소이며 패턴을 만드는 데 도움이 된다. 이는 습윤상황과 건조상황 모두에서 건물을 냉방하기 위한 하위전략의 번들이다.

「외부 미기후」는 근린지구의 컨텍스트를 형성하고, 태양, 바람, 빛의 힘을 차단하거나 허용하는 더 큰 근린지구 냉방전략으로부터 이점을 제공한다. 이는 또한 외부공간의 쾌적함을 형성하는 하위전략의 번들이다.

상황별 전략(SITUATIONAL STRATEGIES)

고온습윤기후와 고온건조기후에 따른 변형

이 번들은 근린지구가 "고온건조" 또는 "고온습윤" 기후에 위치하느냐에 따라 변형된다. 몬순(monsoon)에 의해 계절별로 건조한 날씨에서 습한 날씨로 바뀌는 서인도 같은 복합고온습윤기후에서는 2가지를 모두 사용한 프로젝트에 특화된 번들이 필요하다. 복합기후[16]에서, 「시원한 근린지구」는 「태양을 고려한 근린지구」의 우려에 의해 균형을 잡는다. 다양한 도시기후 문제의 조언을 위해서는 B4 「통합적인 도시근린지구」를 참고한다.

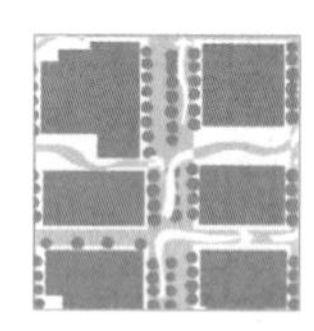

1. 고온습윤기후의 「시원한 근린지구」 번들

고온습윤기후의 번들은 열획득 저감과 환기에 중점을 둔다.

- **고온습윤기후의 상황별 전략**

「모여지는 바람길」은 비탈과 외진곳으로부터 더 찬공기를 끌어와 개발지역으로 흘려보내는 지형적인 전략이다. 이는 오염된 더운 공기를 상승시켜 도시의 연돌효과를 만들어내며, 녹도(green corridors)와 가로로 흘려보낼 수 있는 넓은 녹지가 필요하다.

「엮어진 건물과 식재」는 2가지 요소를 가진다; 공원 같이 집중된 녹지와 가로수와 같이 분포된 녹지. 식생은 그늘과 증발을 통해 온도를 낮춘다.

「미풍 또는 무풍의 가로」는 공기흐름을 만들거나 지연시키기 위해 가로의 방향을 결정하는 것을 돕는다. 건물의 사이 공간을 시원하게 하고, 건물에 자연환기를 위한 공기공급은 중요하다.

「분산된 건물」은 각 건물로의 미풍 유입을 돕는다. 이는 미풍이 부는 가로와 조합되어 구성패턴을 만든다.

---

16) 미국의 다수지역이 해당됨.

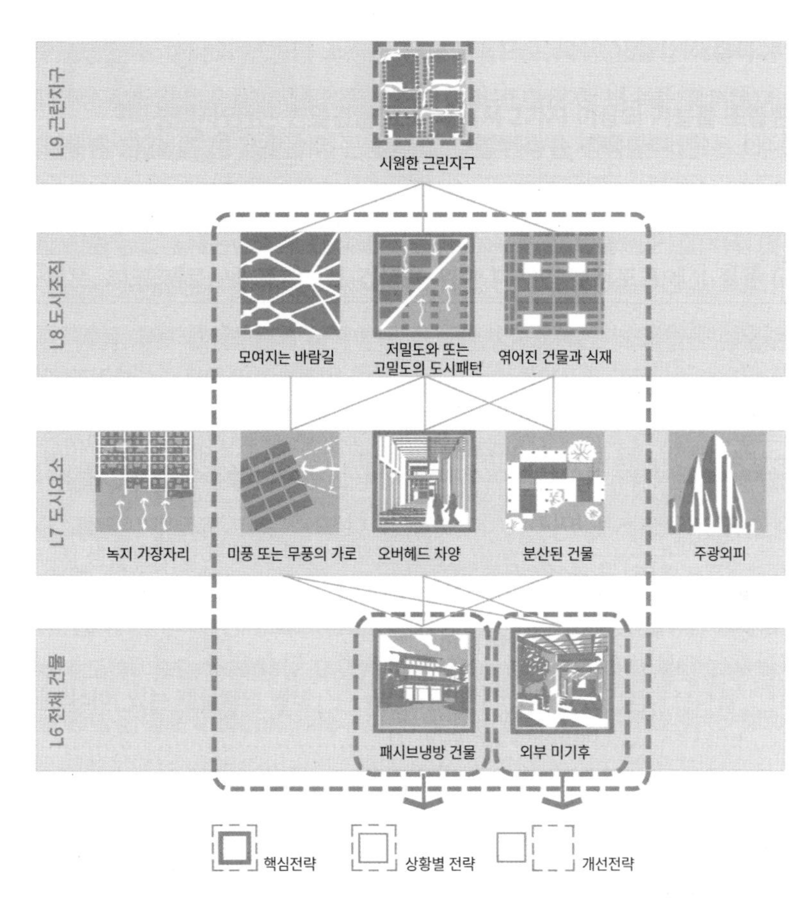

<「시원한 근린지구」: 고온습윤기후 번들>

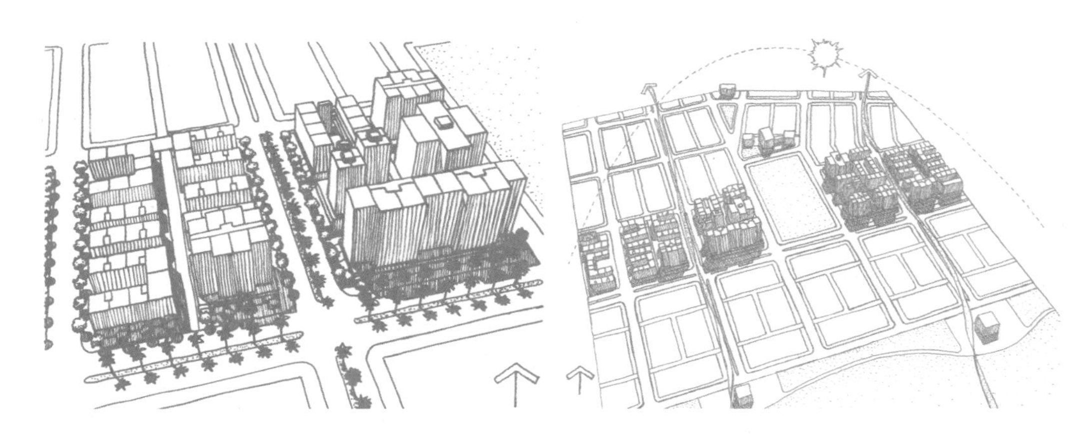

<마운트피터의 열대기후 어바니즘 연구>

• 고온습윤기후의 사례

<마운트피터의 열대기후 어바니즘 연구>[17]는 호주 북부에 고온습윤한 열대기후의 도시개발 디자인 지침을 만들었다. 이 연구는 **SWL** 개정 2판의 전략에 중점을 둔다. 디자인 지침의 적용사례는 바람 흐름을 위한 넓은 「미풍의 가로」의 향을 그늘진 보행로와 조합한다(「오버헤드 차양」, 「저밀도 도시패턴」). 「모여지는 바람길」과 비슷한 방식으로 바람은 시원한 공기를 미개발지에서 큰 가로로 내려보낸다. 블록은 건물의 짧은 면이 동향과 서향을 면하도록 배치하였고, [동-서방향으로 긴 건물군]과 다양한 크기의 녹지가 흩어져 있다(「엮어진 건물과 식재」). 건물유형은 「투과성 좋은 건물」을 위해 선택되며, 건물은 엇갈려 있어 공기가 도시조직을 관통하고 정원은 넓다(「미풍의 중정」).

• 복합습윤기후의 사례

<채터누가 도심냉방계획>[18]은 더 시원한 여름의 「외부 미기후」를 만들고 「패시브냉방 건물」의 바람배분을 돕기 위해 현존하는 도시조직에 적용하는 수많은 도시디자인 전략의 통합을 보여준다. 이를 위한 5가지 기본아이디어는 다음과 같다:

서측 미개발 경사면에 낮은 나무를 빽빽하게 심는다(「녹지 가장자리」). 이는 경사녹지로부터 「모여지는 바람길」로 야간의 흐름을 위한 것이다.

가로수, 도시숲, 녹지광장, 공원 같이 분산된 식생을 증가시켜 도심지역을 시원하게 한다(「엮어진 건물과 식재」).

블록 중간과 건물 사이에 통로를 만들어 도시조직에 바람을 분산시킨다(「분산된 건물」). 미풍방향의 재설정을 위해 블록의 남서쪽 코너를 열도록 밀도를 조정한다(「저밀도 또는 고밀도의 도시패턴」).

가로로 바람을 유도하기 위해 조경 및 오픈스페이스 패턴을 이용하여 도시조직에 바람을 분산시킨다(「미풍 또는 무풍의 가로」).

교차블록의 보행로(mews)[19] 패턴을 만들고 확장시켜서 「공유그늘」을 제공하는 「오버헤드 차양」과 남-북방향의 골목을 만든다.

---

17) Mount Peter Tropical Urbanism Study, Cairns, Qeensland, Australia, DPZ Pacific and Seth Harry, 2010

18) Downtown Cooling Plan for Chattanooga, Tennessee, USA, Green Vision Studio(DeKay and Moir-McClean, 2006)

19) 보행로, Mews: 원래 마굿간을 의미하지만, 뉴어바니즘(New Urbanism)에서 사용하기 시작한 도시계획에서는 "좁고 친밀한 길"을 의미함. 차선 접근 및 서비스 기능도 하고, 건물 정면 및 자동차와 보행자가 공유하는 길공간이기도 함.

<경사녹지로부터의 야간공기흐름은 도심을 식힌다>

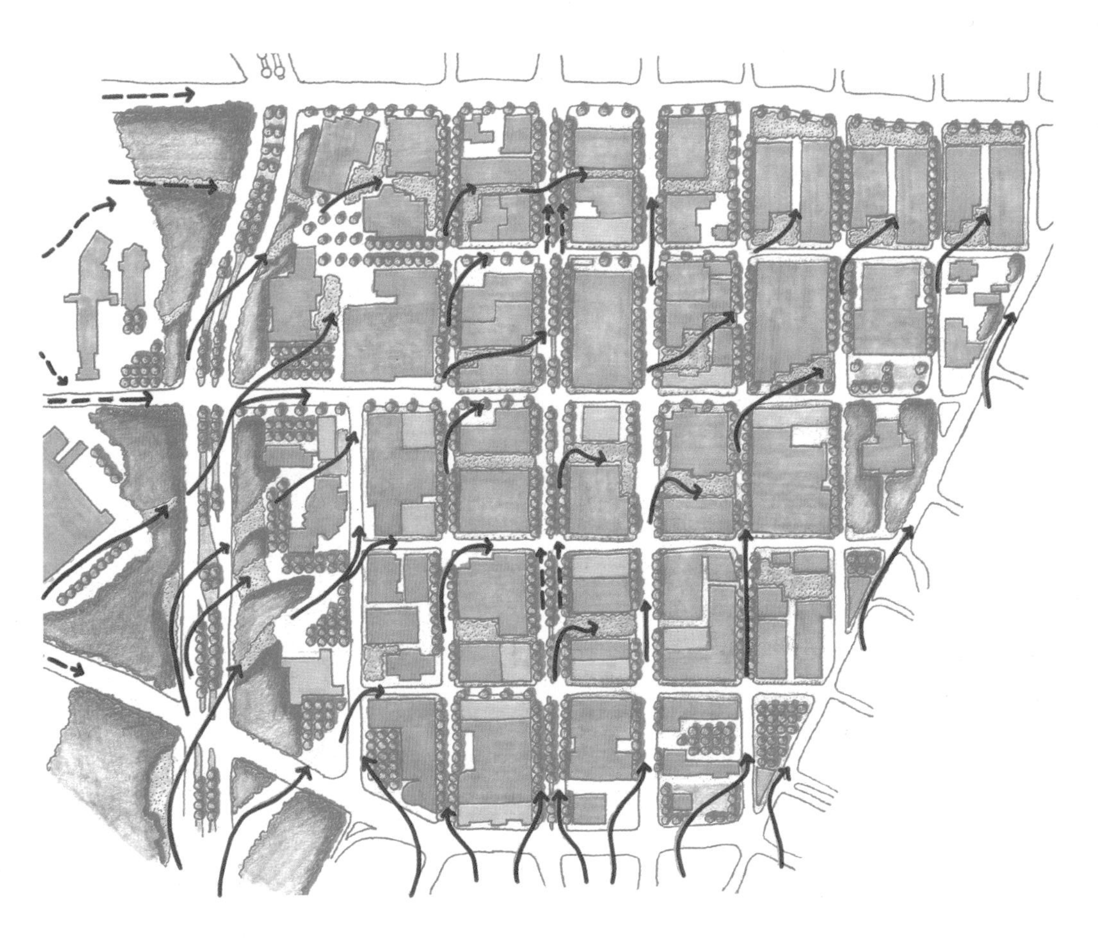

<채터누가 도심 냉방계획>

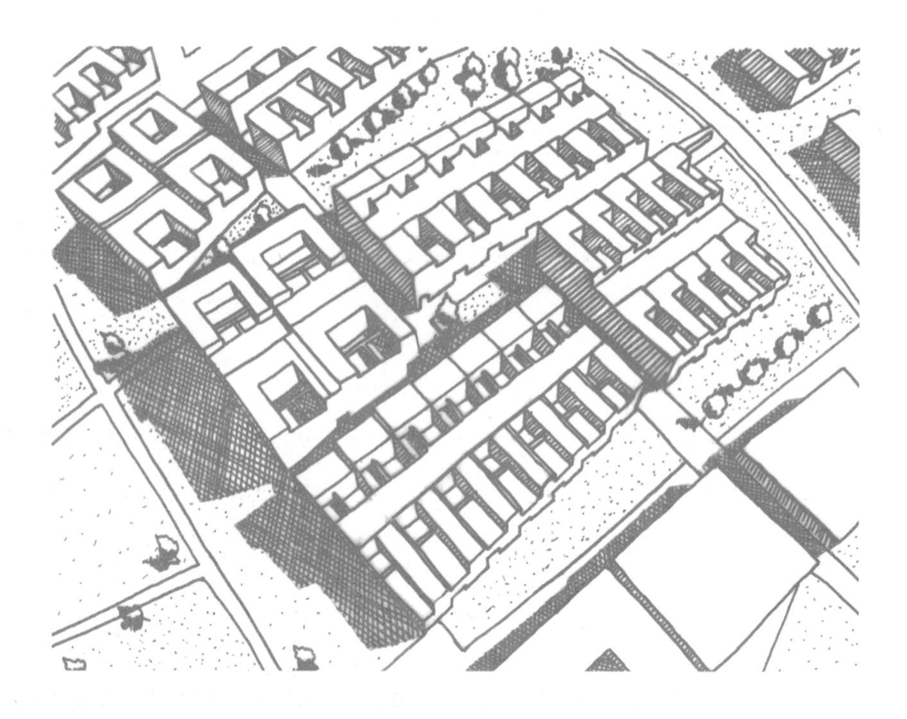

<해쉬거드 뉴타운, 근린지구 클러스터>

2. 고온건조기후의 「시원한 근린지구」 번들

고온습윤기후과 마찬가지로, 건조기후에서도 그늘은 중요하다. 하지만 하늘은 더 청명하고 태양은 더 강렬하다. 바람 확보는 유사하게 중요하지만, 때때로 공기는 매우 뜨겁고 먼지가 많다. 이런 이유로 전략은 환기보다는 그늘에 더 비중을 둔다. 또한 건조기후에서는 증발냉각 전략이 가능하다.

• 고온건조기후의 사례

독일-이란 연구프로젝트인 영시티는 약 35만m^2 넓이의 마스터플랜을 계획했으며, 이란의 테헤란에 위치한 **해쉬거드 뉴타운**[20]에 냉난방 저감을 위한 기후맞춤형 도시형태와 문화가 반영된 건물유형을 적용시켰다.[21] 그림 해쉬거드 뉴타운의 **<근린지구 클러스터(Cluster)>**와 같이 지방의 전통마을처럼 조

20) Hashtgerd New Town, Tehran, Iran, Young Cities Project, 2011

21) Young Cities, 2011; Seelig, 2011

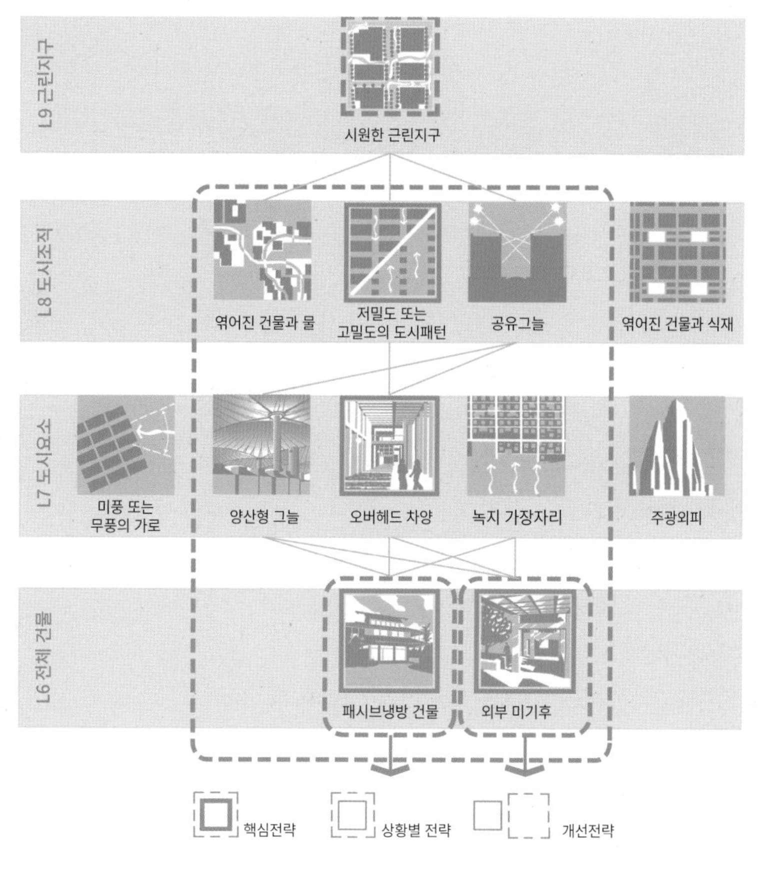

<「시원한 근린지구」; 고온건조기후 번들>

밀한 「고밀도 도시패턴」을 취한다. 29개의 조밀한 근린지구 클러스터는 남-북방향의 주요가로를 따라 배치되었다. 각 클러스터 조직은 중심에 15m×30m 크기의 「그늘진 중정」으로 조직되고, 4개의 건물군에 의해 감싸였다. <해쉬거드 뉴타운의 배치도>를 보면, 폭 6m의 좁은 가로는 남북으로 뻗으며 중정들을 연결하여 「공유그늘」을 제공한다. 건물의 정렬은 서/북서풍과 뜨겁고 먼지가 가득한 여름의 남동풍을 가로막지만, **알보로즈산맥(Alborz Mountains)**의 시원한 북-남풍은 받아들인다. 태양의 노출은 더 긴 남향외벽에 의해 최소화되며(「동-서방향으로 긴 건물군」), 이는 각 유닛에 겨울철 태양을 확보해준다. 「엮어진 건물과 식재」는 폐수재활용을 위한 습지조성을 포함한 다양한 녹지와 식재를 통해 달성된다.

<해쉬거드 뉴타운, 배치도>

• 고온건조기후의 상황별 전략

「엮어진 건물과 물」은 만약 수자원이 수면 위로 바람이 부는 큰 호수나 바다처럼 매우 넓거나, 중정 같이 반-닫힌 공간에 위치해 있다면 기후를 낮춰준다.

「공유그늘」은 특히 남-북방향 가로의 건물이 서로에게 그늘을 제공하도록 돕는다.

「양산형 그늘」은 공유그늘과 비슷하게 작동한다. 하지만 주변건물과 가장자리를 형성하여, 특정한 오픈스페이스나 중정에 그늘을 제공함으로써 더 작은 스케일에서 작동한다.

「녹지 가장자리」는 상대적으로 넓거나, 특히 물이 관개되고 그늘이 있을 때에 불어오는 미풍을 시원하게 만든다. 또한 녹지 가장자리가 근린지구의 바람이 불어나가는 방향에 위치된다면 먼지제거에 도움된다.

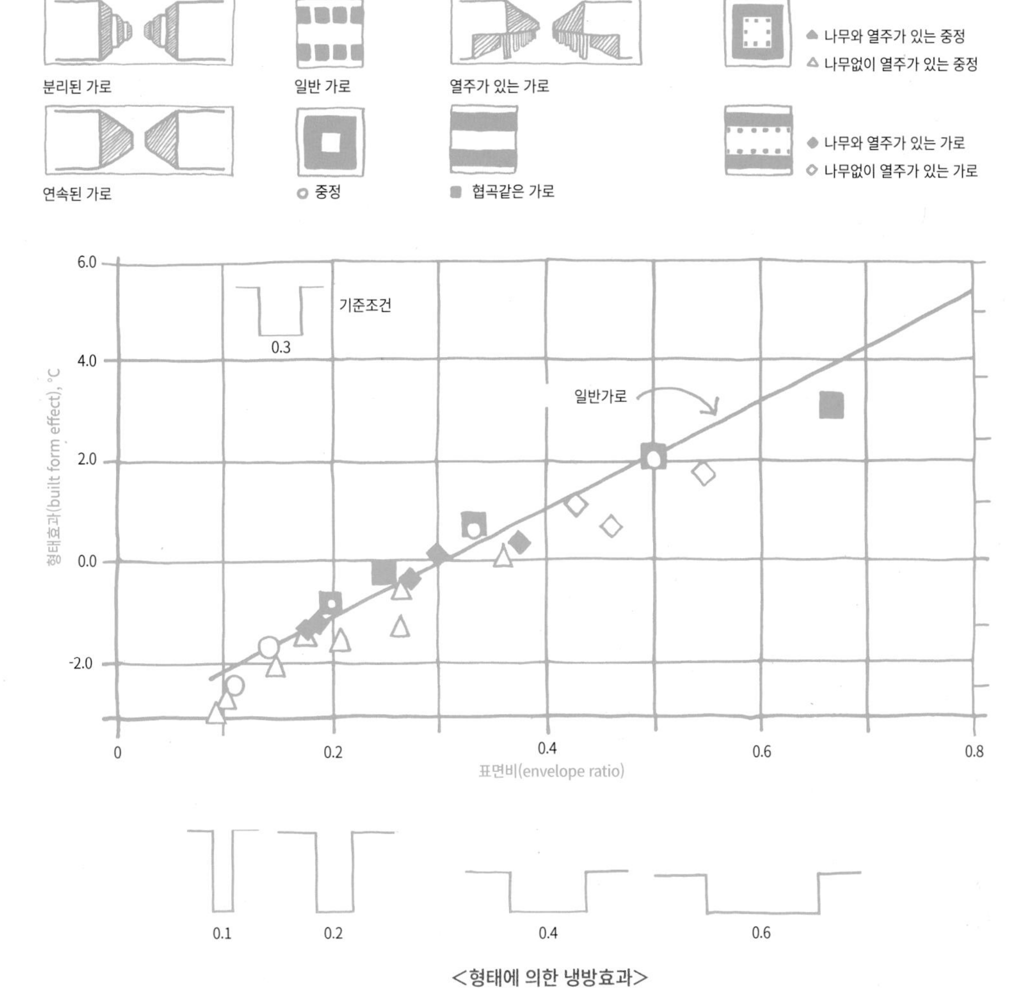

<형태에 의한 냉방효과>

표면비(envelope ratio) = (지표면 면적)/(지표면 면적 + 벽 면적)

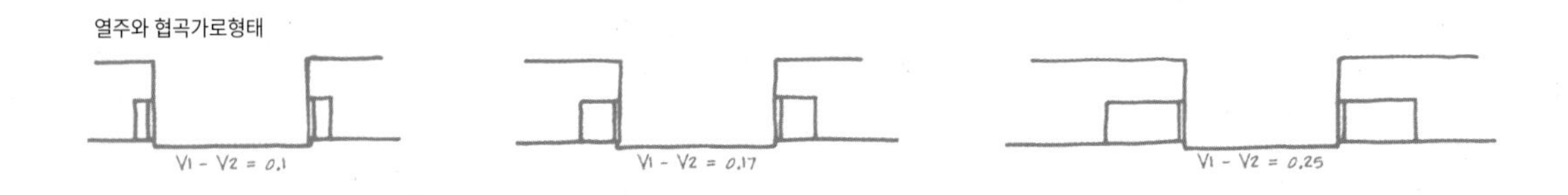

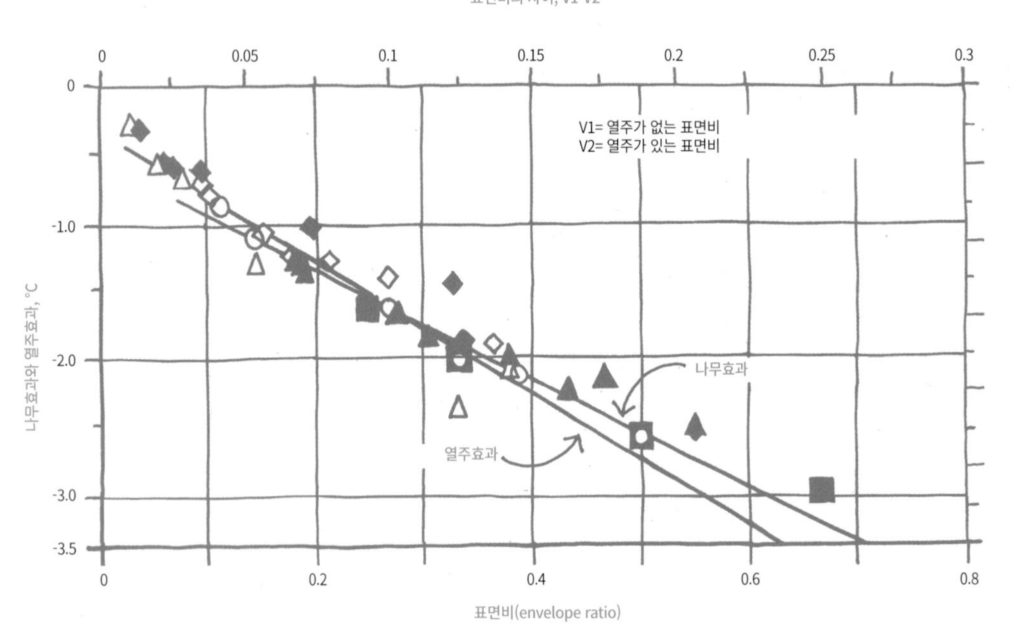

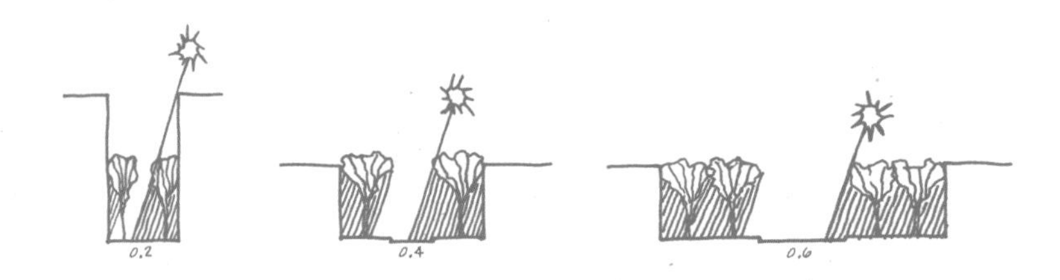

<나무와 열주에 의한 냉방효과>

표면비(envelope ratio) = (지표면 면적)/(지표면 면적 + 벽 면적)

통합냉방효과. 종횡비(H/W)보다 더 섬세한 방법이 생겨났는데, 이는 **표면비(envelope ratio)**로 정의된다.[22] 표면비는 (지표면 면적)/(지표면 면적 + 벽 면적)이며, 열주공간과 같은 모든 공간을 포함한다.

남-북방향의 가로에 낮은 표면비를 위한 디자인을 하되, 주광 확보기준과의 균형을 맞춘다. 고온기후에서는 동-서향의 가로에서 낮은 표면비(0.1~0.3)를 사용한다. 복합기후에서는 중간 정도의 표면비(>0.3)를 사용하지만, 겨울철 태양 확보를 보장하기 위해 이러한 비율에는 한계가 있음을 명심해야 한다. 모든 냉대기후에서는 그늘을 위한 가로를 따라 열주 그리고/또는 나무를 이용하여 표면비가 0.4보다 더 크게 한다.

그래프 **<형태에 의한 냉방효과>**와 **<나무와 열주에 의한 냉방효과>**에서는 다양한 환경에서의 도심냉방을 설명하는 형태상 특징의 효율성을 보여준다. 이 연구는 북위 32도, 맑은 하늘의 7월 오후 3시, 30.2°C/60% RH[23]라는 극한 기후환경의 고온습윤 도시를 대상으로 한다.[24]

형태효과(built form effect)는 표면비 0.3인 경우 온도를 기준으로 한 온도차로 주어진다. 그래프 <형태에 의한 냉방효과>에서 표면비가 0.3 기준값보다 작아질수록 냉방효과는 증가하고, 이와 반대로 표면비가 증가할수록 냉방효과는 줄고 온도는 기준값에 비례해 올라간다.

그래프의 **<나무와 열주에 의한 냉방효과>**는 나무와 열주의 추가적인 냉방효과를 증명한다. 나무와 열주에 의한 가장 큰 냉방효과는 표면비가 커질 때(더 넓고 열린 배치)에 나타난다. 표면비가 감소할수록, 추가적인 전략의 효과도 감소한다. 예를 들어 표면비가 큰 구성에서 70%의 나무가 덮여 있는 경우(정오에 측정), 최대 2.8°C의 냉방효과가 관찰된다. 그래프의 축 **"나무효과와 열주효과"**는 동일한 환경에서 가장자리에 나무나 열주의 그늘을 70%로 했을 때와 아닐 때의 기온차를 보여준다.

22) Shashua-Bar et al., 2006
23) 상대습도, Relative Humidity, 이하 RH
24) Shashua-Bar, et al, 2006

근린지구 → 도시조직 → 도시요소

B3 「태양을 고려한 근린지구」는 모든 건물과 그 사이 공간에 태양광발전과 태양열 난방을 사용하기 위해 기후에 대응하는 도시조직을 구성한다. [난방]

주요관점(KEY POINTS)

- 건물, 가로, 오픈스페이스는 각 건물에 햇빛이 도달하게 하고 에너지 사용을 줄이기 위해 함께 작동한다.
- 도시패턴은 외부기후를 더 강하게 또는 더 온화하게 만든다.
- 건물이 높을수록 밀도는 증가하나, 가구당 일사획득을 위한 표면적은 감소한다.

맥락(CONTEXT)

각 번들은 복잡도의 다음 단계에서 하나 이상의 상위전략을 세우는 데 도움이 된다. 근린지구의 다음 스케일은 도시로서 본 책의 범위를 넘어서기 때문에, 여기서는 도시 스케일에서의 빛에 대한 디자인 전략은 정의하지 않았다. 추측컨대, 깨끗한 공기 지원; 일사획득 증가; 도시방풍림 형성; 지형과 태양에 근거한 개발 도모; 솔라조닝에 근거한 3-D형태 개발; 보호되는 보행자 네트워크 형성; 고층건물 구역을 위치시키는 것과 같은 전략들이 포함될 수 있다.

영향을 주는 요인(FORCES)

건물이 태양열난방을 하려면 전기와 온수를 만들기 위한 태양열 집열기처럼 겨울철 태양에 접근해야 한다. 도시 및 교외의 밀도가 증가함에 따라, 건물은 건물 서로 간에 또는 태양열 집열기에 그늘을 만든다. 보행자는 온난한 미기후를 필요로 한다. 과도한 겨울바람은 건물을 냉각시키고 외부공간은 사람들이 머물기에 부적절한 공간이 된다.

태양과 바람은 모두 확장가능한 현상이다; 즉 건물 요소에서 근린지구까지 모든 스케일에서 작동된다. 직사광은 솔라개구부나 태양열 집열기에 도달해야 하기 때문에, 각 스케일의 디자인에서 접근이 고려되고 유지되어야 한다. 유사하게 바람도 여러 가지 다른 스케일에서 차단될 수 있다. 반면 방풍효과는 높이에 비례하기 때문에, 방풍은 도시조직 전체에서 반복되는 패턴이 된다. 이러한 2가지 기본요소의 조합으로 더 많은 건물의 사이 공간을 통해 태양에 대한 접근성을 제공하거나 더 조밀한 배치를 통해 차가운 바람을 막는 것은 「태양을 고려한 근린지구」에 의해 고려되어야 하는 중요한 기후적 대립관계(climatic tension)이다.

태양을 고려한 근린지구 계획은 3,000여 년 전의 그리스로 거슬러 간다. 현재의 터키 프리에네(Priene)에 위치한 고대 그리스 마을은 솔라시티(solar city)의 좋은 사례이다. 동-서방향의 주거블록은 연립주택(row house)을 포함하는데, 겨울철 태양이 각각의 주택에 도달하도록 남향의 중정과 포티코(portico)[25]를 가진다. 이는 장작이 부족할 때에 만들어진 주택유형으로 그림 **<프로스타스 하우스의 재건축>**[26]과 같다.[27]

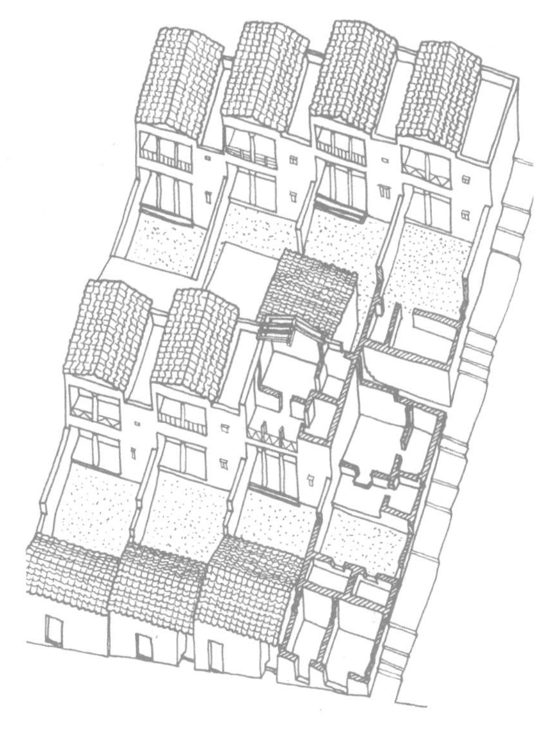

<프로스타스 하우스의 재건축>

핵심전략 (CORE STRATEGIES)

성공적으로 디자인된 모든 「태양을 고려한 근린지구」에는 공통된 5가지 전략이 있다.

「저밀도 또는 고밀도의 도시패턴」은 가로에 바람이 평행하도록 기본바람체계를 설정한다. 방풍률[28]은 건물높이, 바람을 받는 건물면의 크기 및 가로폭의 함수이다. 가로가 넓을수록, 건물이 낮을수록, 바람을 받는 면이 좁을수록 가로에 더 많은 바람을 만들어낸다. 특히 건물군에서 바람이 불어오는 방향의 가장자리가 중요한데, 이는 근린지구 조직 안으로 통과하는 바람을 막을 수 있도록 디자인되어야 하기 때문이다. 이 전략은 「미풍 또는 무풍의 가로」에 의해 수정된다. 클러스터 또는 근린지구의 바람이 불어나가는 방향의 가장자리에 있는 건물 사이의 모든 공간을 제거함으로써 극단적으로 건물은 지속적인 「바람막이」로써의 기능을 하며 그 전략은 「겨울에 적합한 중정」이 된다.

「동-서방향으로 긴 건물군」은 태양을 마주보는 외벽을 만들고, 남-북방향으로 건물을 위치시켜서

25) 포티코(portico)는 주랑현관
26) Reconstruction of a Prostas House(Whiltely, 2001)
27) Butti and Perlin, 1980
28) 방풍률, Wind Blockage Ratio

긴 외벽이 겨울철 태양을 확보하게 한다. 이는 겨울난방 기후에서 중요하다. 태양이 남쪽 하늘에 있을 때 낮은 겨울철 태양으로부터 이용가능한 복사열이 주로 정오시간에 도달하기 때문이다. 도시적으로는 짧은 동-서면과 블록 중앙의 오픈스페이스를 가진 동-서방향으로 긴 블록에 적용된다. 많은 근린지구 배치에서 동-서향을 면하는 건물은 불가피하다. 이런 상황에서 「깊은 채광」 단면과 지붕 「솔라개구부」를 사용한 건물디자인은 태양 확보에 대한 문제를 해결한다.

「솔라외피」는 태양열 접근 기준을 사용하여 최대 개발 외피를 정의함으로써 한 건물이나 건물 그룹이 태양 확보를 막지 않도록 하는 유연한 도구이다. 이는 토지구획이나 블록 단계에서 적용되고, 패시브 「솔라 개구부」, 「태양광전지(PV) 지붕과 벽」, 「숨쉬는 벽」, 「태양열온수」 집열기에 태양을 제공한다.

「패시브솔라 건물」은 태양을 고려한 근린지구의 혜택을 받고 그것의 패턴을 만드는 데 도움을 준다.

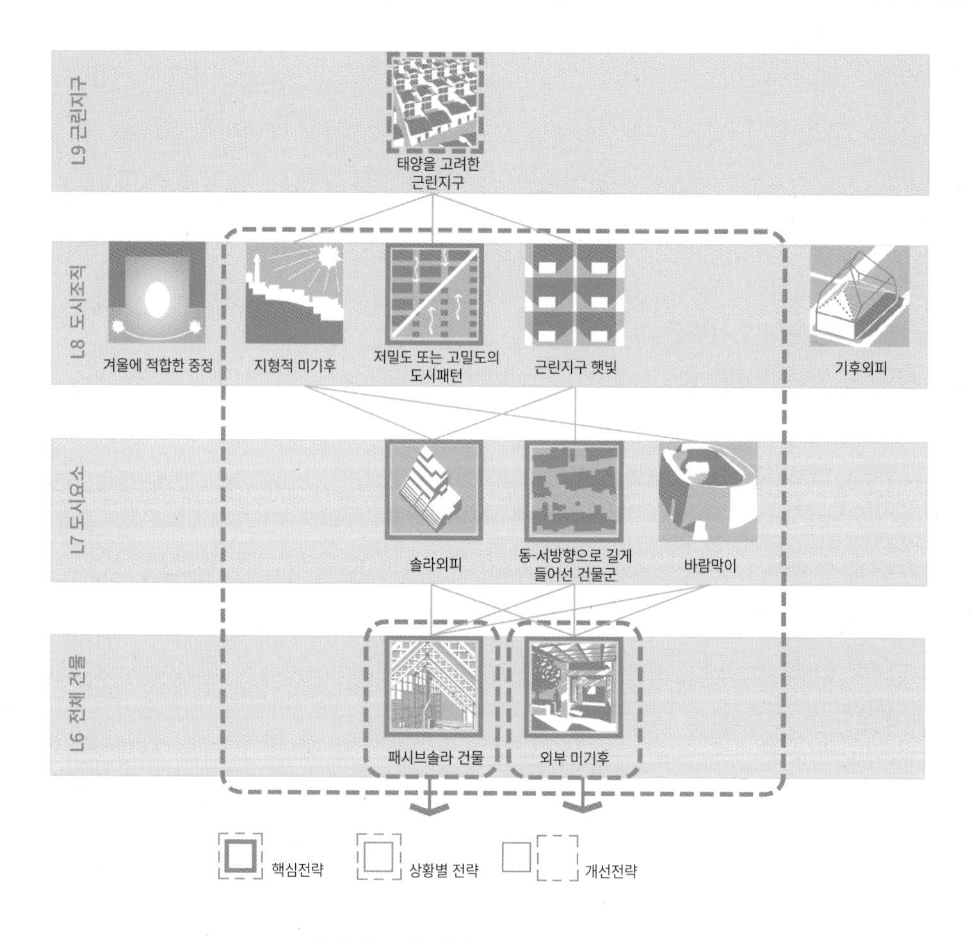

<「태양을 고려한 근린지구」: 저밀도 조직 번들>

저밀도와 고밀도 상황 모두에서 건물난방을 위한 하위전략의 자체 번들이다.

「외부 미기후」는 태양을 고려한 근린지구의 더 큰 전략으로부터 혜택을 얻고 햇빛, 바람, 빛의 힘을 받아들이거나 차단한다. 또한 이는 외부 쾌적성을 형성하는 하위전략의 번들이다.

상황별 전략(SITUATIONAL STRATEGIES)

저밀도와 고밀도 조직에 따른 변형

이 번들에서의 기본조건은 대부분의 상황에서 동일하다. 주요 변수는 태양각에 영향을 주는 위도; 난방기간에 영향을 주는 겨울기후의 혹독함; 향과 가용할 수 있는 복사열에 영향을 주는 기후의 구름량을 포함한다. 태양열난방 전략은 보통 이러한 변수의 범위에서 설명된다. 디자인 관점에서 이 번들에 가장 큰 영향을 주는 것은 근린지구의 밀도이다. 번들 다이어그램은 저밀도 조직과 고밀도 조직의 2가지 변형을 제시한다:

1. 저밀도 조직의 「태양을 고려한 근린지구」 번들

저밀도 조직에서는 낮은 건물이 좀 더 이격되어 있다. 넓은 대지에 작은 개별건물을 배치하므로 유연하여 겨울그늘은 대부분 피하지만 문제가 단순하지 않다. 특히 독립된 건물은 표면적 대 부피비(S/V)[29]가 크고 주거용 건물은 실내 발열이 낮아서, 난방부하와 기간이 최대화된다. 게다가 느슨한 배치는 겨울철 방풍에 도움이 되지 않는다.

- **저밀도 조직의 상황별 전략**

모든 근린지구에 적용가능한 5가지 핵심전략과 더불어 번들변형은 대부분의 저밀도 근린지구에 적용할 전략을 추가한다.

「지형적 미기후」는 어떤 기후나 밀도에서든지 건물군을 배치하기 위해 사용되지만, 지형적 위치선정을 함께 하는 새로운 개발은 저밀도에서 훨씬 더 일반적이다. 서늘한 계곡골짜기와 바람이 거센 산마루를 피해 남향경사면의 위치가 가장 좋다. 태양을 면하는 경사지가 가파를수록 밀도가 증가하여 태양 확보를 유도한다.

「근린지구 햇빛」은 디자이너가 모든 건물에 태양 확보가 가능하도록 가로의 향, 구획크기와 배치, 건물배치의 조합을 찾도록 한다. 이 전략은 건물이 부지에 비해 큰 밀집된 도시환경에 있을 수 있기 때

29) Surface to Volume ratio, 이하 S/V

<지오스 넷-제로에너지 복합용도 근린지구>

문에 건물 위치가 고정되지 않은 상황에 적용된다.

대지스케일에서의 **「방풍」**은 저밀도에서 더욱 중요하다. 이는 전체 도시조직이 느슨하고, 「분산된 건물」이 많을 수록 더 많은 바람이 통과할 수 있기 때문이다. 따라서 건물, 벽, 식생의 조합은 바람에 의한 건물의 대류 열손실을 감소시키고, 「외부 미기후」의 쾌적성을 향상시키도록 한다.

• **저밀도 조직의 사례**

<지오스 넷-제로에너지 복합용도 근린지구>는 10만m^2 규모의 개발로 저밀도 조직 번들의 좋은 사례이다.[30] 이 프로젝트는 태양의 방향, 고효율 건물디자인(패시브하우스), 신재생에너지 발전시스템에 의해 확장된 현대 어바니즘을 조합한다. 「근린지구 햇빛」을 각 가구에 제공하면서, 약 4,000m^2당 20가구까지 밀도를 증가시키기 위해, 소위 "체스판 평면"을 이용한다. 교차하는 「패시브솔라 건물」은 남-북방향의 가로에서 이격되고 골목길로 접근된다. 그래서 「동-서방향으로 긴 건물군」에서 가장 긴

30) Geos Net-Zero Energy Mixed Use Neighborhood, Arvada, Colorado, USA, Michael Tavel Architects and David Kahn Studio, 2006(Kracauer, 2007; McCornick, 2008; Tavel, 2010)

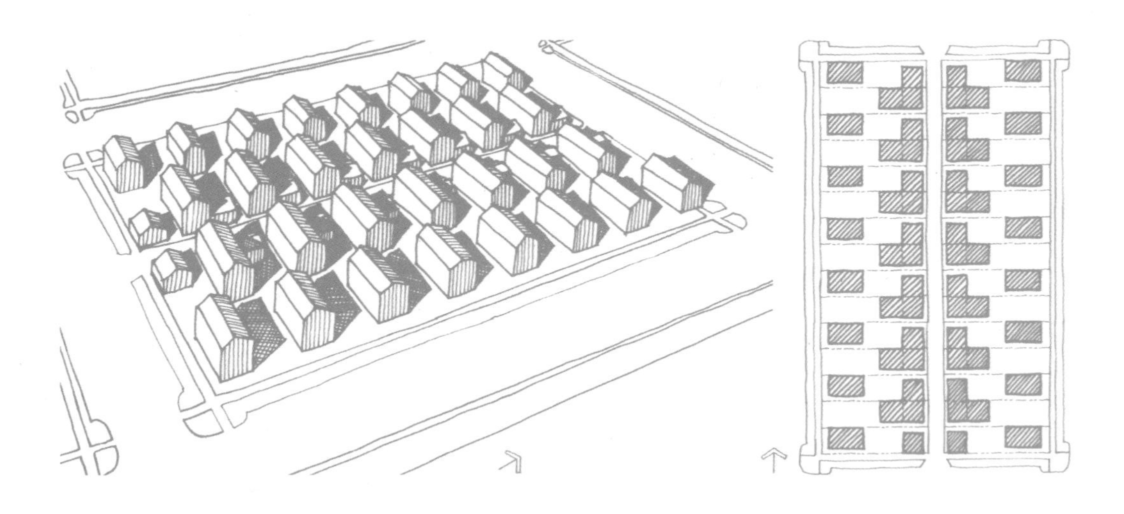

<지오스 근린지구의 태양 확보를 위해 엇갈린 배치>

건물의 남측면이 태양을 면하게 된다. 주호들의 절반은 가로에 면하여 현관이 있고 뒤편으로 마당이 있다. 나머지 절반은 가로에 맞닿은 마당을 면하는 현관이 있다. 각 집주변의 외부공간은 「무풍의 중정」으로 여겨진다. 상대적으로 「고밀도의 도시패턴」에서, 건물과 조경요소는 북풍을 막는 「방풍」으로 작동한다. 각 주호의 전면과 후면에 겨울철 태양을 받을 수 있는 실외실을 가진다. 또한 집은 공공녹지로 향하여, 겨울에 풍부한 정오의 햇빛을 받는다(「겨울에 적합한 중정」). 이로써 겨울철 태양이 공용공간에 제공된다. 여름에는 다양한 계절별 「외부 미기후」 사이에서 「이동」이 그늘진 사적 마당에서 이루어진다.

다이어그램 **<지오스 근린지구의 태양 확보를 위해 엇갈린 배치>**는 태양 확보를 위한 최종 매스스터디를 보여준다. 디자이너는 광범위한 그늘분석을 사용하여 부지 내 건물 배치를 보정하였다. 도시밀도는 남향외벽의 패시브 태양과 옥상의 액티브 태양 확보가 각 건물유형에 최적화되도록 하였다. 식생은 남향지붕의 PV와 태양열온수 집열기를 위하여 일 년 내내 태양 확보를 보장하도록 선택되고 배열된다.

2. 고밀도 조직의 「태양을 고려한 근린지구」 번들

고밀도 조직일수록 태양 확보는 더 어려워진다. 특히 위도가 높아서 겨울철 태양이 낮은 경우에 더욱 어렵다. 긍정적인 면이라면, 고밀도 도시패턴과 더 연속적인 건물은 바람이 없는 가로와 오픈스페이스를 만든다.

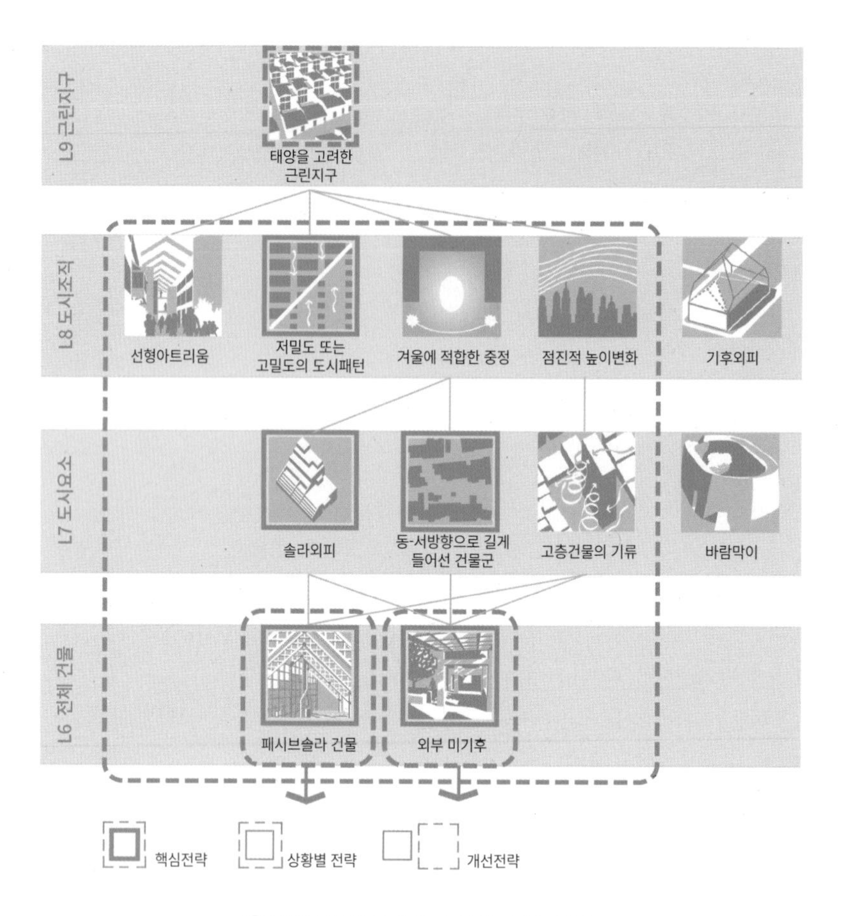

<「태양을 고려한 근린지구」: 고밀도 조직 번들>

• **고밀도 조직의 상황별 전략**

모든 근린지구에 적용가능한 5가지 핵심전략뿐만 아니라 다음의 변형은 대부분의 고밀도 근린지구에 적용할 수 있는 전략을 추가한다.

「점진적 높이변화」는 하나의 근린지구와 다른 근린지구 사이의 허용높이에 변화가 있을 때에 아래로 밀어내는 바람의 영향을 줄인다. 바람이 불어나가는 방향의 낮은 건물열과 하강기류의 높은 건물 사이의 급격한 높이변화는 가로에서 풍속과 불쾌감을 상당히 증가시킨다.

「고층건물의 기류」는 고온습윤기후에서도 긍정적인 영향을 줄 수 있지만, 그 효과는 난방기후에서 더 긍정적으로 나타난다. 건물이 클수록 각 건물이 「외부 미기후」에서 가지게 되는 효과는 더 커지게 된다.

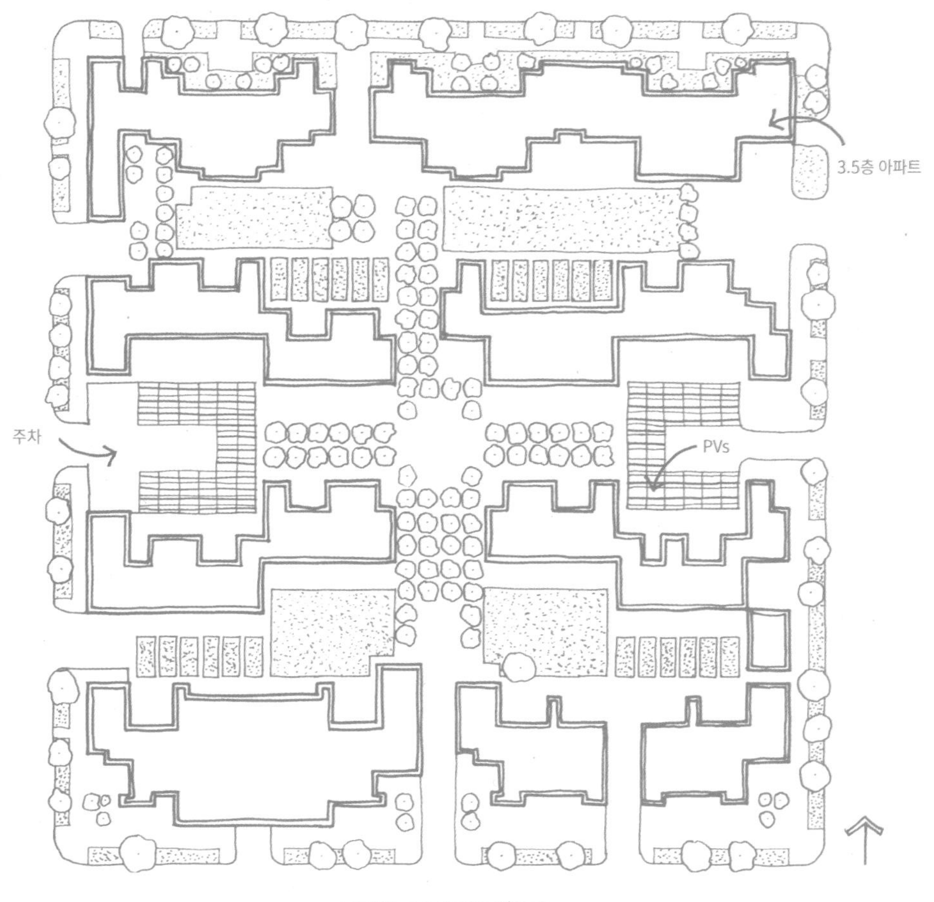

<서머셋 파크사이드 하우징>

「선형 아트리움」은 냉대기후에서 독특한 선택사항을 제공한다. 이는 건물외부의 열손실을 줄이는 열적 완충지대를 만들며, 도시 스케일의 「썬스페이스」에서 태양열 획득을 위한 잠재성을 만든다. 이렇게 공유되고 집중된 태양열 집열기는 겨울철 태양 확보가 부족한 건물에 태양열을 제공한다.

「겨울에 적합한 중정」은 햇빛이 잘 드는 「무풍의 중정」의 도시 스케일 버전이며, 햇빛을 받아들이고 바람을 막기 위한 전략을 포함한다. 밀도가 높아지고 사적 외부공간이 줄어듦에 따라, 쾌적한 공공 외부공간을 제공하는 것이 더 중요해졌다.

- **사례**

전 세계에 태양을 고려한 근린지구가 많이 디자인되었으며, 그 사례로 뉴멕시코의 **푸에블로 아코마**

(Pueblo Acoma)와 오스트리아의 **솔라시티 피클링(Solar City Pichling)**(「동-서방향으로 긴 건물군」); 아테네의 **솔라빌리지 3(Solar Village 3)**(「태양열온수」); 캐나다의 **레졸루트 베이(Resolute Bay)**(「겨울에 적합한 중정」)가 있다.

<서머셋 파크사이드 하우징>

• 고밀도 조직의 사례

1만m^2(1헥타르) 규모의 도시블록인 **서머셋 파크사이드 하우징**[31]은 107가구/1만m^2(1헥타르)로, 위도 38도에서 풍부한 태양 확보가 가능하면서 최대밀도에 근접했다.[32] 이 프로젝트는 「패시브솔라 건물」을 지원하기 위해

유닛/에이커	유닛면적 ft^2 (m^2)	대지면적 ft^2 (m^2)	건축셋백 ft (m)	태양접근	유형	건물 사이 간격 ft (m)	건물폭 ft (m)
21	1500 (139)	1175 (109)	15 (4.6)	100%	Townhouse	62 (19)	20 (6)
22	1500 (139)	875 (81)	15 (4.6)	100%	Townhouse	42 (13)	30 (9)
23	1500 (139)	750 (70)	0 (0)	100%	Townhouse	42 (13)	30 (9)
28	1500 (139)	437 (41)	0 (0)	75%	Townhouse	20 (6)	30 (9)
32	2-1500 (139) 1-750 (70)	600 (56)	15 (4.6)	100%	Stacked Townhouse	42 (13)	30 (9)
38	2-1500 (139) 2-750 (70)	562 (52)	15 (4.6)	100%	Stacked Townhouse	62 (19)	30 (9)
42	2-1500 (139) 2-1200 (112) 2-750 (70)	250 (23)	15 (4.6)	100%	Apartment	30 (9)	80 (24)

<태양 확보를 위한 공동주택 형태와 밀도에 대한 연구>

31) Somerset Parkside Housing, Van der Ryn, Sacramento, California, USA, Calthorpe and Matthews, 1984
32) Woodbridge, 1984; Van der Ryn and Calthorpe, 1986

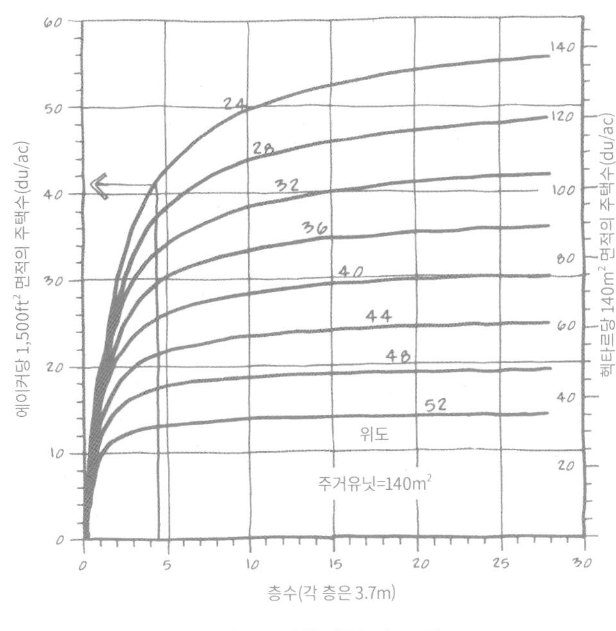

<태양 확보를 위한 건물높이 vs. 밀도>

구성되어 있다. 저층 고밀도 개발로 컨텍스트에 민감하며, 다양한 유닛 크기와 소득수준을 고려한 사회적인 지속가능성에 대하여 탁월한 접근법을 가진다. 아파트는 보통 크기이며, 방 1개 유닛($54m^2$)부터 방 3개 유닛($104m^2$)까지 있다. 디자이너는 가로에서의 활동과 공간적 정의를 강화하는 건물을 만들었다. 동시에 프로젝트는 사회적인 삶과 어린이를 위한 내부공간과 「겨울에 적합한 중정」과 그늘진 여름휴식지를 포함하는 다양한 오픈스페이스와 실외실 유형을 만들었다. 평면은 「동-서방향으로 긴 건물군」의 배치를 보여준다; 남-북방향의 단면에서는, 복합시설(3.5층)이 위치한 북측의 높은 상업건물에서부터 남쪽 가장자리의 연립주택(2층)까지 섬세하고 「점진적 높이변화」를 실행했다. 미국 캘리포니아주 새크라멘토는 상대적으로 온화한 겨울기후임에도 각각의 집은 풍부한 겨울철 태양을 받는다. 이는 패시브솔라 디자인이 도시밀도와 양립가능함을 보여준다. 적용 기술은 남향의 「직접열 획득실」, 발코니의 차양과 가동형 캔버스 「외부차양」, 「가동형 단열재」를 위한 단열커튼, 「축열체」로써 2.5cm의 회반죽 재료로 단순하게 구성되어 있다. 새크라멘토는 여름과 겨울 바람 모두 남쪽에서 불어오며, 따뜻한 여름과 시원한 겨울을 가진다. 따라서 프로젝트는 투과성 좋은 남쪽 가장자리를 따라 바람을 받아들이는 동시에, 겨울바람을 막기 위한 이동(mitigation) 요소를 가진다. 저층단지로써 「고층건물의 기류」는 중요하지 않다. 또한 서머셋 파크사이드는 「시원한 근린지구」로써 기능하는 다양한 그늘과 환기기술을 사용한다.

권장사항(RECOMMENDATIONS)

태양 확보를 유도하기 위한 밀도는 위도에 따라 상한값을 가진다; 칼소프의 **<태양 확보를 위한 공동주택 형태와 밀도에 대한 연구>**[33]는 주어진 태양 확보 기준과 위도에서, 다양한 배치와 건물유형이 가능함을 보여준다. 표는 위도 38도에서 유닛이 104듀플레스/헥타르(duplex/hectare)[34] 크기로 제한되

33) Studies of Housing Form and Density for Solar Access(Van der Ryn and Calthorpe, 1986)
34) 1헥타르 = $10,000m^2$

며, 유닛의 평균면적은 140m²이다. 이는 조지아주 사바나(Savannah, Georgia)의 구도심과 비슷한 밀도로 풍부한 도시의 삶을 가능하게 한다.

「동-서방향으로 길게 들어선 건물군」에서 보이는 것과 같이 건물이 높아질수록 건물 사이의 공간 또한 넓어진다. 그래프 **<태양 확보를 위한 건물높이 vs. 밀도>**는 어느 정도까지는 건물높이가 높아도 건물 간격을 위한 종단각(profile angle)은 유지되면서, 개발밀도가 증가함을 보여준다.

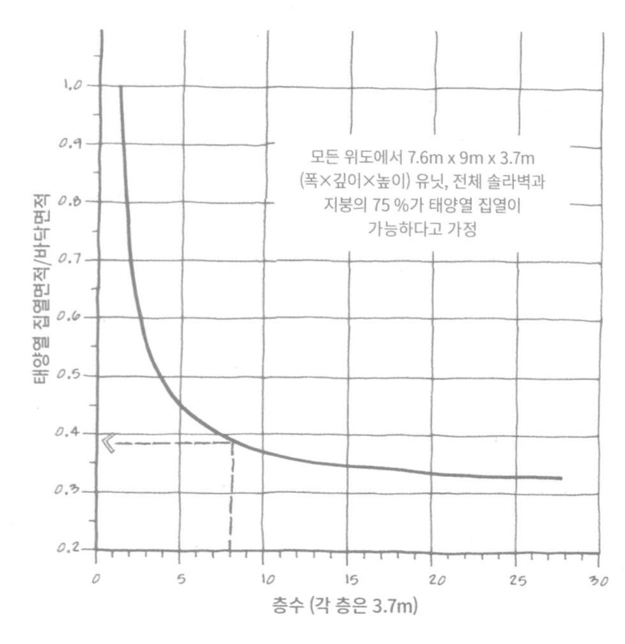

<태양열 집열표면적과 건물높이>

따라서 중위도에서 태양을 확보하면서 밀도를 최대화하기 위해서는, 건물높이를 5~6 층으로 제한한다. 고위도에서는 건물높이를 2~3 층으로 제한하고 저위도에서는 6~8층으로 제한한다.

고위도에서 태양 확보를 위한 최대밀도는 감소한다. 그래프 **<태양열 집열 표면적과 건물높이>**에서는 지붕넓이가 일정하고 건물이 높아질수록, 바닥면적 대비 집열가능한 벽과 지붕의 면적이 급감한다. 본 그래프는 모든 위도에 적용된다.

최대 5~6층의 건물높이는 패시브솔라 난방과 액티브태양열 변환을 위한 남향외벽과 지붕표면적의 유지에 좋은 디자인 지침이다. 좀 더 섬세한 접근을 위해서는 바닥면적 대비 요구되는 「솔라개구부」의 넓이를 찾아본다. 그리고 그래프에서 집열표면적에 적합한 높이와 밀도를 선택한다.

근린지구의 조직은 고려해야 할 주요 요소로써, 보행자중심의 안전하고 활동적인 가로의 도시효과를 가장 잘 촉진시키는 동시에 태양 확보를 유도한다. 이는 저층고밀도의 패턴에서 상대적으로 좁은 가로를 제안한다.

근린지구 → 도시조직 → 도시요소

B4 가로와 블록의 「통합적인 도시패턴」은 기후별 우선순위에 따라 빛, 태양, 비랑 그늘에 대한 사항을 통합하도록 향과 크기를 조정할 수 있다. [난방, 냉방, 주광]

주요관점(KEY POINTS)

- 통합적인 도시패턴은 **사용**와 **기후**의 변수에 기반하여 난방, 냉방, 주광에 대한 요구의 균형을 맞춘다.
- 가로와 건물의 패턴은 건물스케일에서 패시브적인 전략들의 실행가능성을 위한 무대를 마련한다.
- 건물 이격을 통합한 가로의 향과 배치는 건물 주변의 미기후와 건물에서 사용하기 위한 태양과 바람의 차단과 확보에 중요한 영향을 미친다.

영향을 주는 요인(FORCES)

이전의 "기후에 따른 탐색" 장에서 설명했듯이 **사용**과 **기후**에 따른 다양한 조합에 따라 난방 및 냉방 우선순위의 가중치가 달라진다. 난방과 냉방 수요의 혼합은 도시패턴이 햇빛을 유입시키고 바람은 차단(냉대기후), 바람을 유입시키고 햇빛은 차단(고온기후), 또는 햇빛과 바람 수요의 일부 혼합(복합기후)하는 기준으로 해석된다.

에너지 측면에서, 근린지구 패턴의 역할 중에 하나는 가치 있는 대지 자원을 받아들이고, 가치 없는 자원은 가능한 차단하는 것이다. 그러나 특히 혼합기후에서는 이러한 기준이 상충될 수 있다. 근린지구 배치에서 두 번째로 중요한 요소는 겨울철 태양과 여름바람의 확보를 위한 건물의 밀집 또는 분산이다.

밀집도의 증가는 도시성, 보행성, 교통효율성의 증가와 연관된다. 또한 이는 일반적으로 교통과 건물 모두의 에너지를 감소시킨다. 밀집된 도시는 보행자 친화적이고 에너지 효율적이다. 반면에 너무 근접한 건물은 태양열과 전력에 비효율적이고, 냉방을 위한 미풍의 확보를 서로 가로막는다.

권장사항(RECOMMENDATIONS)

몇 가지 현상을 관찰할 수 있고, 성공적인 근린지구 패턴은 이러한 현상을 효과적으로 조합시킬 것이다.

- 동-서향의 가로가 넓을수록 겨울철 태양 확보가 더 좋다(「동-서방향으로 길게 들어선 건물군」).
- 바람이 불어오는 방향의 가로가 넓을수록 도시를 통과하는 바람의 움직임이 더 좋다(「미풍의 가로」).
- 풍속은 근린지구가 「저밀도 또는 고밀도의 도시패턴」으로 디자인되었는지에 따라 감소하거나 증가한다.
- 고위도에서는 남향이 겨울철 복사에 더 우세하다. 반면에 온대위도에서는 태양열난방을 위한 복사량의 큰 감소없이 유연하게 향이 허용된다(「햇빛과 바람을 면하는 실」).
- 좁은 남-북방향의 가로는 한 건물에서 다음 건물까지의 그늘을 형성한다(「공유그늘」).

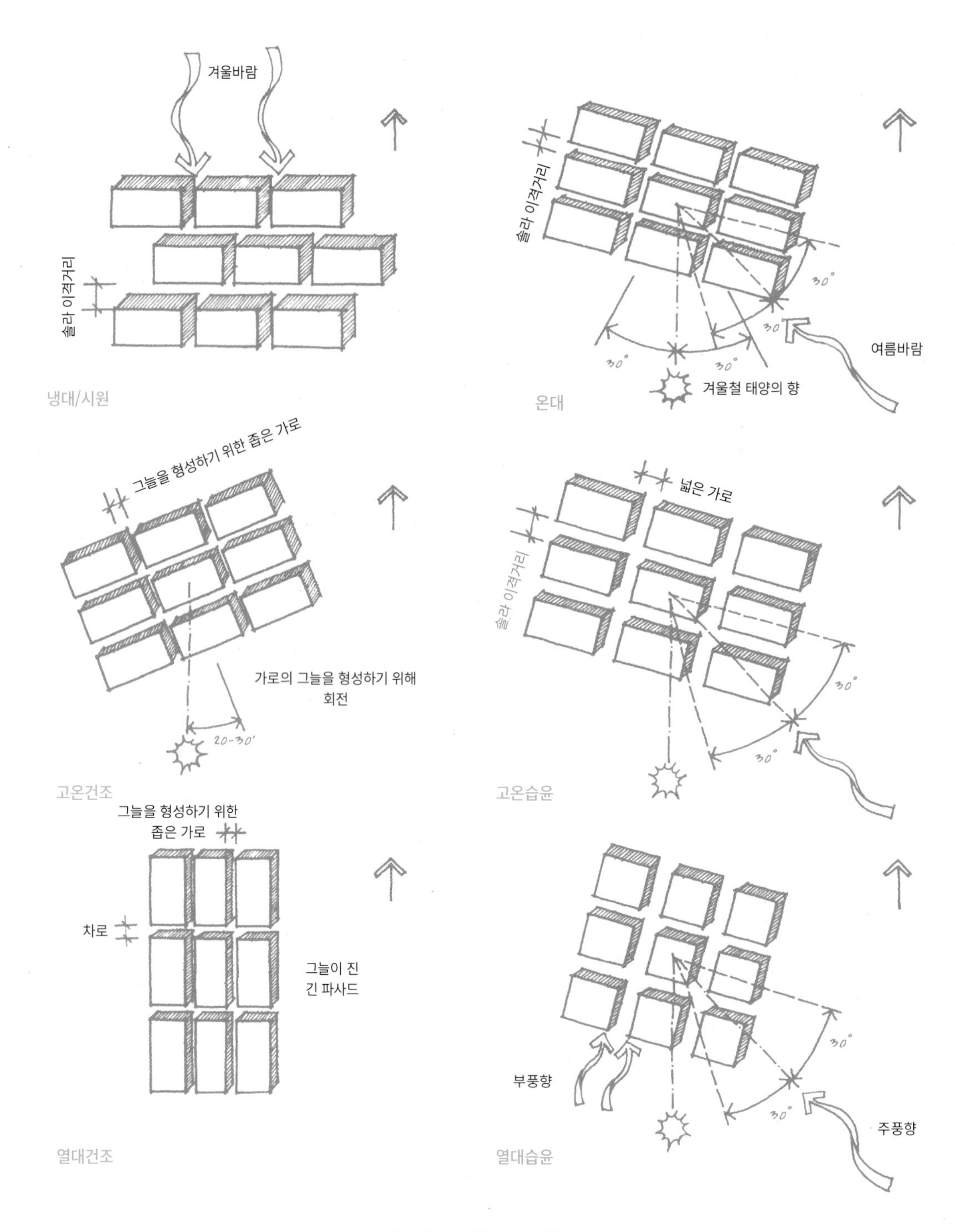

<다양한 기후를 위한 근린지구 패턴>

건축유형		대응		설명
실내부하 중심(ILD)	외피부하 중심(SLD)	1차적 우선사항	2차적 우선사항	
매우 추움	**냉대**	**바람이 불어나가는 방향**	**태양**	• 정방향은 엄격하게 태양을 향하도록 배치 • 겨울바람방향으로 불연속적인 가로 • 가로는 봄과 가을에 태양 확보를 위해 동-서방향으로 배치
냉대	**시원**	**태양**	**바람이 불어나가는 방향**	• 정방향은 태양을 향하도록 배치 • 겨울바람방향으로 불연속적인 가로 • 가로는 하지와 동지에 태양 확보를 위해 동-서방향으로 배치
시원	**복합**	**겨울철 태양; 여름바람**	**겨울철 바람이 불어나가는 방향; 여름그늘**	• 정방향은 태양에 대해 +/- 30°로 태양을 향하도록 배치 • 여름바람에 20~30° 기울어 조절함 • 가로는 태양 확보를 위해 동-서방향으로 배치. 블록은 동-서방향으로 길게 늘임
복합건조	**고온건조**	**여름그늘**	**여름바람; 겨울철 태양**	• 가로는 남-북방향 가로의 폭을 좁혀 그늘을 만듦 • 가로의 그늘을 증가시키기 위해 정방향으로부터 회전 • 가로는 태양 확보를 위해 동-서방향으로 위치. 블록은 동-서방향으로 길게 늘임
복합습윤	**고온습윤**	**여름바람**	**여름그늘; 겨울철 태양**	• 가로는 여름바람에 20~30° 기울어 조절함 • 가로의 그늘을 증가시키기 위해 정방향으로부터 회전 • 필요한 경우 태양 확보를 위해 가로를 동-서방향으로 배치. 블록은 동-서방향으로 길게 늘임 • 바람흐름을 위한 폭이 넓은 가로
고온건조 & 열대건조	**열대건조**	**사계절 그늘**	**야간의 바람; 낮에 바람이 불어나가는 방향**	• 가로는 남-북방향 가로의 폭을 좁혀 그늘을 만듦 • 만약 동-서 외벽이 그늘지면 남-북방향으로 길게 늘임 • 동-서방향의 폭넓은 차도
고온습윤& 열대습윤	**열대습윤**	**사계절 바람**	**그늘**	• 가로는 주풍향에 대해 20~30° 기울어 조절함 • 부풍향에 대해 반응 • 바람의 흐름을 위해서 가로의 공공통행로(right-of-ways)를 최대화하지만 포장은 하지 않음

<기후별 우선순위에 따른 가로의 향과 배치>

기후와 건물의 열부하에 따라 다른 전략 조합이 적합할 수도 있다. 다이어그램 **<다양한 기후를 위한 근린지구 패턴들>**은 잠재적인 해결책을 보여준다.

기후에 맞는 구체적인 권장사항을 보기 위해서는 표 <기후별 우선순위에 따른 가로의 향과 배치>를 참고한다.

"기후에 따른 탐색"에서 복합기후의 난방과 냉방 사이의 균형을 위한 방법을 살펴보도록 한다. 참고로 실내부하중심(ILD) 건물은 외피부하중심(SLD) 건물보다 냉방수요가 더 높다. 따라서 실내부하중심(ILD) 건물은 더 더운 기후유형으로 이동을 권장한다. 관련 권장사항은 **기후**와 **사용**에 의해 다양하며 「대지의 미기후」와 「차양달력」을 참고하도록 한다.

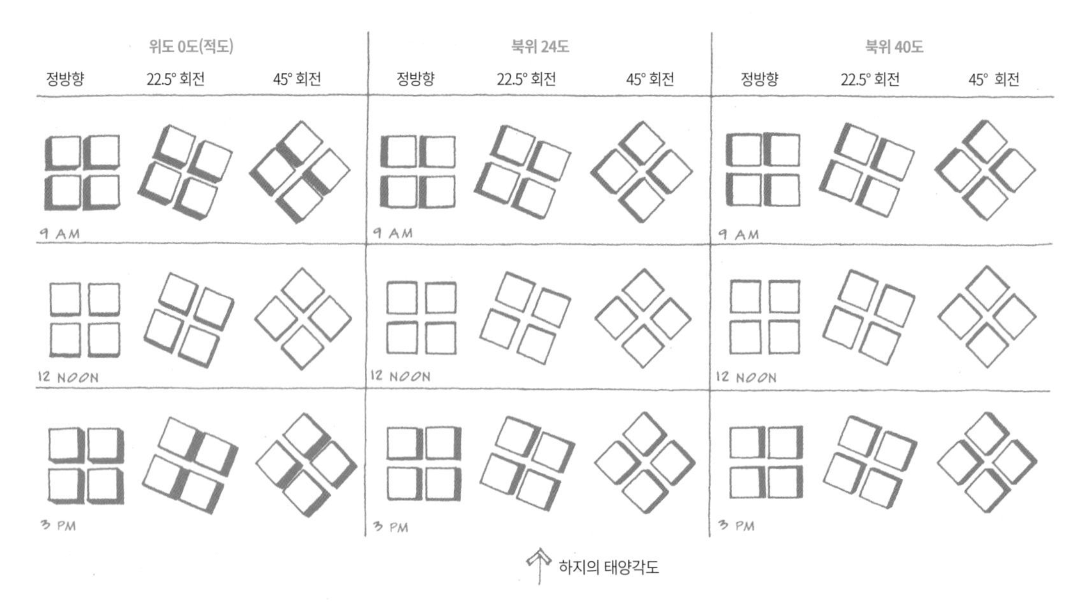

<가로의 방향에 의한 하지의 그늘>

다이어그램 <가로의 향에 의한 하지의 그늘>은 다양한 위도에서 가로의 향에 의한 하지의 햇빛과 그늘 패턴에 대한 효과를 보여준다. 건물의 향과 건물 간격은 냉난방에 대한 복합적 요구를 기반으로 설정된다.

다이어그램들은 18m의 공공통행로(right-of-ways)가 있는 4층 건물로 가정한다. 정방향 배치는 겨울철 남향 외벽에 더 많은 햇빛을 제공하는 반면, 회전된 배치는 특히 동향과 서향 외벽의 겨울철 열획득을 감소시키고 여름철 열획득을 증가시킨다. 하지만 난방을 위해서 겨울철 태양이 필요하지 않은 건물에서는 회전된 배치가 더 많은 외벽에 더욱 균일한 햇빛을 준다.

일반적으로 정방향 배치는 회전된 배치보다 남-북방향의 가로에 면하는 건물에 더 많은 그늘을 만들고, 건물의 음영 제공에 좋은 영향을 준다. 반면에 회전된 배치는 더 긴 시간 동안 가로에 더 많은 그늘을 제공한다. 정방향 배치는 한쪽은 밝고, 건너편은 그늘진 가로를 만든다. 반면에 회전된 배치는 더 긴 시간 동안 적어도 한쪽 이상의 가로에 그늘을 제공한다. 주목할 점은 태양고도가 높은 정오에는 건물들이 매우 작은 음영을 드리우고, 가로의 방향은 거의 영향을 미치지 않는다는 점이다. 이는 「주광 향상 차양」, 「외부차양」, 「내부차양과 중공차양」을 통한 요소 스케일에서 남향 외벽은 그늘져야 하고, 오픈스페이스와 실외실은 「오버헤드 차양」을 통해 그늘져야 한다는 사실을 나타낸다. 22.5도 회전된 평면들은 가로의 그늘이 증가함을 보여주며 온대기후에 적절하다. 정방향으로부터 회전을 더 할수록 반대편 건물에 닿는 그늘량이 줄어들기 때문에, 건물 스스로 더 많은 자체 음영(그늘)을 제공해야 한다.

핵심전략(CORE STRATEGIES)

모든 기후에서 도시조직의 디자인과 에너지 성능을 향상시키고 적용시키는 5가지 전략 중에 2가지는 바람, 3가지는 빛에 대한 것이다. 빛에 대한 전략은 모든 기후에 적용 가능한데, 이는 모든 기후에서 대부분의 건물이 주광과 조명에 대한 전략을 필요로 하기 때문이다. 바람에 대한 전략은 모든 기후에 적용되지만, 고온기후와 냉대기후에서 다르게 사용된다.

「저밀도 또는 고밀도의 도시패턴」은 바람에 평행한 가로의 조직에서 기본바람체계를 설정한다. 가로가 넓을수록, 건물이 낮을수록, 바람을 받는 면이 좁을수록, 가로에 더 많은 바람을 만들어낸다. 특히 건물군에서 바람이 불어오는 방향의 가장자리는 근린지구 안으로 바람이 지나가도록 디자인하는 것이 중요하다. 이 전략은 「미풍 또는 무풍의 가로」에 의해 수정된다. 또한 모든 고온기후에서 가로에 부는 좋은 공기움직임은 중요하다.

「미풍 또는 무풍의 가로」는 가로에 바람을 유도하거나 지연시키도록 환경을 설정하거나 방향을 정할 수 있게 도와준다. 건물 사이 공간을 시원하게 하고 건물에 자연환기를 위한 공기 제공은 중요하다.

「주광밀도」는 빛이 각 건물로 유도되도록 가로, 블록, 건물의 환경을 설정하게 도와준다. 이는 주광 디자인으로 도시형태를 만들면서도 고밀도 개발이 사실상 가능하다는 점을 보여준다. 이는 「주광블록」과 「주광외피」를 복합패턴으로 조합한다.

「주광블록」은 주광을 받는 건물형태를 기반으로 블록 크기를 결정하거나, 반대로 적절한 주광을 위한 건물매스를 현존하는 블록형태에 맞도록 돕는다.

'L6 전체 건물' 스케일의 2가지 번들인 「주광건물」과 「외부 미기후」는 모든 변형에 공통적이며, 'L7 도시요소' 단계에서 전략을 세우는 데 도움을 준다. 반대로 성공적인 「통합적인 도시패턴」으로 인해, 이 2가지 번들들은 실행가능해지고 더욱 향상된다.

「주광건물」은 주광이 하늘에서부터 실내표면에 이르기까지 일련의 수많은 전략들로 이뤄진 번들이다. 주광의 경로를 따라 각 스케일은 효과적인 주광을 위해 중요하다. 이는 「얇은 평면」과 두꺼운 평면 건물들을 위한 전략들의 조합을 제안한다(「아트리움 건물」과 「천창건물」).

「외부 미기후」는 태양, 바람, 빛을 차단하거나 받아들이는 더 큰 스케일인 근린지구의 냉난방 전략들로부터 이점을 갖는다. 또한 더 작은 스케일에는 외부 쾌적성을 형성하는 하위전략들의 번들이다.

상황별 전략(SITUATIONAL STRATEGIES)

고온기후와 냉대기후에 따른 변형

햇빛과 바람에 대한 정반대의 우선순위를 가지는 "고온기후"와 "냉대기후"의 상황에서는 번들이 다양해지거나 2가지의 조합이 사용된다.

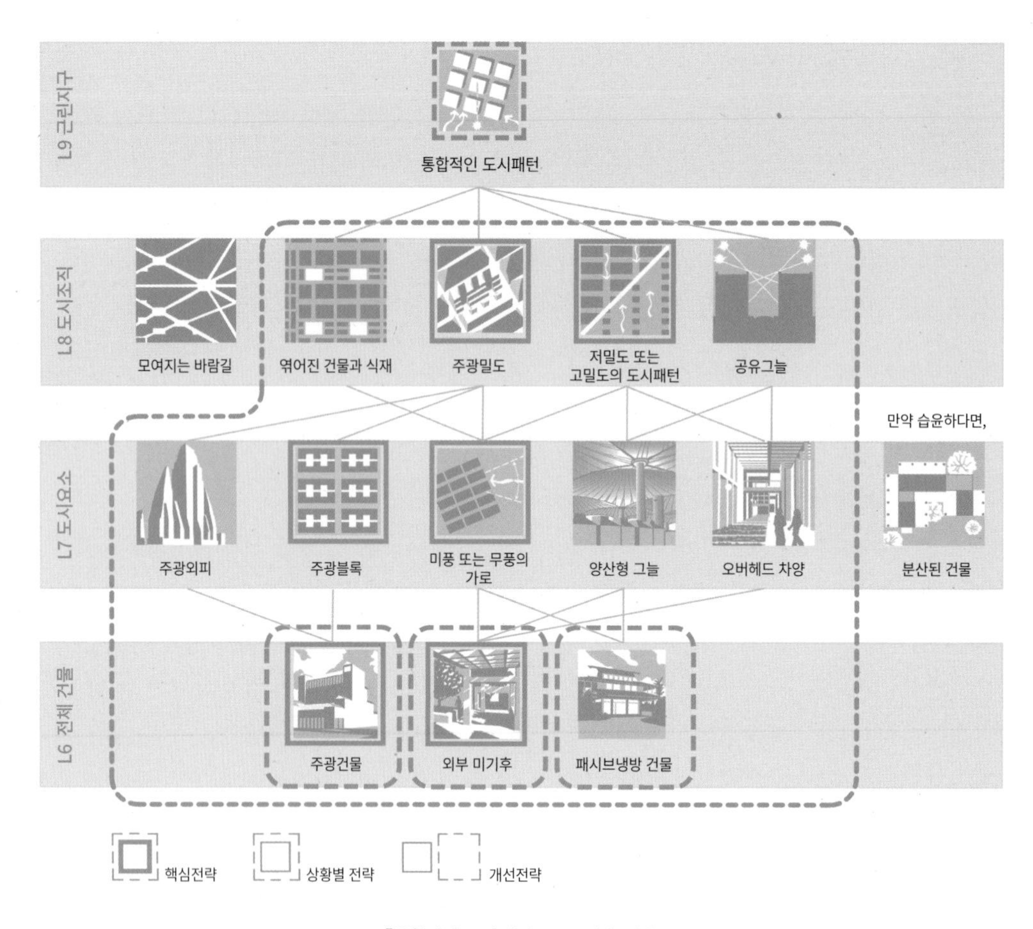

<「통합적인 도시패턴」: 고온기후 번들>

1. 고온기후의 「통합적인 도시패턴」 번들

고온기후의 번들변형은 태양 확보는 유지하면서, 태양열 획득을 감소시키고, 환기를 촉진시키는 것에 중점을 둔다.

• 고온기후의 상황별 전략

「엮어진 건물과 식재」는 공원 같이 **집중된** 녹지와 가로수 같이 **배분된** 녹지라는 2가지 요소를 가진다. 식생은 그늘과 증발을 통해 온도를 낮춘다.

「공유그늘」은 특히 남-북방향의 가로에서 건물이 서로 그늘을 제공하도록 돕는다.

「주광외피」는 3차원의 개발외피를 만들도록 이끈다. 개발외피 내에 건물매스가 있다면, 모든 주변

건물로 충분한 주광 확보가 보장된다. 이는 어떤 근접한 정면이 보호되는지에 따라 건물 또는 블록 스케일에 적용된다.

「양산형 그늘」은 공유그늘과 비슷하지만 더 작은 스케일에서 작동한다. 주변건물과 가장자리를 형성하여, 특정한 오픈스페이스나 중정에 그늘을 제공한다.

「오버헤드 차양」은 작은 오픈스페이스와 건물(예: 햇볕을 많이 받는 남쪽 파사드)의 보행자 동선에 그늘을 만들기 위해 특히 중요한 전략이다. 만들어진 그늘공간(예: 아케이드)과 식생(예: 가로수)은 오후의 공기를 시원하게 한다. 하지만 도시협곡(urban canyon)(H/W)이 증가할수록 냉방효과는 사라진다.

「패시브냉방 건물」들은 「통합적인 도시패턴」과 그 패턴의 형성에 도움을 준다. 이 번들은 'L7 도시요소' 단계에서 전략을 세우는 데 도움을 주는데, 건물은 L7 단계의 구성요소들 중에 하나이기 때문이다. 반대로 성공적인 「통합적인 도시패턴」으로 인해, 이 번들은 실행가능해지고 더욱 향상된다. 이는 습윤기후와 건조기후의 두 상황 모두에서 건물의 냉방을 위한 하위전략들의 번들이다.

• 복합건조기후의 사례

이스라엘의 북위 31도에 위치한 78필지의 **네베진 근린지구**[35]는 더운 여름과 서늘한 겨울이 있어서, 난방과 냉방이 모두 필요한 복합건조기후에 만들어졌다.[36] 이는 공동주거이며, 표 **<기후별 우선순위에 따른 가로의 방향과 배치>**에서 외피부하중심(SLD)과 복합기후 범주에 해당한다. 여름 낮기온은 15~32°C이고, 겨울은 평균 3°C이며 충분한 햇빛을 받는다.

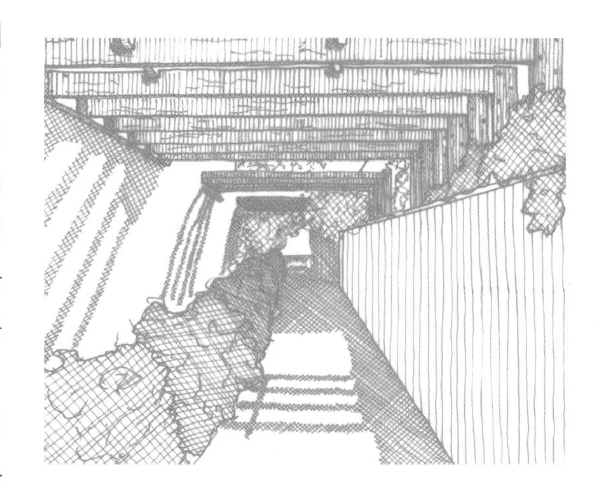

<네버진 근린지구의 그늘진 보행로>

향은 남서로 17° 기울어진 기존 가로와 지형에 의해 설정되었으나, 「태양과 바람을 마주하는 실」의 지침에 잘 맞는다. 주도로는 지중해의 북서풍으로부터 28°이며, 「미풍의 가로」에서

35) Neve-Zin Neighborhood, Sde-Boqer, Israel, Desert Architecture Unit, J. Blaustein Institute for Desert research Ben-Gurion University

36) Etzion, 1989, 1992; Pearlmutter, 2000, Erell et al., 2011

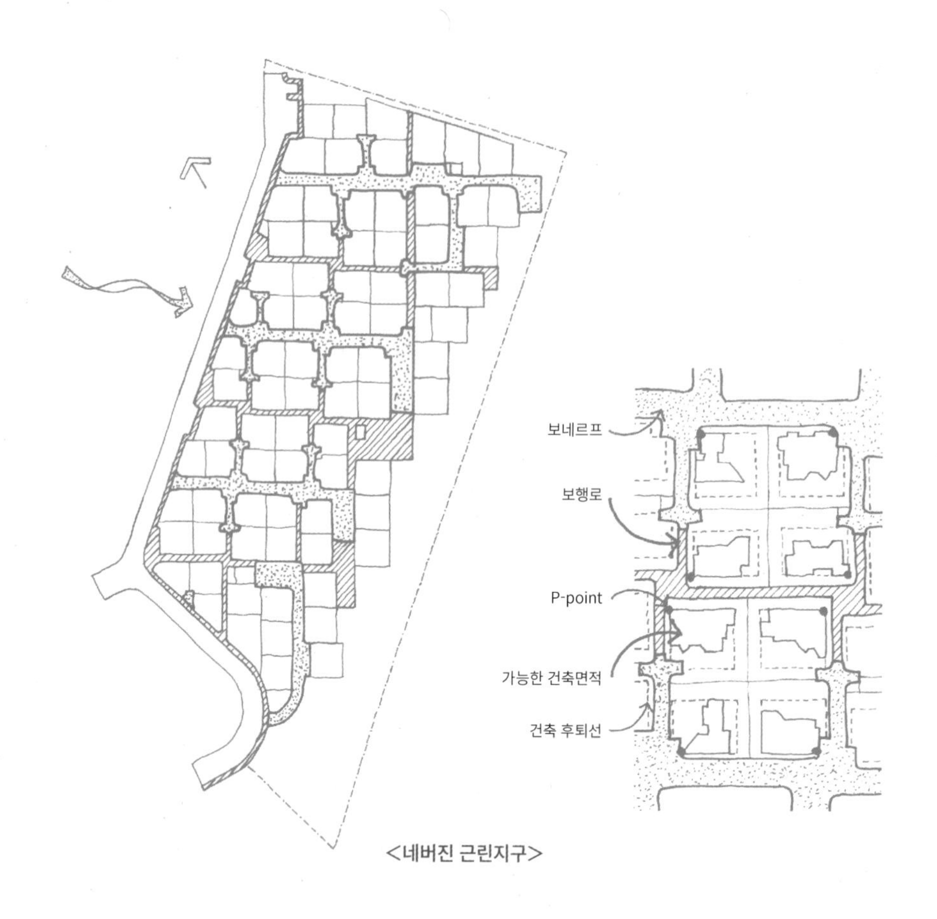

<네버진 근린지구>

20~30° 지침을 만족시킨다.

동선은 크게 2가지 유형으로 분류되는데, 복합교통체계인 **보네르프(woonerfs)**[37]와 별도의 **<그늘진 보행로>** 시스템이다. 폭 8m의 **보네르프는** 동-서방향으로 배치되는데, 이는 「동-서방향으로 긴 건물군」에서 제시하듯, 우선적으로 남향 외벽의 태양 확보를 허용하기 위한 것이다. 좁고 그늘진 보행로는 보네르프 시스템에 수직으로 배치되고, 이로 인해 동-서향의 건물외벽은 「공유그늘」을 만든다. 개발원칙은 가로의 2/3길이까지를 격자구조물(trellises)과 덩굴식물로 된 「오버헤드 차양」으로 덮도록 한다.

태양 확보를 위한 동-서향의 넓은 가로와 그늘을 위한 남-북방향의 좁은 가로의 적절한 그리드결합은 고온건조기후에 적합한 일반적인 패턴을 따른다. 이는 이전에 언급된 다이어그램 **<다양한 기후를**

37) 보네르프(woonerfs)의 개념은 1960년대 네덜란드의 델프트(Delft)에서 발전되었고, 네덜란드어로 보행자, 자전거, 차를 위한 "living street"를 의미함. 이 길은 차의 이동을 위한 공간이라기보다는 사회적인 공간임.

위한 근린지구 패턴>에서 보인다.

<네베진 근린지구의 태양 확보 보호>와 그늘은 건물배치와 일조보호면의 개발규제로 가능하다. 건축대지는 네 개 묶음으로 배치되고, 각 대지는 필수 P-point(perimeter point)를 가지는데 건물코너는 이것에 닿아야 한다. 이는 건물을 가로나 골목에 가깝게 배치하여 보행자에게 그늘을 제공한다. 또한 사용가능한 오픈스페이스를 확보하기 위해 대지중앙을 열어서 뒷마당에 접하는 남향면이 있는 집에 태양이 유입되게 한다. 그리고 패턴은 「엮어진 건물과 식재」를 위한 가능성을 만든다. 주차장과 울타리는 건축후퇴선을 지키지 않고 대지경계선에 위치하도록 허용하여 기후에 대한 목표치에 훨씬 더 도달하게 한다. 건축후퇴선은 가로에서는 얕게, 뒷마당에서는 풍부한 태양 확보를 위해 더 깊게 형성된다. 마지막으로, 일조보호면은 건물높이를 제한하는 단순화된 「솔라외피」를 설정한다. 건물의 규모가 대략 8m 높이이고, 태양 확보가 주광 확보에 필요한 패턴보다 엄격하다면, 빛의 확보 또한 보호될 것이고 문제가 되지 않을 것이다.

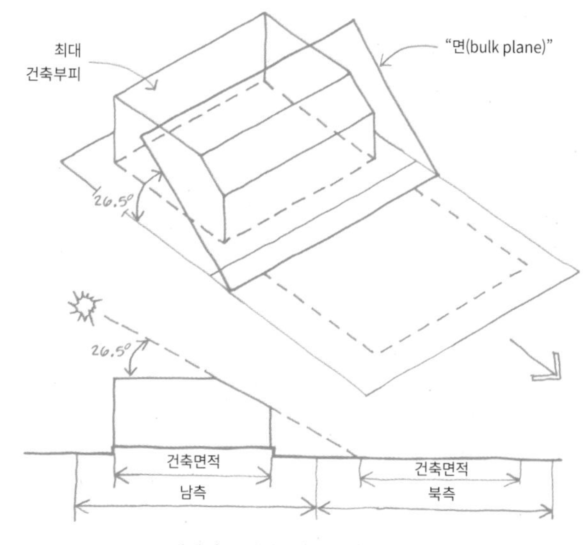

<네베진 근린지구의 태양 확보 보호>

2. 냉대기후의 「통합적인 도시패턴」 번들

냉대기후의 번들변형은 태양 확보를 유지하면서, 태양열 획득을 증가시키고, 차가운 바람을 막는 것에 중점을 둔다.

• 냉대기후의 상황별 전략

「기후외피」는 대지 자원과 균형을 이루는 개발외피를 제시하기 위해 「주광외피」와 「솔라외피」(냉대기후) 또는 「양산형 그늘」(고온기후)을 조합하거나 2가지 모두를 조합한 것이다(복합기후).

「겨울에 적합한 중정」은 실외실의 스케일에서 복합건물이나 마을을 위해 사용될 수 있다. 이 전략은 바람을 차단하여 따뜻하고 햇볕이 잘드는 공간을 만들기 위해 건물의 형태와 향을 조정하는 데 도움이 된다. 겨울에 적합한 중정은 「계절 간 이동」의 공간을 만들도록 돕는다. 「실외실의 배치」 전략은 「겨울에 적합한 중정」과 다른 계절에 동반되는 실외실의 위치를 정하도록 돕는다.

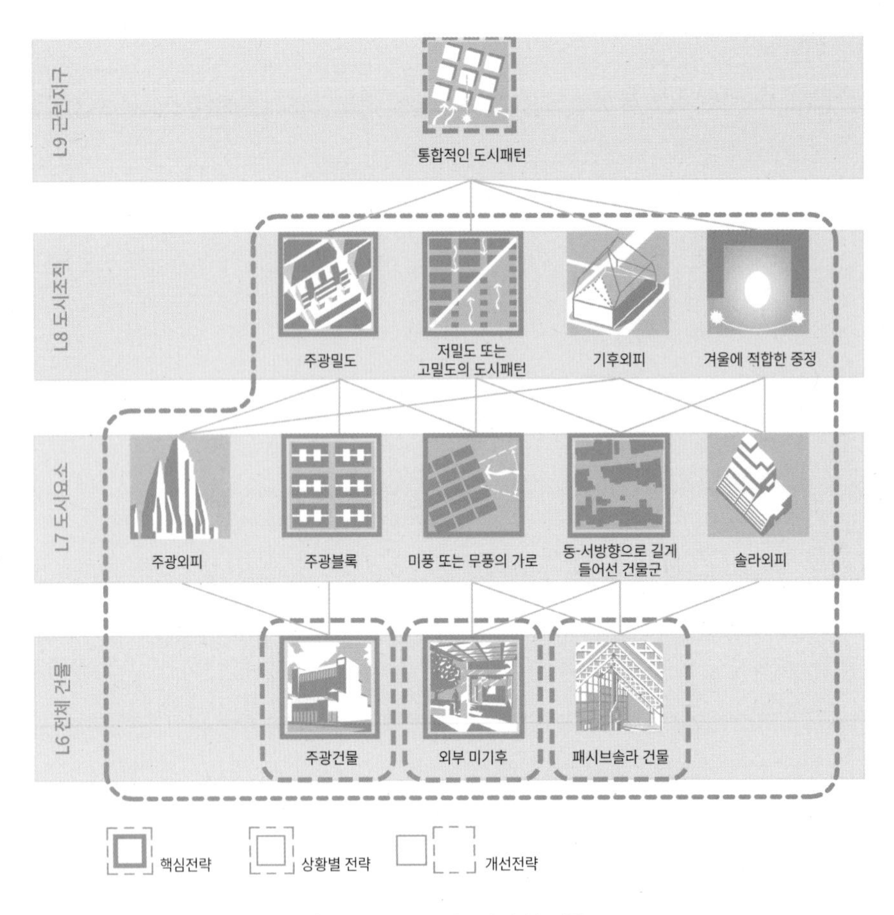

<「통합적인 도시패턴」: 냉대기후 번들>

[동-서방향으로 긴 건물군]은 여러 개의 건물들을 남-북으로 배치시켜서 긴 외벽들이 겨울철 태양을 확보하도록 한다. 이는 겨울난방 기후에서 중요한데, 낮은 겨울철 태양복사열이 주로 태양이 있는 정오시간에 남쪽에 도달하기 때문이다. 이는 도시적으로는 동-서방향으로 긴 블록과 블록중앙의 오픈스페이스로 나타난다. 하지만 많은 근린지구 배치에서 동-서방향을 면하는 일부의 건물은 불가피하다. 이 경우에는 「깊은 채광」의 단면과 지붕에 「솔라개구부」를 적용한 건물디자인이 태양 확보 문제를 해결할 수 있다.

「솔라외피」는 인접한 건물로의 겨울철 태양 확보, 그리고 일부 사례에서는 일 년 내내 태양광전지(PV)와 태양열온수를 위해 건물매스를 조절한다. 「주광외피」는 향에 대해 중립적이고 「솔라외피」는 태양 방향에 따라 다르므로, 이 관계는 「기후외피」에 의해 해결된다.

B5 **「주광건물」은 장소와 용도에 맞는 전략군을 이용하여 하늘로부터 빛을 유입하도록 구성된다. [주광]**

주요관점(KEY POINTS)

- 실의 디자인과 구성은 외피를 통해 유입되는 주광을 이용하기 위한 핵심이다.
- 효과적인 주광 디자인에는 여러 가지 스케일의 전략이 필요하다.
- 많은 건물매싱 대안들을 통해 주광을 효과적으로 받도록 계획한다.

맥락(CONTEXT)

각 번들은 복잡도의 다음 단계에서 하나 이상의 상위전략을 세우는 데 도움이 된다. 이 번들의 핵심전략은 전체 건물 스케일인 「주광건물」의 전략을 세우고, 결과적으로 도시요소 스케일인 「주광외피」에서 더 큰 스케일의 주광전략을 세우도록 한다.

영향을 주는 요인(FORCES)

저장이 가능한 열이나 증발 또는 연돌 효과로 유도가능한 냉방과는 달리, 주광은 낮 동안 일시적으로 이용이 가능하다. 이는 건물과 하늘의 기하학적 관계에 크게 의존한다.

디자이너에게 실질적인 질문은 빛을 확보하는 방법, 빛을 모든 실로 가져오는 방법, 빛을 받아들이도록 개구부를 배치하는 방법, 빛을 배분하기 위해 실을 형성하는 방법, 현휘를 피하는 방법, 주광이 충분히 강하지 않을 때에 전기조명을 조합하는 방법에 관한 것이다.

주광을 위한 건물디자인은 간단하게 보이지만, 원하는 양과 질의 빛을 실내로 가져오려면 여러 스케일의 복잡하고 상호 연결되는 일련의 전략이 필요하다. 도중에 빛이 너무 많이 차단되거나 줄어들면 주광디자인은 실패한다.

권장사항(RECOMMENDATION)

- **「근린지구의 빛환경」을 참고하고 그 전략을 사용하여, 건물의 주광 확보 맥락을 결정한다.**
- **이 번들의 스케일에서는 각 실에 주광 확보를 유지하기 위한 디자인을 한다.**
- **“얇은 평면” 또는 “두꺼운 평면” 번들변형을 선택하거나, 2가지의 조합을 선택한다. 그림 <주광계획**

전략과 건물형태>를 참고한다.

- **기후가 주로 맑은 하늘(청천공)이라면, 가능할 때마다 「태양반사광」을 디자인한다.**

기본적으로 건물은 낮음/높음, 얇음/두꺼움, 또는 이들의 조합으로 생각된다. 그림 **<주광계획 전략과 건물형태>**는 여러 가지 가능한 매싱유형과 다양한 주광디자인 전략의 사용방법을 보여준다.

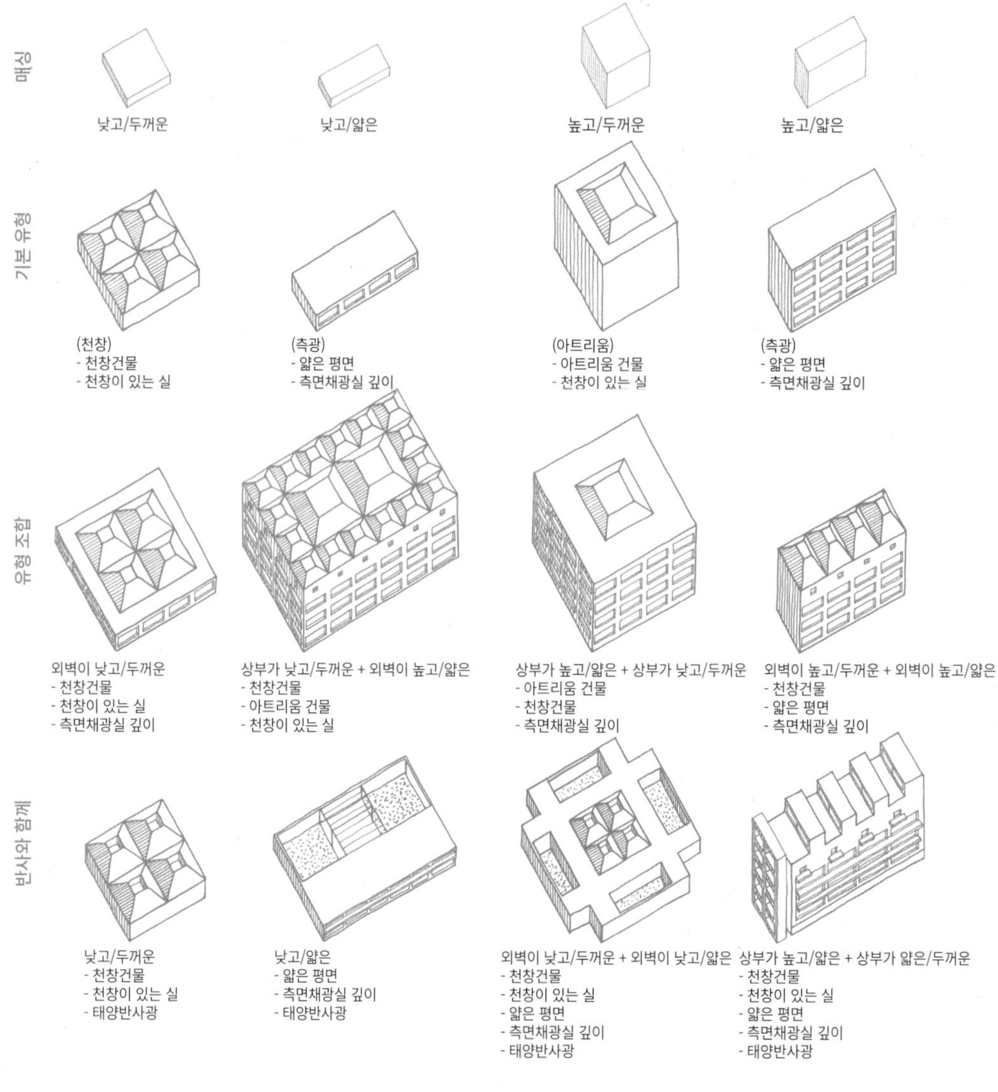

<주광계획 전략과 건물형태>

낮고/두꺼운 건물은 천창채광이 가능하며 측면채광이 필요하지 않다. 반면 얇은 건물은 측면채광이 가능하다. 모든 고층건물의 최상층은 천창채광으로 낮고/두꺼운 건물처럼 다룬다. 높고/두꺼운 건물 형태는 개방형 빛중정 또는 유리 「아트리움」 형태로 구멍이 뚫려 있어야 한다. 많은 건물들은 두껍고 얇은 형태와 전략의 조합이다. 그리고 맑은 하늘 기후에서 「태양반사광」은 가장 유용하다. 다이어그램은 여러 가지 개략적인 대안을 보여준다.

핵심전략(CORE STRATEGIES)

주광을 고려하여 디자인된 대부분의 건물에 적용가능한 5가지 전략들이 있다. 현재 많은 건물들은 주광 조건이 다소 나쁜데, 이는 다음의 5가지 전략들을 통해 개선될 수 있다.

「주광구역」: 빛은 건물의 가장자리와 고층에서 더 쉽게 확보된다. 이 전략의 핵심은 빛이 가장 필요한 공간을 광원 근처에 배치하는 것이다. 그리고 유사한 조건의 공간을 함께 묶어서, 비슷한 건축적 해결로 충족시키는 것이며, 이는 기본적인 건물형식이다.

「주광실 형태」: 가장 간과된 전략 중에 하나는 실이 조명기구의 역할을 할 수 있도록 만드는 것이다. 개구부를 통해 실에 원하는 분포패턴으로 빛이 재배분되도록 한다. 실의 형태는 주광구역에 따라 다를 수 있다.

「현휘가 없는 실」은 반사전략을 사용하고 밝은 창표면을 가려서, 주광실에서 높은 명암비를 피하도록 한다.

「창 배치」는 빛을 유입하고 빛이 실내반사면으로 향하도록 실내 창을 배치하는 것으로, 이는 주광실을 만드는 데 도움이 된다. 많은 디자이너는 대안적인 창 위치가 빛의 분포 및 강도에 미치는 효과에 대한 이해가 부족하다.

「전기조명 구역」은 실내의 주광분포패턴을 기반으로 하여, 조명배치와 스위치 패턴을 정한다. 주광디자인으로 에너지를 절약하려면, 전기조명시스템은 주광의 패턴과 리듬에 공간적, 시간적으로 동기화되어야 한다.

상황별 전략(SITUATIONAL STRATEGIES)

얇은 평면과 두꺼운 평면에 따른 변형

기후의 하늘상태는 종종 주광건물디자인의 출발점으로 여겨진다. 하늘의 상태는 중요한 변수이지만, 본 책에서는 대부분의 디자인 전략들이 기후에 따른 구름량 또는 주광 강도의 변형을 허용한다. 전략들에 예외는 있을 수 있지만 많은 기후와 맑고 흐린 날씨 모두에 적용할 수 있다. 대신, 이 번들은 주로 측면채광을 사용하는 **얇은 건물**과 주로 천창채광이 필요한 **두꺼운 건물**에 가장 적합한 전략에 중점을 둔다.

이 번들은 건물이 두꺼운지 얇은지에 따라 달라진다. 특정한 주광건물은 얇은 건물, 두꺼운 건물, 또는 두껍고 얇은 조합으로 이해된다. 실제로 많은 건물이 이런 조합으로 되어 있다. 예를 들어, 천창채광이 있는 넓은 실은 얇은 측면채광실로 둘러싸여 있다(참고: **「천창이 있는 실」**의 사례인 루이스 칸의 제1 유니테리언 교회[38]). 이 효과는 얇고 두꺼운 전략의 조합을 사용하는 두꺼운 건물이다. 마찬가지로 「아트리움 건물」은 두꺼울 수 있지만, 건물 바깥쪽의 실은 얇은 건물의 대표적인 전략인 측면채광을 사용한다.

두꺼운 건물과 얇은 건물 모두에서, 맑은 하늘이 우세한 기후를 위한 개선전략으로써 「태양반사광」을 권장한다. 이 전략은 모든 기후의 고위도에서, 또는 저위도의 동-서향에서 태양의 현휘를 피하기 위해, 또는 공간이 좁을 때에 사용한다. 여기에서 주어진 두 사례는 맑은 하늘이 우세한 기후가 아니더라도 반사광을 이용한다.

1. 얇은 평면의 「주광건물」 번들

얇은 평면 번들은 측면채광에 초점을 맞추므로, 빛이 외벽을 통해 얼마나 깊숙하게 투과할 수 있는지에 따라 건물크기가 결정된다.

• 얇은 평면의 상황별 전략

상황별 번들은 모든 건물에 적용가능한 5가지 핵심전략 외에도, 가장 얇은 건물 또는 측면채광실에 적용가능한 전략을 추가한다:

「얇은 건물」은 「측면채광실 깊이」로 표현된 단면관계에 대한 평면이다. 측면채광의 침투가 제한적임을 인지하면 기본적 계획모듈이 생성된다.

「측면채광실 깊이」는 한 방향으로 빛이 들어오는 실에서 창문헤드 높이와 실 깊이 사이의 중요한 비율을 설정하며, 깊이는 다양한 방법으로 증가될 수 있다.

38) First Unitarian Church, Rochester, New York, US, Louis Kahn, 1969

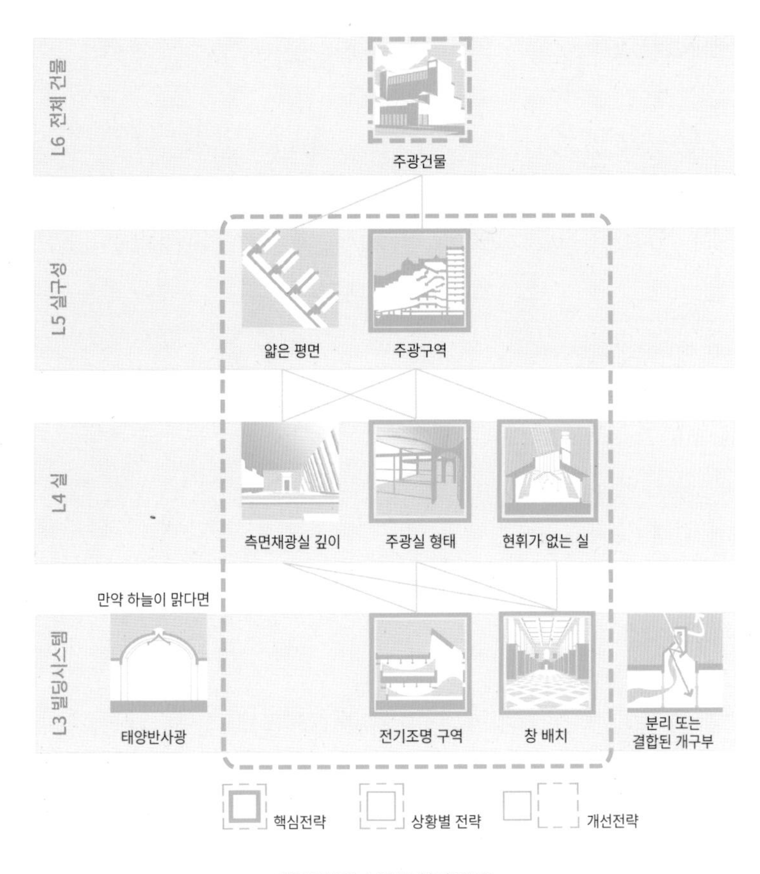

<「주광건물」: 얇은 평면 번들>

• 얇은 평면의 사례

리히텐슈타인 국회의사당[39]은 주광을 활용한 건물의 좋은 사례이다.[40] 롱하우스(Long House)로 알려진 「얇은 평면」의 3층 사무공간동은 높은 천창채광의 예배당에 붙어있다(참고: 「천창이 있는 실」의 단면도).

롱하우스의 실들은 「주광조닝」에 의해 구성된다. 공공광장과 인접한 벽 쪽으로는 사무실들

<리히텐슈타인 국회의사당, 사무실>

39) National Parliament Building of Liechtenstein, Vaduz, Liechtenstein, Hansjörg Göritz Architekturstudio, 2010
40) ArchDaily, 2011; Weckesser, 2008

<리히텐슈타인 국회의사당, 1층 평면도>

이 배치되고, 서비스공간과 동선은 뒷편의 벽을 따라 배치된다. 라운지처럼 조명이 덜 중요한 실은 북쪽 끝의 건물연결부에 있으며, 출입구에서 「빌려온 주광」을 사용한다.

가파른 암석절벽에 세워진 밝은 색의 콘크리트 옹벽은 「태양반사광」을 서비스공간 쪽으로 반사한다. 서비스공간은 유리가 번갈아 있어 복도에 빛을 제공하며, 복도는 사무실에 보조 빛을 제공하도록 통유리로 되어 있다.

「창 배치」는 전체높이로 확장된 수직창으로 구성된다. 지느러미처럼 뻗은 밝은 색의 벽돌기둥이 번갈아 있어 시야를 유지하면서도 주광반사와 그늘을 제공한다. 「현휘가 없는 실」의 환경은 수직루버의 내부에서 외부로의 밝기변화, 그리고 명암비를 가깝게 유지시키는 양방향 조명에 의해 향상된다.

창의 높이는 얕은 3m이고, 사무실의 깊이는 8m이다([측면채광실 깊이]). 「주광실 형태」는 창문벽면과 직각으로 구성된 내벽, 책상, 선반으로부터 혜택을 받는다.

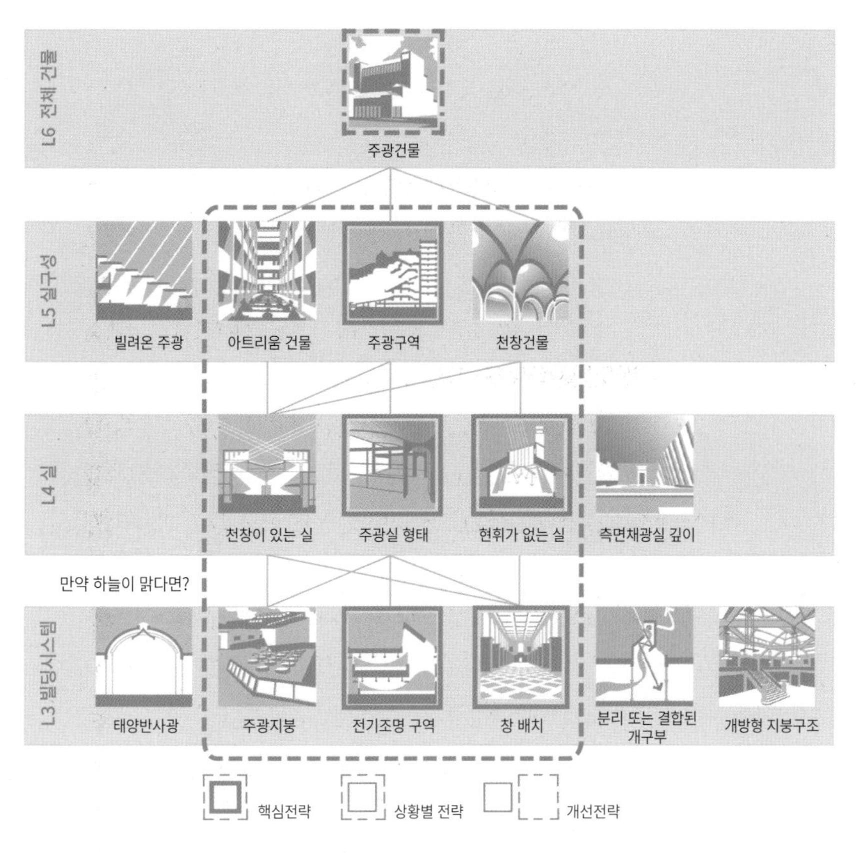

<「주광건물」: 두꺼운 평면 번들>

인공조명은 창에 직각이고 천장과 평평하게 배치하여 주광에 방해가 안 되도록 한다. 「전기조명 구역」은 외부의 주광 변화에 반응하여 창과 근접한 곳에서는 인공조명이 자동제어로 꺼지도록 한다.

2. 두꺼운 평면의 「주광건물」 번들

두꺼운 건물의 번들변형은 「아트리움 건물」 또는 「천창건물」의 형태로 천창채광에 중점을 둔다. 상황별 번들에서는 한 2가지 전략이 같이 사용되며, 2가지 번들의 차이는 다음과 같다. 「아트리움 건물」은 대개 1~2층 이상으로 빛을 위해 구멍을 뚫은 두꺼운 건물이며, 「천창건물」은 1~2층으로 지붕의 천창(skylight)이나 최상층의 빛우물(lightwell)을 가진다. 모든 건물의 최상층은 천창건물로써 다루어진다.

<바우스배어 교회>

• 두꺼운 평면의 상황별 전략

모든 건물에 적용가능한 5가지 핵심전략 외에도 상황별 번들은 대부분의 두꺼운 평면 건물 또는 천창을 통해 채광되는 실에 적용할 전략을 추가한다:

「아트리움 건물」은 빛중정 주위에 실을 구성한다. 반면에 「천창건물」은 지붕을 통해 저층건물에 빛을 가져온다.

「천창이 있는 실」은 상부로부터의 빛을 배분하도록 실을 만드는 방법을 제시한다. 「천창이 있는 지붕」은 의도한 곳에 빛을 들이도록 지붕의 개구부와 형태의 구성방법을 제시한다.

• 두꺼운 평면의 사례

바우스배어 교회[41]는 주광디자인을 적용한 탁월한 사례이다.[42] 각 실의 주광이 천장이나 중정을 면

41) Bagsvaerd Church, near Copenhaen, Denmark, Jørn Utzon, 1976
42) Futagawa, 1981; Weston and Schwartz, 2006

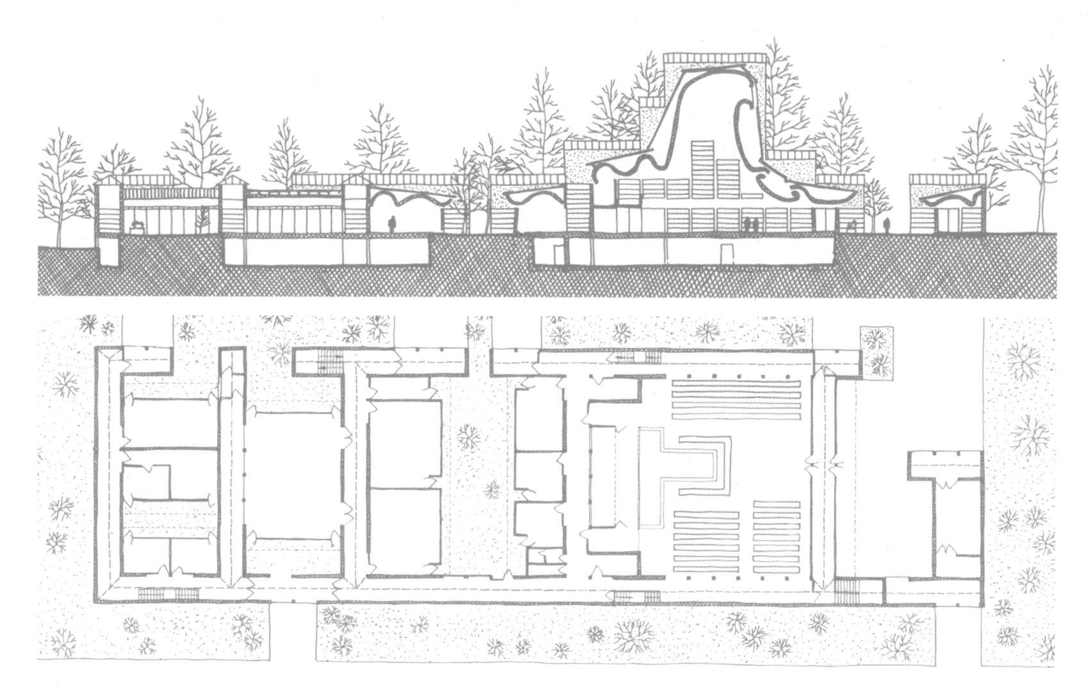

<바우스배어 교회>

한 측면에서 들어오기 때문에 단층의 「천창건물」로 이해된다. 또한 중정 주위에 배치된 실의 패턴은 「아트리움 건물」처럼 여겨진다.

크리스찬 노르베르그-슐츠는 성소(sanctuary)[43]를 천국의 구름과 단단한 대지 사이에 존재하는 인간의 실존적 상태에 대한 은유로 정의했다.[44] 서향의 대형 고측창은 물결모양의 백색콘크리트 구조볼트에 빛을 분산하고 확산시켜 천상의 느낌을 주는 「천창이 있는 실」을 만든다. 박공형태의 유리 「주광지붕」으로 덮여 있고, 창이 없는 매우 높은 복도는 밀폐된 공간을 만든다. 실들은 복도천창에서 빌려온 빛과 목재스크린을 통한 중정의 조망을 공유하며 내부로 집중되어 있다. 덴마크의 태양은 고도가 낮기 때문에 현휘의 주원인이 된다. 「현휘가 없는 실」은 성소와 시선보다 높은 복도천창의 배치, 백색콘크리트와 페인트칠이 된 표면으로부터의 여러 번의 반사, 벽으로 둘러싸인 중정을 향한 측면채광과 같은 방법으로 만들어진다. 이런 방법으로 모든 빛은 간접적으로 들어오며, 강한 빛과 그늘이 벽이나 천장의 상부에 들어오는 것을 차단한다.

---

43) 성소(聖召, sanctuary)는 신성한 장소를 의미하며, 기독교에서는 제단이 있는 곳을 가리킴.

44) Christian Norberg-Schultz, 1988

실구성 → 실 → 빌딩시스템

B6 「패시브냉방 건물」은 장소와 용도에 맞는 전략군을 이용하여 대지 자원(바람, 하늘, 땅)으로 냉방이 되도록 구성한다. [냉방]

주요관점(KEY POINTS)

- 패시브냉방을 위한 단계별 디자인 과정을 따른다.
- 건조기후는 증발냉각 전략으로부터 혜택을 받는다. 그러나 습기는 고온습윤한 상황을 악화시킨다.

맥락(CONTEXT)

각 번들은 복잡도의 다음 단계에서 하나 이상의 상위전략을 세우는 데 도움이 된다. 이 번들의 핵심 전략은 「패시브냉방 건물」이라는 전체 건물 스케일의 전략을 세우는 데 도움이 된다. 이는 도시요소 스케일에서 「분산된 건물」, 「오버헤드 차양」, 「녹지 가장자리」, 「미풍 또는 무풍의 가로」, 「양산형 그늘」의 5가지 냉방전략을 세우도록 한다.

영향을 주는 요인(FORCES)

패시브냉방 건물의 첫 번째 과제는 기후에 효과적이고 적절한 냉방전략을 선택하는 것이다.

「생체기후도」는 자연환기가 주요방식인 고온습윤기후와 더 많은 선택사항이 가능한 고온건조기후에서 냉방에 대한 선택사항의 기본적인 차이를 보여준다.

두 번째 과제는 더운 기간 동안 냉각력이 약해지고 분산되는 경향이 있다는 것이다. 패시브냉방은 열획득이 최소화된 경우에만 건물에 효과적이다.

이러한 2가지 과제는 패시브냉방 방법들의 조합이 특정한 범위의 기후와 용도에 맞게 효과적으로 사용되어야 함을 의미한다.

권장사항(RECOMMENDATIONS)

단계별 디자인 과정을 따른다:

1) 먼저 냉방부하를 크게 줄인다.

2) 가능한 패시브디자인으로 나머지 부하를 충족시킨다.

3) 팬 또는 증발냉각기와 같은 기계적 도움으로 보충한다.

4) 나머지 부하에 효율적인 기계식 냉방시스템을 사용한다.

5) 매트릭스 기준에 따라 전략들의 조합을 선택한다.

표 **<냉방전략을 위한 기후 기준>**은 냉방전략의 선택을 위한 지침을 제시하는데, 대부분의 건물에서는 여러 가지 전략들이 사용된다. 하루 또는 사계절의 모든 상황에서 효과적인 단일전략은 존재하지 않는다. 지침은 일반적이며 대부분에 대해 예외가 가능하다. 자연환기와 맞통풍을 위해 실내온도보다 낮은 외부온도가 요구되기 때문에 외부온도는 일부 패시브냉방 전략의 한계가 된다. 「환기구」의 크기결정 도구에서는 외부온도가 실내보다 5.5°C 더 낮다고 가정한다. 이는 쾌적기준에 따라 냉방을 위한 자연환기만으로 효과적인 외부온도의 상한을 둔다. 실내온도는 천장팬을 사용하면 5.5~7°C까지 시원해진다. 환기하기에 외부온도가 너무 높다면, 하루 중에 일부 시간에는 건물을 닫아야 하며 폐쇄된시간 동안 획득된 열은 「축열체」에 저장시킨다. 외부온도가 내려간 후에도 축열체를 식히기 위해 「야간냉각체」는 낮은 야간온도(이상적으로는 쾌적구역 아래)에 의존한다. 더 극한 온도에서는 「야간냉각체」의 사용효과가 제한된다. 「옥상연못(Roof Pond)」은 밤하늘이 맑을 때에 가장 잘 작동하고, 극한기후에서는 단층건물을 식힌다. 기후가 건조하다면 「증발냉각타워」가 극한의 더위에서 잘 작동한다. 「지중」은 대부분의 외부환경에서 일부 냉방을 제공하지만, 난방이 냉방보다 크다면 사용하지 않는 것이 좋다. 마찬가지로 「지중-공기 열교환기」는 고온조건에서 유입되는 환기공기를 완화시킨다. 일반적으로 지중 기반의 어떤 전략도 전체 냉방부하를 충족할 수 없다.

핵심전략(CORE STRATEGIES)

많은 요인들이 건물의 「총 열획득량」에 기여한다. 이 번들에서는 건물의 **기본디자인(parti)**을 이끄는 경향이 있는 스케일들의 전략들을 다룬다. 그리고 디자이너가 재료 및 요소 스케일의 다른 중요한 전략들에 세심한 주의를 기울일 것을 가정한다(참고: 「반응형 외피」). 또한 조명, 사람, 설비로부터의 내부열획득은 신중하게 다뤄진다고 가정한다.

모든 패시브냉방 건물에는 변치 않는 5가지 전략이 있다. 이러한 전략은 생략되거나, 대체 전략에 의해 기능이 실행된다. 반면에 모든 패시브냉방 건물은 기후가 건조 또는 습윤한지에 관계없이, 이러한 5가지 전략 각각으로부터 혜택을 얻게 된다.

「실외실 배치」: 실외실은 생활공간을 확장시키고, 「이동」을 위한 장소를 제공한다. 실외실은 실내의 재실면적을 지원할 수도 있다. 디자이너는 **냉난방 공조가 되지 않는 외부공간에서 어떤 공간(예: 동선 또는 아침회의)이 가능할지** 고민한다. 이 전략은 실외실을 배치할 때에 바람과 태양 방향의 조합을 고려하게 한다. 예를 들어, 고온기후에서 여름 태양과 바람이 같은 방향에서 온다면 먼저 바람을 받아들

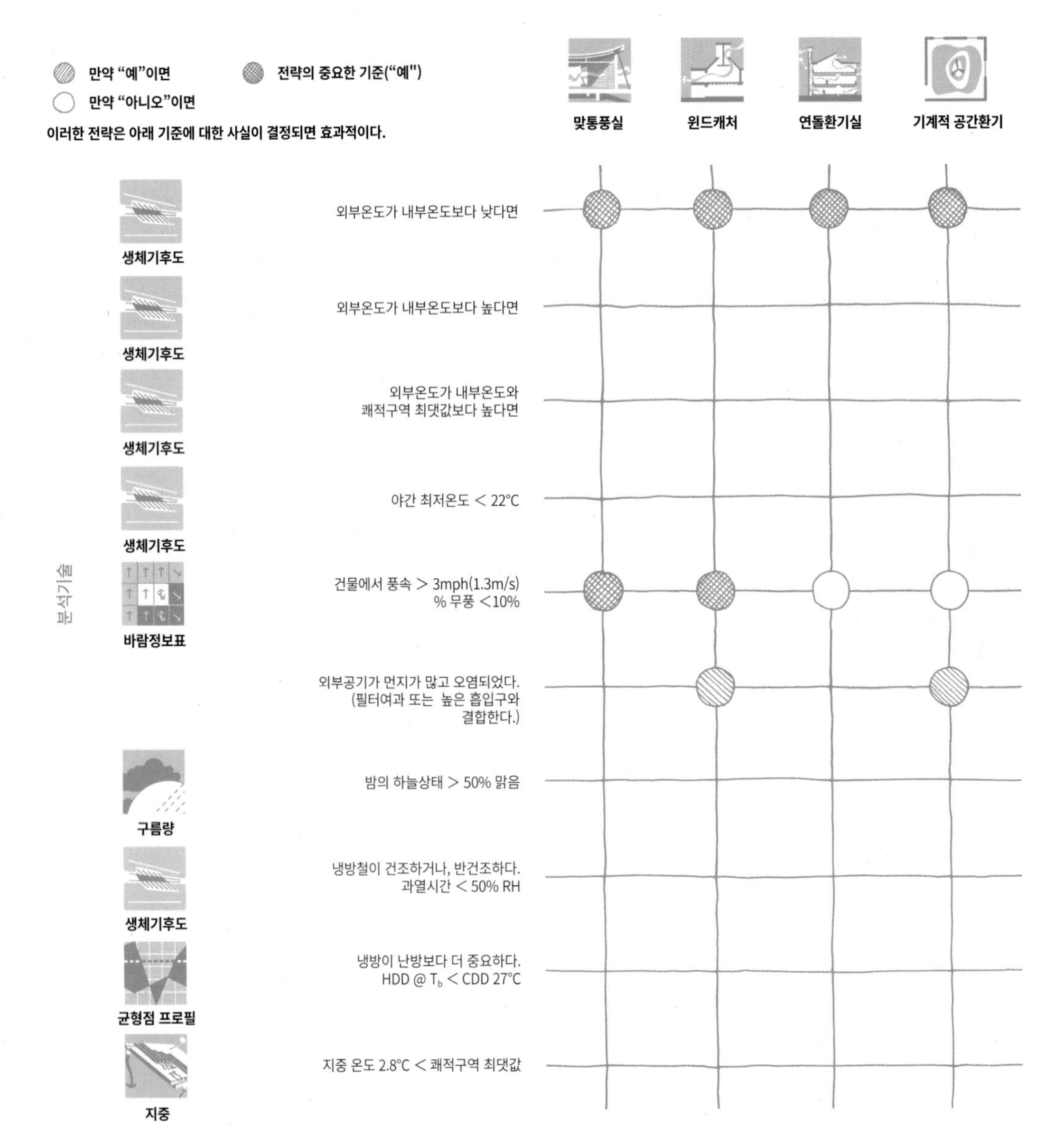

<냉방전략을 위한 기후 기준>

이고, 뙤약볕을 최소화하기 위해 구조적 또는 지형적인 그늘을 제공해야 한다.

「완충구역」: 일부 실들은 온도 변동을 견딜 수 있으며, 원치 않는 열원(예: 동서향의 태양, 지붕)과 이로부터 보호되는 실 사이에 위치한다. 이 공간은 극단적인 외부조건과 신중한 온도제어가 필요한 공간 사이의 열적 완충구역으로 사용된다.

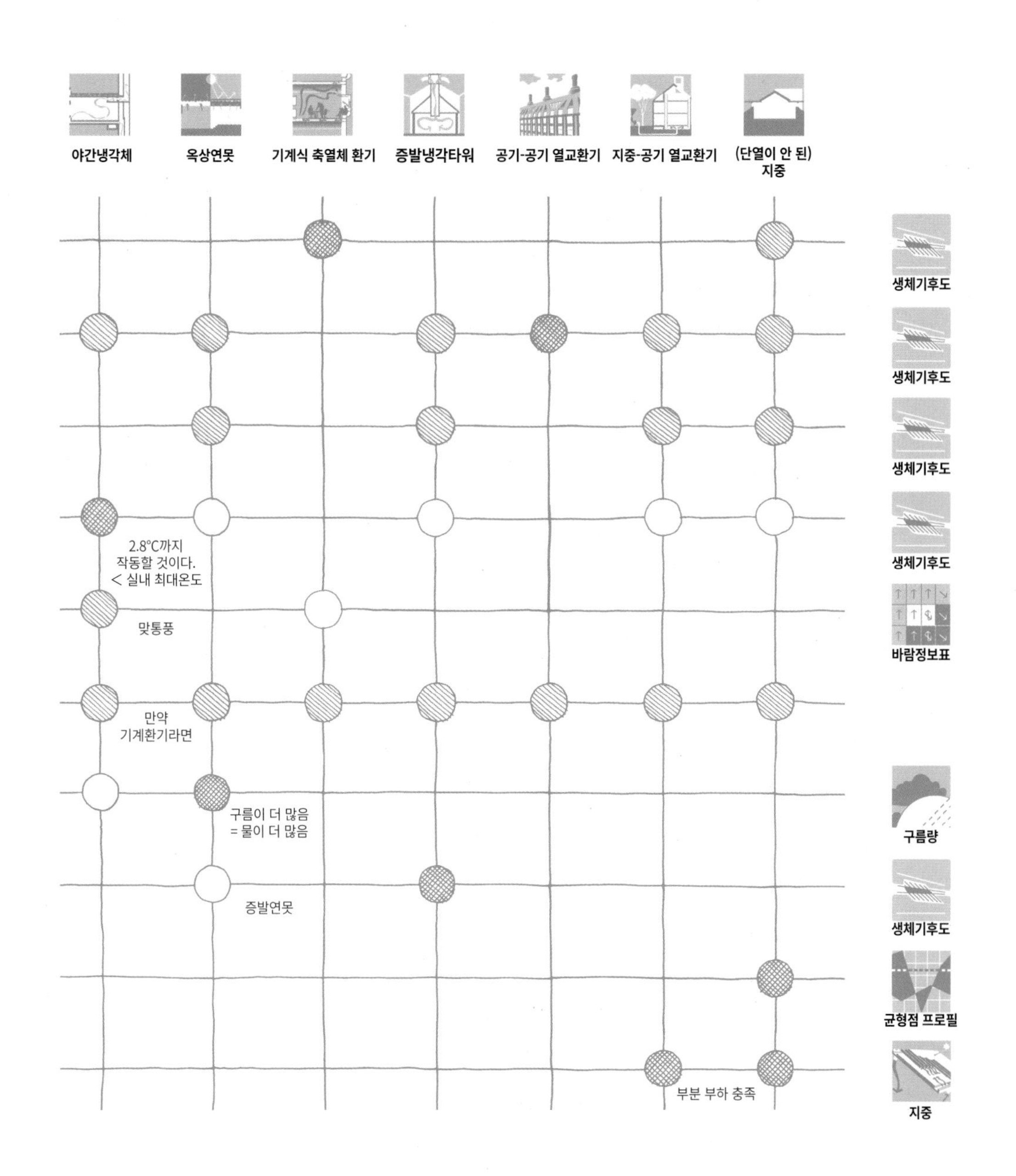

「냉방구역」: 건물의 일부를 하루 중에 일정기간만 냉방하거나 패시브 전략 또는 저에너지 냉방시스템(예: 증발냉각)으로 냉방한다면, 총 냉방에너지가 크게 감소한다. 이 전략은 냉방조건과 재실자의 일정계획이 비슷한 공간끼리 평면 또는 단면구역에 배치하도록 하며, 이는 「에너지 프로그래밍」에서 시작된다. 이 공간이 같은 구역에 있으면, 동일한 에너지효율 디자인 전략을 사용하여 공간의 쾌적성을 유지한다. 「에너지 프로그래밍」에서 공간은 허용 온도범위, 내부열획득률, 재실자 밀도에 따라 분류된다.

「연돌환기실」: 대부분의 기후에서, 자연환기는 냉방이 필요한 계절 또는 일정시간에 대하여 전체 부분적으로 냉방을 제공한다. 따라서 자연환기를 사용하지 않는 것은 돈을 버리는 것과 같다. 대부분의 기후에서, 바람은 하루의 일정시간 동안 잠잠하기 때문에 「맞통풍」은 바람이 불 때에는 효과적이지만 항상 작동하지는 않는다. 또한 대부분의 냉방기후에서, 여름철 오후의 기온이 너무 높아서 충분한 냉방을 제공할 수 없다. 이러한 경우에 「야간냉각체」 전략이 종종 적합하지만, 밤에는 바람이 잠잠해지는 경향이 있다. 이러한 모든 이유로 대부분의 패시브냉방 건물에 연돌환기를 권장한다. 이 전략은 중력에 의한 환기시스템을 향상시키기 위해 건물 단면의 질을 고려하도록 한다. 연돌환기에 의해 냉방된 실에서는 따뜻한 공기가 상승해서 실내 상부의 개구부를 통해 빠져나가가고, 실내 하부에서 유입되는 찬 공기로 대체된다.

「차양레이어」: 고온기후에서 가장 큰 디자인 기회 중에 하나는 외피의 개념을 얇은 구조물(개념적으로 선)에서 더 넓은 공간요소 영역으로 확장하는 것이다. 지붕에서의 태양열 획득량은 태양이 머리 위에 있는 여름철 한낮에 가장 크다. 대부분의 고온기후에서, 태양고도는 하루 종일 충분히 높아서 오버헤드의 수평구조는 외부공간, 지붕, 전체 건물에 그늘을 제공하는 데에 효과적이다(수직차양 또는 인접한 건물의 「공유그늘」이 더 효과적인 이른 아침과 저녁은 제외). 이 전략은 오버헤드 차양의 크기와 위치에 대한 권장사항을 제시한다. 극한 고온기후의 동향과 서향의 벽에는 「이중외피 재료」 전략을 고려한다.

상황별 전략(SITUATIONAL STRATEGIES)

고온습윤기후와 고온건조기후에 기반을 한 변형

이 번들은 건조 또는 습도의 기후상황에 따라 달라진다. 기후와 용도의 조합에 사용할 번들변형을 선택하려면, "번들에 대하여: 전략 사이의 관계" 장의 표 **<기후와 내부열획득에 의한 번들변형>**을 참고한다.

1. 고온습윤기후의 「패시브냉방 건물」 번들

고온습윤기후 번들은 모든 스케일의 일사획득을 줄이고, 환기를 극대화하는 데 중점을 둔다. 많은 기후조건에서 「야간냉각체」는 일 년 중에 일정기간 동안은 효과적이며, 신중하게 평가되어야 한다.

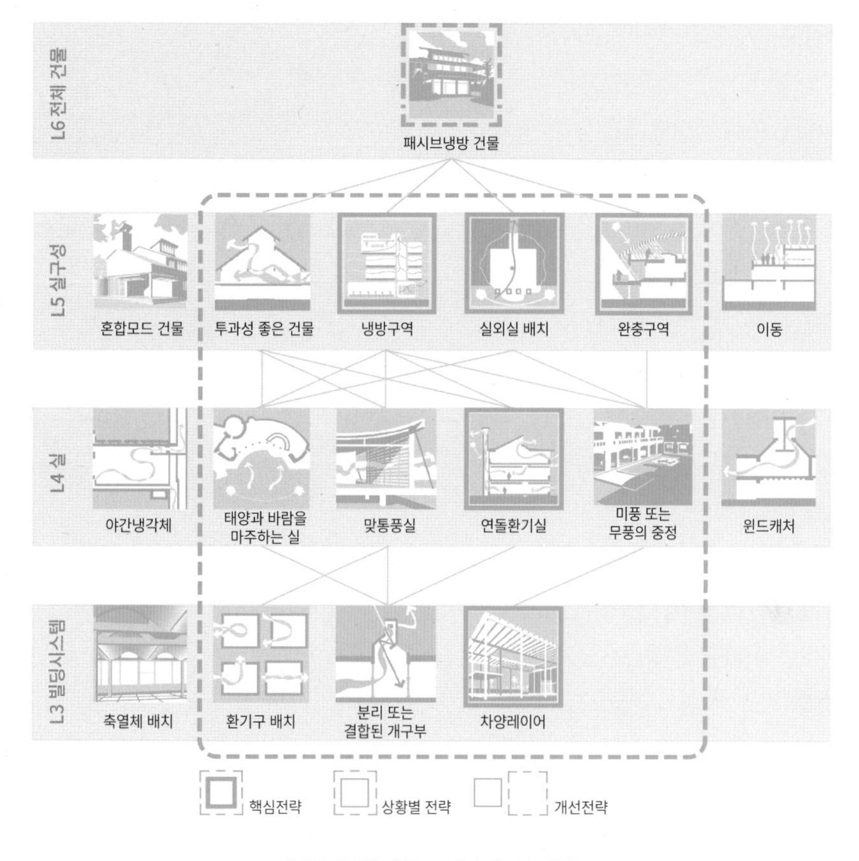

<「패시브냉방 건물」: 고온습윤기후 번들>

• **고온습윤기후의 상황별 전략**

모든 건물에 적용가능한 5가지 핵심전략 외에도, 이 번들변형은 고온습윤기후에서 대부분의 건물에 적용가능한 상황별 전략들을 추가한다:

「투과성 좋은 건물」: 습윤기후는 냉방을 위한 환기에 크게 의존하기 때문에, 평면과 단면을 통풍로로 열리게 디자인하여 맞통풍과 연돌환기를 **모두** 촉진하는 것이 중요하다.

「맞통풍실」: 건조기후보다 습윤기후에서 바람에 의한 맞통풍을 사용한다. 일반적으로 바람에 의한 환기가 연돌환기보다 더 효과적이다. 하지만 바람이 항상 부는 것은 아니므로, 대부분의 습윤기후 건물은 「연돌환기실」도 또한 디자인해야 한다.

「태양과 바람을 마주하는 실」: 맞통풍을 하려면 급기구가 바람을 향하도록 하고, 부가적인 풍향에 주의한다(「풍배도」). 그리고 **맞통풍**과 연돌환기의 배기구는 바람의 **반대방향으로 향해야** 한다.

「미풍의 중정」: 습윤기후에서는 완전히 둘러싸인 중정은 가장 불쾌한 외부공간 중에 하나이다. 이곳은 미풍으로 시원해지지 않고 공기가 정체되므로, 더운 계절에 사용되는 실외실과 중정을 실내 같이 환기를 촉진시키기 위해서 그늘과 부분적인 폐쇄를 계획한다.

「환기구 배치」: 우수한 맞통풍 계획은 환기구들을 배치하여 모든 공간이 공기흐름으로 시원하며 사각지대가 없는 경우에만 작동한다. 마찬가지로, 각 공간을 흐르는 기류를 위한 개구부가 부적절하게 배치된다면, 연돌환기의 단면은 냉방을 위해 작동되지 않는다.

「분리 또는 결합된 개구부」: 환기구는 주광개구부나 솔라개구부보다 더 클 수 있고, 필요한 곳도 매우 많다. 따라서 환기구를 별도로 다룰지 여부를 고려하여, 유리로 된 개구부로부터 과도한 빛이나 열이 유입되는 것을 피하도록 한다.

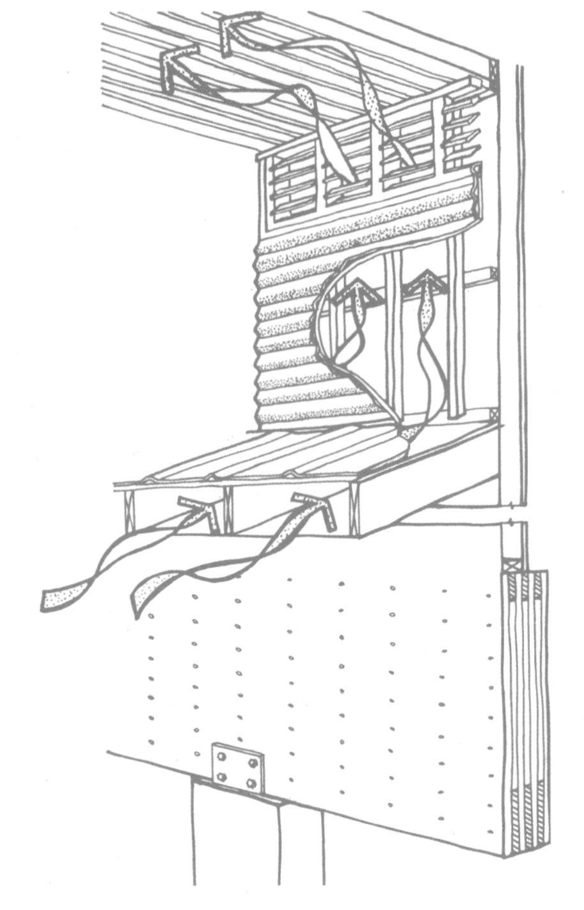

<팔메토 하우스, 환기가능한 벽과 지붕 시스템>

• 고온습윤기후의 사례

팔메토 하우스[45]는 고온습윤기후에서 패시브 냉방 건물의 좋은 사례이다.[46] 이 주택은 미풍을 붙잡기 위해 지면에서 떠 있고, 일사획득을 줄이도록 복사열을 막아주는 이중외피의 **<환기가능한 벽과 지붕 시스템>**을 사용한다(「태양과 바람을 마주하는 실」, 「이중외피 재료」). 주요 층(2층)의 양 끝에는 스크린을 사용한 그늘진 포치(porches)가 있다(「실외실 배치」, 「이동」, 「완충구역」). 이 주택은 수직적으로 구분되는데, 가장 그늘진 곳인 1층에는 전문적인 목재공방이 배치되고(「냉방구역」) 최상층에는 집필을 위한 사무실이 배치되었다. 「투과성 좋은 건물」로 디자인된 주요층은 천장높이보다 낮은 칸막이와 금속격자 천장을 가진 넓은 싱글룸으로,

45) Palmetto House, Redland, Florida(near the Everglade), USA, Jersey Devil Design/Build, 1989
46) Piedmont-Palladino and Branch 1997; Badanes, 1989

<팔메토 하우스>

여기에는 긴 둥근지붕(cupola)에 높은 배기구가 설치되어 「연돌환기」가 가능하다. 평면은 「맞통풍」을 촉진하는 넓은 하나의 실로 구성되어 있다. 「환기구」가 많고 서로 마주하여 맞통풍을 최대화한다(「환기구 배치」). 거대한 포치와 연장된 돌출부 및 지붕은 외부의 파티오(patio)와 작업공간을 위한 「차양레이어」를 만든다.

2. 고온건조기후의 「패시브냉방 건물」 번들

고온건조기후 번들은 일사획득을 줄이고, 극한의 기온을 다루기 위한 다양한 전략들의 활용에 중점을 둔다. 건조기후는 증발냉각의 가능성을 열어주며, 큰 일교차는 「야간냉각체」와 매우 잘 맞물려서 작동한다.

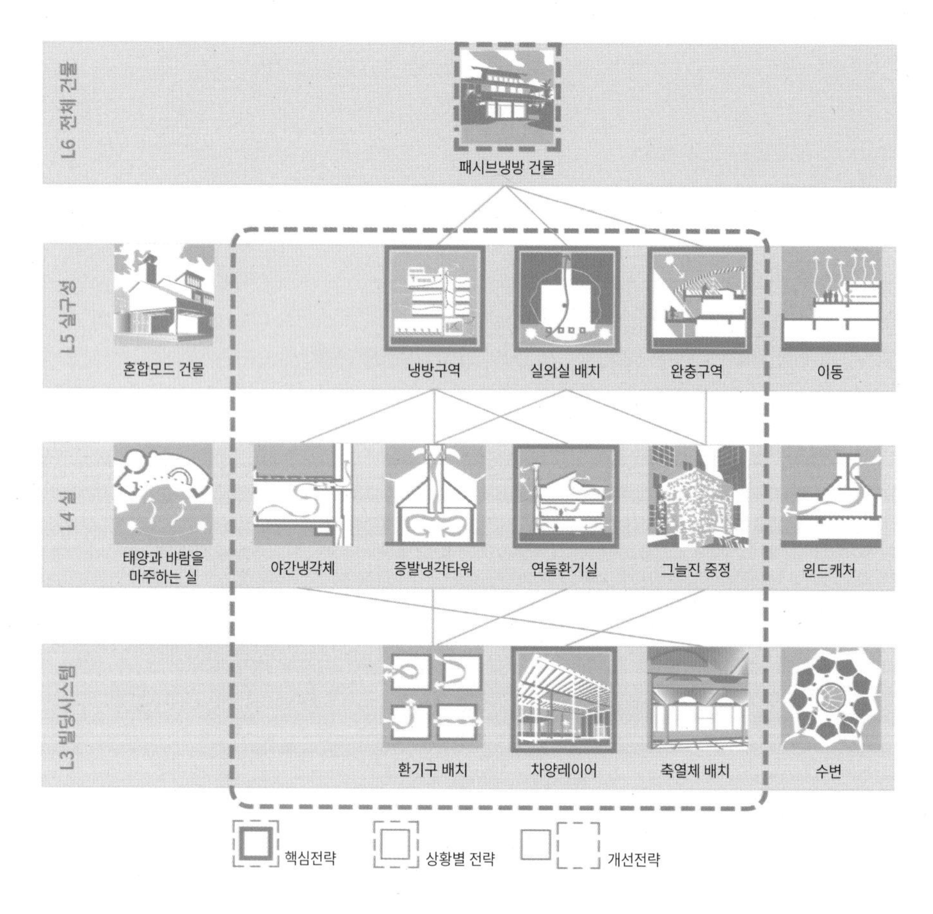

<「패시브냉방 건물」: 고온건조기후 번들>

• **고온건조기후의 상황별 전략**

모든 건물에 적용가능한 5가지 핵심전략 외에도, 상황별 번들은 고온건조기후의 대부분 건물에 적용할 수 있는 전략들을 추가한다:

「그늘진 중정」은 강렬한 태양으로부터의 휴식을 제공한다. 고온습윤기후에서와 같이 중정의 비율은 바람이 아닌 그늘에 따라 결정된다.

「증발냉각타워」는 중력을 사용하여 바람이나 팬 없이 기류를 유도하고, 공기를 냉각할 뿐만 아니라 가습함으로써 건조한 조건에서 잘 작동한다. 이는 자연환기 냉각만으로는 공기가 너무 뜨거울 때에 사용되며, 디자이너를 위해 이에 대한 실질적이고 새로운 연구가 마련되어 있다.[47]

「야간냉각체」 실은 온도범위가 넓고 쾌적구역을 걸쳐 있는 건조기후에 가장 적합하다. 이는 증발냉각과 좋은 조합으로 축열체냉각을 도울 수 있고, 조건에 따라 낮 동안 사용된다.

「축열체 배치」는 냉각을 위하여 축열체가 낮 동안 가장 많은 열을 흡수하고 야간에 환기공기까지 열을 공급할 수 있는 곳에 배치된다. 이들의 배치는 건물에 주요한 결정인자가 된다.

• **고온건조기후의 사례**

EU의 패시브 하향풍 증발냉각(PDEC)[48] 연구프로젝트의 일환으로 **엑스페리멘털 오피스 빌딩**[49] 프로토타입이 디자인되었다.[50]

건물은 중앙에 원통형 유리로 된 **<하향풍 증발냉각타워>**가 여러 개 있는데, 이 주변공간은 냉각구역으로 구성된다. 냉각타워는 외기가 너무 뜨거울 때에 자연환기를 위해 기능한다(참고: 「증발냉각타워」). 냉각타워의 형태는 시원한 공기 기둥의 형태에서 나왔다. 또한 냉각타워는 외기가 실내보다 더 시원한 낮시간이나 「야간냉각체」가 사용되는 밤시간에 「연돌환기실」을 위한 상향풍 샤프트(updraft shafts)로 작동한다.

건물의 「축열체 배치」는 콘크리트 바닥과 천장의 형태이다. 「환기구 배치」는 각 층과 구역에 적절하고 제어가능한 냉각량을 제공하기 위해 예측 모델을 사용하여 신중하게 연구되었다. 전체 건물에 걸친 「차양레이어」는 지붕의 태양열 획득을 줄이고, 그늘진/미풍이 부는 지붕테라스를 제공한다(「실외실 배치」). 또한 들어올려진 건물이 정원을 냉각하는 그늘을 제공한다(「그늘진 중정」).

---

47) Ford et al., 2010

48) 패시브 하향풍 증발냉각, Passive Downdraft Evaporative Cooling, 이하 PDEC

49) Experimental Office Building, Catania, Sicily, Mario Cucinella Architects(MCA), 1998

50) Ford et al., 2010

상부의 그늘막과 하부의 그늘 정원

하류기류 증발냉각

연돌환기와 야간냉각체

<엑스페리멘털 오피스 빌딩>

건물은 기존의 사무실 건물 냉방에너지의 15% 만을 사용할 것으로 예상된다.[51]

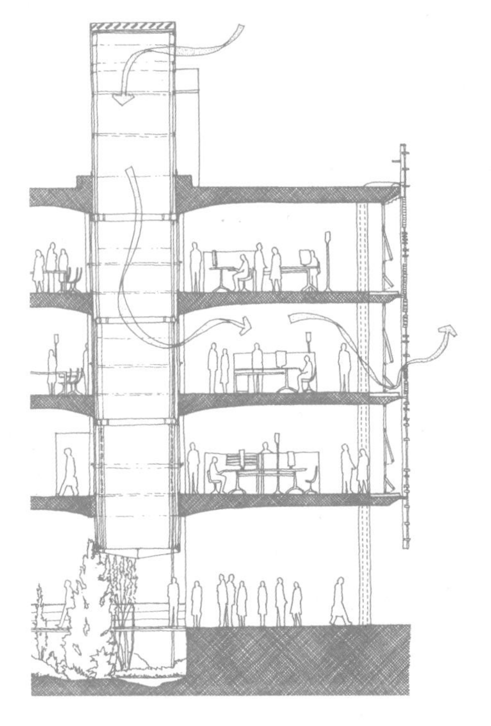

<엑스페리멘털 오피스 빌딩, 하향풍 증발냉각타워>

51) Cucinella et al., 2004; Cucinella, 1998

B7 「패시브솔라 건물」은 장소와 용도에 맞는 전략군을 이용하여 태양으로 난방이 되도록 구성한다. [난방]

주요관점(KEY POINTS)

- 단면과 열배분에 대한 창의적인 디자인은 두꺼운 건물도 태양열로 난방할 수 있다.
- 태양열난방 시스템들의 조합은 일반적으로 단일한 방식을 사용하는 것보다 효과적이다.
- 모든 태양열난방 시스템들은 집열, 저장, 배분을 조합한다.

맥락(CONTEXT)

각 번들은 복잡도의 다음 단계에서 하나 이상의 상위전략을 세우는 데 도움이 된다. 이 번들의 핵심 전략은 전체 건물 스케일의 전략인 「태양열난방 건물」을 세우는 데 도움이 되며, 이는 도시요소 스케일에서 3가지 난방전략을 세우는 데 도움이 된다: 「솔라외피」, 「동-서방향으로 긴 건물군」은 태양 확보가 되도록 컨텍스트를 설정하고, 「방풍」은 건물의 대류 열손실과 침기를 줄인다.

영향을 주는 요인(FORCES)

기계시스템이 건물에 맞도록 기후를 형성하는 반면에, 패시브솔라 건물은 기후에 맞도록 건물을 형성한다. 겨울철 태양 방향으로 평면이 두꺼울수록 각 실의 태양열획득은 더 어렵다.

태양열난방 건물은 태양으로부터 열을 모으고, 저장하고, 배분하기 위해 건축의 구성을 이용한다. 실 스케일에서 5가지 솔라시스템 유형(「직접열 획득실」, 「썬스페이스」, 「열저장벽」, 「옥상연못」, 「집열벽과 지붕」)은 집열, 저장, 배분의 조합이다.

태양열난방의 전제조건은 총 열손실을 최소화하는 것이다. 태양자원은 상대적으로 약하고 분산되어 있어서, 건물외피가 매우 효율적일 때만 충분하다.

열저장체는 상황에 따라 집열을 위한 개구부 근처, 동일한 실, 인접한 실, 또는 집열체로부터 멀리 떨어져 있다(「축열체」, 「축열체 배치」). 열저장체가 집열체로부터 멀어질수록 「온도가 낮은 실로 열이동」이 더 효과적이다. 두꺼운 건물에서는 어느 정도의 기계적인 보조가 일반적이다.

권장사항(RECOMMENDATIONS)

건축이 일종의 열교환기가 되도록 구성할 때, 사용과 대지가 결합되어 기본적인 건물매스와 시스템의 선택에 영향을 미친다.

- **대지와 프로그램이 허용한다면 "얇은 건물" 번들변형에서 시작하여 가장 간단한 해결책인 「직접열 획득실」과 함께 「동-서방향으로 긴 평면」을 적용한다. 평면에서 남-북방향으로 2개 이상의 실이 필요한 경우에는 「깊은 채광」으로 시작하여 "두꺼운 건물" 번들변형을 적용한다.**
- **대지가 남향으로 짧은 면을 갖거나 또는 남-북방향으로 3개 이상의 실이 필요한 경우에 "두꺼운 건물" 번들변형으로 시작하여 「깊은 채광」을 적용한다.**
- **가능하면 「직접열 획득실」을 「열저장벽」 또는 「썬스페이스」와 같은 다른 실 스케일의 태양열 전략들과 조합하여 현휘를 제어하고 제어선택사항을 제공하여 주광요구량과 열획득의 균형을 맞춘다.**
- **열손실을 엄격하게 제어한다. 「총 열손실」에 영향을 주는 모든 요소에 주의를 기울인다.**

다이어그램 **<다양한 태양열난방 시스템의 특성>**을 활용하려면, 건물의 실 특성에 가장 적합한 시스템을 선택해야 한다. 서로 다른 「난방구역」에 여러 가지 다른 시스템들이 사용될 수 있으며, 둘 이상의 여러 시스템이 단일 구역에 결합될 수도 있다.

다이어그램 **<태양열난방 시스템을 만들기 위한 집열, 저장, 배분의 조합>**은 솔라시스템 디자인에 필요한 요소들의 대안적 구성을 보여준다. 다이어그램은 패시브솔라 난방, 액티브태양열(공간 난방), 태양열온수와 태양광발전을 위한 시스템을 보여준다. 연결선은 요소들 간의 가장 일반적인 선택사항과 관계를 보여준다. 여러 가지 변형과 덜 일반적인 조합도 가능하다. 음영처리된 선은 각 시스템의 프로토타입 구성을 나타낸다. 예를 들어 「직접열 획득실」은 가장 간단하고 일반적인 패시브솔라 시스템이고, 이것의 프로토타입 구성은 솔라 창을 통해 태양열을 모으고, 열을 벽과 바닥에 배치된 조적재 또는 상변화물질(PCM) 「축열체」에 저장한다(참고: 「솔라개구부」, 「축열체 배치」). 그리고 주로 자연복사를 통해 더 차가운 실내표면으로 열을 재배분한다.

핵심전략(CORE STRATEGIES)

패시브솔라 건물에서 너무 널리 사용되어서 불변 요소로 간주되는 5가지 전략들이 있다. 이들은 어떤 솔라디자인에서든 효과적이다.

「난방구역」: 난방요구가 비슷한 실들을 함께 배치하도록 평면과 단면을 구성한다. 더 많은 열이 필요한 실은 태양에 더 가깝게 접근하도록 한다. 반면에 덜 사용되거나, 자체적인 열발생

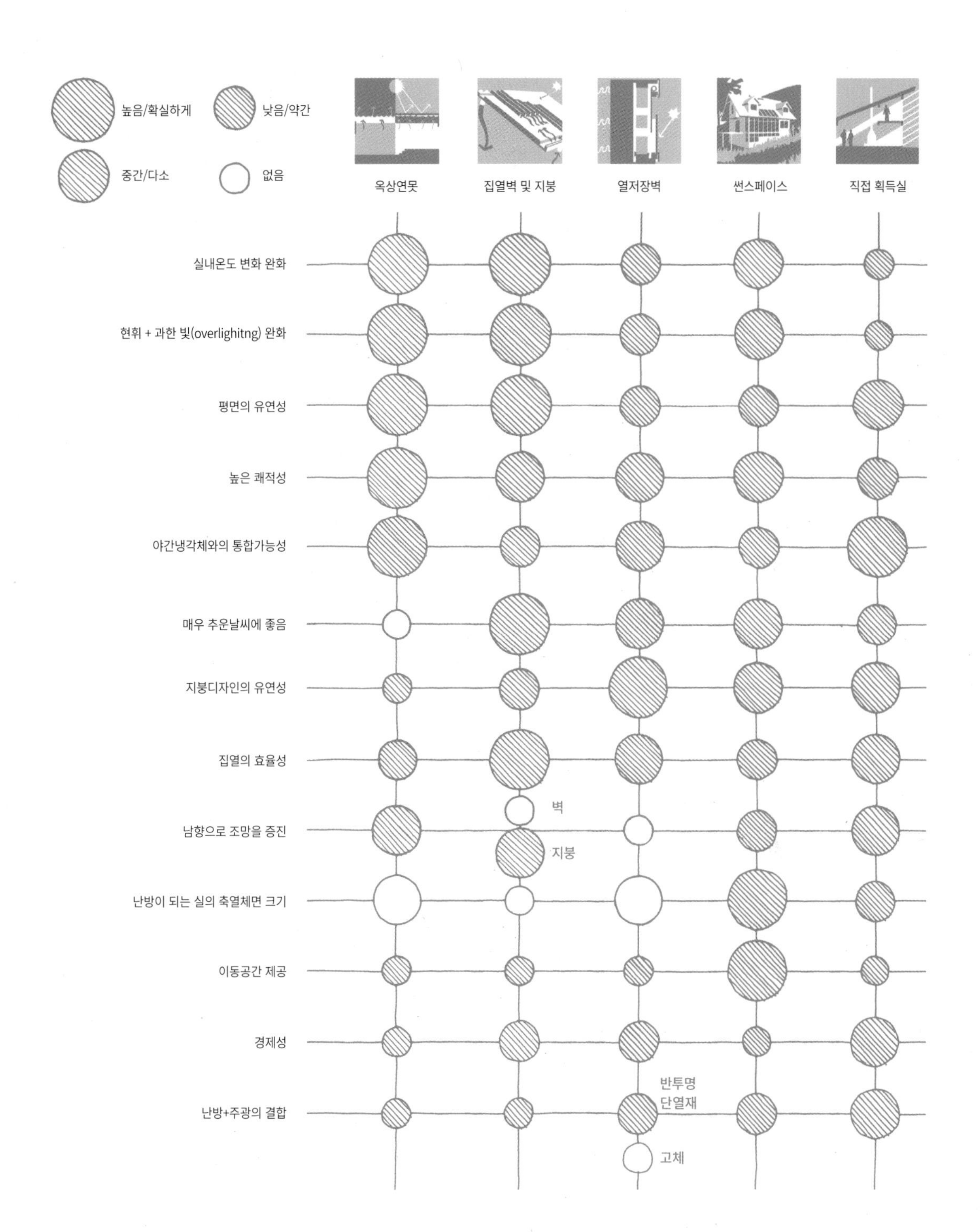

<다양한 태양열난방 시스템의 특성>

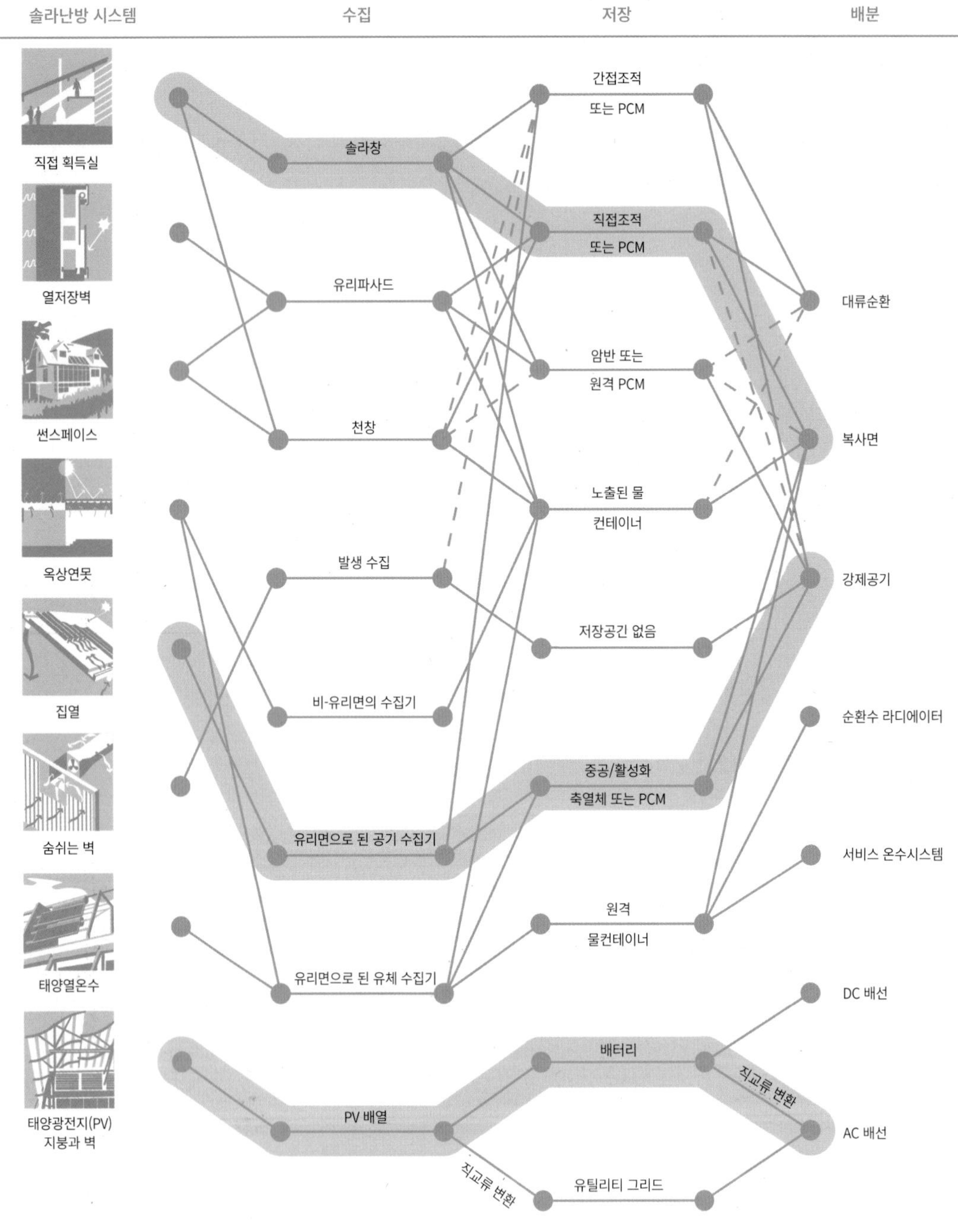

<태양열난방 시스템을 만들기 위한 집열, 저장, 배분의 조합>

또는 온도가 낮아도 되는 실들은 태양에 덜 접근하도록 한다.

「태양과 바람을 마주하는 실」: 향은 성공적인 태양열난방에 매우 중요한 요소임에도 불구하고 놀랍게도 많이 간과된다. 남향의 30° 이내의 향은 겨울철 태양열 획득을 최대화한다.

「직접열 획득실」: 가장 간단하면서도, 이름에도 함축되어 있듯이 가장 직접적인 태양열난방 방법이다. 대부분의 실들에 창문이 있고, 대부분의 건물에서 일부의 실들은 남향이므로, 이 전략은 대부분의 건물에서 작동한다.

「축열체 배치」: 축열체는 열을 저장한다. 이 전략이 효과적이기 위해서는 수집한 열을 흡수하고 방출하여 실내를 따뜻하게 할 수 있도록 축열체를 배치해야 한다. 이 배치에서 중요한 것은 직접축열체(솔라 공간에서)와 간접축열체(집열체에서 멀리 떨어진)를 구분하는 것인데, 이는 상대적으로 효과가 1/3 정도이다.

「적절히 배치된 창」은 겨울철 태양을 향한 창들은 열을 모을 수 있지만, 다른 향의 창들은 열손실이 일어난다는 것을 보여준다. 창을 통하여 불투명한 벽이나 지붕에서 보다 훨씬 더 많은 열이 손실되기 때문에 동, 서, 북향으로는 주광과 조망을 위하여 꼭 필요한 만큼만 창을 배치하는 것이 중요하다.

상황별 전략(SITUATIONAL STRATEGIES)

얇은 평면과 두꺼운 평면에 따른 변형

이 번들은 **"얇은"** 건물과 **"두꺼운"** 건물에 대한 2가지 전략군으로 구분된다.

1. 얇은 평면의 「태양열난방 건물」 번들

"얇은 평면" 번들은 동-서방향의 건물 배치와 평면, 태양열 직접획득과 다양한 시스템의 조합에 중점을 둔다.

• 얇은 평면의 사례

쉘리 릿지 걸스카우트 센터[52]는 다양한 시스템 유형들을 이용한 패시브솔라 건물의 좋은 사례이다.[53] 이 건물은 「동-서방향으로 긴 평면」의 정교한 해석으로, 넓은 실이 남향의 긴 외벽을 가지는 얇은 형태이다. 반면에 동쪽의 실은 남향으로 노출되지 않고, 햇빛이 잘 드는 커다란 실로부터의 열을 공유한다. 「난방구역」은 간단하다. 반원형의 로비는 직접적인 태양을 받는 썬스페이스가 된다. 가장 많이 사용되

52) Shelly Ridge Girl Scout Center, Miquon, Pennsylvania, USA, Bohlin Cywinski Jackson, 1984
53) Dean, 1984; Architectural Record, 1985; Bohlin Cywinski Jackson, 1984

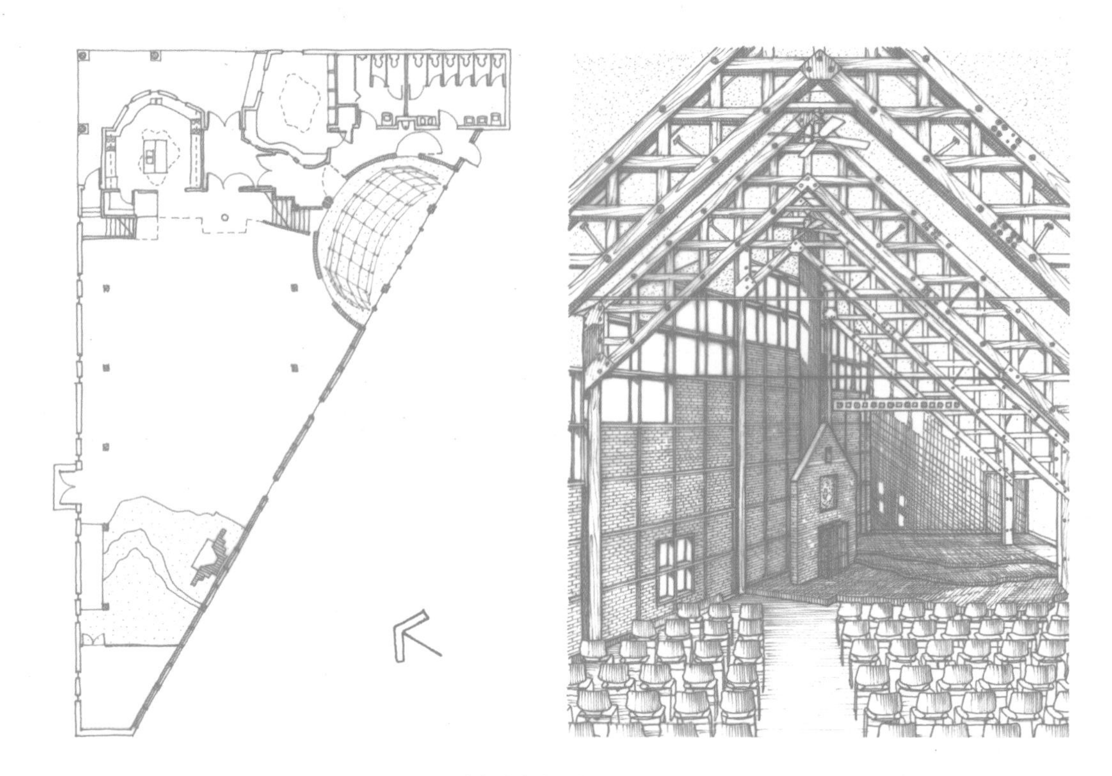

<쉘리 릿지 걸스카우트 센터>

는 중앙홀은 남쪽의 태양을 가장 잘 받으며, 현관, 동선, 부엌 등은 동쪽의 가장자리를 따라 위치한다. 정면은 남향(「태양과 바람을 마주하는 실」)인 반면, 다른 외벽들은 대지와 다른 건물들에 대응한다. 건물은 얇은 조적으로 된 「열저장벽」과 「직접열 획득실」의 조합으로 구성되어 있다. 벽돌조적벽에는 주광 창들이 있으며 「썬스페이스」로 보완된다. 개구부는 「적절히 배치된 창」으로 구성되어 있다. 남향에는 유리면이 대부분이고, 동향에는 주광과 조망을 위한 창이 있으나 다른 향에는 창이 거의 없다. 「축열체 배치」는 벽돌로 된 큰 무대와 벽난로, 높은 벽돌 매스의 축열벽, 썬스페이스 로비에 반원의 벽돌로 된 내벽과 콘크리트 바닥으로 잘 배분된 조합이다. 건물은 북쪽이 낮고 경사지붕으로 되어 있어서 남향으로 「바람막이」를 형성한다. 이는 넓게 보면 「겨울에 적합한 중정」으로 정의된다.

• **얇은 평면의 상황별 전략**

모든 패시브솔라 건물에 적용가능한 5가지 핵심전략 외에도 상황별 번들은 대부분의 얇은 평면 건물에 적용할 전략들을 추가한다:

「동-서방향으로 긴 평면」은 가능한 동-서방향을 따라 실들을 펼치도록 한다. 겨울철 태양에 대한 노

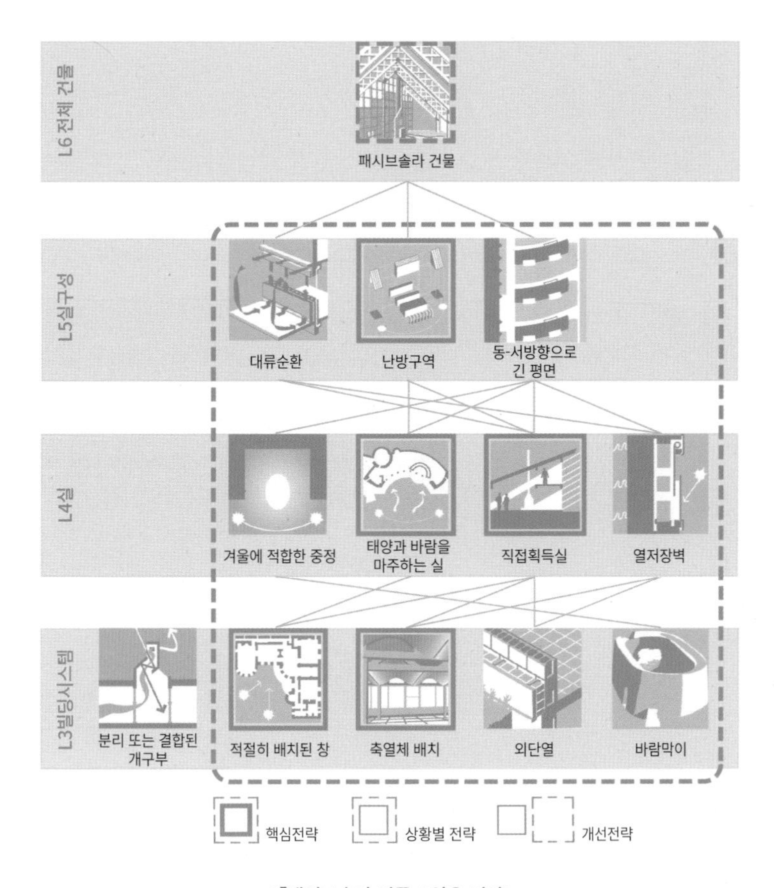

<「패시브솔라 건물」: 얇은 평면>

출을 최대화하고, 여름철에 동-서향으로부터의 과도한 열획득에 대한 노출을 최소화한다.

「대류순환」은 단면에서 더운 공기의 상승과 찬 공기의 하강에 의해 생성된다. 이는 실내의 열을 배분하거나, 햇빛이 잘 드는 실에서 인접한 공간으로 데워진 공기를 이동시키는 방법 중에 하나이다. 자연대류에 의한 열 배분은 얇은 건물 같이 거리가 좁을 때에 가장 효과적이다.

「열저장벽」은 많은 건물에서 「직접획득실」에 대한 좋은 보완이다. 직접획득만 사용되는 경우에 남향 유리면은 꽤 커지고, 제대로 다루지 않으면 현휘 문제가 생긴다. 벽의 축열체는 낮이나 저녁에 열을 지연시키는 반면에, 직접획득이 아침에 공간을 데운다.

「겨울에 적합한 중정」: 얇은 건물 평면, 특히 바람으로부터 외부공간을 보호하는 평면은 햇빛이 잘 들고 남쪽을 면한 실외실에 적합하다. 건물매스는 외부공간을 겨울까지 연장하여 사용하는 데 적합한 미기후를 만들도록 구성된다.

「외단열」은 항상 필요하다. 「축열체」는 외벽 또는 외기 위에 떠 있는 바닥에 배치된다.

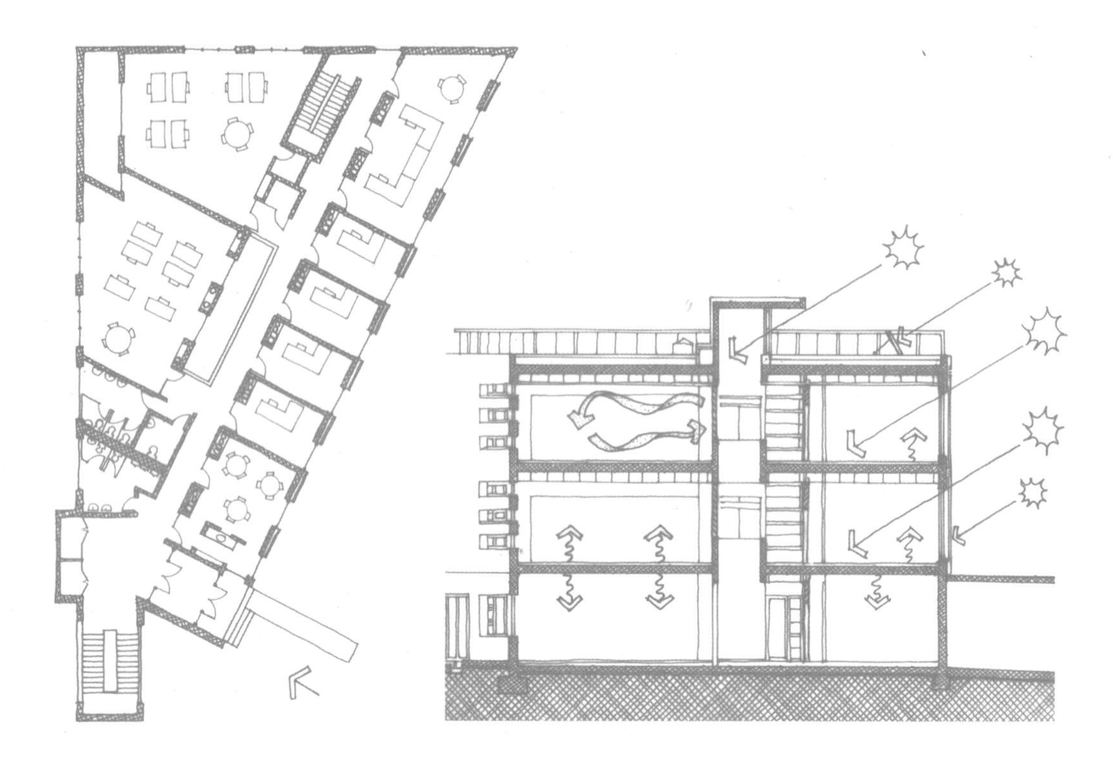

<에디피치오 솔라XXI>

「바람막이」는 바람에 의한 열손실을 줄인다. 얇은 건물은 둘레면적이 넓어지므로, 차가운 바람의 유입을 줄이는 것은 매우 중요하다. 마찬가지로, 건물 자체가 실외실이나 복합건물의 다른 건물을 위한 바람막이의 역할을 한다.

2. 두꺼운 평면의 「태양열난방 건물」 번들

"두꺼운 평면" 번들변형은 남-북방향으로 3개 이상의 실을 가진 건물 조직을 구축하는 데 중점을 두고 있다. 따라서 태양에너지가 각 실에 도달할 수 있도록 하는 구간별 전략과 분배 논리가 필요하다.

• 두꺼운 평면의 사례

에디피치오 솔라XXI[54]은 간단한 전략들을 사용하여, 비교적 두꺼운 건물을 난방하도록 디자인되

54) Edificio Solar XXI, National Laboratory for Energy and Geology(LNEG), Lisbon, Portugal, Pedro Cabrito and Isabel Diniz, 2006

었다.[55] 평면은 「난방구역」에 따라 구성되었다. 남쪽에 많은 실들을 배치하고, 북쪽에는 점유시간이 짧고 열이 많이 발생하는 실험실들을 배치하였다. 단면은 3개 층의 빛우물과 동선구역 상부로 남향의 고측창을 두어서 「깊은 채광」이 가능하다(「연돌환기실」로도 기능한다).

패시브 「대류순환」은 사무실의 큰 문, 사무실의 벽 상단에 **실내루버**, 빛우물을 면한 실험실의 벽에 큰 루버로 가능하다. 이러한 방법으로 태양열을 남쪽 실에서 복도로, 그리고 복도에서 실험실로 이동시킨다(「온도가 낮은 실로 열이동」). 아트리움과 남향의 사무실은 「직접열획득실」에 의해 데워지고, 사무실은 벽의 「대류순환」에 의해 보완된다. 이는 「태양광전지(PV) 벽」의 폐열을 사용하여 본질적으로 「집열벽」이 된다. 사무실과 고측창의 「솔라개구부」는 「태양과 바람을 면한 실」을 위해 남쪽에 구성된다. 「적절히 배치된 창」에서 제안한 바와 같이, 남향의 유리면은 크지만(바닥면적의 12%), 다른 향에서는 주광과 환기를 위한 유리면이 제한된다. 「축열체 배치」는 PV의 뒤를 포함하여 중공벽돌 축열벽, 「외단열」된 콘크리트 천장, 축열바닥면으로 냉난방을 모두 제공한다.

<에디피치오 솔라XXI, 겨울철: 자연대류와 연돌환기를 위한 실내루버>

액티브태양열 시스템은 「태양열온수」와 예비난방을 위해 사용된다. 건물은 「지중-공기 열교환기」와 「야간냉각체」에 의해 냉각되고, 다른 기계식 냉방은 없다.

• **두꺼운 평면의 상황별 전략**

모든 패시브솔라 건물에 적용가능한 5가지 핵심전략 외에도 상황별 번들은 대부분의 두꺼운 평면 건물에 적용할 전략들을 추가한다.

「깊은 채광」은 태양열이 태양을 면하는 첫 번째 실을 지나 더 건물 깊숙이 들어가는 단면개념을 찾도록 돕는다.

「군집된 실들」은 외피를 통한 열손실을 줄인다. 두꺼운 건물은 얇은 건물보다 '표면 대비 체적비'가 낮은 경향이 있다. 군집된 실구성은 태양열 집열과 저장에 집중하는 「썬스페이스」에 적합하다.

「온도가 낮은 실로 열이동」: 각 실이 직접 햇빛을 받을 수 없다면 열이 수집되는 곳에서 열이 부족한

55) Gonçalves & Cabrito, 2006; Gonçalves, et al, 2012

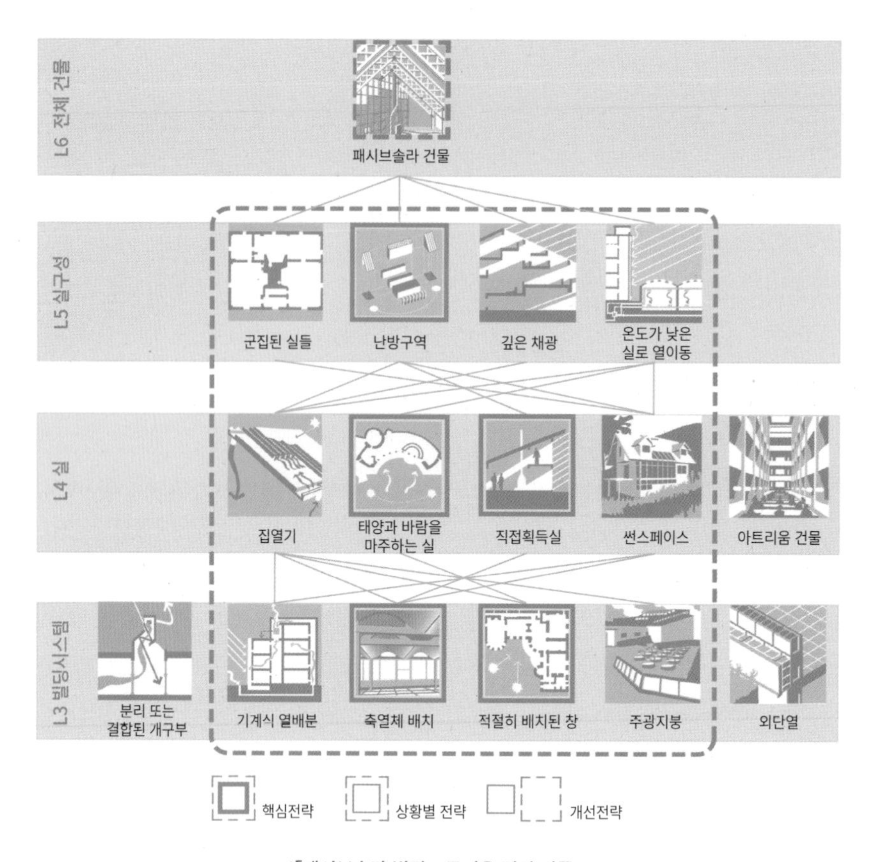

<「패시브솔라 빌딩」: 두꺼운 평면 번들>

실로 열을 가져오는 여러 가지 전략들이 있다. 경우에 따라서 HVAC 시스템과 통합된 「기계식 열배분」이 필요하다.

「집열벽과 지붕」은 공기가 원격공간에 저장하고 사용하기 위한 열배분의 매체가 될 때에 열을 효율적으로 수집하는 좋은 방법이다. 이는 두꺼운 건물에서 일반적으로 요구되는 사항이다.

「썬스페이스」는 남향으로 여러 층이 될 수 있고, 태양을 적게 향하면서도 많은 양의 열을 모으는 데 적합하다. 또한 두꺼운 건물의 덜 선형적이고 더 군집된 실들의 구성에 적합하다.

아트리움 건물의 **「천창이 있는 실」**에 남향 유리면이 많으면 패시브솔라 난방을 위한 「썬스페이스」의 역할을 한다.

「주광지붕」은 측광이 닿지 않는 두꺼운 건물의 영역에 빛을 비춘다. 겨울철 태양열 획득을 위해 개구부의 일부나 전체가 태양을 향할 수 있다.

실구성 → 실 → 빌딩시스템

B8 건물에 인접해 있는 편안한 「외부 미기후」는 장소와 외부용도에 맞는 전략군을 이용하여 구성한다. [난방, 냉방]

주요관점(KEY POINTS)

- 외부공간은 풍부한 디자인 언어를 가지며, 제로에너지디자인을 지원하는 데 필요하다.
- 외부공간의 쾌적한 기간은 햇빛과 바람을 적절하게 수용하고 차단함으로써 크게 연장된다.
- 외부난방 및 냉방 목표는 서로 상충되는 디자인 의미를 가진다.
- 복합기후에서 세심한 디자인을 통해 난반과 냉방의 모든 환경조건에서 계절적으로 적응이 가능하다.

맥락(CONTEXT)

「외부 미기후」 번들은 실외실을 위한 소규모 전략묶음을 구성하기 위해, 건물과 대지의 지역스케일에서 작동된다. 또한 외부기후와 관련된 도시 스케일의 전략을 세우도록 돕는 기후환경을 만든다. 「양산형 그늘」, 「오버헤드 차양」, 「바람막이」의 도시 스케일 적용이 그 예이다. 이 번들은 건물 및 기후와 관련하여 시원하고 따뜻한 실외실의 위치설정을 위해 「솔라외피」, 「고층건물의 기류」와 같은 도시조직전략의 기준을 제시한다.

영향을 주는 요인(FORCES)

북미에 있는 대부분의 현대건물에서 실내는 외부로부터 강한 분리를 보인다. 따라서 실외실의 풍부한 전통적인 형태언어와 전환되는 사이 공간은 점차 사라지고 있다. 대부분의 외부공간은 열적으로 사람이 거주하기 힘들어서 일 년 중에 단기간만 사용되며, 외부공간에 대한 프로그램을 설정하는 디자이너는 거의 없다. 때문에 사람들은 냉난방 공조가 되는 내부공간이 더 많이 필요하다고 생각한다.

존 라일(John Lyle)은 일반적으로 화석연료시대에 디자인된 건물과 조경을 **구기술(팔레오텍토닉, paleotechnic)**이라 불렀다. 반면, 인간이 필요에 충족하도록 기후와 지역생태계에 맞춰 지어진 건물과 조경을 위해 **신기술(네오텍토닉, neotechnic)**이라는 용어를 사용한다.[56] 기계식 실내공조가 지배하는 구기술의 건물에서, 사람들은 외부에서의 쾌적성은 한정되어 있다고 생각하였다. 지속가능성을 중시하는 신기술의 디자이너들은 외부와 전이공간들을 거주가능하고 **자연**이 보호되는 장소로 만든다.

---

56) Lyle, 1985

	J	F	M	A	M	J	J	A	S	O	N	D
1 am	CH	CM	CM	CM	CH	CH	OH	CH	CH	CM	CH	CH
2	CH	CM	CM	CM	CH	CH	CH	CH	CH	CM	CH	CH
3	CH	CM	CM	CM	CH	CH	CH	CH	CH	CM	CH	CH
4	CH	CM	CM	CM	CH	CH	CH	CH	CH	CM	CH	CH
5	CH	CM	CM	CM	CH	CH	CH	CH	CH	CH	CH	CH
6	CH	CM	CM	CM	CH	CH	OH	CH	CH	CH	CH	CH
7	CH	CM	CM	CM	CM	CH	OM	CM	CH	CM	CH	CH
8	CM	CM	CM	CM	CM	OM	OM	OM	CH	CM	CH	CM
9	CM	CM	CM	CM	CM	OM	OM	OM	CM	CM	CH	CM
10	CM	CM	CM	CM	CM	OM	OM	OM	CM	CM	CM	CM
11 am	CM	CM	CM	CM	CM	OM	OM	OM	CM	CM	CM	CM
12 noon	CM	CM	CM	CM	OM	OM	OM	OM	OM	CM	CM	CM
1 pm	CM	CM	CM	CM	OM	OM	OM	OM	OM	CM	CM	CM
2	CM	CM	CM	CM	OM	OM	HM	OM	OM	CM	CM	CM
3	CM	CM	CM	CM	OM	OM	HM	OM	OM	CM	CM	CM
4	CM	CM	CM	CM	OM	OM	HM	OM	OM	CM	CM	CM
5	CM	CM	CM	CM	OM	OM	OM	OM	OM	CM	CM	CM
6	CM	CM	CM	CM	OM	OM	OM	OM	CM	CM	CM	CM
7	CM	CM	CM	CM	CM	OM	OM	OM	CM	CM	CM	CM
8	CH	CM	CM	CM	CM	OM	OM	OM	CM	CM	CM	CM
9	CH	CM	CM	CM	CM	CM	OM	CM	CH	CM	CH	CM
10	CH	CM	CM	CM	CM	CM	OM	CM	CH	CM	CH	CM
11	CH	CM	CM	CM	CM	CH	OH	CH	CH	CM	CH	CM
12 mid	CH	CM	CM	CM	CM	CH	OH	CH	CH	CM	CH	CM

		온도		
		Hot	Comfort	Cold
습도	Dry	HD	OD	CD
	Moderate	HM	OM	CM
	Humid	HH	OH	CH

생체기후달력(외부)
온도+습도를 기반, 생체기후도 참조

	J	F	M	A	M	J	J	A	S	O	N	D
1 am	CH	CM	CM	CM	CH	CH	OH	CH	CH	CM	CH	CH
2	CH	CM	CM	CM	CH	CH	CH	CH	CH	CM	CH	CH
3	CH	CM	CM	CM	CH	CH	CH	CH	CH	CM	CH	CH
4	CH	CM	CM	CM	CH	CH	CH	CH	CH	CM	CH	CH
5	CH	CM	CM	CM	CH	CH	CH	CH	CH	CH	CH	CH
6	CH	CM	CM	CM	CH	CH	OH	CH	CH	CH	CH	CH
7	CH	CM	CM	CM	CM	OH	OM	OM	CH	CM	CH	CH
8	CM	CM	CM	CM	OM	OM	OM	OM	OH	CM	CH	CM
9	CM	CM	CM	CM	OM	OM	OM	OM	OM	CM	CH	CM
10	CM	CM	CM	OM	OM	OM	OM	OM	OM	OM	CM	CM
11 am	CM	CM	CM	OM	OM	OM	OM	OM	OM	OM	CM	CM
12 noon	CM	CM	CM	OM	OM	OM	OM	OM	OM	OM	CM	CM
1 pm	CM	CM	CM	OM	OM	OM	OM	OM	OM	OM	CM	CM
2	CM	CM	CM	OM	OM	OM	OM	OM	OM	OM	CM	CM
3	CM	CM	CM	OM	OM	OM	OM	OM	OM	OM	CM	CM
4	CM	CM	CM	OM	OM	OM	OM	OM	OM	CM	CM	CM
5	CM	CM	CM	CM	OM	OM	OM	OM	OM	CM	CM	CM
6	CM	CM	CM	CM	OM	OM	OM	OM	CM	CM	CM	CM
7	CM	CM	CM	CM	CM	OM	OM	OM	CM	CM	CM	CM
8	CH	CM	CM	CM	CM	OM	OM	OM	CH	CM	CM	CM
9	CH	CM	CM	CM	CM	CM	OM	CM	CH	CM	CH	CM
10	CH	CM	CM	CM	CM	CM	OM.	CM	CH	CM	CH	CM
11	CH	CM	CM	CM	CM	CH	OH	CH	CH	CM	CH	CM
12 mid	CH	CM	CM	CM	CM	CH	OH	CH	CH	CM	CH	CM

		온도		
		Hot	Comfort	Cold
습도	Dry	HD	OD	CD
	Moderate	HM	OM	CM
	Humid	HH	OH	CH

생체기후달력(바람과 복사를 위해 연장)
온도+습도를 기반, 생체기후도 참조

	J	F	M	A	M	J	J	A	S	O	N	D
1 am	CH	CH	CH	CH	OH	OH	OH	OH	OH	CH	CH	CH
2	CH	CH	CH	CH	OH	OH	OH	OH	OH	CH	CH	CH
3	CH	CH	CH	CH	OH	OH	OH	OH	OH	CH	CH	CH
4	CH	CH	CH	CH	OH	OH	OH	OH	OH	CH	CH	CH
5	CH	CH	CH	CH	OH	OH	OH	OH	OH	CH	CH	CH
6	CH	CH	CH	CH	OH	OH	OH	OH	OH	CH	CH	CH
7	CH	CH	CH	CH	OH	OH	OH	OH	OH	CH	CH	CH
8	CH	CH	CM	OH	OM	OM	HH	OH	OM	OH	CH	CH
9	CM	CH	CM	OM	OM	HM	HM	HM	OM	OH	CH	CH
10	CM	CH	CM	OM	OM	HM	HM	HM	HM	OM	OM	CM
11	CM	CM	OM	OM	OM	HM	HM	HM	HM	OM	OM	CM
12 noon	CM	CM	OM	OM	HM	HM	HM	HM	HM	OM	OM	CM
1 pm	CM	CM	OM	OM	HM	HM	HM	HM	HM	HM	OM	CM
2	CM	CM	OM	OM	HM	HM	HM	HM	HM	HM	OM	CM
3	CM	CM	OM	OM	HM	HM	HM	HM	HM	HM	OM	CM
4	CM	CM	OM	OM	HM	HM	HM	HM	HM	OM	OM	CM
5	CM	CM	OM	OM	HM	HM	HM	HM	HM	OM	OM	CM
6	CM	CM	OM	OM	OM	HM	HM	HM	HM	OM	OM	CM
7	CM	CM	CM	OM	OM	HM	HM	HM	OM	OH	CM	CH
8	CM	CM	CM	OM	OM	HM	HM	HM	OM	OH	CM	CH
9	CM	CM	CM	OH	OM	OM	HH	OM	OM	OH	CH	CH
10	CM	CH	CM	OH	OH	OH	OH	OH	OM	OH	CH	CH
11	CM	CH	CM	OH	OH	OH	OH	OH	OH	OH	CH	CH
12 mid	CM	CH	CH	OH	OH	OH	OH	OH	OH	CH	CH	CH

		온도		
		Hot	Comfort	Cold
습도	Dry	HD	OD	CD
	Moderate	HM	OM	CM
	Humid	HH	OH	CH

생체기후달력(외부)
온도+습도를 기반, 생체기후도 참조

	J	F	M	A	M	J	J	A	S	O	N	D
1 am	CH	CH	CH	CH	OH	OH	OH	OH	OH	CH	CH	CH
2	CH	CH	CH	CH	OH	OH	OH	OH	OH	CH	CH	CH
3	CH	CH	CH	CH	OH	OH	OH	OH	OH	CH	CH	CH
4	CH	CH	CH	CH	OH	OH	OH	OH	OH	CH	CH	CH
5	CH	CH	CH	CH	OH	OH	OH	OH	OH	CH	CH	CH
6	CH	CH	CH	CH	OH	OH	OH	OH	OH	CH	CH	CH
7	CH	CH	CH	CH	OH	OH	OH	OH	OH	CH	CH	CH
8	CH	CH	CM	OH	OM	OM	OH	OH	OH	OH	CH	CH
9	CM	CH	OM	OM	OM	OM	HM	OM	OM	OH	OM	CH
10	CM	CH	OM	OM	OM	OM	HM	OM	OM	OM	OM	OM
11	OM	OM	OM	OM	OM	HM	HM	HM	OM	OM	OM	OM
12 noon	OM	OM	OM	OM	OM	HM	HM	HM	OM	OM	OM	OM
1 pm	OM	OM	OM	OM	OM	HM	HM	HM	OM	OM	OM	OM
2	OM	OM	OM	OM	OM	HM	HM	HM	OM	OM	OM	OM
3	OM	OM	OM	OM	OM	HM	HM	HM	OM	OM	OM	OM
4	OM	OM	OM	OM	OM	HM	HM	HM	OM	OM	OM	OM
5	CM	OM	OM	OM	OM	OM	HM	HM	OM	OM	OM	CM
6	CM	CM	OM	OM	OM	OM	HM	OM	OM	OM	OM	CM
7	CM	CM	CM	OM	OM	OM	OM	OM	OM	OH	CM	CH
8	CM	CM	CM	OM	OM	OM	OM	OM	OM	OH	CM	CH
9	CM	CM	CM	OH	OM	OM	OH	OM	OM	OH	CH	CH
10	CM	CH	CM	OH	OH	OH	OH	OH	OM	OH	CH	CH
11	CM	CH	CM	OH	OH	OH	OH	OH	OM	OH	CH	CH
12 mid	CM	CH	CH	OH	OH	OH	OH	OH	OM	CH	CH	CH

		온도		
		Hot	Comfort	Cold
습도	Dry	HD	OD	CD
	Moderate	HM	OM	CM
	Humid	HH	OH	CH

생체기후달력(바람과 복사를 위해 연장)
온도+습도를 기반, 생체기후도 참조

<기후를 고려한 디자인을 통한 외부공간의 쾌적구역 확장>

좌: 시간별 상황 / 우: 이용가능한 시간별 태양과 바람을 조작한 후의 상황
상단: 매디슨(Madison, WI, USA) / 하단: 휴스턴(Huston, TX, USA)

이를 통해 자원과 오염의 측면에서 자연과의 관계를 바꿀 수 있는 기회를 가진다. 로버트 브라운의 **지속적인 미기후 가설**에 따르면, "부정적인 미기후를 만드는 환경은 시간이 지남에 따라 제거되거나 대체되는 반면, 긍정적인 미기후를 만드는 환경은 오래간다."[57]

권장사항(RECOMMENDATIONS)

실내 및 외부환경을 연속적인 기후 상황과 기준으로 생각한다.

- **대지의 모든 외부공간에 간단한 건축적 프로그램을 개발한다.** 용도, 규모, 경험적 특성, 재실기간, 열조건에 대한 목표와 기준을 설정한다. 대부분의 경우에 기존 프로그램을 확장하고 다시 생각해야 한다.
- **3가지 종류의 실로 건물과 대지를 구성한다:** 1) 실내실, 2) 실외실, 3) 실내와 외부 사이의 실.
- 다양한 계절과 다양한 시간에 거주할 수 있는 **실외실 군을 찾고 형성하도록 이 번들의 전략 조합을 이용한다.**
- **빌딩시스템 단계의 전략을 사용하여 이러한 실외실을 개선하여,** 각 실에서 다양한 수준의 전략을 적용하여 기후적 요인으로부터 영향을 감소시킨다.

<기후를 고려한 디자인을 통한 외부공간의 쾌적구역 확장>의 분석은 외부조건의 변화에 영향을 미치기 위해, 태양과 바람에 의한 대지영향을 활용하여 나타나는 효과를 보여준다.

좌측의 생체기후달력에서 온도와 습도에 기반한 기존의 전형적인 쾌적조건을 찾도록 한다. 상단의 위스콘신주 매디슨(Madison, Wisconsin)은 대체로 시원하고, 하단의 텍사스주 휴스턴(Houston, Texas)은 대체로 온난습윤하다. 우측의 생체기후달력은 기후를 고려하여 디자인된 외부공간에서의 쾌적한 시간을 연장하였다. 기존 조건은 「생체기후도」에서 결정된다. 주어진 과열시간에 충분한 복사열이 있다면(시간당 복사열 데이터로 결정), 기존 조건은 **'추움'**에서 **'쾌적함'**으로 바뀐다. 주어진 과열시간에 충분한 바람이 있다면(시간당 풍속 데이터로 결정), 기존 조건은 **'더움'**에서 **'쾌적함'**으로 바뀐다. 쾌적성을 제공하는 데 필요한 바람이나 복사열의 수준은 「생체기후도」에서 얻는다. **확장된 쾌적구역은 패시브디자인이 실외실의 쾌적성을 향상시킬 수 있는 가능성을 나타낸다.** 물론, 착의량이나 활동성을 바꾸는 것도 어떠한 시간에서든지 쾌적성을 증가시키거나 감소시키며, 이 방법은 단지 참고용이다. 쾌적하고 더운 조건은 완전히 음영이 진다고 가정한다. 다른 기후의 방법과 사례에 대한 자세한 내용은 **SWL 전자판**에 제공된 **기후상황(Climatic Context)** 보고서의 "쾌적성" 부분을 참고한다.

57) Enduring Microclimate Hypothesis, Robert Brown, 2010

핵심전략(CORE STRATEGIES)

이 번들의 핵심을 형성하는 5가지 전략은 거의 대부분의 실외실에 적용된다. 그리고 기본적으로 더운 환경과 추운 환경은 반대이다. 일반적으로 냉방조건에서는 바람을 유도하고 태양을 차단하고, 이와 반대로 난방조건에서는 태양을 유도하고 바람을 차단한다. 기후별 자세한 기준은 「대지 미기후」를 참고한다.

「실외실 배치」는 건물형태와 오픈스페이스를 서로 관련시키면서 배치하는 가장 기본적인 진행 방법이다. 이는 건물 주변의 미기후가 건물에 의해 영향을 받는다는 것을 보여주는데, 건물은 그늘을 제공하거나 태양을 반사시키고 바람을 차단하거나 강화시킨다. 실외실은 이를 활용하도록 배치될 수 있다.

「이동」은 모든 조건에서 쾌적한 단일한 외부공간을 디자인하기는 어렵기 때문에 종종 좋은 전략이다. 이는 다른 기후조건을 위한 여러 공간들(예를 들어, 여름실과 겨울실)을 만들어서, 재실자가 그 사이를 이동하고 자신에게 적합한 조건을 찾을 수 있도록 제안한다. 또 다른 변형은 단일공간에서 전체햇빛, 부분음영, 전체음영과 같은 점진적인 조건을 만든다. 사람은 다양한 열적 내성과 선호도를 가지기 때문에, 각각은 개개인에 가장 적합한 기후조건의 조합을 찾는다.

「완충구역」은 내부공간의 열스트레스를 줄이고, 건물 가장자리의 공간을 제공하여 오픈공간보다 더 편안한 내·외부 사이에서 완화된 제3의 환경조건을 만든다. 「완충구역」은 춥고 더운 조건 모두에서 사용된다.

「미풍 또는 무풍의 중정」은 바람이 득이 되는지 해가 되는지에 따라 오픈스페이스의 크기를 결정하도록 돕는다. 미풍의 중정은 비교적 넓고 투과성이 있는 반면에, 무풍의 중정은 더욱 보호된다.

「태양과 바람을 마주하는 실」은 내부와 외부에 동등하게 적용한다. 부분적으로 밀폐된 실외실을 환기하려면 바람을 향한 입구와 바람을 위한 출구가 필요하다. 실외실이 햇빛을 받게 하려면 건물매싱은 지면에 도달하는 햇빛을 차단하면 안 된다. 이 전략은 대칭된 방향을 가지는 엄격한 대칭과는 상충한다.

상황별 전략(SITUATIONAL STRATEGIES)

고온기후와 냉대기후에 따른 변형

대부분의 경우에 냉방 및 난방은 태양과 바람에 의한 대지영향에 반응이 근본적으로 반대이므로, 이 번들변형은 고온기후와 냉대기후에서 뚜렷한 차이를 보인다.

1. 고온기후의 「외부 미기후」 번들

고온기후는 일부 기후에서 주요 날씨패턴이 바뀔 때 또는 다른 계절일 때에 습윤하거나, 건조하거나, 습윤과 건조의 복합이다. 이러한 모든 조건에서는 「차양달력」에 따라 선택한 기간 동안 그늘을 제공하는 것이 바람직하다. 추가적인 습도는 건조한 환경에서 쾌적성을 향상시키지만, 일반적으로 고온습윤한 환경에서는 그렇지 않다. 나머지 차이점은 바람을 받아들이는 것이 유리한지에 대한 여부이다.

고온습윤한 환경에서 사람을 통과하는 기류는 쾌적성을 향상시킨다. 건조한 환경에서는 일반적으로 바람의 건조효과 또는 먼지함량을 중심으로 한 논쟁이 있다. 이러한 지역적 이슈가 있을 때는 외부공간을 환기시키면서 먼지를 줄이는 전략을 사용하도록 한다. 저자의 경험으로는 가벼운 미풍은 매우 큰 증발 또는 발한을 유도하기 때문에 보통 고온건조한 환경에서 바람직하다. 따라서 일반적으로 고온건조기후에서 극도로 더운 바람은 배제하지만, 적절한 미풍은 권장한다.

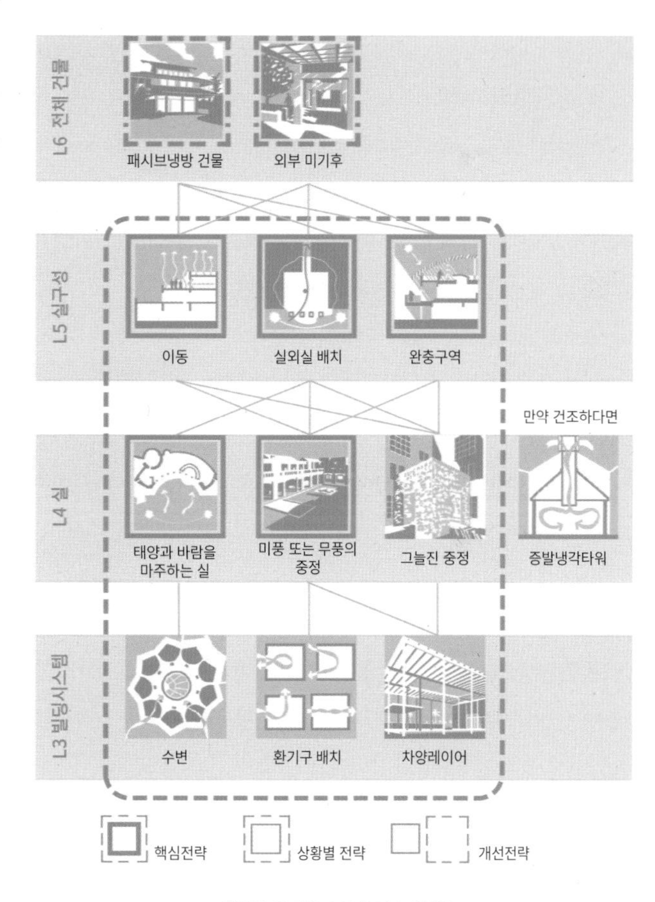

<「외부 미기후」: 고온기후 번들>

• **고온기후의 상황별 전략**

「그늘진 중정」은 건물이 실외실과 외벽에 그늘을 만드는 비율을 정하도록 돕는다. 좁고 높은 마당은 더 많은 그늘을 만들지만 바람흐름을 줄인다. 일반적으로, **기업가정신 개발연구소**[58]처럼 아케이드와 차양레이어가 결합되어 바람을 받아들이는 넓은 마당은 습윤기후에 더 적합하다(「미풍 또는 무풍의 중정」). 건조한 기후에서는 더 좁고 높은 마당, 특히 동-서향의 마당이 더 적합하다. 이는 환기를 유도하기 위해 햇빛이 잘 드

58) Entrepreneur Development Institute, Ahmedabad, India, Bimal Patel, 1987

는 마당과 결합되는데, 호주의 **엘리스 스프링 하우징**[59]에서 나타난다(「미풍 또는 무풍의 중정」).

「수변」은 건조기후에서 습도를 증가시키는 데에 가장 유용한 전략이다. 연못은 낮에는 "냉각섬(cool island)" 효과가 있으며, 비교적 밀폐된 공간에서 사용될 때는 증발냉각이 가능하다.

「환기구 배치」는 많은 디자이너가 이 중요한 전략을 간과하지만, 실내와 실외실 모두에서 적절한 공기배분을 위해 중요하다. 이 전략은 급기구와 배기구의 배치를 돕는다.

「차양레이어」는 지정된 음영기준 동안 오픈스페이스에 그늘을 제공하도록 오버헤드 차양의 크기를 조정하는 데 도움이 된다. 또한, 이것의 수평적인 요소 또한 「그늘진 중정의 수직적 요소」와 결합될 수 있다.

• 고온기후의 사례

계절에 따라 건조기후에서 습윤기후로 바뀌는 인도의 아메다바드의 고온복합기후에서 건축가는 **환경교육센터(CEE)**[60]에 열적 오아시스를 디자인했다.[61] 놀랍도록 다양한 실외실들은 산마루를 따라 연속된 마당들로 구성되며, 대지를 관통하여 조망이 된다. 일별 및 계절별 「이동」의 풍부한 기회를 제공하고 양지바른 옥상테라스, 퍼걸러[62]로 덮힌 마당, 나무가 줄지어진 마당, 「완충구역」 역할을 하는 그늘진 현관이 포함된다. 습윤한 계절을 위해 「미풍의 중정」은 상부의 「차양레이어」로 보호되며, 대부분의 주요 외부동선에서도 사용된다. 실외실은 수직음영으로

<환경교육센터>

59) Alice Springs Housing, Alice Springs, Australia, Mareuil Aitchison
60) CEE: Center for Environmental Education, Ahmedabad, India, Neelkanth Chhaya and Kallol Joshi Architects, 1990
61) Chhaya, 1990
62) 퍼걸러(pergola)는 정원에 덩굴식물이 타고 올라가도록 만들어 놓은 아치형 구조물임.

작동하는 건물과 수평면에서 음영을 만들기 위해 건물 가장자리에서 나무, 퍼걸러, 격자구조물이 결합되어 「그늘진 중정」이 된다. 벽과 지붕의 단면은 지붕 가장자리에 덩굴식물을 심기 위해 우아하게 디자인되어, 캔틸레버된 격자구조물에 인접한 내부고정 그늘을 형성한다. 많은 마당들이 미풍을 향해 열려 있는 코너를 가진다(「태양과 바람을 마주하는 실」). 그리고 전체적으로 녹화된 복합건물은 바람이 불어오는 방향으로 낮은 건물이 조합된 비교적 「분산된 건물」의 형태로 나타난다. 생활가능한 외부공간이 내부공간과 같게 보이도록 디자이너는 기후와 문화에서 생성된 건축언어를 만들었다.

<환경교육센터, 입구>

2. 냉대기후의 「외부 미기후」 번들

이 번들의 핵심전략은 더운 조건과 추운 조건을 모두 포함하지만, 디자이너의 선택은 반대이다. 그 예로 더 따뜻한 이동공간을 디자인하고, 햇빛이 잘 들고 바람을 잘 막아주는 실외실을 배치하며, 태양보다는 냉기로부터 완충공간을 만드는 것을 들 수 있다.

이 번들의 핵심전략 외에도, 변형은 냉대기후 또는 겨울에 적용가능한 3가지의 새로운 전략들을 추가한다.

「겨울에 적합한 중정」은 건물단지 또는 마을을 위한 단일한 실외실로 사용된다. 이 전략은 바람을 막고 따뜻한 햇빛이 잘 드는 보호공간을 만들기 위해 건물의 모양과 방향을 결정하게 한다. 「겨울에 적합한 중정」은 「이동」 공간을 만드는 데 도움을 준다. 또한 더 상위전략인 「실외실 배치」는 다른 계절에 「겨울에 적합한 중정」과 실외실의 위치를 정하는 데 도움이 된다.

「썬스페이스」는 패시브솔라 난방시스템에서의 역할 외에도, 특정한 기간 동안 거주할 수 있는 공간이며 특수한 완충구역이다. 때로는 기온이 쾌적구역 위(화창한 날)에, 때로는 쾌적구역 안(겨울아침)에, 때로는 쾌적구역 아래(일반적으로 야간)에 있다. 반면에 썬스페이스는 항상 겨울의 추운 외부보다 따뜻하다. 또한 썬스페이스의 일교차는 내부보다는 크지만 외부보다는 작다.

「바람막이」는 온도가 낮을 때에 외부 미기후에서 특히 중요하다. 「생체기후도」는 쾌적구역에 속할 때에 바람이 차단된다고 가정한다. 그렇지 않을 경우에 온도가 떨어지고, 심지어 온화한 기후환경도

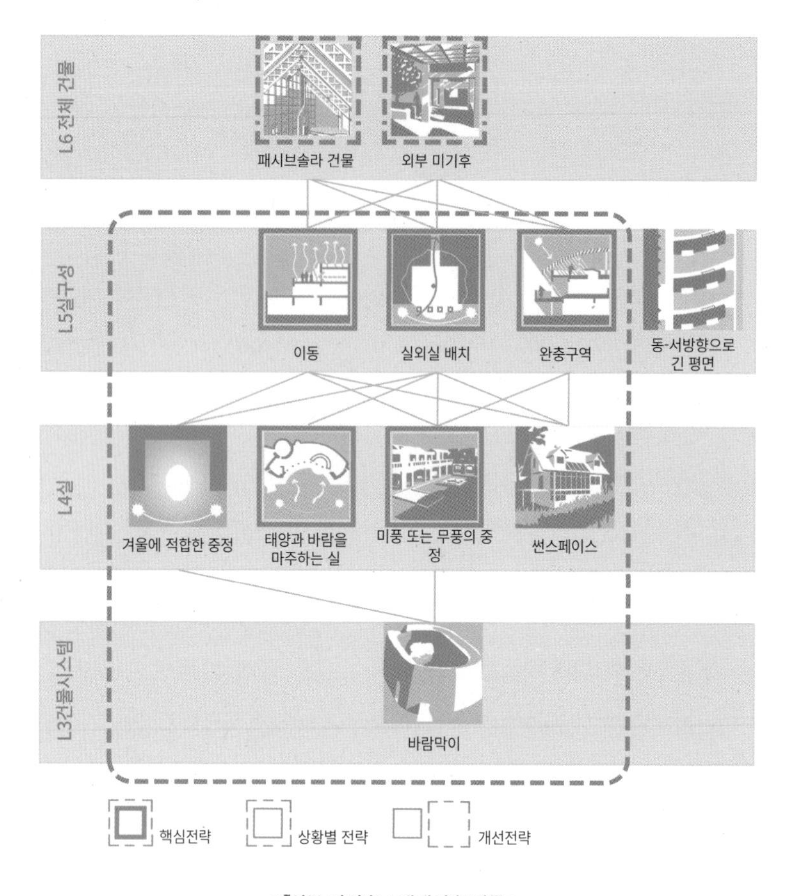

<「외부 미기후」: 냉대기후 번들>

춥게 느껴지게 된다. 바람막이는 건물, 벽, 울타리, 식생이 가능하다; 다양한 종류로 「겨울에 적합한 중정」과 무풍의 중정을 만들도록 돕는다(「미풍 또는 무풍의 중정」).

• **냉대기후의 사례**

건축가 브라이언 맥케이-리옹스가 설계한 주택들은 해양성 냉대기후에 위치하며, 외부 미기후를 조정하기 위하여 건물과 외부공간을 디자인한 좋은 사례들이다. **쿠처 하우스**[63]의 중정은 37m의 긴 콘크

63) Kutcher House, Herring Cove, Nova Scotia, Canada, Brian Mackay-Lyons, 1998

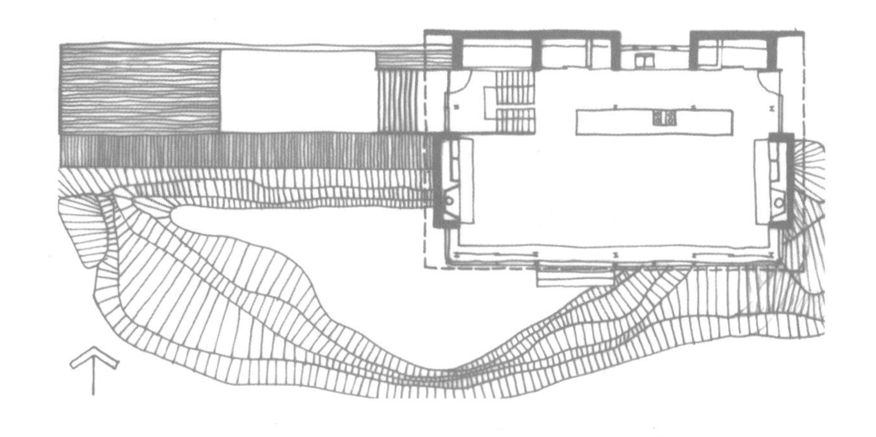

<쿠처 하우스>

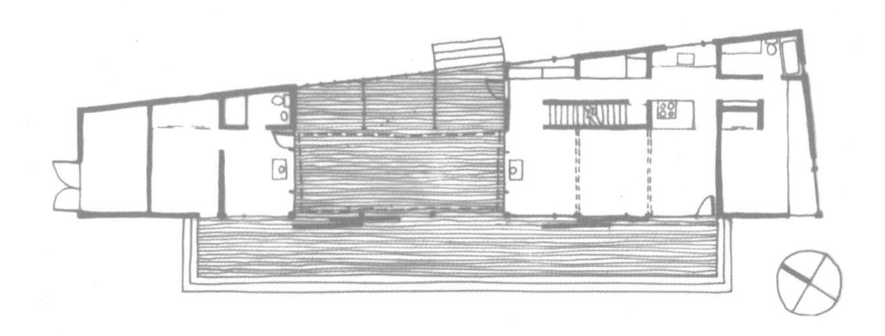

<메신저 하우스II>

리트 벽으로 보호된다.[64] 이와 거의 비슷하게 길지만, 낮은 화강암 바위는 남향면을 보호하여「겨울에 적합한 중정」을 형성한다. **메신저 하우스II**[65]는 주광지붕으로 실외실을 덮고, 주동과 손님동 사이를 둘러싸며, 햇빛이 잘 드는 남서쪽 데크를 넓히고, 바람 울타리로 북서쪽 공간을 부분적으로 닫았다.[66] 그리고 대형 슬라이딩 문은 햇빛과 바람으로부터 보호한다.

64) Carter, 2001; Quantrill, 2005
65) Messenger House II, Upper Kingsburg, Nova Scotia, Canada, Brian Mackay-Lyons, 2003
66) Canadian Architects, 2002; Quantrill, 2005

바람이 부는 언덕 꼭대기에 위치한 **힐하우스**[67]는 집과 창고와 같은 구조 사이에 중정을 두는데, 다른 두 면을 보호용 콘크리트벽으로 감싸고, 중정을 가로지르며 조경을 조망하기 위한 개구부를 배치했다.[68]

<힐하우스>

67) Hill House, Nova Scotia, Cadana, by Brian Mackay-Lyons, 2004
68) Kolleeny, 2005; Architectural Review, 2004; Quantrill, 2005

B9 「반응형 외피」는 태양, 빛, 공기움직임의 변화패턴에 적응함으로써 쾌적성과 에너지 사용을 조절한다.[난방, 냉방, 환기, 조명, 전력]

주요관점(KEY POINTS)

- 향은 개구부, 차양, 전력생산에 큰 영향을 미친다.
- 상황에 따라 조명, 냉방 또는 난방이 개구부 크기를 결정한다.
- 개구부 크기가 상충할 때, 기능들이 특수한 개구부들로 분리될 수 있다.
- 외피에 축열체의 배치여부에 대한 선택은 디자인에 주된 영향을 미칠 수 있다.

맥락(CONTEXT)

각 번들은 복잡도의 다음 단계에서 하나 이상의 상위전략을 세우는 데 도움이 된다. 이 번들의 전략은 「주광실 형태」를 구축하는 데 도움이 된다. 이러한 전략은 난방과 냉방을 모두 다룰 수 있기 때문에, 이는 하나 이상의 난방 또는 냉방 전략을 세우는 데 도움이 된다(참고: 상황별 번들 다이어그램).

영향을 주는 요인(FORCES)

기후외피의 본질적인 문제는 여러 기능들 간의 긴장과 시간에 따른 설계기준의 가변성 때문에 존재한다. 대부분의 건물에서 외피는 전도에 의한 열흐름에 견뎌내고, 주광을 수용하고 제어해야 하며, 태양열을 모으거나, 냉방을 위해 외기를 수용해야 한다. 또한 대부분의 경우에 외피는 신선한 공기를 받아들인다. 과열되는 기간의 유리면에는 차양이 필요하며, 극도로 더울 때는 단열되는 불투명한 요소에도 차양이 필요하다. 이러한 공통된 여러 가지 목표들을 다양한 온도, 습도, 복사, 휘도, 바람, 태양각에 걸쳐 계절별과 일일 변동성의 동적인 기후와 결합한다. 개구부의 크기는 ① 주광, 환기, 또는 태양열난방이 지배하는지 여부, ② 개구부가 분리 또는 결합되는지 여부, ③ 환기와 솔라개구부가 실내에 빛을 수용하는지에 따라 달라질 수 있다.

최대 요구되는 개구부	가능한 통합설계 대응
난방	• 주광을 위한 직접획득 개구부를 제한한다. • 주광을 적게 받거나 받지 않는 다른 태양열 전략으로 직접획득실을 추가한다. • 여름에는 솔라개구부를 그늘지게 하거나, 열획득으로부터 완전히 차단한다(예: 별도로 환기되는 썬스페이스 또는 열저장벽). • 작은 솔라개구부를 통해 겨울 열획득을 높이기 위해, 계절별 솔라반사경을 사용한다.
환기	• 불투명한 덮개가 있는 개구부, 간접 또는 칸막이(baffle)가 있는 통로, 바닥개구부, 저반사 루버를 사용하여 솔라개구부와 주광개구부로부터 환기를 분리한다. • 열과 빛의 획득을 줄이기 위해 환기구를 완전히 그늘지게 한다. • 완전히 개폐가능한 주광개구부와 솔라개구부를 선택한다(차양식 창보다는 여닫이 창).
주광	• 남향 정면에는 직접획득 솔라개구부를 사용한다. 주광개구부를 난방에 필요한 것으로 제한하다. • 환기조건을 충족시킬 수 있는 고정창 대비 개폐가능 창의 비율을 적용한다(비용절감). • 외부 주광반사를 사용하여 필요한 주광개구부의 크기를 줄인다.

<개구부 크기 문제에 대응하는 디자인>

권장사항(RECOMMENDATIONS)

- **4장 "번들에 대하여"의 표 <기후와 내부열획득에 의한 번들변형>을 이용하여 이 번들의 기후에 따른 변형이 건물에 가장 적합한지, 그리고 해당 기후에서 상황이 "중대한지"를 결정한다(예를 들면, H2 또는 C2).**
- **「솔라개구부」와 「환기구」를 사용하여 각 향에 대해 난방, 냉방, 환기를 위한 개구부 크기 설정이 결정된다. 표 <개구부 크기 문제에 대응하는 디자인>을 참고한다.**
- **패시브 HCLV[69] 문제를 해결한 후, 남향의 지붕 및 정면에서 「태양광전지(PV) 지붕과 벽」의 크기와 위치를 지정하여 「넷-제로에너지 균형」 기준을 충족하거나 초과한다.**

핵심전략(CORE STRATEGIES)

기후변화적으로 반응하는 건물외피에 광범위하게 적용되는 5가지 전략이 있다. 각각은 매우 중요해서 하나라도 무시하면 반응형 외피는 실패한다.

「적절히 배치된 창」: 난방과 냉방이 필요한 계절 모두에 대해, 태양과 바람에 의한 대지의 영향을 기준으로 각 향의 창크기를 고려해야 한다.

「분리 또는 결합된 개구부」: 외피의 모든 개구부는 환기, 빛, 태양열 획득에 특화되어 있거나 동시에 여러 가지 역할을 수행할 수 있다는 것을 인식한다.

69) 난방, 냉방, 조명, 환기, Heating, Cooling, Lighting, Ventilation의 약자. 이하 HCLV

「외피두께」: 기후와 건물유형에 따른 단열재의 두께를 권장하여, 외피에 더 크거나 적은 전도부하를 만든다. 외피부하중심(SLD) 건물과 냉대기후에서 더 많은 단열이 필요하다.

「주광개구부」: 기후에 존재하는 외부주광 자원뿐만 아니라, 외피로 둘러싸인 실의 내부조명 요구조건을 기반으로 디자인된 크기의 개구부를 만드는 데 도움이 된다.

「창과 유리의 종류」: 창을 선택할 때에 고려할 중요한 열과 빛의 특성에 대한 권장사항을 제시한다.

모든 전략을 위한 개선전략(REFINERS)

다음은 모든 기후의 모든 외피에 권장되지만, 외피의 모든 향에 권장되지는 않는다:

「태양광전지(PV) 지붕과 벽」: 전력생산을 위한 PV는 남향 경사지붕에서 가장 효율적이다. 또한, 비례상 더 큰 PV 배열이 남향벽과 평지붕에서 사용될 수 있다. 남향벽에서 솔라개구부, 숨쉬는 벽, 공기식 집열기를 고려하면서 동시에 적합한 PV 설치장소를 찾아야 한다. 그런데 「태양열온수」 집열기를 위해 충분한 공간을 확보해야 한다는 것을 기억해야 한다.

「태양열온수」: 온수를 가열하기 위한 집열기는 남향지붕에서 가장 효율적이다. 또한, 비례상 더 큰 집열기가 남향벽과 평지붕에서 사용될 수 있다.

상황별 전략

고온습윤기후, 고온건조기후, 냉대기후에 따른 변형

번들은 난방, 냉방, 또는 둘의 조합에 대한 필요성 및 건조 또는 습윤의 기후상황에 따라 달라진다. 번들 다이어그램은 3가지 변형을 보여준다: **"냉대기후"**, **"고온건조기후"**, **"고온습윤기후"**. 계절에 따라 난방에서 냉방으로 전환되는 온대기후의 경우에 **냉대기후**와 **고온건조** 또는 **'고온습윤'** 번들변형을 조합하여, 프로젝트에 특화된 번들을 구성해야 한다(**"기후에 따른 탐색"** 부분의 **'기후와 내부열획득에 의한 번들변형'**을 참고한다). 실제로, 미국 대부분의 대륙성기후는 냉방과 난방의 조합을 요구한다. 미네아폴리스와 보스턴이 냉방기간이 짧은 반면 피닉스와 마이애미는 난방기간이 짧다.

기후와 용도 조합을 위해 어떤 번들변형을 사용할지 선택하려면, **"기후에 따른 탐색"** 부분의 **'기후와 내부열획득에 의한 번들변형'**을 참고한다.

1. 고온습윤기후의 「반응형 외피」 번들

고온습윤기후의 「반응형 외피」 번들은 태양열 획득을 감소시키고 환기를 유도하는 데 중점을 둔다.

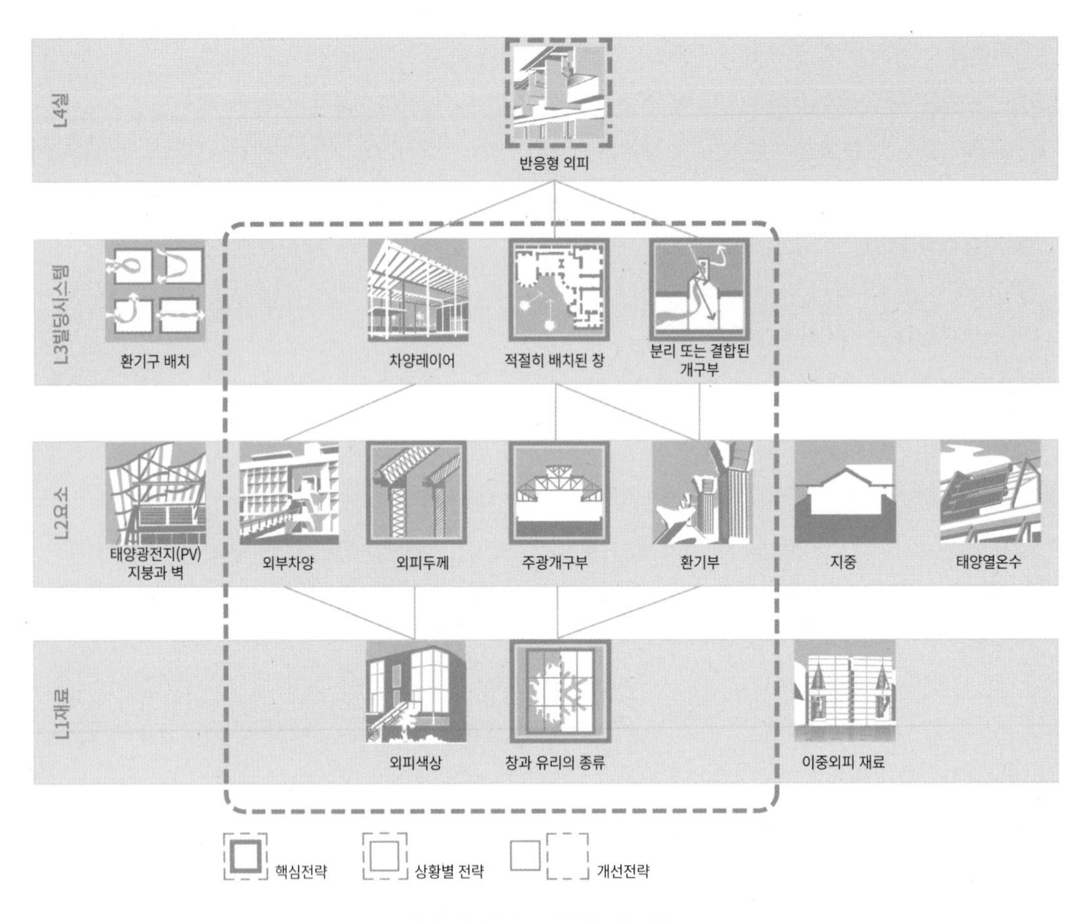

<「반응형 외피」: 고온습윤기후 번들>

• **맥락**

번들의 고온습윤 변형은 「맞통풍」과 「연돌환기실」을 구축하는 데 도움이 되며 둘 다 권장한다. 패시브냉방을 위한 선택사항은 습윤기후에서 더 제한적이지만, 대부분의 고온습윤기후에서 「야간냉각체」는 냉방하는 일부 몇 달 동안 작동한다. 경우에 따라, 번들은 도시환경의 변형인 「윈드캡처」 또는 일부 고온습윤기후에서 작동하는 「옥상연못」을 지원한다. 맥락을 결정하는 데 도움이 되도록 「패시브냉방 건물」 번들을 참고한다.

• **고온습윤기후의 상황별 전략**

모든 「반응형 외피」에 적용가능한 5가지 핵심전략 외에도, **고온습윤** 번들은 다음과 같은 상황별 전

략을 추가하여 고온습윤기후에서 대부분의 건물에 적용될 수 있다:

「차양의 레이어와 외부차양」: 높은 태양열 부하를 줄이고 패시브냉방을 가능하게 하려면 외부차양이 필요하다. 간절기를 위해 고정된 「외부차양」은 가동형 외부차양 또는 가동형 「내부 및 중공차양」과 결합된다.

「환기구」: 자연환기만으로 수개월의 냉방부하를 해결할 수 있다. 많은 고온습윤기후에서는 일 년 중 몇 주를 제외하면 대체로 온난하다. 극한기간에는 「맞통풍실」과 「연돌환기실」이 「야간냉각체」를 돕는다.

「외피 색상」: 외피의 색과 재료는 태양열 획득을 줄이고, 흡수열을 빠르게 방출하여 쾌적성에 기여한다.

• **고온습윤기후의 개선전략**

「지중」: 옥상정원과 지중복토벽(earth-berm walls)은 외피의 태양열 획득을 줄이거나 없앤다. 고온습윤기후에서 지면은 과도한 열을 흡수할 수 있는 방열판이다. 만약 여름의 결로와 환기문제가 해결된다면, 이는 우수한 냉방전략이 될 수 있다.

「이중외피 재료」: 고온습윤기후는 여름에(또는 열대기후에서는 일 년 내내) 강렬한 동향, 서향 및 머리 위쪽으로부터 수직 방향의 태양이 내리쬔다. 환기가능한 이중외피 전략은 특히 이 기후에서 효과적이며 불투명한 외피에 가해지는 태양열부하를 제거할 수 있다.

「환기구 배치」: 습윤기후의 냉방은 필요한 시간과 장소에 공기를 움직이게 하는 것이다. 이 전략은 실내풍속을 증가시키고, 자연환기가 되는 실에서 공기가 정체되는 영역을 줄인다.

「축열체 배치」: 「야간냉각체」를 위해 열을 흡수하고 야간환기로 냉방할 수 있는 넓은 표면적의 축열체가 필요하다.

• **온난습윤기후의 사례**

글렌 머컷은 온난습윤한 호주[70]의 일라루에 위치한 **아서&이본 보이드 교육센터**[71]를 설계하였다. 햇빛이 잘 드는 게스트룸의 북향벽은 그늘, 태양, 빛, 환기, 조망이 잘 조합되었다.[72] 깊게 돌출된 지붕과 루버의 조합은 캔틸레버된 침실 알코브(alcove)에 그늘을 제공하며 실내로 빛을 반사시키고 미풍을 끌어들일 뿐만 아니라 조망을 제공해준다(「외부차양」, 「태양반사광」). 공간 깊숙이 빛을 유도하도록

70) 호주는 남반구에 위치하여서 태양이 북향에 있음.

71) Arthur and Yvonne Boyd Education Centre, Illaroo, New South Wales, Australia, Glenn Murcutt, 1999

72) Murcutt, 2006; Drew, 1999; Fromonot, 2000, 2003

높게 배치된 창은 낮은 조망창과 마찬가지로 고정되었고(「주광개구부」), 겨울에는 태양열이 북향벽에서 들어온다(「솔라개구부」).

벽의 중앙부는 개폐가능한 불투명 목재패널로 구성되는데, 패널을 활짝 열어서 환기를 최대한으로 할 수도 있고, 패널을 닫고 작은 환기패널을 열 수도 있다(「환기구」). 조망, 빛, 태양, 환기의 기능은 개인이 조절할 수 있도록 분리되어 있다(「분리되거나 결합되는 개구부」). 돌출된 옆면은 동-서향의 태양에 대하여 불투명하며 북측의 낮은 벽면과 함께 단열된다(「적절히 배치된 창」, 「외피두께」). 「반응형 외피」는 기계식 냉난방시스템이 필요 없는 건물이 될 수 있도록 도와준다.

<아서&이본 보이드 교육센터>

2. 고온건조기후의 「반응형 외피」 번들

고온건조기후 번들은 태양열 획득을 감소시키고 열적 지연(thermal log)과 야간환기를 위한 주간 열획득을 저장하는 것에 중점을 둔다.

• 맥락

고온건조기후 번들은 「야간냉각체」와 「맞통풍실」 또는 「연돌환기실」 중 하나, 때로는 이 2가지 모두를 구축하는 데 도움이 된다. 건조기후에서 패시브냉방을 위한 선택사항은 많다. 경우에 따라, 이 번들은 도시환경의 변형인 「윈드캡처」를 지원한다. 또는 고온건조기후에서 적합한 「증발냉각타워」나 「옥상연못」을 지원한다. 맥락을 결정하는 데 도움이 되도록 「패시브냉방 건물」 번들을 참고한다.

• 고온건조기후의 상황별 전략

모든 「반응형 외피」에 적용가능한 5가지 핵심전략 외에도 '고온건조기후' 번들변형은 다음과 같은 전략을 추가하여 대부분의 고온건조기후 건물에 적용한다:

「축열체 배치」: 「야간냉각체」를 보완하기 위해, 열을 흡수하고 야간환기로 냉방될 수 있는 넓은 표면적의 축열체가 필요하다. 냉방을 위해 축열체는 천장이나 벽에 배치하는 것이 가장 적절하다.

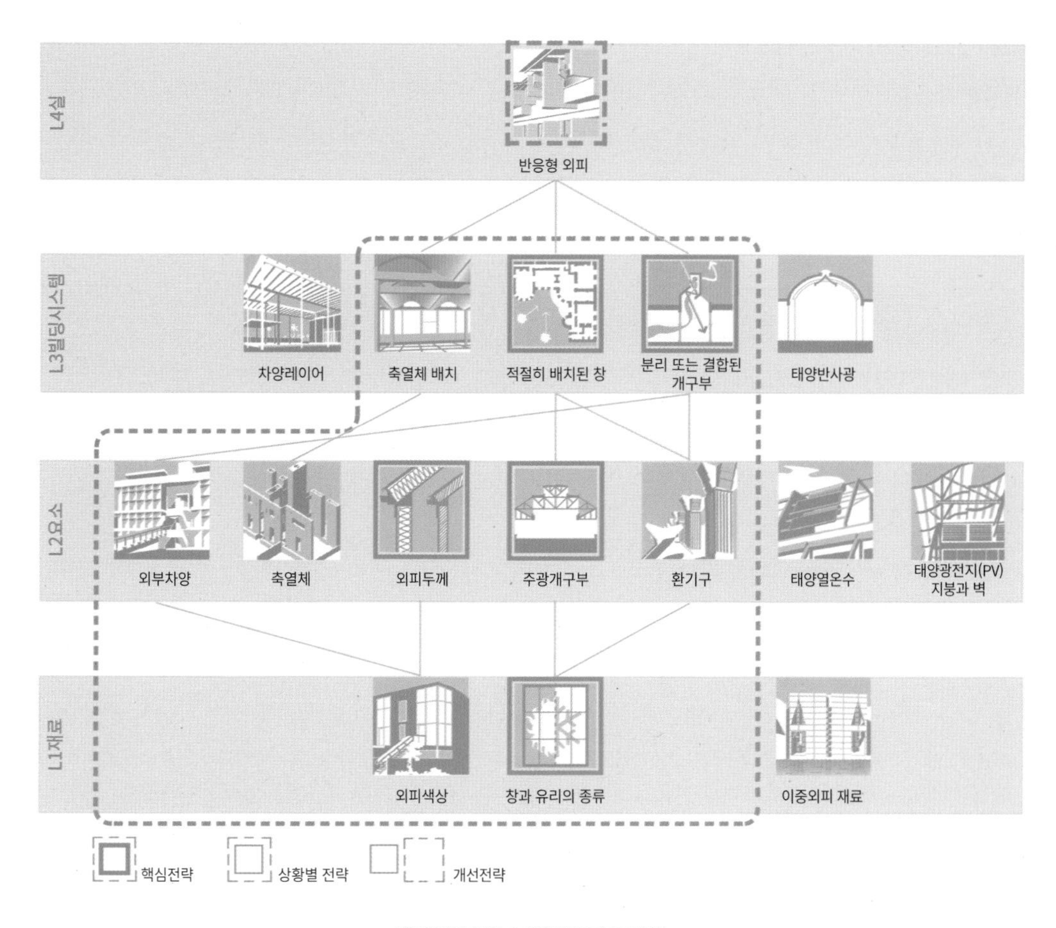

<「반응형 외피」: 고온건조기후 번들>

「축열체」: 충분한 냉기를 저장할 수 있도록, 축열체 표면의 크기를 설정해야 한다. 이 면적은 바닥면적의 2배인 경우가 많으므로, 일부 또는 전체 축열체는 외피에 위치할 것이다.

「외부차양」: 높은 태양열부하를 줄이고 패시브냉방이 가능하려면 외부차양이 필요하다. 고정형 「외부차양」은 간절기 동안 가동형 외부차양이나 가동형 「내부 및 중공차양」과 조합된다.

「환기구」: 자연환기만으로 수개월의 냉방부하를 해결할 수 있다. 대부분의 고온건조기후에서는 몇 주를 제외하면 대체로 온난하다. 극한기간에는 「맞통풍실」과 「연돌환기실」이 「야간냉각체」를 돕는다. 「증발냉각타워」가 있는 건물의 환기구는 배기구로만 사용된다.

「외피 색상」: 다른 기후보다 고온건조기후에서 외피의 색상과 재료는 태양열 획득을 줄이고, 흡수열을 빠르게 방출하여 쾌적성에 기여한다.

• 고온건조기후의 개선전략

「태양반사광」: 고온건조기후는 대체로 맑고 밝은 하늘이기에 직사광과 밝은 하늘로 인해 열획득이 많다. 반사광전략을 사용하여 열기가 없는 주광을 제공할 수 있으며, 빛이 더 분산된 흐린 하늘보다 고온건조기후에서 잘 작동한다.

「이중외피 재료」: 고온습윤기후는 여름에(또는 열대기후에서는 일 년 내내) 강렬한 동향, 서향, 머리 위에서 내리쬐는 태양이 있다. 환기되는 이중외피 전략은 특히 이 기후에서 효과적이며 불투명한 외피에 대한 태양열부하를 제거한다.

「주광 향상 차양」: 잘 계획된 패시브냉방 건물에는 밝은 외부하늘 때문에 현휘 문제가 발생될 수 있기에 광범위한 외부차양이 있다. 이 전략은 그늘과 주광 사이의 문제를 해결한다.

• 고온건조기후의 사례

누말로 하우스[73]는 남아프리카공화국[74] 요하네스버그의 햇빛이 잘 드는 반건조기후에 위치한다. 양지바른 북측면은 윗층의 유리면을 보호하는 깊은 처마와 아랫층의 루버형 통풍구와 외부 격자구조물로 구성된다(「환기구」, 「차양레이어」).[75] 대부분의 개구부는 쉽게 그늘지는 북쪽과 남쪽면에 위치하며, 동쪽과 서쪽의 창은 작다(「적절히 배치된 창」). 「환기구」는 최상층의 작은 차양창과 아랫층의 높은 루버로 제공된다. 더 많은 기류가 필요한 경우에 최상층의 큰 차양창과 격자구조물 아래의 유리문

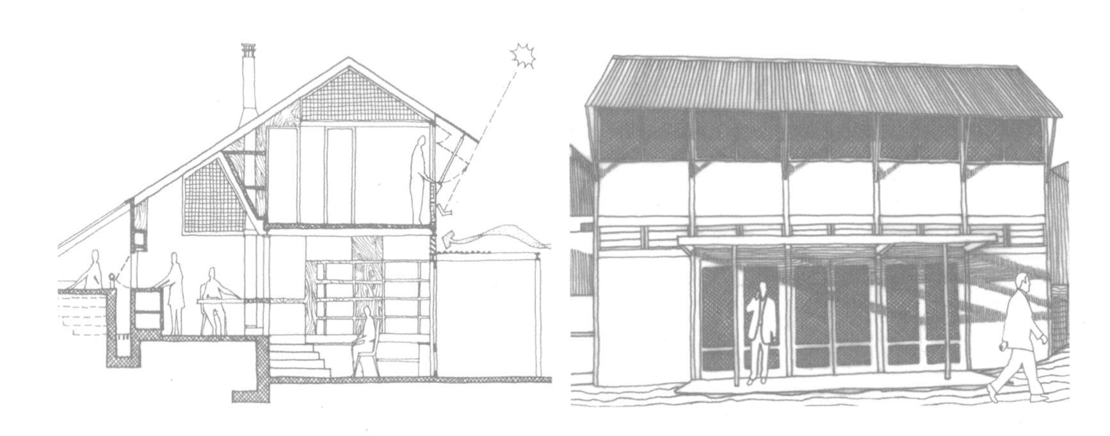

<누말로 하우스>

73) Nxumalo House, Johannesburg, South Africa, Jo Noero, 1988

74) 남아프리카공화국은 남반구에 위치하여서 태양이 북향에 있음.

75) Neoro Wolff, 2012

이 사용된다. 주광은 윗층의 완전히 그늘진 투명창, 격자구조물 위의 루버형 개구부, 격자구조물 아래의 큰 창으로 들어온다(「주광개구부」). 벽의 그늘지지 않은 부분은 단열되고 불투명하다(「외피두께」). 겨울은 화창하지만 온난하기 때문에, 태양고도가 낮을 때에 부분적인 햇빛이 허용된다(「솔라개구부」). 건축가 글렌 머컷의 건물과 달리, 각 개구부는 여러 가지 목적을 수행한다(「분리 또는 결합된 개구부」). 「외피 색상」은 저층부의 흰색 스터코와 2층 창문 아래의 천연목재로 구성되어 있다. 창은 적절하게 그늘져 있어서, 열기가 없는 주광을 유입하기 위해 투명유리로 만들 수 있다(「창과 유리의 종류」). 깊은 차양은 대부분의 실내광이 「반사광」에서 비롯됨을 의미한다. 「축열체」는 북측외피가 아닌 다른 향의 매시브한 바닥과 「지중」에 위치한다.

3. 냉대기후의 「반응형 외피」 번들

냉대기후 번들변형은 주로 겨울철의 태양과 실내의 열을 모으고 유지하는 데에 중점을 둔다. 「주광개구부」는 「환기구」보다 크고, 남향에서 「솔라개구부」는 주광이나 환기를 위한 조건보다 크다.

• 맥락

냉대기후 번들변형은 「태양과 바람을 마주하는 실」과 「직접획득실」 또는 「열저장벽」을 만들도록 돕는다. 냉대기후의 주요 향은 겨울바람을 피하고 열을 모을 수 있는 겨울철의 태양방향이다. 여름철 미풍의 방향은 부차적이다.

• 냉대기후의 상황별 전략

모든 건물에 적용가능한 5가지 핵심전략 외에 다음 번들들을 추가한다:

「솔라개구부」: 남향 유리면과 패시브솔라 디자인을 이용하여 연간 태양으로부터 얻는 태양열의 양 사이의 일반적 관계를 설정한다.

「실내차양과 중공차양」: 여름에 냉방부하를 줄이고 에어컨 사용을 줄이려면 차양을 유념해야 한다. 솔라개구부와 주광개구부는 맑은 날에 쉽게 과열된다. 외부차양은 솔라유리에 부분적으로 그늘을 만들므로, 냉대기후에서는 실내차양을 자주 선택한다.

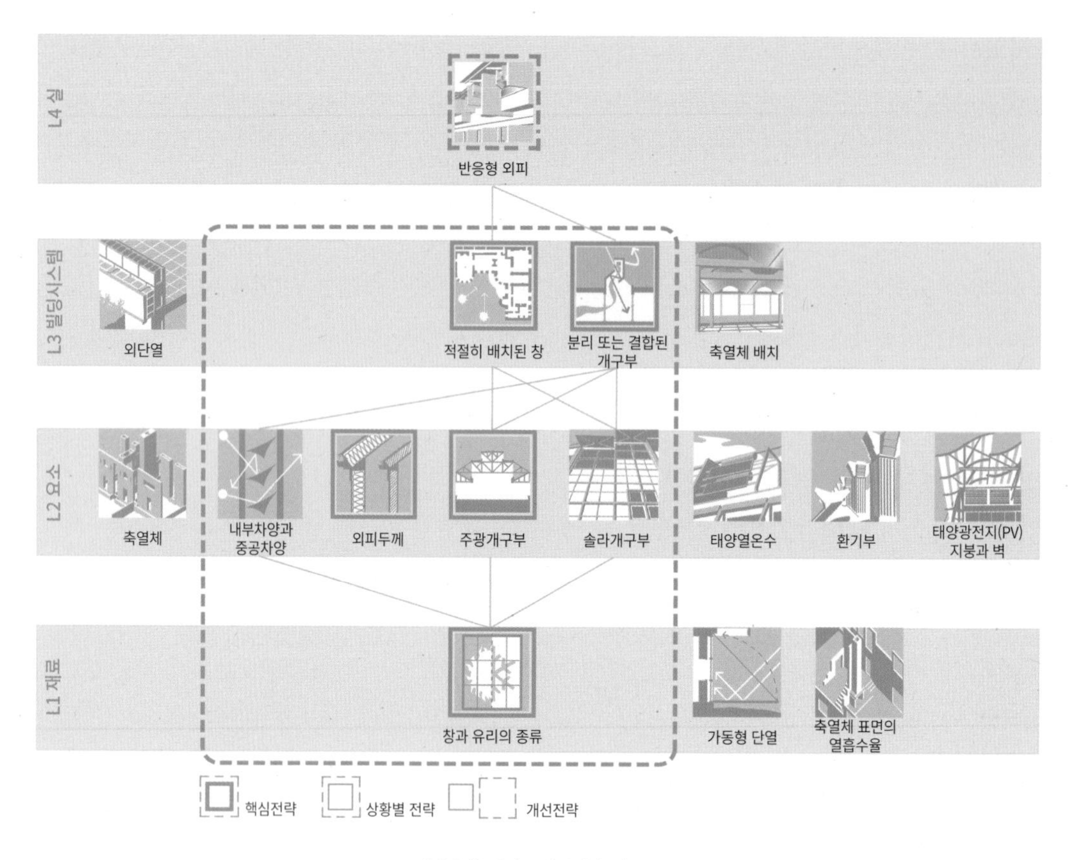

<「반응형 외피」: 냉대기후 번들>

• 냉대기후의 개선전략

「환기구」: 환기구는 맞통풍으로 열을 제거하도록 설계풍속을 기준으로 크기를 정한다. 또한 연돌환기로 열을 제거하도록 굴뚝높이를 기준으로 크기를 정한다. 일반적으로 주광과 일사획득에 적합한 크기의 창들은 환기를 위해서도 충분하므로 냉대기후의 개선전략이다.

「축열체」: 냉대기후에 필요한 솔라개구부가 더 커지면 열저장장치를 사용하지 않고도 과열 현상을 일으킨다. 경우에 따라 「직접적인 열획득」 또는 「열저장벽」을 위한 축열체는 외피에 배치될 수 있다. 축열체는 모든 패시브솔라 건물에서 중요하지만, 외피의 축열체는 덜 일반적이고 필수적이지 않기에 개선전략으로 포함되었다. 「축열체」가 사용될 때마다 「축열체 배치」와 「축열체 표면의 열흡수율」에 대한 전략을 참고한다.

「외단열」: 「직접획득실」의 「축열체」를 외피에 사용하는 경우에 항상 실내공기에 노출시키고 단열재로 감싸야 한다.

「가동형 단열」: 많은 냉대기후와 온대기후에서, 건물의 태양열난방 성능은 밤에 유리면을 단열시켜 크게 개선시킨다. 고성능 유리창, 반투명 단열재, 또는 반투명 상변화재료(PCM) 등 다양한 유형의 시스템이 가동형 단열처럼 대안으로 사용될 수도 있다.

• **냉대기후의 사례**

리빙 라이트 하우스[76]는 냉난방을 모두 다루도록 디자인되었지만, 추운 환경에 더 최적화되어 있다. 남쪽과 북쪽 모두에서 **스마트파사드(Smart Façade)**는 필름, 고단열(R-11) 내부유리, 단층의 외부유리로 구성된 역동적인 이중층(double layer) 시스템을 사용한다(「솔라개구부」; 「창과 유리의 종류」). 번갈아서 배치된 반투명 및 투명 유리패널은 재실자의 사생활을 보호하면서 조망을 할 수 있는 「주광개구부」의 역할을 한다.

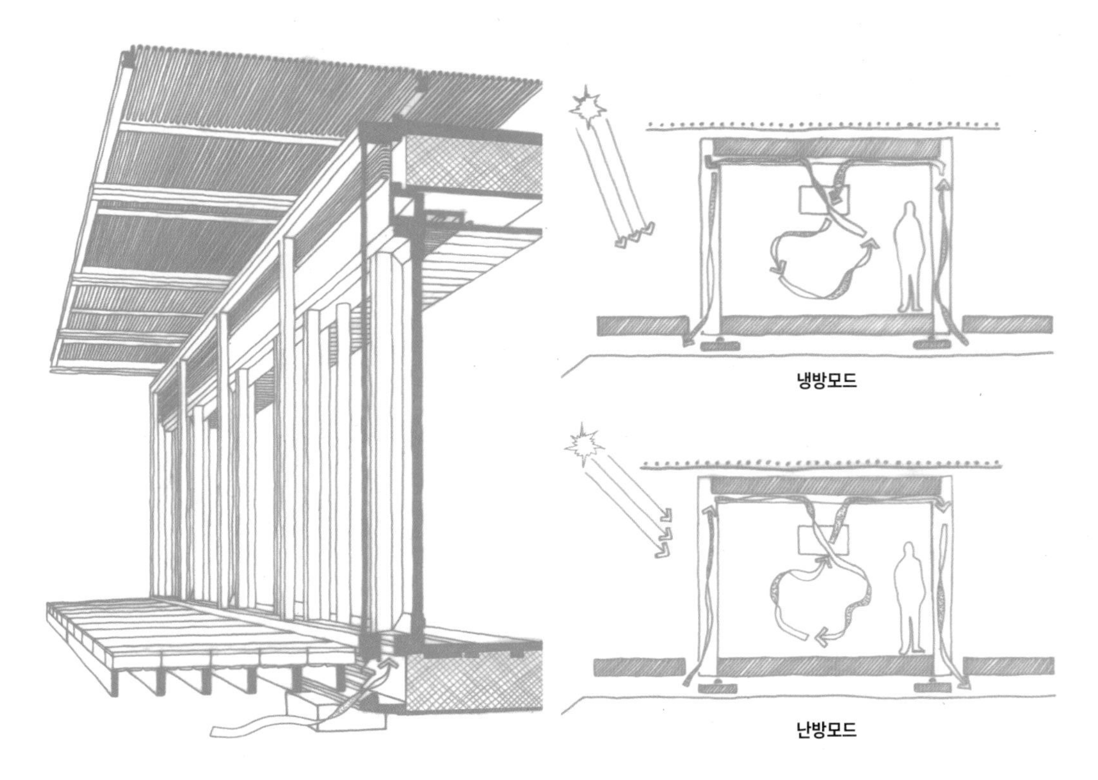

<리빙 라이트 하우스, 스마트파사드>

76) Living Light House, Solar Decathlon competition entry, Prof. Edgar Stach, Prof. James Rose, and University of Tennessee students, 2011(Stach and Rose, 2011; DOE, 2011; Caesly, 2011; Rybak, 2011; Hoyt, 2011)

원통형의 모듈로 구성된 「태양광전지(PV) 지붕」은 여름에는 유리를 보호하고 겨울에는 태양을 받아들이기에 적절한 크기의 「외부차양」을 형성한다. 2장의 유리 사이에 위치한 전동식 수평블라인드 시스템은 햇빛이 내부에 도달하기 전에 차단되고(「실내차양과 중공차양」), 겨울에는 태양복사열을 흡수하는 데 사용될 수 있다. 블라인드 시스템은 일 년 내내 적절한 빛과 그늘을 제공하도록 프로그램되며, 또한 필요시 사생활을 보호한다.

중공층(cavity)은 HVAC(냉난방공조시스템) 「공기흐름이 있는 창」에 통합되어 있으며, 따뜻한 공기가 추출되는 「열저장벽」과 태양이 직접 공간으로 전달되는 「직접열획득실」의 개구부로 복합적으로 구성된다. 추운 계절에는 수평블라인드의 검은 면이 남쪽 중공층 안에서 「축열체 표면의 열흡수」와 유사하게 태양복사열을 흡수한다. 외부공기는 루버의 아래쪽 「환기 개구부」를 통해 유입되고, 중공층에서 예열되어 에너지회수 환기장치(ERV)[77]로 보내진다(「환기구」, 「공기-공기 열교환기」). 실내로부터 배출되는 따뜻한 배기공기는 북쪽의 중공층을 통해 배출되어 전도성 외피의 열손실을 감소시키고, 아래의 다른 루버를 통해 밖으로 나간다(「공기흐름이 있는 창」, 「환기구」).

더운 계절에는 이 과정이 반대로 된다. 시원한 북쪽 중공층이 「공기흐름이 있는 창」의 급기구로 기능하면서 신선한 공기를 유입시키고, 이 신선한 공기를 ERV를 통해 실내의 배기공기로 미리 냉각시킨다. 또한 중공층의 온도를 낮추고 남쪽외벽을 통한 열획득을 감소시키도록 「공기흐름이 있는 창」이 기능하는 남향 전면외벽을 통해 공기를 배출한다. 외부온도와 습도가 적절한 경우에는 외벽에 개폐가능한 환기창을 열어서 신선한 공기가 실내로 유입되도록 한다(「환기구」). 이 모드에서는 「기계식 공간환기」를 위한 소형팬을 제외한 HVAC 시스템은 끈다.

주광, 태양열 획득, 환기, 냉방 기능은 때로는 「분리된 개구부」, 때로는 「결합된 개구부」로 처리된다. 대부분의 태양열은 블라인드를 올렸을 때에는 유입되고, 블라인드를 내렸을 때에는 중공층에서 갇힐 수 있는 반면에, 주광은 실내로 유입된다. 동일한 외피의 개구부들은 신선한 공기환기 및 환기냉방에 사용된다. 반면에 외기는 환기 및 냉방을 위해 내부공간의 내측창을 통해 직접 유입되거나 열회수와 환기를 위해 HVAC 시스템으로 연결된다.

77) 에너지회수 환기장치, Energy Recovery Ventilator, 이하 ERV

5 선호되는 디자인 도구들
(요약편)

본 책은 몇 분 이내에 이용가능한 예비디자인 전략들로 이뤄진 지식인데도 그 양이 방대하다. 저자는 기후에 대응하는 디자인 과정을 가능한 쉽고 명확하게 전달하고자 하였지만, 독자가 초보자가 아니라 어느 정도 건축과 에너지에 대한 기본지식을 가졌다는 가정하에 저술하였다.

5장은 저자가 가장 선호하는 유용한 디자인 방법들을 담았다. 일부 도구들은 자주 사용되기 때문에 관련 자료를 모두 찾지 않고도 쉽게 찾을 수 있도록 하였다.

본 장은 디자인 초기에 특정한 정보가 떠오르지 않을 때에 빠르게 결정을 내리는 데 도움을 주며, 대부분의 전략들은 신속한 결정도구 방식의 디자인 지침들을 제공한다. 복잡한 디자인의 경우에는 여러 변수들을 고정시키고 가장 중요한 건축적 변수들만 결정하도록 하여 단순화하였다. 따라서 독자는 반드시 가정조건에 대한 첨부글을 읽고, 그것이 본인의 계획과 잘 맞는지 확인해야 한다.

각 디자인 도구는 디자인 결정과 그에 따른 에너지나 조명의 성능결과를 묶어준다. 이 도구들은 신속성을 위해 정밀함은 약간 줄어들었다.

디자인 도구들은 **SWL 전자판**에 완전한 형식으로 전 내용이 수록되었으며, 컨텍스트에 대한 충분한 설명, 상황에서 작용하는 영향들, 여러 건축가들의 사례들도 포함한다. 본 인쇄본의 일부는 간결성을 위해 도구와 설명들을 요약하였다. 만약 디자인 도구를 처음 사용한다면, 먼저 **SWL 전자판**의 전체 전략들을 읽어보기를 권장한다. 컨텍스트와 적용을 이해한 후에 간략한 본 인쇄본이 참고자료로 잘 사용될 수 있을 것이다.

「주광외피」에서

14 「주광 이격각도」는 건물에 적절한 주광 확보를 보장하고 주광외피를 결정하기 위한 기준을 설정한다.[주광]

건물의 주광 확보는 주광을 사용하기 위한 전제조건이다. 고밀도의 컨텍스트에서 모든 건물에 주광 확보를 보장하려면 건물매스에 대한 규제가 필요하다. 휴 페리스의 **<1916년의 뉴욕 조닝에 대한 연구>**[1]는 빛과 공기에 대한 접근성을 보호하기 위해서 계획되었으며, 그의 책 **<내일의 대도시>**[2]에서 법의 영향을 예측하였다.

<1916년의 뉴욕 조닝에 대한 연구>

표 **<위도에 따른 주광 이격각도>**는 위도에 따른 최적 조건을 보여준다. 표는 각 위도에서 전형적인 담천공(흐린 날)[3]상태이며, 건물들이 연속된 열들로 있다고 가정한다. 표의 주광률은 실내에서 평균 215lux로, 즉 독서나 그리기와 같은 활동을 위해 「작업조명」이 필요한 적당한 수준의 전반조명을 제공하기에 충분하다. 저위도에서는 더 높은 수준의 외부조도를 일 년 내내 사용할 수 있는 반면에, 극지방에 가까운 고위도에서는 겨울철의 낮이 매우 짧아서 높은 수준의 실내주광이 일 년 내내 달성되기는 힘들다. 표는 연중(오전 9시~오후 5시)에 실내자연광이 215lux 이상인 시간의 백분율을 보여주며, 3가지의 각도(저, 중, 고)가 주어진다:

- **저**: 작은 이격각도(넓은 가로/낮은 건물)가 작은 창과 어두운(저-반사) 외벽과 연계가능
- **중**: 권장값. 중간 크기의 창과 밝은(조금 더 높은 반사) 외벽과 연계가능
- **고**: 큰 이격각도(더 좁은 가로/더 높은 건물)가 큰 창과 밝은(고-반사) 외벽과 연계가능

---

1) Hugh Feriss, Study of the 1916 New York Zoning
2) Hugh Feriss, The Metropolis of Tomorrow, 1928
3) 천공상태는 구름이 하늘전체를 덮은 %로 분류함.
청천공(clear sky): 0~30%, 부분 담천공(partly sky): 30~80%, 담천공(overcast sky): 80~100%

위도	주광률	H/W	최소 이격각도			연중 시간 % 오전 9시 ~ 오후 5시	비고
			저	중	고		
0~8	1.0	1.7~2.0	60	70	비권장	95	큰 창 (비권장)
12~16	1.0	1.7~2.0	60	70	비권장	90	큰 창 (비권장)
28~32	1.5	1.5~2.0	50	65	70	85	
34~38	2.0	0.8~2.0	39	60	65	85	
40~44	2.5	0.5~1.8	24	52	61	85	
46~48	3.0	0.4~1.5	22	45	56	85	
52	4.0	0.2~1.0	11	31	45	85	저-반사 외벽 (비권장)
56	4.0~5.5	0.3~1.0	비권장	23	37	80~85	저-반사 외벽 (비권장)
60	4.0~6.0	0.2~1.0	비권장	21	35	70~80	저-반사 외벽 (비권장)
64	4.5~6.0	0.2~0.8	비권장	18	32	60~70	저-반사 외벽 (비권장)
68	5.0~6.0	0.2~0.7	비권장	15	30	60~70	저-반사 외벽 (비권장)
70	6.0	0.2~0.5		11	24	60	저-반사 외벽 (비권장)

<다양한 위도에 따른 주광 이격각도>
(215lux의 실내밝기, 흐린날 기준)

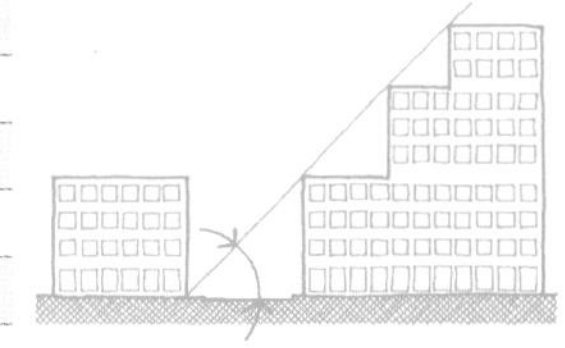

<이격각도>

표와 같이 저위도에서는 채광을 위해 큰 창이 권장되지 않으며 오히려 과도한 열획득과 현휘를 초래한다. 반면에 고위도에서는 저-반사 외벽이 권장되지 않는다.

기상상태, 위도, 표면반사율, 건물간격과 연속성, 건물형태와 높이 간의 관계는 복잡하다. 그리고 어떤 상황에서는 표의 이격각도는 필요 이상으로 제한적일 수 있다. 예를 들어 많은 저위도의 기후는 대체로 맑은 기상상태임을 고려하면, 이격각도는 일반적으로 필요 이상으로 더 제한적일 수 있다는 점을 유념한다. 하지만 디자이너는 흐린 하늘을 건물간격 및 창 크기의 설계조건으로 사용하는 동시에, 맑은 날에 과도한 태양열과 빛을 차단하기 위해 창문에 제어기능을 제공하는 것을 원할 수 있다(참고: 「주광가용성」). 「주광외피」는 인접한 건물과 대지의 주광 확보를 보장하면서 지을 수 있는 최대부피이다. 주광외피는 규범적 개발제어를 제안하며, 이에 대한 기하학은 그림 **<주광 확보 외피의 설정>**과 같다.

표에서 이격각도를 확인하여 주광외피를 만들 수 있다: 가로폭과 가로경계의 건물높이를 결정한다. 그리고 나서, 그림과 같이 하늘노출면을 가로의 반대편 바닥에서부터 다른 쪽 도로벽의 상단을 관통하게 놓는다. 이를 4면에 모두 적용하면, 모임지붕모양(hip-roof-shaped)의 피라미드가 가로경계벽으로 설정된 직육면체 위에 만들어진다.

이것이 주광외피이며, 창 밖으로 보이는 길 건너 건물이 지정된 벽높이 이상이 아니라면 주광 확보는 더 이상 영향을 받지 않는다. 천공휘도(sky luminance)는 위도에 따라 달라서, 동일한 효과를 위해서는 저위도보다 고위도에서 높은 주광률이 필요하다(참고: 「주광개구부」의 표).

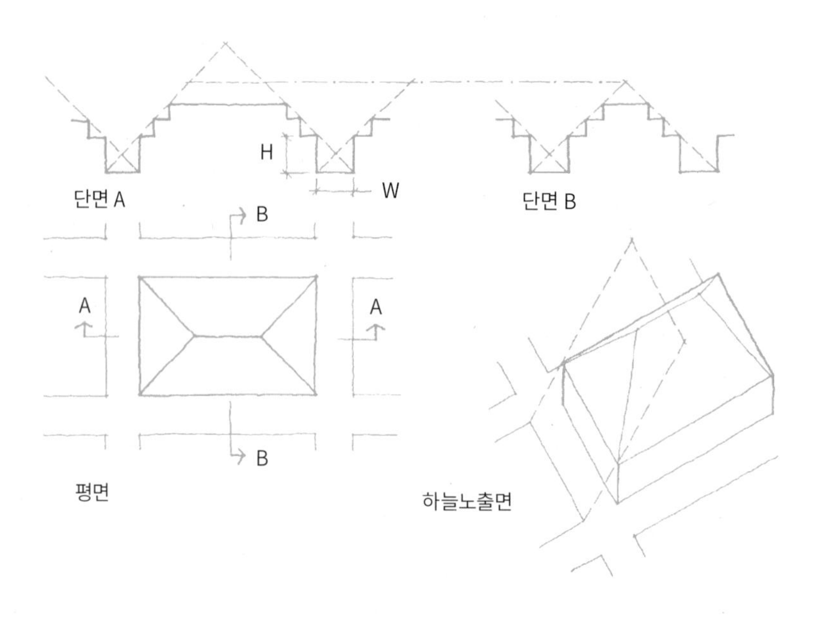

<주광 확보 외피의 설정>

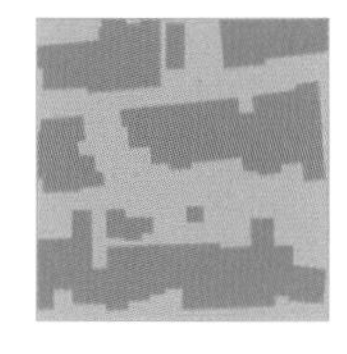

「동-서 축으로 긴 건물군」에서

20 「태양 확보를 위한 건물간격」은 남-북방향으로 이격된 건물열에 대한 겨울철 일사획득을 보장하기 위한 기준을 설정한다. [난방]

다른 건물들에 그늘지지 않고 햇빛이 들도록 건물위치를 정하는 것은 건물군의 형태와 배치의 결정에 중요한 영향을 미친다.

건물들 간의 적절한 간격은 저고도의 겨울철 태양각도에 의해 결정된다. 건물높이(H)에 표 <겨울철 태양확보를 위한 건물간격>의 X값을 곱하여 간격값(S)을 결정하면 건물군에 대한 겨울의 최적노출값이 도출된다(참고: 「동-서 축으로 긴 평면」).

표는 북반구의 위도 0~52°에서 12월 21일과 1월/11월 21일의 태양위치를 기준으로 한다. 고위도에서 한겨울 태양은 굉장히 낮거나 지평선 아래에 있기 때문에 겨울 내내 완전한 태양 확보는 거의 불가능하다. 따라서 위도 56~60°에서는 동짓달이 생략되었고, 위도 64~70°에서는 태양고도가 가장 낮은 겨울철 3달이 생략되었다. 가장 강한 주광은 오전 10시에서 오후 2시 사이에 나타난다(태양시).

오스트리아 린츠에 위치한 **솔라시티 필칭**[4]을 계획하는 데 있어서 건축가 포스터(Foster), 헤르조그(Herzog), 로저스(Rogers)는 동-서방향으로 긴 형태로 평행하게 열을 이루는 두 구역을 디자인하였다.[5] 단면과 같이 남쪽의 건물은 18°로 이격되어서, 1월 21일과 11월 21일의 오전 10시부터 오후 2시까지 주광이 유입된다. 또한 1층을 들어올려 하부에 주차장을 두고, 일부 건물 북측의 상부면을 잘라서 건물 간의 간격을 줄였다.

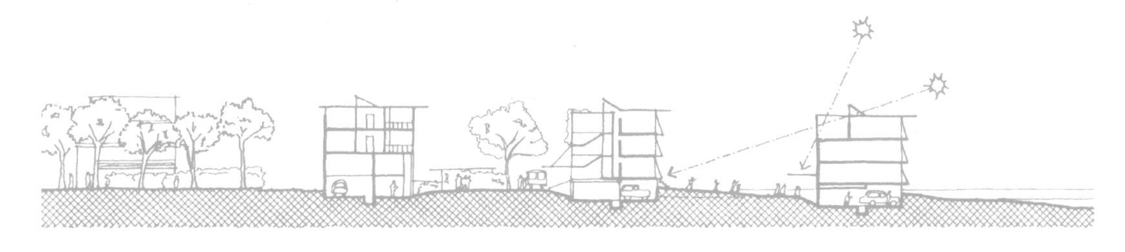

<솔라시티 필칭, 남쪽 부분 주거단지의 단면>

4) Solar City Pilching, Linz, Austria, Norman Foster & Partners, 2004
5) Herzog, 1996, pp.180-191; Treberspurg, 2008

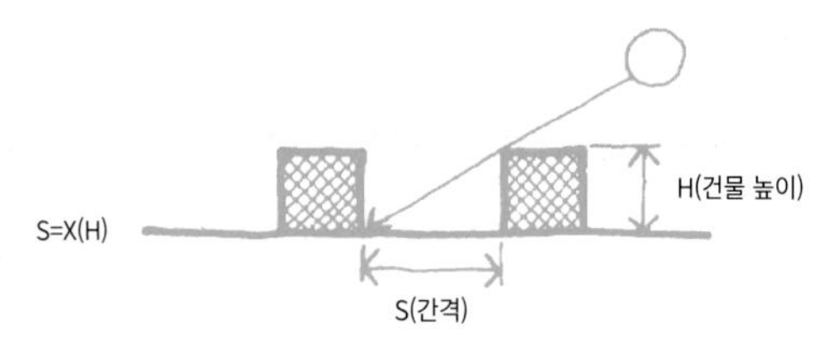

<건물 이격간격의 X값>

위도	9 AM		10 AM		11 AM		12 Noon		1 PM		2 PM		3 PM	
북반구	Dec	Jan/Nov	Dec	Jan/Nov	Dec	Jan/Nov	Dec	Jan/Nov	Dec	Jan/Nov	Dec	Jan/Nov	Dec	Jan/Nov
0	0.6	0.5	0.5	0.4	0.4	0.4	0.4	0.4	0.4	0.4	0.5	0.4	0.6	0.5
4	0.7	0.6	0.6	0.5	0.5	0.5	0.5	0.4	0.5	0.5	0.6	0.5	0.7	0.6
8	0.8	0.7	0.7	0.6	0.6	0.5	0.6	0.5	0.6	0.5	0.7	0.6	0.8	0.7
12	0.9	0.8	0.8	0.7	0.7	0.6	0.7	0.6	0.7	0.6	0.8	0.7	0.9	0.8
16	1.1	0.9	0.9	0.8	0.8	0.7	0.8	0.7	0.8	0.7	0.9	0.8	1.1	0.9
20	1.3	1.1	1.1	0.9	1.0	0.9	0.9	0.8	1.0	0.9	1.1	0.9	1.3	1.1
24	1.5	1.2	1.2	1.1	1.1	1.0	1.1	1.0	1.1	1.0	1.2	1.1	1.5	1.2
28	1.7	1.4	1.4	1.2	1.3	1.1	1.3	1.1	1.3	1.1	1.4	1.2	1.7	1.4
32	2.0	1.7	1.6	1.4	1.5	1.3	1.5	1.3	1.5	1.3	1.6	1.4	2.0	1.7
36	2.4	2.0	1.9	1.7	1.7	1.5	1.7	1.5	1.7	1.5	1.9	1.7	2.4	2.0
40	3.0	2.4	2.3	1.9	2.1	1.8	2.0	1.7	2.1	1.8	2.3	1.9	3.0	2.4
44	3.9	2.9	2.8	2.3	2.5	2.1	2.4	2.1	2.5	2.1	2.8	2.3	3.9	2.9
48	5.4	3.8	3.6	2.9	3.1	2.6	3.0	2.5	3.1	2.6	3.6	2.9	5.4	3.8
52	8.8	5.3	5.0	3.7	4.1	3.2	3.9	3.1	4.1	3.2	5.0	3.7	8.8	5.3
남반구	Jun	May/Jul	Jun	May/Jul	Jun	May/Jul	Jun	May/Jul	Jun	May/Jul	Jun	May/Jul	Jun	May/Jul
북반구	Jan/Nov	Feb/Oct	Jan/Nov	Feb/Oct	Jan/Nov	Feb/Oct	Jan/Nov	Feb/Oct	Jan/Nov	Feb/Oct	Jan/Nov	Feb/Oct	Jan/Nov	Feb/Oct
56	8.4	2.9	5.0	2.5	4.2	2.4	4.0	2.3	4.2	2.4	5.0	2.5	8.4	2.9
60	20.7	3.8	7.9	3.2	6.1	2.9	5.7	2.9	6.1	2.9	7.9	3.2	20.7	3.8
남반구	May/Jul	Apr/Aug	May/Jul	Apr/Aug	May/Jul	Apr/Aug	May/Jul	Apr/Aug	May/Jul	Apr/Aug	May/Jul	Apr/Aug	May/Jul	Apr/Aug
북반구	Feb/Oct	Mar/Sep	Feb/Oct	Mar/Sep	Feb/Oct	Mar/Sep	Feb/Oct	Mar/Sep	Feb/Oct	Mar/Sep	Feb/Oct	Mar/Sep	Feb/Oct	Mar/Sep
64	5.2	2.1	4.1	2.1	3.8	2.1	3.7	2.1	3.8	2.1	4.1	2.1	5.2	2.1
68	8.3	2.5	5.9	2.5	5.2	2.5	5.1	2.5	5.2	2.5	5.9	2.5	8.3	2.5
72	19.7	3.1	10.2	3.1	8.4	3.1	7.9	3.1	8.4	3.1	10.2	3.1	19.7	3.1
남반구	Feb/Oct	Mar/Sep	Feb/Oct	Mar/Sep	Feb/Oct	Mar/Sep	Feb/Oct	Mar/Sep	Feb/Oct	Mar/Sep	Feb/Oct	Mar/Sep	Feb/Oct	Mar/Sep

<겨울철 태양 확보를 위한 건물간격: 건물간격을 계산하기 위한 X값>

날짜는 각 달의 21일을 기준

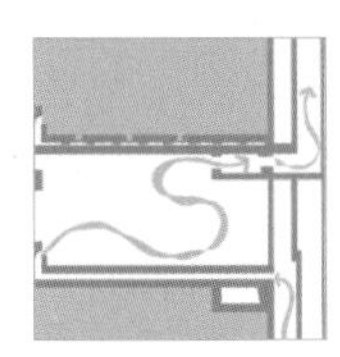

「야간냉각체」에서

54 「야간환기의 잠재성 지도」는 축열체 야간환기를 이용한 냉방이 가능한 달을 보여준다. [냉방]

축열체 야간환기를 이용한 냉방은 2단계 과정에 달려 있다. 첫 단계로 환기하기에 외부온도가 높은 낮 동안은 건물외피를 닫고 축열체에 열을 저장한다. 두 번째 단계로 외부온도가 낮은 밤에는 실내에 외기를 순환시켜 축열체에 저장된 열을 방출하여 냉각한다.

야간환기 계획에서 구조물에 통합될 수 있는 축열체 면적은 냉방잠재력에 대한 주요 제한사항이다. 바닥면적에 대한 축열체 표면적은 일반적으로 1:1 ~ 1:3이며, 건물 내에서 더 많은 축열체 표면을 만드는 것은 어렵다.

<야간냉각체 잠재성의 기후대 지도>는 축열체가 야간에 충분히 냉각될 수 있을 만큼 야간의 온도가 낮은 달들을 보여준다.[6] 지도에서 기후대를 찾고 표 <기후대에 따른 야간냉각체의 잠재성>에서 그 기후대의 열을 참고한다. 균형점이 15.6°C 이상의 외피부하중심(SLD) 건물은 SLD행을 이용하고, 균형점이 15.6°C 이하의 실내부하중심(ILD) 건물은 ILD행을 이용한다.

야간외기에 의한 냉방력은 기온이 충분히 낮은지에 달려 있다. 축열체의 최저온도는 외기의 최저온도보다 약 3°C 높으므로, 외기의 최저온도에 3°C를 더하여 주어진 달의 야간환기 잠재성을 추정한다. 만약 축열체의 최저온도가 22C° 미만이면 야간냉각체로써의 잠재성이 높다.

우측의 표를 대략적인 안내서로 사용한다. 야간냉각체는 22°C 이상의 온도에서도 사용이 가능하지만, 더 높은 비율의 야간환기와 더 많은 축열체가 필요하다.

축열체의 열용량은 노출된 면적, 두께, 재료의 밀도와 비열에 달려 있다. 「축열체 배치」를

	SLD 건물		ILD 건물	모든 건물
구역	야간냉각체 가능	냉각 불필요	야간냉각체 가능	야간냉각체를 사용하기에는 너무 더움
1	7월과 8월	9~6월	모두	없음
2	6~8월	9~5월	모두	없음
3	6~9월	10~5월	모두	없음
4	6월과 9월	10~5월	9~5월	7월과 8월
5	5~9월	10~4월	모두	없음
6	5월과 6월 ; 8월과 9월	10~4월	8~6월	7월
7	4-6월 ; 8월과 9월	11~3월	9~6월	7월과 8월
8	5월과 9월	10~4월	9~5월	6~8월
9	5월 ; 9월과 10월	11~4월	9~5월	6~8월
10	4월과 5월 ; 10월	11~3월	10~5월	6-9월
11	모두	모두	모두	없음
12	없음	없음	없음	없음

<기후대에 따른 야간냉각체의 잠재성>
축열체 최저온도<22°C 기준

6) Iwersen, 1992

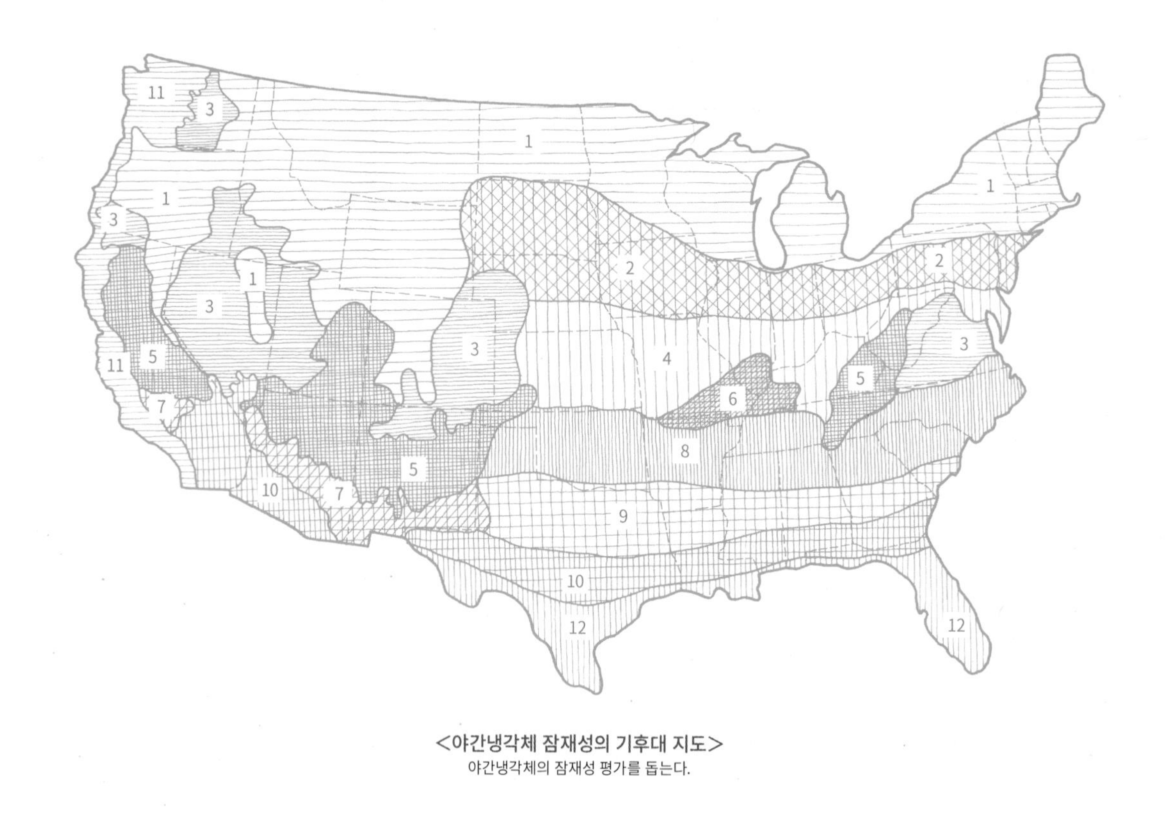

<야간냉각체 잠재성의 기후대 지도>
야간냉각체의 잠재성 평가를 돕는다.

참고해서 위치와 다른 디자인 영향에 대한 권장사항을 확인한다. 그리고 **SWL 전자판**의 「야간냉각체」를 참고하면 축열체의 크기를 정하는 자세한 방법과 사례를 볼 수 있다.

「측면채광실 깊이」에서

57 「주광 균일화 규칙」은 최소의 조도와 균일한 빛 분포를 유지하는 실의 비율을 결정하도록 돕는다. [주광]

측광을 받는 실에서 조도는 창가에서 높고 창에서 멀어질수록 급격히 떨어진다. 또한 실이 깊을수록 창가와 창에서 가장 떨어진 벽의 명암 차이는 커진다. 흐린 날을 기준으로 실 깊이가 창문헤드의 높이보다 2.5배보다 깊다면 실에서 가장 밝은 곳과 어두운 곳의 비율은 5 : 1이 넘는다.[7] 과도한 변화도는 빛이 균일하지 않게 보이도록 만든다; 그리고 만약 눈이 방의 밝은 곳(특히 창)에 적응되었다면, 방의 어두운 부분은 실제보다 더 어두워 보인다.[8]

따라서 흐린 날을 기준으로 창에 수직방향인 실 깊이는 창문헤드 높이의 2.5배 이하로 한다.

실의 특성을 안다면 그래프 **<주광 균일화를 위한 최대 실 깊이 추산>**을 사용할 수 있다. 만약 실 깊이가 최대 권장값을 초과한다면, 실의 후측부 절반은 어둡기 때문에 보조적인 인공조명이 필수이다.[9]

최대 실 깊이를 찾기 위해서 그래프 왼쪽의 가로축에서 실 너비를 찾는다. 그리고 그 값에 해당하는 세로축을 따라서 실의 천정고에 해당하는 곡선을 만나면 그래프의 우측 대각선 영역으로 수평이동하여 실 후측부 절반에 해당하는 평균 반사율을 찾는다. 마지막으로, 다시 수직이동해서 수평축에 기입된 최대 실 깊이를 읽는다.

평균 반사율은 실의 후측부 절반에 해당하는 전체 표면적의 가중평균이다. 보통 바닥과 가구는 어두운 경향이 있고, 창은 낮은 반사율을 가지므로 벽이나 천장이 밝은 색이라도 실의 평균 반사율은 대부분 50%를 넘지 않는다. 표면반사율에 대한 더 많은 정보는 「주광반사면」을 참고하도록 한다.

7) Flynn and Segil, 1970, p.111
8) Hopkinson et al., 1966, p.306
9) Littlefair, 1996, p.33의 모델에서 발전

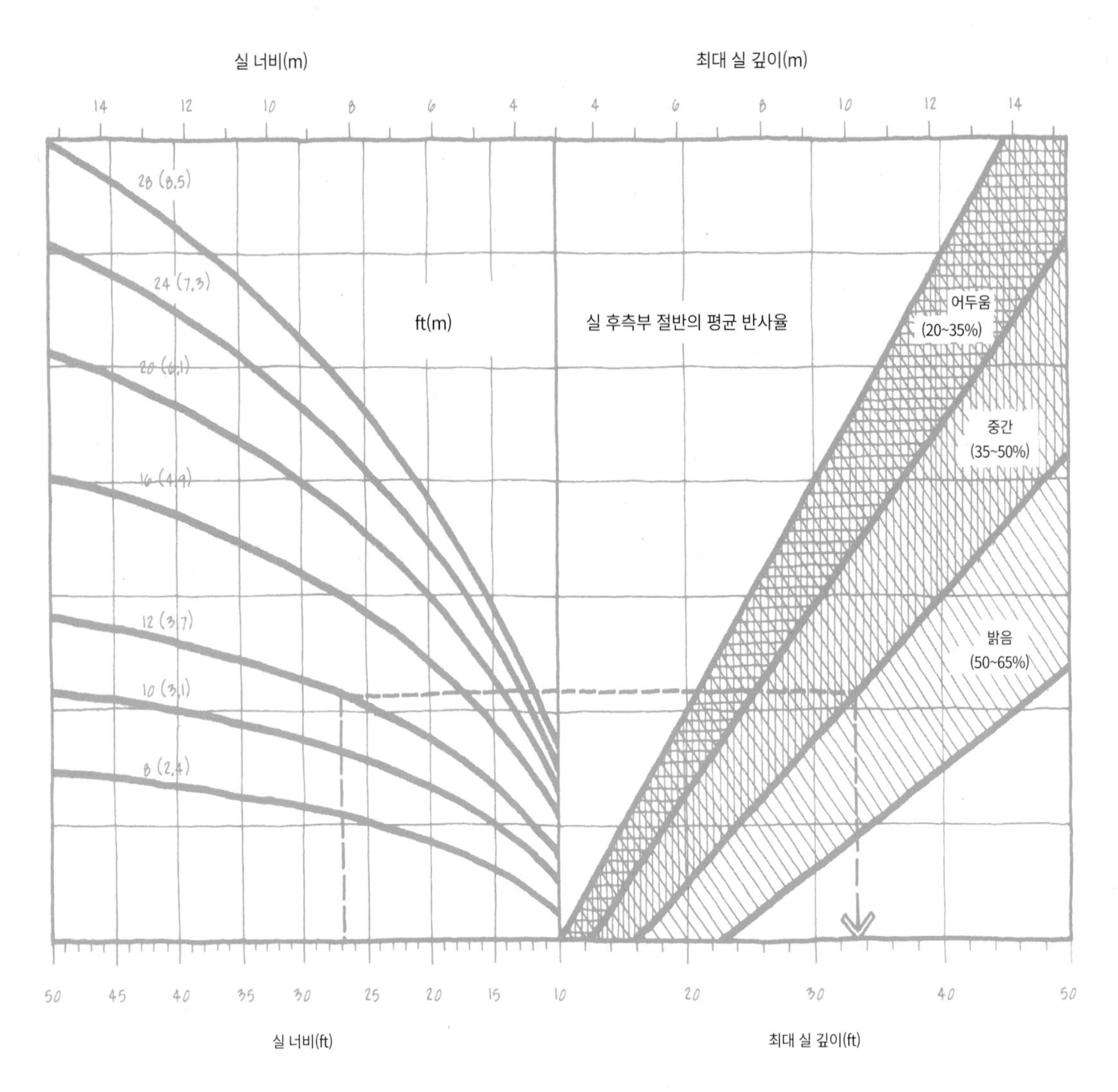

<주광 균일화를 위한 최대 실 깊이 추산>

「외피두께」에서

74 「단열 권장사항」은 외피를 통한 열흐름이 충분히 작아서 패시브전략들이 효과적이도록 한다. [난방과 냉방]

단열재 배치에는 3가지 기본전략들이 있다. 첫째, 단열재는 외피의 중공층에 채워질 수 있다; 둘째, 단열재는 외피표면에 시공될 수 있다; 셋째, 추가되는 골조 없이 단열재와 구조가 통합될 수 있다. 골조부재 사이의 빈 공간에 단열재를 배치할 때에 총 벽두께는 벽면에 단열재가 있는 조적벽보다 얇을 수 있다.

구역	지붕		벽				노출 바닥			지하 / 슬라브			
	다락, 나무 (2) in (R) hi–R	대성당 / 소형 (2) in (R)	축열체 (1) in (R)	금속 골조 (3) in (R)	나무 골조 (2,3) in (R)	고성능 (5) In Assembly R	축열체 (1) in (R)	금속 골조 (2) in (R)	나무 골조 (2,3) in (R)	지면 아래의 벽 (1) in (R)	마루 밑 좁은 공간 벽 in (R)	비 난방 식 슬라브 (4) in (R)	난방 식 슬라브 (4) in (R)
R–1	12" (30–49) 40	7–12" (22–38) 35	1.5" (8)	5" (15+5)	4–5" (13–15)	4" 10	1" (4)	6" (19)	4" (13) 10	0–1" (NR) 5	2.5" (13)	0–1" (4) NR	1.5" + 1" under (8 + 5)
R–2	12" (30–60) 50	7–13" (22–38) 40	2.5" (12)	5" (15+5)	6–7" (15–21)	7" 15	1.5" (6)	8" (25)	4–7" (13) 20	1–2" (5–11) 10	2.5" (13)	1" (4) 5	1.5" + 1" under (8 + 5)
R–3	16" (30–60) 50	7–15" (22–38) 45	3" (16)	6" (15+10)	6–7" (15–21)	8" 20	1.5" (6)	8" (25)	6–8" (19–25) 20	2" (8–11) 10	5" (25)	1.5" +1" under (8) 7.5 +5	1.5" + 1" under (8 + 5)
R–4	16" (30–60) 60	7–15" (22–38) 45	3" (16)	6" (15+10)	6–7" (15–21)	8" 25	2" (10)	8" (25)	8–10" (25) 30	2–3" (10–11) 15	5" (25)	1.5–2.5" + 1.5" under (12) 7.5 +7.5	2" + 1.5" under (10 + 7.5)
R–5	16" (30–60) 65	7–17" (22–38) 50	3" (16)	6" (15+10)	6–8" (15–21 + 2.5–6)	9–10" (30	2.5" (13)	8" (25)	8–10" (25–30) 30	2–3" (11–12) 15	5" (25)	2–2.5" + 1.5 under (12) 10 + 7.5	3" + 1.5" under (15 + 7.5)
R–6	16" (49–60) 75	7–20" (22–38) 60	3" (16)	6" (15+10)	6–8" (15–21 + 2.5–6)	10–12" 35	3" (15)	8" (25)	8–14" (25–30) 40	3–4" (12–15) 20	5" (25)	2–2.5" + 2" under (12) 10 + 10	3" + 2" under (15 + 10)
R–7	16" (49–60) 90	10–22" (30–60) 65	4" (20)	6" (15+10)	8" (15–21 + 5–6)	11–14" 40	4" (20)	8" (25)	8–15" (25–30) 45	3–5" (12–15) 25	5" (25)	2.5–3" + 3" under (12) 15 + 15	4" + 3" under (20 + 15)
R–8	16" (49–60) 100	10–25" (30–60) 75	4" (20)	6" (15+10)	8" (15–21 + 5–6)	12–17" 50	4" (20)	8" (25)	8–17" (25–30) 50	3–7" (12–15) 35	5" (25)	2.5–4" + 4" under (12) 20 + 20	4" + 4" under (20 + 20)

비고 단열재의 두께는 경질단열재의 경우 R-5(RSI 0.88)로 가정하고, 무기단열재(batt insulation)는 R-3(0.05)로 가정한다. R값은 ORNL(2008)에서 인용했으며 단열재만의 R값을 나타낸다.

(1) 경질단열재는 골조나 벽체구조를 감싸는 연속되는 단열재가 해당된다.
(2) 무기단열재는 다락의 장선 위에 넣는 것과 골조 사이에 넣는 것이 해당된다.
(3) 무기단열재와 경질단열재의 혼합 사용은 열교현상을 줄여준다.
(4) 지면 슬라브의 단열은 슬라브 외곽 부분에 붙어서 슬라브의 전체 깊이를 늘려준다. ‘under’는 슬라브 아래의 단단한 단열을 의미한다.
(5) 고성능벽의 권장값은(괄호) Straube(2011)에서 발췌되었고, 다른 조합배열도 가능하다.

<저층 주거건물을 위한 최소 권장단열(IP 단위)>

구역	지붕		벽			바닥			지하 / 슬라브			문
	지붕 위 (1)	다락/그 외 (2)	축열체 (1)	금속 골조 (3)	나무 골조 (3)	고성능 (1)	축열체 (2,3)	금속 골조 (2,3)	나무 골조 (1)	지면 아래의 벽 (4)	마루 밑 좁은 공간 벽 (4)	
	in (*R*)	in (*R*)	in (*R*)	in (*R*)	in (*R*)	in (*R*)	in (*R*)	in (*R*)	in (*R*)	in (*R*)	in (*R*)	U (*R*)
1	4" (20 c)	12" (38)	1" (6)	5" (13+5)	5" (13+4)	1" (4)	6" (19)	6" (19)	0" (NR)	0" (NR)	1.5" + 1" under (8 @ 12" +5)	0.6 (2)
2	5" (25 c)	16" (49)	1.5" (8)	5" (13+5)	5" (13+4)	1.5" (6)	10" (30)	10" (30)	0" (NR)	0" (NR)	1.5" + 1" under (8 @ 12" +5)	0.6 (2)
3	5" (25 c)	16" (49)	2" (10)	5" (13+5)	5" (13+4)	1.5" (6)	10" (30)	10" (30)	0" (NR)	0" (NR)	1.5" + 1" under (8 @ 12" +5)	0.6 (2)
4	5" (25 c)	16" (49)	2" (11)	6" (13+10)	5" (13+4)	2" (10)	12" (38)	12" (30+8)	1.5" (8)	2" (10 @ 24")	2" + 1" under (10 @ 24" +5)	0.6 (2)
5	5" (25 c)	16" (49)	2.5" (13)	6" (13+10)	6" (13+8)	2.5" (13)	12" (38)	12" (30+8)	2" (10)	2" (10 @ 24")	3" + 1" under (15 @ 36" +5)	0.4 (2.5)
6	6" (30 c)	16" (49)	3" (15)	6" (13+10)	6" (13+10)	3" (15)	12" (38)	12" (30+8)	2" (10)	3" (15 @ 24")	3" + 1" under (15 @ 36" +5)	0.4 (2.5)
7	7" (35 c)	16" (49)	4" (20)	6" (13+10)	6" (13+10)	4" (20)	12" (38)	12" (30+8)	2" (10)	2" + 1" under (10 @ 24" +5)	4" + 1" under (20 @ 36" +5)	0.4 (2.5)
8	7" (35 c)	20" (60)	4" (20)	6" (13+10)	6" (13+10)	4" (20)	15" (38+13)	12" (30+8)	2" (10)	2" + 1" under (10 @ 24" +5)	4" + 1" under (20 @ 36" +5)	0.4 (2.5)

비고 단열재의 두께는 경질단열재의 경우 R-5(RSI 0.88)로 가정하고, 무기단열재는 R-3(0.05)로 가정한다.
(1) 경질단열재는 골조나 벽체구조를 감싸는 연속되는 단열재가 해당된다.
(2) 무기단열재는 다락의 장선 위에 넣는 것과 골조 사이에 넣는 것이 해당된다.
(3) 무기단열재와 경질단열재의 혼합 사용은 열교현상을 줄여준다.
(4) 지면 슬라브의 단열은 슬라브 외곽부분에 붙어서, 슬라브의 전체 깊이를 늘려준다(예를 들어 3" 단열재는 24" 아래로 증가시킨다). 'under'는 슬라브 아래의 단단한 단열을 의미한다.
C=연속되는 외부구조

<비주거건물을 위한 최소 권장단열(IP 단위)[10]>

단열재가 조적벽처럼 벽면에 놓일 때에는 외피재료의 한쪽 면이 노출되며, 구조는 단열을 위해서 더 두꺼워질 필요가 없다. 또한 두 전략들은 결합될 수도 있어서, 단열재의 일부는 외피에 배치되고 일부는 골조부재 사이에 배치될 수 있다. 골조구조에서 단열재를 연속시키면 열교현상을 줄이며, 특히 철골조에서 효과적이다.

저층 주거의 단열재에 대한 권장사항은 부록 F의 3개의 지도(미국, 알래스카, 캐나다) 중에서 해당되는 기후대를 찾아보고 표 <저층 주거건물을 위한 최소 권장단열>을 참고하여 결정할 수 있다. 하와이와 캐리비안은 Zone 1에 해당된다.[11]

천연가스로 난방을 하는 주거지에는 낮은 권장값을 사용하고, LPG나 난방유를 사용하는 곳에는 중간값을 사용하며, 전기로 난방하는 곳에는 높은 권장값을 사용하도록 한다. Zone 8 이상에는 더 높은 수준의 단열이 필요할 수 있다. 권장값은 생애주기비용(LCC)[12] 분석을 토대로 하고 기계설비의 효율, 경제적 환원, 지역연료, 시공비에 대한 가정을 포함한다.

비주거건물의 경우에 겨울의 열손실은 내부열획득으로 부분적 또는 완전하게 상쇄된다. 따라서 상대적으로 비주거건물은 난방을 주거건물보다 적게 하는 경향이 있고, 어떤 경우에는 난방보다 냉방을 더 많이 한다. 그리고 일반적으로 비주거건물의 단열기준은 주거보다 낮다.

비주거건물의 단열재 권장사항은 부록 F 3개의 지도(미국, 알래스카, 캐나다) 중에서 해당되는 기후대를 찾아보고, 표 <비주거건물을 위한 최소 권장단열>를 참고하여 결정할 수 있다.[13]

---

10) Imperial Units, 이하 IP 단위
11) ORNL, 2008에서 발전된 내용
12) 생애주기비용, Life Cycle Cost, 이하 LCC
13) ASHARE, 2009a에서 발전

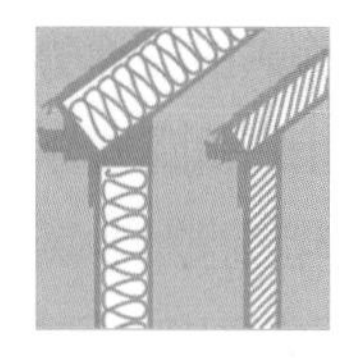

「축열체」에서

75 노모그래프[14] 「직접축열체의 크기결정」은 축열체의 면적, 종류, 두께가 패시브솔라의 목표에 도달하도록 도움을 준다. [난방]

축열체는 조적, 물, 상변화물질(PCM)의 형태가 될 수 있다. 축열체의 크기는 얼마나 많은 열이 저장될 필요가 있는지에 달려 있으며 「솔라개구부」의 태양의존율(SSF)[15]에 기초한다. 위치 다음으로 중요한 변수는 재료, 두께, 표면적이며, 이 중 표면적이 가장 중요하다.

주어진 SSF에 따라서 축열체의 크기는 「솔라개구부」와 관련된 위치에 좌우된다. **직접축열체**는 수집개구부와 같은 곳에 있어서 축열체가 태양에너지를 받는 면과 복사에너지를 교환할 수 있으며 가장 효율적인 형태이다. **간접축열체**는 열을 직접적으로 모으는 실에 위치하고 있지 않기 때문에 데워진 공기가 인접한 실에 있는 축열체에 전달되는 방식을 사용한다. 간접축열체는 대류에 의해 열을 전달받으며 직접축열체보다 훨씬 더 큰 면적과 부피를 필요로 한다.

직접축열체, 간접축열체, 상변화물질에 대한 노모그래프는 「축열체」에 수록되어 있다. **<직접획득공간과 썬스페이스의 직접축열체 크기결정>**을 위한 도구는 여기서 제공된다.

[직접획득실]에서 조적축열체의 두께는 100~150mm여야 한다. 남향의 창면적 대비 직접축열체의 표면적은 3~6m^2/m^2가 되어야 한다. 이 비율은 어떤 면적 단위에나 적용되며, **축열체 면적 대 유리창 면적 혹은 A_m/A_g**[16] 으로 표현된다.

실내온도의 변동을 5.6°C 미만으로 유지하려면, A_m/A_g 비율을 6~8로 설정해야 한다.[17] **만약 물이 축열매개체라면, 145~265L/m^2의 집열창을 사용해야 한다.** 이 범위 내에서 축열체 면적이 클수록 건물성능은 더 좋아진다. 특히 태양에너지로부터 많은 열을 흡수하는 건물(높은 SSF)일수록 더욱 그러하다.

간접축열체의 표면적은 직접축열체보다 2~3배 넓어야 한다. 만약 직접축열체가 집열면적의 3~6배라면 간접축열체의 A_m/A_g 비율은 9~18이다. 이는 「축열체」 노모그래프를 참고하도록 한다.

SSF가 높을수록 더 많은 축열체가 필요하며, SSF는 「솔라개구부」에서 추산될 수 있다. SSF가 30% 미만이면 태양열은 낮 동안의 열손실로 상쇄되고 축열체는 많이 필요하지 않다. SSF가 30~70%이면 밤에 더 많은 저장공간이 필요하다. SSF가 70% 이상이면 대부분의 기후에서 낮 동안의 과열 없이는 달성되기 어렵기 때문에 며칠 동안 열을 저장가능한 원격저장소가 필요하다(참고: 「암반」).

---

14) 수치의 계산을 간단하고 능률적으로 하기 위하여 몇 개의 변수 관계를 그래프로 나타낸 도표
15) 태양의존율, Solar Saving Frachion, 이하 SSF. 태양에너지를 난방에 사용하여 절감한 연간에너지 비율
16) 축열체 면적, Area of mass, 이하 A_m; 유리창 면적, Area of solar glazing, 이하 A_g
17) Balcomb and Wray, 1987, pp.2-7

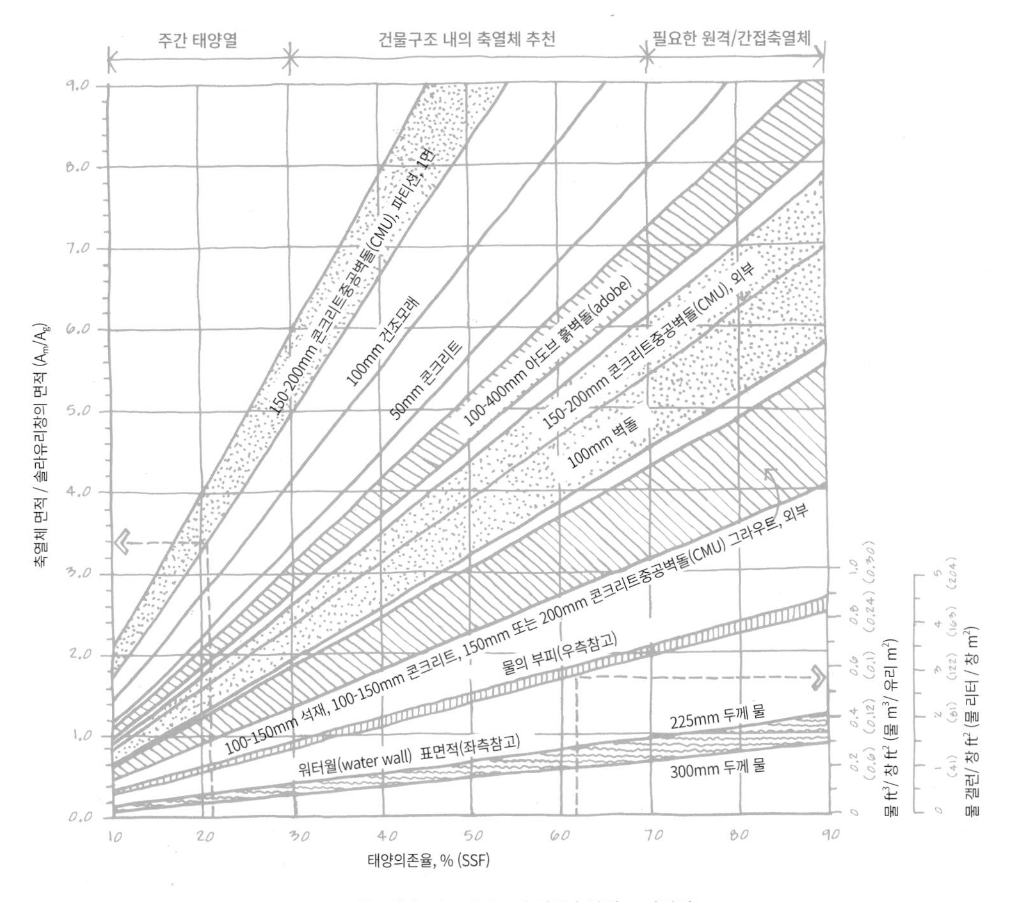

<직접획득실과 썬스페이스의 직접축열체 크기결정>
직접축열체는 태양광을 수집할 수 있는 실에 위치한다.

재료의 선택과 두께는 모두 열저장량에 영향을 준다. 일반적으로 무거운 재료는 열을 저장하고 가벼운 재료는 단열을 한다. 최고의 재료는 열저장량이 많고 재료표면에서 실내로 열을 쉽게 전달하여 실을 난방할 수 있다(높은 열전도성). 조적재는 밀도가 주요소이다. 한편 물은 열저장에 있어서 조적재보다 4배는 더 효율적이다.

조적재는 비교적 얇은 축열체를 사용하며 보통 100~150mm 두께로 넓게 펼쳐진다. 그리고 두께가 150mm 이상이어도 하루 열저장량을 증가시키지는 않는다.

태양열난방을 위한 직접축열체의 크기를 정하기 위해서 그래프 **<직접획득실과 썬스페이스의 직접축열체 크기측정>**의 수평축에 추산된 SSF를 대입한다. 수직으로 이동하여 해당 축열체 종류와 두께의 대각선과 교차하면, 다시 수평으로 움직여서 권장된 A_m/A_g을 찾는다. 이 값을 솔라개구부의 면적에 곱해서 축열체의 최소 필요면적을 구한다.

「솔라개구부」에서

84 「패시브솔라 유리창 면적」 권장사항은 창크기를 예상 태양의존율(SSF)과 맞춰준다. [난방]

태양의존율(SSF)은 태양에너지를 난방에 사용하여 절감한 연간에너지의 비율이다.[18] 이는 비슷한 열특성을 가지지만 태양에너지를 난방에 사용하지 않는 건물과 비교할 수 있다. 표 **<패시브솔라 유리창 면적 권장사항>**은 북미 주요도시 건물의 예상 SSF를 보여준다.

「위도/도시에 따른 기후 정보」에 수록된 기후대 지도를 참고해서 대지와 가장 비슷한 도시를 찾거나 「태양복사」를 참고하도록 한다. 변수는 남향의 바닥 면적(A_f)[19]당 유리창 면적(A_g)과 고성능창(혹은 「가동형 단열」) 사용 여부이다. 권장사항은 다음과 같은 일반적인 형태를 띤다:

바닥면적의 (낮은 A_g/A_f)%~(높은 A_g/A_f)% 태양열 집열면적은 (위치)에 있는 건물의 연간 난방부하를 (낮은 SSF)%에서 (높은 SSF)%까지 감소시킬 수 있다. 또는 R-9(RSI-1.6)의 야간단열재가 사용된다면, 건물의 연간 난방부하를 (낮은 SSF)%에서 (높은 SSF)%까지 감소시킬 것으로 예상된다.[20]

예를 들어 미주리주 세인트루이스(St. Louis, Missouri)에 위치한 건물은 집열면적이 바닥 면적의 15~29%이면 연간 난방부하가 21~33% 준다. 또한 만약 고성능창(또는 R-9의 야간단열)이 사용된다면 41~65%의 절감효과가 기대된다.

권장값의 최고치를 초과하면 겨울철 맑은 날에 필요 이상으로 난방하는 결과를 초래한다. 높은 SSF값은 평균 1월의 맑은 날에 야간단열 없이 실내 최고온도가 24°C 라고 제한한 것을 기반으로 한다.

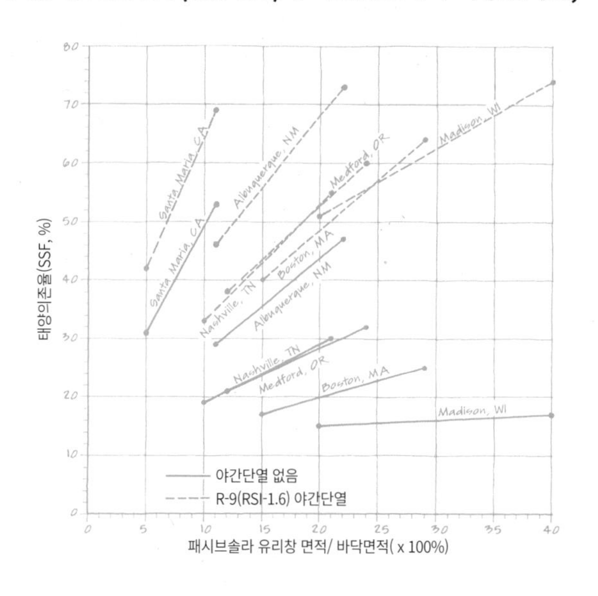

<패시브솔라 유리창의 크기결정>
이 그래프는 표의 값을 그린 것이다.
패시브솔라 유리창은 남향에서 +/- 30°로 설치되어야 한다.

18) Balcomb et al., 1983, p.5
19) 바닥면적, floor area, 이하 A_f
20) Balcomb et al., 1980, pp.20-23

미국 도시	A_g/A_f 바닥 면적 당 패시브솔라 유리창 창 비율		대략적인 SSF값			
			야간단열이 없는 R-2 창		R-9(RSI-1.6)의 야간단열이 있는, H-P창 또는 R-2창	
	저	고	저	고	저	고
AR, Little Rock	0.10	0.19	23	38	37	62
AZ, Phoenix	0.06	0.12	37	60	48	75
AZ, Winslow	0.12	0.24	30	47	48	74
CA, Fresno	0.09	0.17	29	46	41	65
CA, Los Angeles	0.05	0.09	36	58	44	72
CA, Santa Maria	0.05	0.11	31	53	42	69
CO, Eagle	0.14	0.29	25	35	53	77
CT, Hartford	0.17	.35	14	19	40	64
DC, Washington	0.12	0.23	18	28	37	61
FL, Jacksonville	0.05	0.09	27	47	35	62
FL, Miami	0.01	0.02	27	48	31	54
ID, Boise	0.14	0.28	27	38	48	71
IN, Indianapolis	0.14	0.28	15	21	37	60
IA, Sioux City	0.23	0.46	20	24	53	76
KS, Dodge City	0.12	0.23	27	42	46	73
LA, New Orleans	0.05	0.11	27	46	35	61
ME, Caribou	0.25	0.50	NR	NR	53	74
MN, Minneapolis	0.25	0.50	NR	NR	55	76
MS, Jackson	0.08	0.15	24	40	34	59
MO, St. Louis	0.15	0.29	21	33	41	65
MT, Billings	0.16	0.32	24	31	53	76
MT, Cut Bank	0.24	0.49	22	23	62	81
NE, North Platte	0.17	0.34	25	36	50	76
NV, Ely	0.12	0.23	27	41	50	77
NV, Las Vegas	0.09	0.18	35	56	48	75
NM, Tucumcari	0.10	0.20	30	48	45	73
NY, Buffalo	0.19	0.37	NR	NR	36	57

미국 도시	A_g/A_f 바닥 면적 당 패시브솔라 유리창 창 비율		대략적인 SSF값			
			야간단열이 없는 R-2 창		R-9(RSI-1.6)의 야간단열이 있는, H-P창 또는 R-2창	
	저	고	저	고	저	고
OR, Medford	12	24	21	32	38	60
OR, Salem	12	24	21	32	37	59
PA, Philadelphia	15	29	19	29	38	62
SC, Charleston	07	14	25	41	34	59
TN, Knoxville	09	18	20	33	33	56
TX, Brownsville	03	06	27	46	32	56
TX, Fort Worth	09	17	26	44	38	64
TX, Houston	06	11	25	43	34	59
TX, Midland	09	18	32	52	44	72
CANADA						
AB, Edmonton	25	50	NR	NR	54	72
AB, Suffield	25	50	28	30	67	85
BC, Nanaimo	13	26	26	35	45	66
BC, Vancouver	13	26	20	28	40	60
MB, Winnipeg	25	50	NR	NR	54	74
NS, Dartmouth	14	28	17	24	45	70
ON, Moosonee	25	50	NR	NR	48	67
ON, Ottawa	25	50	NR	NR	59	80
ON, Toronto	18	36	17	23	44	68
QC, Normandin	25	50.	NR	NR	54	74

<패시브솔라 유리창 면적 권장사항>

만약 높은 SSF를 원한다면, 더 많은 「축열체」를 사용하여 실내의 심한 일교차를 줄여줘야 한다. 추가적인 축열체가 건물구조에 들어갈 수 없다면 「암반」 속에 부가적인 저장고를 두는 것이 적절하다.

권장사항은 건물이 낮은 투과율을 갖도록 잘 단열되어 있다고 전제한다. 「총 열손실과 열획득」과 「솔라개구부」를 참고하도록 한다. 주거용, 소상업용 건물처럼 실내부하가 낮은 외피부하중심(SLD) 건물은 실내열원이 건물을 3℃ 따뜻하게 한다고 전제한다. 사무용 건물처럼 조명, 재실자, 장비 등의 이유로 높은 실내부하를 가지는 건물은 실내온도 상승이 3℃ 이상이다. 따라서 주어진 것보다 더 높은 SSF 성능을 가질 것이다.

일반적으로 성능은 적용된 패시브솔라 시스템의 종류(「직접획득실」, 「축열벽」, 「썬스페이스」)에 크게 좌우되지 않는다. 예외적으로 야간단열이 없는 남측 창으로부터 직접획득이 되는 경우에는 표기된 SSF보다 더 낮을 것이다. 성능은 고성능유리창과 야간단열의 사용으로 크게 향상될 수 있고, 특히 기후가 추울수록 더욱 그렇다. 야간단열재를 통해 향상된 성능은 비선형 함수이다(참고: 「가동형 단열」).

권장값 범위에서 내삽 및 제한적 외삽[21]이 허용된다. 만약, 건물의 기후에 맞는 SSF 권장값이 그래프 <패시브솔라 유리창의 크기결정>에 표시되어 있다면 내삽을 통한 값의 추정은 간단하다.

더 많은 세부사항과 더 큰 그래프는 「솔라개구부」를 참고하도록 한다.

21) 내삽(interpolation)과 외삽(extrapolation)은 각각 내삽법(혹은 보간법)과 외삽법(혹은 보외법)이라 함. 내삽법은 그래프의 주어진 함수 사이에서 해당값을 추정하는 방법을 의미함. 외삽법은 그래프에서 한정된 값을 알고 있을 때, 밖의 부분의 값을 추정하는 방법을 의미.

「주광개구부」에서

85 실의 면적과 목표주광률[22]에 부합하는 창크기를 결정하기 위해 그래프 「주광을 위한 유리창의 크기결정」을 사용한다. [주광]

그래프 **<주광을 위한 유리창의 크기결정>**은 주어진 바닥 면적에 특정 평균 주광률을 달성하기 위한 유리창의 면적을 결정하거나, 혹은 주어진 유리창 면적과 바닥 면적의 조합으로 평균 주광률을 결정하는 데 사용될 수 있다.

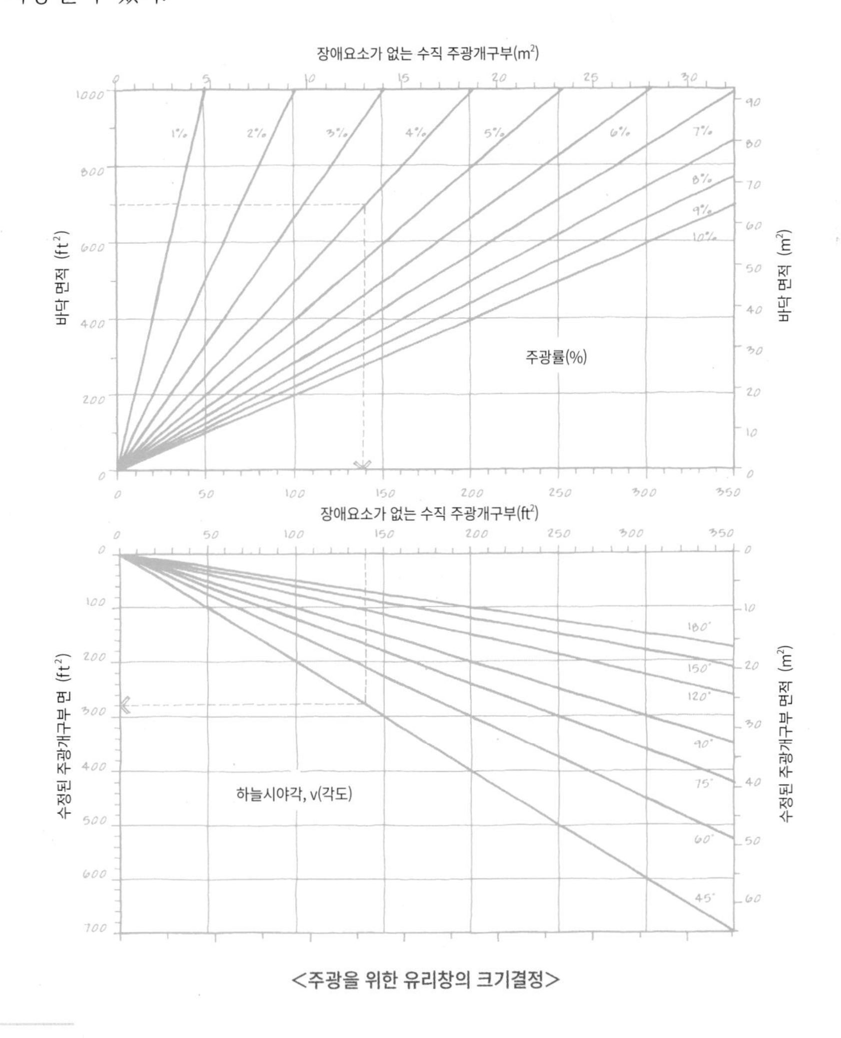

<주광을 위한 유리창의 크기결정>

22) 주광률, Daylight Factor, 이하 DF. 실내와 실외 밝기 간의 관계를 수치로 나타낸 것임.

장애요소가 없는 경우에는 필요한 수직 주광개구부의 크기를 찾으려면, 상부 그래프에서 수직축인 바닥 면적에서 시작한다. 그리고 수평이동하여 대각선인 「주광률 설계」와의 교차점에서 수직으로 올라가 수평축의 필요한 창 면적을 읽는다.

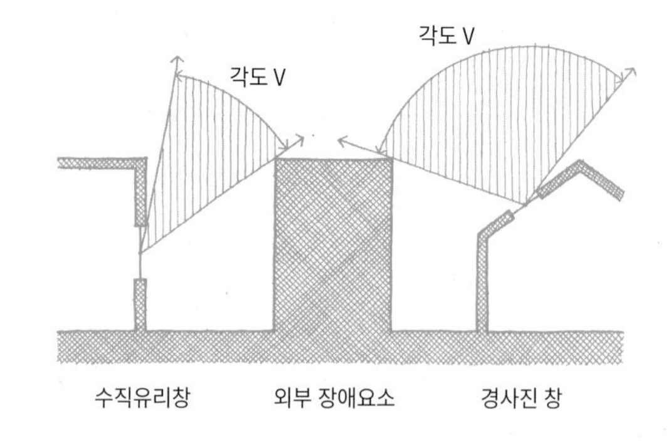

<유리창에서의 하늘시야각(v)>

경사지거나 햇빛을 가로막는 장애요소가 있는 유리창의 경우에는 아래의 그래프로 계속 진행한다. 장애요소가 없는 수직 주광개구부의 선을 따라 내려와서 **<유리창에서의 하늘시야각(v)>**의 대각선을 만나면, 수평으로 이동하여 수정된 창 면적을 읽는다.

울타리나 나무 혹은 다른 건물과 같은 창 밖의 장애요소는 하늘을 향하는 개구부의 시야를 가로막고 창으로 유입되는 빛의 양을 줄인다. 하늘시야각(Sky View Angle, v)은 창의 수직면에서 창의 중앙으로부터 하늘이 보이는 각도이며, 다이어그램 **<유리창에서의 하늘시야각(v)>**을 참고하면 된다.[23]

그래프는 투명한 이중유리와 창틀 효과를 위한 60%의 투과율, 80%의 유지보수율, 40%의 평균 실내반사율, 그리고 교실 정도의 충분히 넓은 공간을 가정으로 한다.[24] 만약 가시광선 투과율이 낮은 다른 종류의 유리와 창틀이 쓰였다면(「창과 유리의 종류」) 창의 면적을 비례적으로 늘려야 한다. 실의 크기와 비율은 실내의 반사패턴에 영향을 주기 때문에 작은 실의 빛은 큰 실의 빛에 비해 작업면에 도달하기 전에 더 많이 반사된다. 따라서 **개인사무실과 침실처럼 작은 실의 경우에는 유리창 크기를 그래프의 값보다 60%까지 늘리도록 한다. 이에 반해 체육관처럼 매우 큰 실의 경우에는 유리창 크기를 그래프의 값보다 30%까지 줄이도록 한다.**

측광의 경우에 주광률은 창높이의 2.5배에 해당하는 최대 깊이의 바닥 영역에 적용된다(「주광실 깊이」). 천창의 경우에 창과 관련된 바닥 면적은 개구부에서 45°로 바닥에 투영해서 산출할 수 있다. 만약 두 종류 이상의 창들이같은 장소에 사용되었다면 주광률은 합산될 수 있다.

연관: 주광률이 정해지지 않았다면, 「주광개구부」의 표 또는 「주광률 설계」 분석기법의 속성계산법을 참고하도록 한다.

---

23) CIBSE, 1987; Littlefair, 1991, pp.58-59
24) Littlefair, 1988

「환기구」에서

86 「맞통풍과 연돌환기의 크기결정」을 위한 도구는 건물냉방부하를 충족하는 건축적 특성을 정의하는 데 도움이된다. [냉방과 환기]

공기가 「맞통풍실」을 통과하여 열을 전달하는 정도는 급기구와 배기구의 면적, 풍속, 개구부에 대한 바람의 방향에 따라 달라진다. 기류속도에 의해 제거된 열의 양은 실내외 온도차에 따른다. 최대 환기율은 급기구와 배기구의 면적이 크고 바람이 개구부에 상대적으로 수직일 때 나타난다(**「태양과 바람을 마주하는 실」**).

그래프 <맞통풍용 개구부의 크기결정>은 실내외 온도차가 1.7°C일 때에 열제거에 필요한 개구부 크기결정을 바닥 면적의 백분율로 구하도록 도와준다. 수직축에서 설계풍속을 찾아서 건물의 열획득률 곡선을 만날 때까지 수평이동한다. 그리고 교차점에서 수평축으로 내려와 바닥 면적의 백분율로 표시된 급기구(그리고 배기구)의 크기를 읽는다.[25]

「풍배도(wind rose)」와 「바람정보표(wind square)」의 바람분석을 참고해 설계풍속을 결정하고 「총 열획득과 열손실」을 참고해 제거되어야 하는 열획득을 산출한다.

대지의 지형요소와 평균 이하의 풍속에 대하여 공항의 풍속을 조정하는 것을 유념한다. 감소변수인 0.75는 "평균 이하"의 조건을 보완해줄 것이다.

설계풍속 = 공항의 평균 풍속 × 지형요소 × 0.75

실내외 온도차가 1.7°C보다 적다면 개구부는 비율적으로 더 커질 필요가 있다. 반대로 온도차가 1.7°C보다 더 크다면 개구부는 작아질 수 있다. 그래프는 바람이 들어오는 각도를 0~40°의 범위로 가정하였다. 어떻게 이러한 변수들을 다룰 것인지에 대한 세부사항은 「환기구」를 참고하도록 한다.

연돌환기실에서는 따뜻한 공기가 올라가서 실의 상부에 있는 개구부로 빠져나가고, 실의 낮은 곳에 위치한 급기구에서 들어오는 찬공기로 대체된다. 공기가 실을 통과하며 열을 운반하는 정도는 급기구와 배기구의 수직거리, 크기, 실내 평균온도와 외부온도 차이에 따라 달라진다.

그래프 <연돌환기의 크기결정>은 주어진 환기율(cfm 또는 L/s 단위) 또는 제거되어야 하는 열획득(W/m^2)을 통하여 굴뚝이나 실의 높이와 굴뚝의 단면적을 결정하는 데 사용될 수 있다. 배기구의 중심부터 급기구의 중심까지 높이를 재서 수직축에서 해당되는 굴뚝높이를 찾는다. 그 값에서 건물의 열획득량 곡선을 만날 때까지 수평이동한다(「총 열획득과 열손실」). 교차점으로부터 수직으로 내려서 냉방바닥 면

25) ASHRAE, 2009c의 공식에서 발전됨

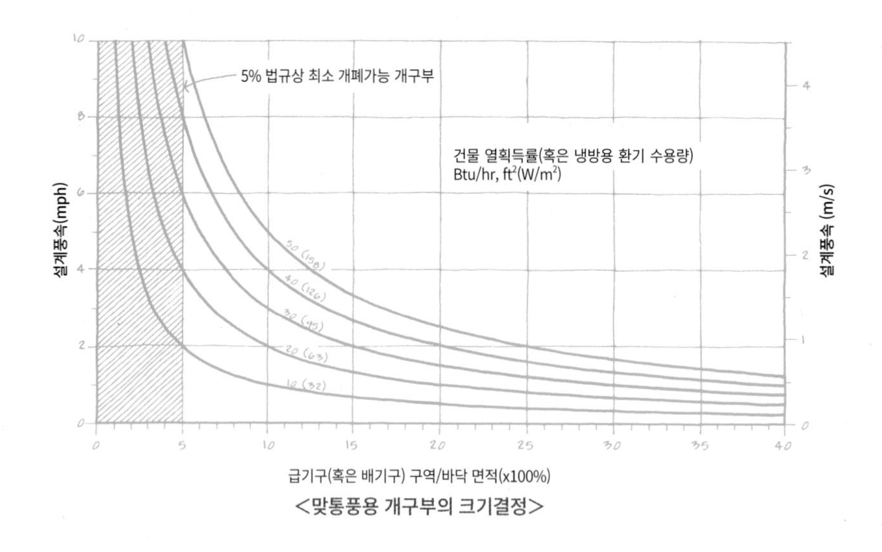

<맞통풍용 개구부의 크기결정>

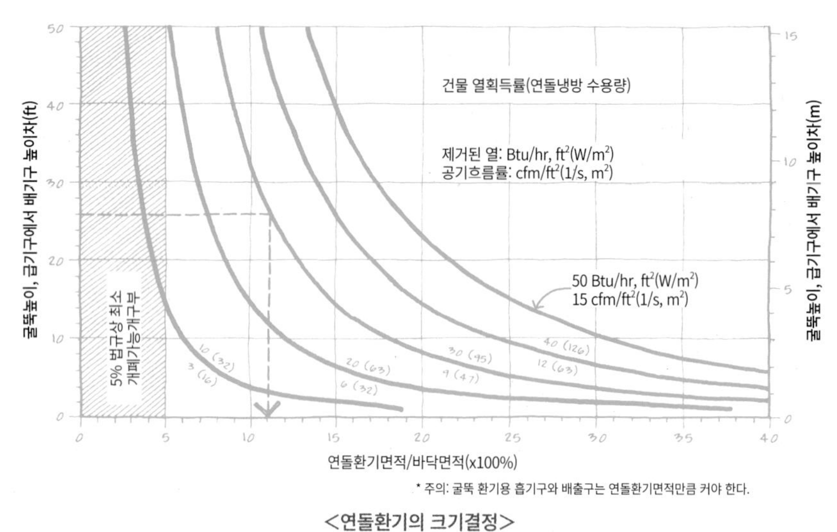

* 주의: 굴뚝 환기용 흡기구와 배출구는 연돌환기면적만큼 커야 한다.

<연돌환기의 크기결정>

적 대비 연돌환기 면적의 백분율을 찾는다. 연돌환기 면적은 배기구의 면적이나 급기구의 면적과 같거나 커야 한다: 또한 입구면적에 따라 공기이동에 대한 가장 작은 제약영역 면적이 공기흐름량을 제어한다.[26]

「총 열획득과 열손실」을 통해 대략적인 건물의 열획득량을 산출한다. 이 그래프는 실내외의 온도차를 1.7℃로 전제한다. 온도차가 그 이상으로 커진다면, 축열체의 야간환기나 연돌환기실이 줄어들 수 있다. 「환기구」를 참고해서 어떻게 이러한 변수들을 다룰 수 있는지에 대한 세부사항을 확인하도록 한다.

26) ASHRAE, 2009C의 공식을 바탕으로 발전됨

106 「유리창 권장사항」은 주광, 겨울철 일사획득, 여름철 열방출을 위한 창의 선택을 도와준다. [난방, 냉방, 주광]

다양한 종류의 에너지 흐름이 창에서 일어난다: 1) 창호를 통한 대류와 복사; 2) 태양복사열 획득; 3) 공기누출에 의한 열획득과 열손실.

창을 통한 전도는 재료를 통한 열흐름 정도를 나타내는 열관류율값(*U*-factor)에 의해 좌우된다. 낮은 열관류율값[혹은 높은 열저항값(*R*-values)]은 높은 수준의 단열을 의미한다. 다른 건축재료들과 비교하여 유리의 열저항값은 매우 낮으므로, 외피부하중심(SLD) 건물에서는 창이 냉난방부하를 좌우한다. 따라서 외부기후가 혹독해질수록 열관류율값은 낮아진다. 「창과 유리의 종류」를 참고해서 기후대에 따른 권장사항을 확인하도록 한다.

표 <온대기후 위도에서의 창과 유리선택 시 권장사항>은 유리창의 향, 기후유형(냉방중심, 혼합, 난방중심), 실내부하중심(ILD) 건물 또는 외피부하중심(SLD) 건물인지에 따른 권장사항을 제공한다. 표의 일사획득계수(SHGC)[27]와 열관류율은 유리와 창틀을 포함하는 창 전체에 대한 값이다.

유리를 통한 입사 가시광선을 0과 1 사이의 비율로 나타낸 **가시광선투과율(VT)**[28]에 따라 자연광을 투과시킨다.[29] 이 값은 유리에만 적용될 수도 있고, 멀리언과 창틀을 포함하는 창 전체에도 적용될 수 있다. 높은 VT는 주광을 최대화시킨다. **주광건물에서는 VT가 0.70 이상인 투명유리를 선택하고, 전체 창의 VT는 0.50 이상이 되어야 한다.** 낮은 VT의 창은 특별히 낮은 조도를 목표하거나, 창의 면적이 매우 크지 않다면 대부분의 상황에서 충분한 빛을 제공하지 못한다.

창은 태양열도 받아들이는데, 이는 건물의 냉난방조건에 따라 단점이나 장점이 될 수도 있다. 창의 **일사획득계수(SHGC)**와 **차폐계수(SC)**[30]는 창의 태양열획득 투과율의 지표이다. 일사획득계수(SHGC)는 창호를 통한 일사획득 정도를 나타내는 지표이다. 차폐계수(SC)는 투명단층유리에 비교하여 유리창의 열투과율이다. 차폐계수(SC)≒1.15×SHGC이다.[31]

---

27) 일사획득계수, Solar Heat Gain Coefficient, 이하 SHGC
28) 가시광선투과율, Visible Transmittance, 이하 VT
29) O'Conner et al., 1997
30) 차폐계수, Shading Coefficient, 이하 SC. 유리를 직접 투과하여 실내로 입사한 태양방사에너지와 유리에 흡수된 에너지가 재방사하여 실내로 유입되는 에너지의 합인 태양열 취득률을 계산하여 3mm 투명유리의 태양열취득률 값으로 나눈 것으로, 3mm 투명유리 태양열 취득률인 87%를 기준으로 입사하는 전체 태양광에너지가 얼마인지를 비율로 표시한 것임.
31) O'Connor et al. , 1997

유리창의 향

기후	부하	북향	남향	동향 또는 서향
난방 위주	SLD	• SHGC값이 중요하지 않음	• 겨울철 일사획득을 위해 SHGC 최대화; 0.40~0.60, 축열체 사용	• SHGC<0.55
			• 직접획득 건물에서 낮은 VT값의 창을 사용해 현휘를 줄인다.	
		←	• 낮은 U값=0.15~0.35	→
			• 여름철 외부 차양 사용	• 여름철 차양 사용
	ILD	• SHGC=0.40~0.60	• SHGC=0.40~0.55, 만약 난방이 필요하다면 높은 값 사용	
		←	• U<0.40~0.60	→
		• 냉방부하가 높다면, 여름철 차양 사용	• 여름철 외부차양 사용	
난방과 냉방	SLD	• SHGC<0.55, 또는 냉방이 필요하다면 SHGC<0.40	• 겨울철 획득을 위한 SHGC의 최대화; 0.40~0.60	• SHGC<0.55, 또는 냉방이 필요하다면 SHGC<0.40
		←	• U=0.30~0.40	→
			• 여름철 외부차양 사용	→
	ILD	• SHGC=0.30~0.50, 또는 냉방이 필요하다면 SHGC<0.40	• 겨울철 획득을 위한 SHGC의 최대화; 0.40~0.60	• SHGC<0.30~0.50, 또는 냉방이 필요하다면 SHGC<0.40
		←	• U<0.50~0.70	→
		• 여름철 차양 사용	• 3계절 동안 외부차양 사용	→
냉방 위주	SLD	←	• 냉방을 위해 SHGC<0.40	→
		←	• U<0.55	→
		• 여름철 차양 사용	• 3계절 동안 외부차양 사용	→
	ILD	←	• SHGC=0.30~0.40	→
		←	• U<0.40~0.70	→
		• 3계절 동안 차양 사용	• 일 년 내내 외부차양 사용	→

<온대기후 위도에서의 창과 유리선택 시 권장사항>

SLD: 외피부하중심 / ILD: 실내부하중심

패시브솔라 난방건물에서는 남향에 높은 SHGC(0.40~0.60)의 창을 선택해 가능한 많은 열을 받아들인다. 실내부하중심(ILD) 건물에서는 축열체나 창의 적절한 크기결정으로 과열가능성을 제어한다면, 남향창은 더 높은 SHGC를 가질 수 있다. 여름에는 이 유리를 「외부차양」으로 햇빛을 가린다.

외피부하중심(SLD) 건물에서는 동서향에 남향보다 더 낮은 SHGC의 창들을 사용한다. 왜냐하면 동서향의 창들은 여름햇빛을 가리기가 더 어렵고 겨울에 충분한 열을 제공하지 않기 때문이다

북향 창이 그늘로 가려지지 않고 넓게 하늘이 보인다면, 확산광을 포함한 모든 빛은 열을 수반하므로 여름에 많은 열을 받아들일 수 있다. 따라서 **냉방부하가 큰 건물들에는 북향에 낮은 SHGC의 창을 사용한다.**

특히 고온기후에 위치한 실내부하중심(ILD) 건물은 일 년의 대부분을 냉방해야 하므로 모든 향에 낮은 SHGC의 창을 사용한다.

표의 값은 창틀을 포함한 전체 창을 위한 값이며, 유리만을 위한 권장값과는 다르다. 세부사항은 「창과 유리의 종류」에서 확인하도록 한다.

결국 창은 주광 유입의 필요성을 태양열의 유입 및 차단의 필요성과 균형을 맞추도록 선택될 수 있다. **태양열취득 대비 가시광선 투과율(LSG)**[32]은 창 스펙트럼 선택과 빛의 "차가움"의 지표이다. 「창과 유리의 종류」의 그래프와 세부사항을 확인한다.

32) 태양열취득 대비 가시광선 투과율, Light-to-Solar-Gain ratio, 이하 LSG
가시광선투과율(VT, Visible Light Transmission)을 일사획득계수(SHGC)로 나눈 값으로 유리의 잠재적인 에너지 성능 및 쾌적성을 종합적으로 표현하는 지표

6 선호되는 디자인 전략들

(요약편)

저자는 본 책을 건축학과의 설계수업과 건축전문가들의 컨설팅에 오랫동안 사용해왔다. 이러한 경험을 바탕으로 실무에서 반복해서 등장하는 선호되는 디자인 전략들을 선별하였다. 극한 난방 또는 냉방기후의 건물들은 이 중에 일부를 사용하지 않을 수도 있지만, 사람들이 많이 거주하는 북미지역의 기후는 냉방과 난방의 조합이다.

6장은 전체 내용이 수록된 **SWL 전자판**에 대한 간편한 참고자료가 될 수 있는 요약본이며, 전략의 핵심만을 1~2페이지 정도 내로 다룬다. 전략들은 건축형태 및 구성에 주요한 영향을 미치며, 핵심적인 번들들에서 공통적으로 등장한다.

이러한 디자인 전략들은 문제의 본질과 디자인적 해결에 초점을 맞춘다. 6장에는 크기결정 도구들과 성능그래프들은 포함되지 않았다; 이들은 **SWL 전자판**이나 5장 **"선호되는 디자인 도구"**에서 찾아볼 수 있다. **SWL 전자판**은 확장판으로 더 많은 세부사항과 사례와 함께 설명되어 있다.

지어지지 않은 상태

건물군

건물들

건물요소

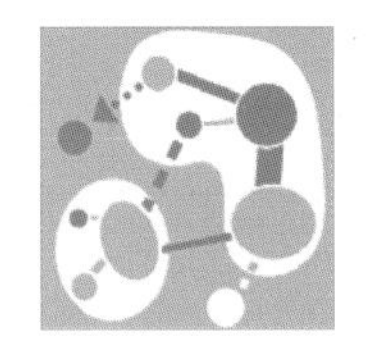

재실

A14 「에너지 프로그래밍」은 난방, 냉방, 환기, 조명 조건들이 비슷한 공간들을 함께 묶어서 패시브와 액티브 전략들의 효율성을 높인다. [난방, 냉방, 주광]

기존의 프로그래밍은 건축공간들이 무엇을 위해 사용되는지, 얼마나 큰지, 특성, 공간 간의 관계(인접성) 등을 정의한다. 에너지 프로그래밍은 이러한 기존 프로그램 분석에 에너지 사용과 재실의 요인들을 추가한다.

에너지 프로그래밍은 기후와 사용패턴들의 상호작용들을 활용하는 전략들을 발견하고 개발하는 데 목적을 둔다. 이는 총-에너지 사용과 순간최대-에너지 사용, 초기비용과 운영비용을 줄이고, 넷-제로, 피크-제로, 넷-포지티브의 달성을 더 쉽게 만든다. 유사한 사용일정과 난방, 냉방, 조명 조건의 공간들은 동일한 에너지 효율적인 디자인 전략들을 사용할 수 있다. 만약 이 공간들이 같은 공간구역에 있다면, 이러한 전략들은 더 효율적이고 경제적으로 사용될 수 있다. 또한 건물의 에너지 절약을 위한 추가비용은 설계과정이 진행될수록 크게 증가한다. 따라서 가능한 디자인 과정 초기에 에너지 효율적인 디자인 전략들을 확인하는 것이 중요하다.

다음의 2가지 재실특성들은 건물의 에너지 사용을 결정하는 데 중요하다.

1) 사용기간(참고: 「부하반응형 일정」)

2) 각 공간의 열적, 시각적, 환기 조건들(참고: 「적응형 쾌적기준」, 「주광률 설계」)

건물의 공간구성은 「주광구역」, 「냉방구역」, 「난방구역」 전략들에 적용할 때에 이러한 2가지 정보를 사용하여 탐구할 수 있다.

에너지 구역들은 주용도 및 특성들에 따라 나뉜다. **표 <에너지 구역을 위한 설계기준>을 사용하여 각 공간의 에너지 구역 유형들을 정한다. 이는 주변조명과 작업조명, 허용온도 범위, 내부열획득률, 재실자 밀도의 조합에 기초한다.**

다음의 3가지 조도그룹들이 있다(참고: 「전기조명 구역」).

1) 높은 주변조도와 높은 작업조도

2) 낮은 주변조도와 높은 작업조도

3) 낮은 주변조도와 낮은 작업조도

조도 단계	높은 주변조도/높은 작업조도								낮은 주변조도/높은 작업조도								낮은 주변조도/낮은 작업조도							
허용온도 범위	large				small				large				small				large				small			
내부열획득률	high		low		high		low		high		low		high		low		high		low		high		low	
재실자 밀도	high	low	high	low	high	low	high	low	high	low	high	low	high	low	high	low	high	low	high	low	high	low	high	low
에너지구역 유형	A	B	C	D	E	F	G	H	I	J	K	L	M	N	O	P	Q	R	S	T	U	V	W	X

<에너지 구역을 위한 설계기준>

허용온도 범위는 크거나 작을 수 있으며, 내부열획득률(참고: 「전기조명에 의한 열획득」, 「장비에 의한 열획득」)과 재실자 밀도(참고: 「재실자에 인한 열획득」)는 높거나 낮을 수 있다. 표는 가능한 모든 조합들을 보여주지만, 대부분의 건물들에서는 이 중에 일부 조합들만이 나타난다.

주변조명 조도가 낮은 구역들은 주광을 사용할 수 있으며, 일부 구역들은 주광과 함께 주변조명과 「작업조명」을 모두 사용할 수 있다. 허용온도 범위가 큰 구역들은 「야간냉각체」와 자연환기인 「맞통풍실」 혹은 「연돌환기실」을 사용하여 냉방할 수 있다. 내부열획득이 작은 구역들은 「야간냉각체」와 「반응형 외피」를 사용할 수 있다. 반면에 내부열획득이 많은 구역들은 시원한 기간동안 (「공기-공기 열교환기」, 「공기흐름이 있는 창」)의 외기를 효율적으로 사용하여 냉방할 수 있으며, 적은 태양열획득(「외부차양」, 「내부차양과 중공차양」)을 갖는 높은 *R*값의 외피(「외피두께」)가 요구된다. 재실자 밀도가 높은 구역들은 신선한 공기유입을 위한 환기부하가 크므로, 환기공기로부터의 열회수가 권장된다. 낮은 재실자 밀도 구역들은 낮 동안 맞통풍 또는 연돌환기를 통해 가장 많은 이점을 얻을 수 있다.

각 공간의 에너지 구역 유형들을 정한 후에 몇 개의 공간구역들로 묶는다. 조건이 비슷한 공간들을 묶는 <에너지 프로그래밍 버블다이어그램>을 구성하여 사람들의 의사소통이나 신체적 움직임 같은 주요한 기능적 연결고리들을 보여준다. 만약 한 가지 이상의 주제(난방, 냉방, 조명, 환기)가 우선된다면, 잠재적 시너지 및 충돌들을 파악하기 위해 각 주제에 따른 버블다이어그램들을 작성하고 결과들을 비교한다.

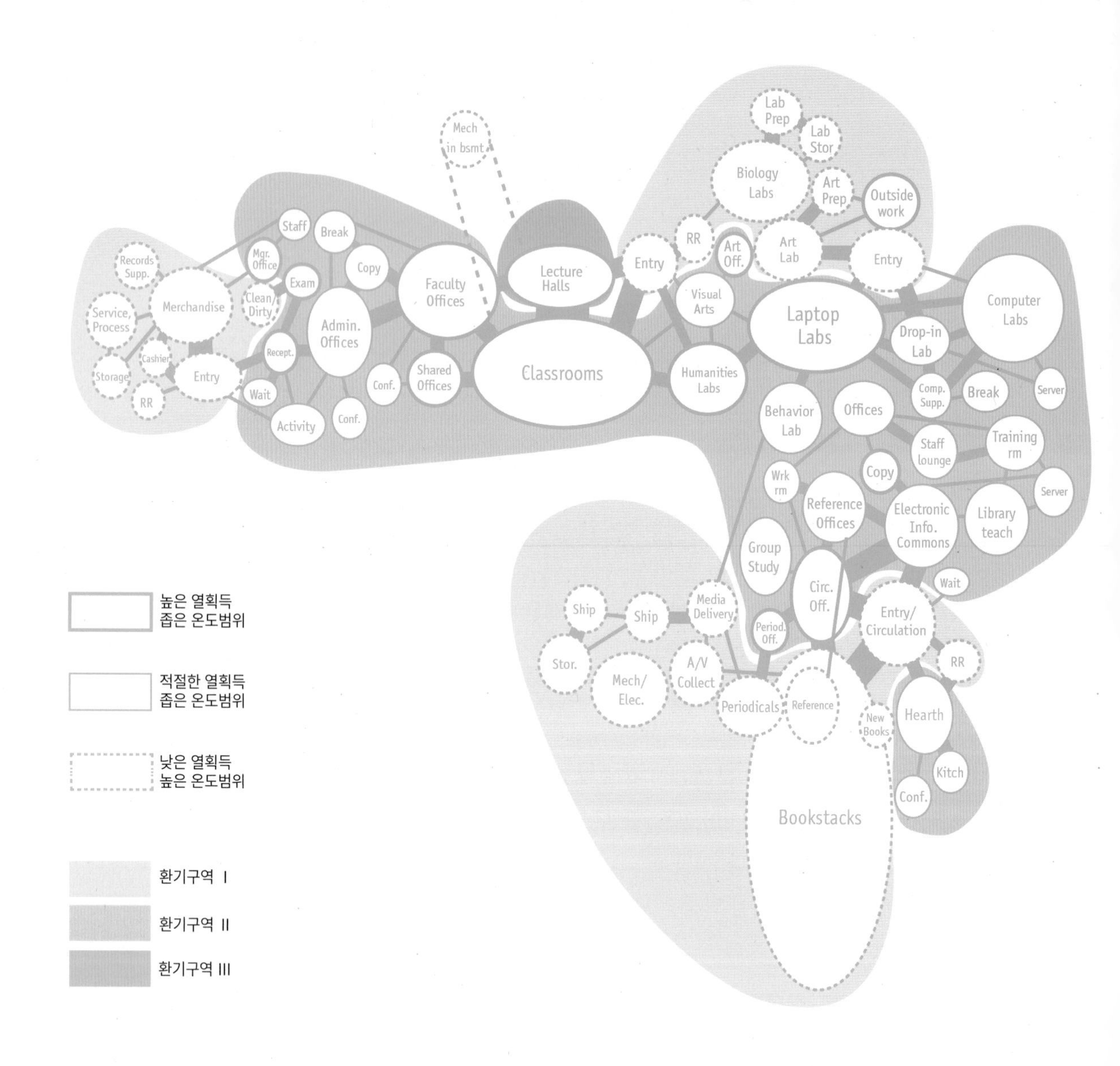

<에너지 프로그래밍 버블다이어그램>

디자인 전략

A24 「생체기후도」는 건물의 기후에 적합한 패시브솔라 냉난방전략들을 나타낸다.

<생체기후도-디자인 전략 영역>은 밀네(Milne)와 지보니(Givoni)의 연구[1]와 이후 지보니의 연구[2]를 기반으로 패시브솔라 냉방 및 난방 전략들의 구분에 따라 영역들을 나눈다. 선들이 교차되는 영역들은 그 기후에 적합한 전략들을 나타낸다. 대부분의 온대기후에서는 계절에 따라 전략들이 바뀔 수도 있으며, 어떤 달에는 여러 가지 전략들이 적합하기도 하다. 대부분의 경우에 비용을 줄이려면 상호간 또는 다른 디자인 문제들과 호환되는 몇 가지 전략들을 선택한다.

<생체기후도-디자인 전략 영역>에서 2개의 점을 그린다: 첫 번째 점은 한 달 간 최고상대습도를 갖는 최저온도, 두 번째 점은 최저상대습도를 갖는 최고온도이다. 2개의 점들을 직선으로 잇고, 모든 12 달에 대하여 이 과정을 반복한다. 각 선들은 하루 동안의 온도와 상대습도의 변화를 나타낸다.

본 책의 생체기후도에서 소개된 디자인 전략들은 주거와 내부열획득이 낮은 건물에 적합하며 주거의 열획득은 21,100kJ/1인당 1일[3]로 예상한다.

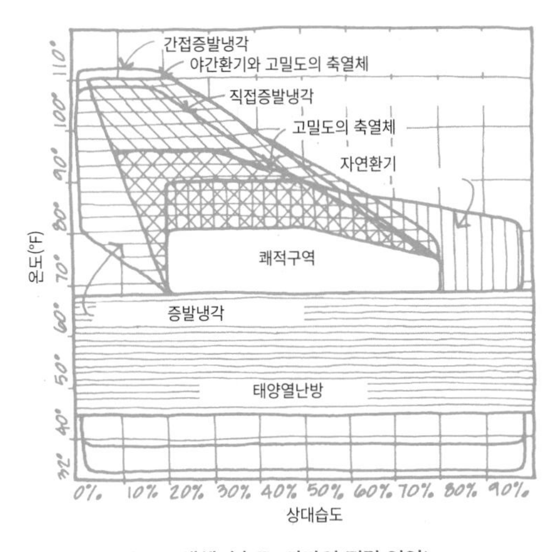

<생체기후도- 디자인 전략 영역>

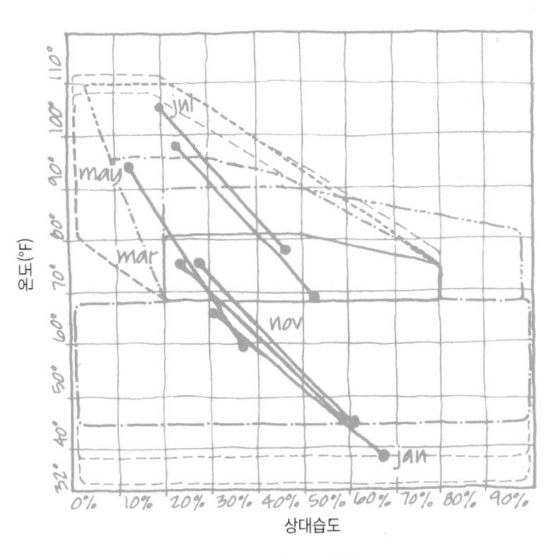

<생체기후도-피닉스>

1) in Watson 1979, pp.96-113
2) 1998, pp.22-45
3) 20kBtu/day per person

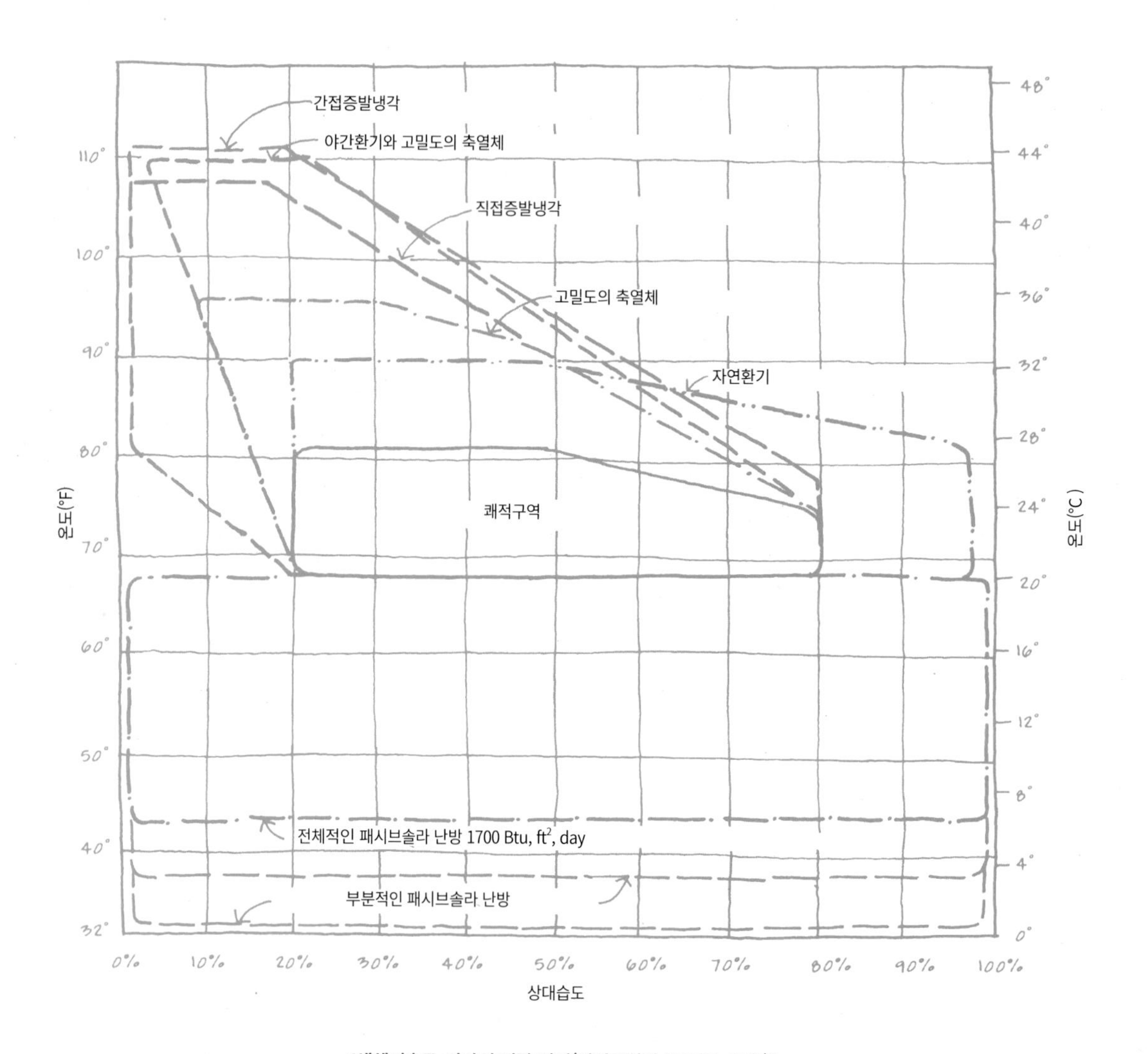

<생체기후도-디자인 전략 영역(외피부하가 큰 건물, SLD)>

패시브솔라 난방은 보통 표시선이 쾌적구역 아래로 떨어지는 몇 달 동안 적합하다. 태양열난방 구역은 유리면의 면적 및 단열 정도에 기반한다. 또한 건물디자인, 태양복사량, 태양의존율(SSF)에 따라 더 낮은 온도로 확장될 수 있다.

5가지 냉방전략들은 쾌적구역 위에 겹쳐진 5개의 구역들로 표현된다.

1) 자연환기 - 재실자들을 시원하게 하는 방법으로 공기흐름에 의존한다.
2) 「축열체」 - 낮 동안 열을 저장하고 밤에 열을 방출하도록 건물 재료에 의존한다.
3) 야간환기와 결합한 축열체(「야간냉각체」) - 낮 동안 축열체에 열을 저장하고, 밤에는 환기를 통하여 축열체를 냉각시킨다.
4) 직접증발냉각 - 실내습도를 높이고 온도를 낮춘다.
5) 간접증발냉각 - 건물표면의 물증발로 지붕이나 외벽을 냉각하여 건물 요소의 온도를 낮추므로 인접 공간의 방열판(heat sink) 역할을 한다.[4] 건물의 기후대에서 지중복토(earth-sheltering) 전략들의 적절성을 평가하기 위해 「접지」를 참고하도록 한다.

<생체기후도-피닉스(Phoenix)>는 야간환기를 위한 고밀도의 축열체(「야간냉각축열체」)와 증발냉각(「증발냉각타워」)은 냉방에 유리한 전략이며, 태양에 의해서 난방이 효율적으로 수행될 수 있음을 나타낸다.

4) Givoni, 1994, p.147

가로, 오픈스페이스, 건물: 향과 위치

3 「지형적 미기후」는 건물군들의 위치를 선정하는 데 사용할 수 있다. [난방, 냉방]

큰 스케일에서 지형, 태양복사, 바람이 결합하여 그 지역의 대기후 특성들을 강화하는 미기후를 형성한다. 이러한 미기후는 대기후 및 계절에 따라 지형 내의 일부 위치를 다른 곳보다 더 바람직하게 만든다. 그러므로 건물군 위치는 쾌적성과 생산성을 높이고, 냉난방기간의 길이를 바꾸며, 냉난방에너지를 줄일 수 있다.

터키 남동지역의 **마르딘시티**[5]는 온화하지만 서늘한 겨울을 지닌 고온-건조기후에 위치하며 20~25° 경사도를 지닌다. 전체 도시는 남동향으로 배치되어 오후의 태양열획득이 적으며, 가로는 지형을 따라 형성되었다. 밀집된 건물들은 동쪽과 서쪽 방향에서 자체 음영을 제공하는 동시에, 남향 정면에 충분한 겨울철 태양열 확보를 허용한다. 여름밤에는 공기밀도의 차이로 인해 낮은 지역, 건물 사이, 벽 뒤에 고이는 시원한 공기의 내리막 흐름을 만든다. 이러한 시원한 곳(cool pool)은 종종 외부 수면장소로 사용된다. 계산에 의하면 20% 남향 경사면에 위치한 이 지역의 건물군들은 평지보다 동일한 실내 온도를 유지하기 위해 약 50% 적은 열이 필요하다.[6]

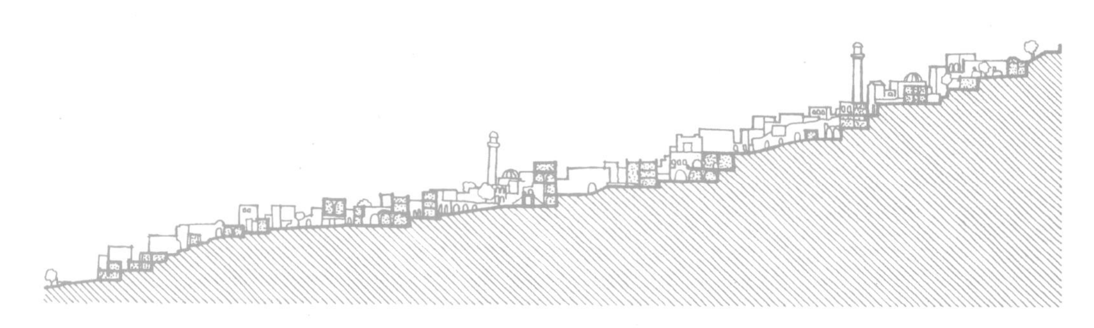

<마르딘시티, 단면>

5) City of Mardin, South-eastern Turkey
6) Turan, 1983

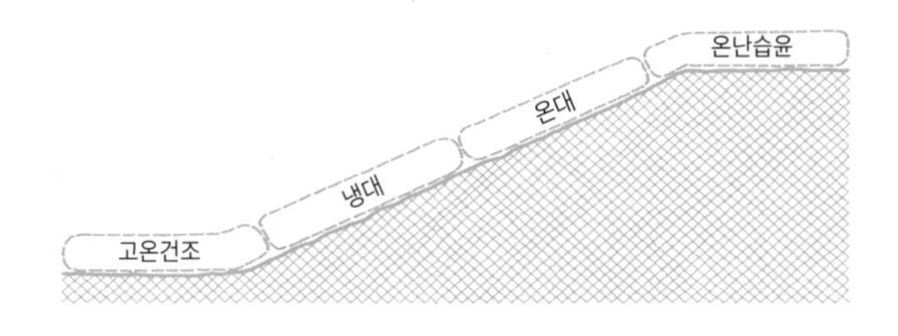

<기후에 따른 경사 위치>

단면다이어그램 <기후에 따른 경사 위치>와 같이 각 영역에 가장 알맞은 미기후의 위치는 다음과 같다.

- **냉대**: 태양복사열을 증가시키기 위해서 **남향 경사면에서 낮아야 한다.** 바람이 차단될 수 있을 만큼 낮지만, 계곡 하단에 찬공기가 모이지 않을 만큼은 충분히 높아야 한다.
- **온대**: 태양과 바람 모두에 접근할 수 있지만, 강풍으로부터 보호되는 **경사면의 중간에서 상부까지에 위치한다.**
- **고온건조**: 밤에는 시원한 공기흐름에 노출되도록 **경사면의 하부**에 위치하고, 오후의 태양노출을 줄이기 위해 **동쪽 방향에 위치한다.**
- **온난습윤**: 바람에 노출되는 **경사면의 상부**, 오후의 태양노출을 줄이기 위해 **동쪽 방향에 위치한다.**

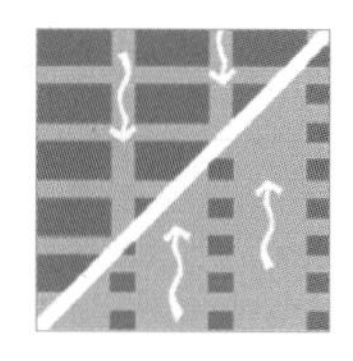

가로와 건물: 분산되고 조밀한 구성

7 「저밀도 도시패턴」은 고온기후의 시원한 미풍을 증가시키며, 「고밀도 도시패턴」은 난방기후에서 겨울바람을 최소화한다. [난방, 냉방]

가로의 공기흐름은 계절과 기후에 따라 득이 되기도 해가 되기도 한다. 고온기후에서 가로의 바람은 보행자를 시원하게 하고 과도한 열을 제거하여 이상적이다; 또한 맞통풍으로 건물을 냉방시키는 잠재적 자원이 된다. 이는 습윤기후에서 항상 중요하며, 건조기후에서는 주로 밤에 중요하다. 반대로 냉대기후에서는 가로의 바람이 보행자의 쾌적성을 저감시키며 건물의 열손실을 증가시킨다.

바람막이는 가로의 바람흐름을 줄이기 위해서 사용되며, 차가운 겨울바람이나 사막의 뜨거운 먼지바람을 막을 수 있다(「바람막이」). 또한 서로 가까운 건물들은 가로의 바람흐름을 줄인다. 도시패턴에서 건물들이 규칙적인 구성인 경우에 좁은 가로에서 건물들이 높을수록 바람막이 역할을 하며, 넓은 가로에서 건물들이 낮을수록 공기흐름을 더욱 원활하게 한다. 서늘한 기후에서 주요 가로들은 겨울바람에 직각으로 배치되며, 비연속적인 구성과 많은 T-교차로들이 있는 가로 네트워크들은 바람흐름을 느리게 하고 차단한다.

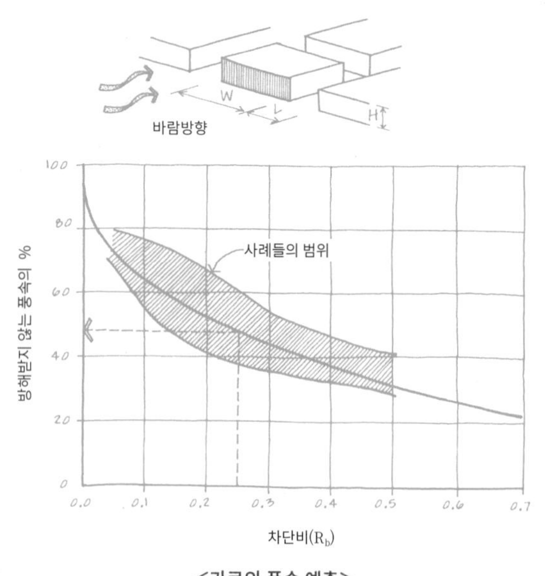

<가로의 풍속 예측>

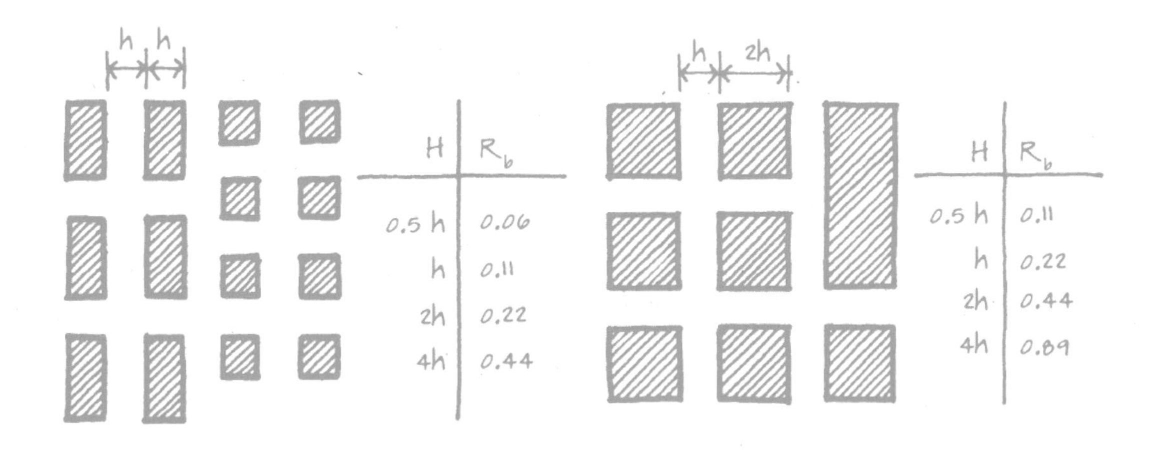

<건물/가로 구성을 위한 차단비>

주요 가로들이 바람과 평행한 경우에 가로의 풍속에 영향을 주는 주요소들은 가로들의 폭과 바람이 불어오는 방향에서 건물 전면의 면적(높이와 폭)이다. 그래프 **<가로의 풍속 예측>**은 주어진 건물군 구성의 차단비 함수로써 가로의 풍속을 보여준다.[7] 차단비(R_b)[8]는 $R_{b}=(W \times H)/(W + L)^2$로 나타낼 수 있다.

공식을 사용하거나 그래프 <건물/가로 구성을 위한 차단비>의 계산값으로부터 차단비를 구한다. 그래프는 방해받지 않는 풍속의 분수값으로 가로의 평균 풍속을 예측한다. 높은 값은 냉방 기간에 바람직하며, 낮은 값은 난방 기간에 바람직하다.

더 상세한 내용, 가정, 더 많은 사례들은 「저밀도 또는 고밀도의 도시패턴」을 참고한다. 그래프는 규칙적인 건물 배치, 블록을 채운 건물들, 바람이 불어오는 방향에 연속된 가로벽을 형성하고, 블록면과 직각을 이루고, 주요 가로와 평행한 바람을 가정한다.

7) Wu, 1994

8) 차단비, Blockage Ratio, 이하 R_b

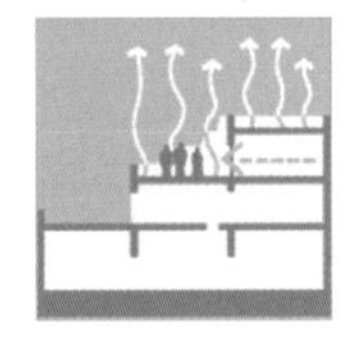

실과 중정: 구획된 구성

24 「이동」: 더울 때는 좀 더 시원한 구역에서 추운 시간대나 계절에는 더 따뜻한 구역에서 활동할 수 있도록 실과 중정들을 구획하여 배치한다. [난방, 냉방]

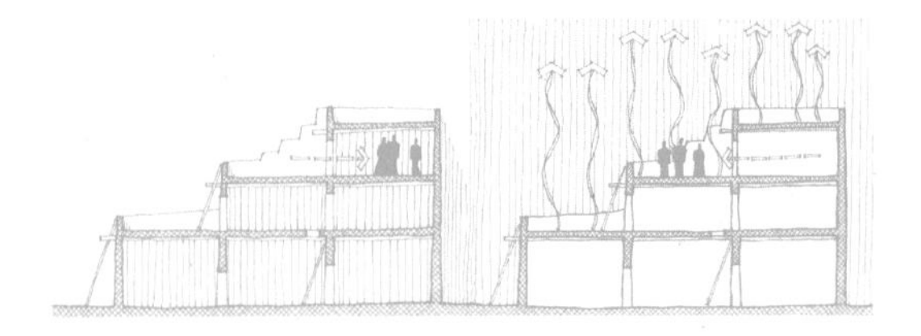

<푸에블로 아코마, 더운 계절의 낮(좌)과 밤(우)>

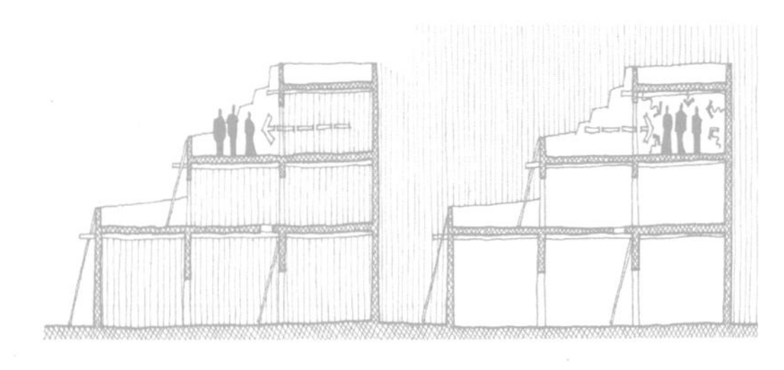

<푸에블로 아코마, 시원한 계절의 낮(좌)과 밤(우)>

이 전략은 열쾌적성을 유지하기 위해 한 곳에서 다른 곳으로 이동하는 것과 함께 다양한 구역을 제공하며, 각 영역은 서로 다른 기후조건에서 쾌적한 공간이다. 각 구역은 제한된 조건에 맞춰져 있기 때문에 디자인은 더욱 간단할 수 있다. 단순히 극한기후 상태들을 충족하기 위한 설계기준을 선택하는 것이 아니라, 특정 재료들의 열적 특성들과 기후패턴들(열적 지연과 일교차에 따른 온도변동) 사이의 유용한 관계를 이용한다; 또는 특정한 기후조건은 생활공간에서 수면공간으로의 이동과 같은 기존의 사회적 패턴과 호환가능하다.

뉴멕시코의 **푸에블로 아코마**[9]는 사용시간이 계절에 따라 극적으로 변하는 2개 구역으로 된 주거공간이다. 시원한 계절의 낮에는 외부 테라스를 사용하고, 밤에는 내부공간을 사용한다. 반대로, 더운 계절의 밤에는 외부 테라스를 사용하고, 낮에는 그늘진 시원한 실내를 사용한다.[10]

첫 번째 구역인 외부 남향 테라스는 낮 동안 바람으로부터 보호되며 햇빛이 잘 드는 장소이다. 이는 날씨가 시원할 경우에는 장점이나 더울 경우에는 단점으로 작용한다. 반면에 밤에는 열을 하늘로 방출시키는데, 이는 더울 때는 장점이나 추울 때는 단점으로 작용한다. 두 번째 구역인 실내실은 테라스보다 외부기후를 덜 따른다. 실내벽의 육중한 축열체는 실내온도를 외부온도보다 몇 시간 지체시키기 때문이다. 시원한 계절에 축열체는 낮에 태양열을 흡수하고, 밤에는 실내로 방출한다. 더운 계절에 축열체는 밤에 공기와 하늘 복사에 의해서 냉각되므로, 낮에는 시원하게 유지된다.

9) Pueblo Acoma, Albuquerque, New Mexico, USA
10) Knowles, 2006, Nabokov, 1986

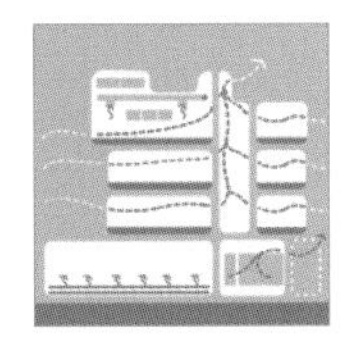

26 비슷한 냉방조건의 실들을 「냉방구역」으로 묶어서 동일한 냉방전략을 동시에 사용할 수 있다. [냉방, 환기]

많은 건물들은 다양한 냉방조건의 활동을 담는다. 만약 건물이 냉방기간 동안 하나의 열적 구역으로 다뤄진다면, 이러한 다양한 요구들은 수용할 수가 없다. 하지만 여러 냉방구역들로 다뤄진다면, 각 구역은 서로 다른 온도, 습도, 환기조건을 충족하도록 허용된다. 기존 상업용 HVAC 시스템들은 각 구역에 개별온도조절기가 있으며, 필요에 따라 다양한 냉방량과 냉방온도를 조절할 수 있다. 그리고 패시브냉방 건물에서 냉방구역들은 시간대별로 다양한 냉방전략들을 사용할 수 있다. 따라서 냉방구역들은 대부분의 「혼합모드 건물」에서 공간적 전제조건이 된다.

표 **<냉방구역의 열적 기준>**은 4가지의 선택사항들을 설명한다. 희귀도서보관소와 같은 일부 용도는 온습도에 대한 엄격한 기준이 요구된다. 반면에 재실자가 의복, 활동률, 위치를 조정할 수 있는 레크리에이션 용도는 넓은 온도범위의 유연한 열적 기준을 가진다. 기준이 엄격할수록 패시브전략들은 기준을 충족하기가 어려우며 반응하는 **「수동 또는 자동화된 제어장치」**의 필요성이 커진다.

	열적 기준			
	이동	유연	보통	엄격
쾌적구역	매우 넓은 범위 11.1~22.2°C	넓은 범위 5.6~11.1°C	보통 범위 2.8~5.6°C	좁은 범위 1.1~2.8°C
변화 정도	매우 높음 (중간 점유율)	높음	보통	낮음
조절	아주 작음 또는 안함	약간 수동	보통 스마트 /피드백	정확한 자동조절
냉방조건	패시브만	패시브만으로 가능	패시브, 하이드리드 그리고/또는 혼합모드	혼합모드 또는 액티브시스템

<냉방구역의 열적 기준>

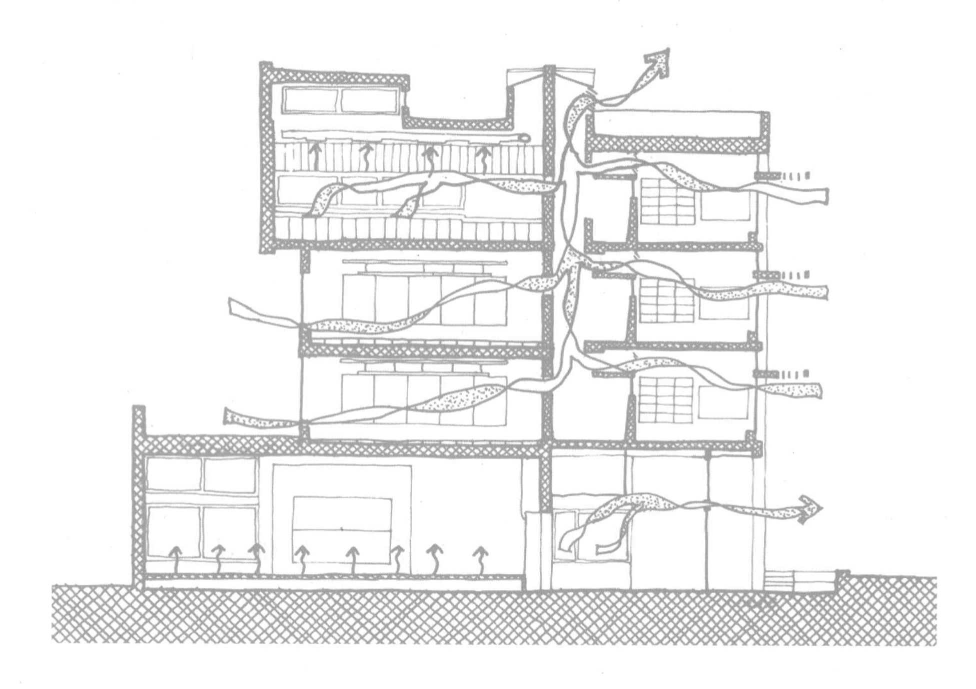

<세미나II 빌딩>

워싱턴주 에버그린 주립대학의 **세미나II 빌딩**[11]은 다양한 냉방구역을 사용한다.[12] 5개의 작은 건물들을 잇는 외부동선 공간은 공조장치가 배제되었고, 「혼합모드」로 된 2개의 지상층 대형 강의실들은 기계냉방과 자연환기가 가능하다. 사무실과 교실은 「연돌환기실」로써 급기구가 외벽에 있고, 소음은 차단시킨 배기구가 복층의 동선공간으로 연결된다. 유사하게 최상층의 실험실도 연돌환기가 되는데, 열획득이 더 많기 때문에 「기계식 공간환기」가 보조한다. 또한 콘크리트구조는 더운 기간에 「야간냉각체」로써 역할을 하게 된다. 1층 라운지 「맞통풍실」은 공조시스템이 없고 간헐적으로 실외강의실로 사용되도록 대형 미닫이문을 이용한다. 그 결과 재실공간의 80%에 대한 기존의 공조시스템을 제거하였고, 나머지 기계식 냉방시스템의 사용기간도 크게 줄였다.

11) Seminar II Building, Evergreen State College in Olympia, Washington, USA, Mahlum Architects, 2004
12) Moody, 2007; Astier, 2005; Macaulay and McLennan, 2005

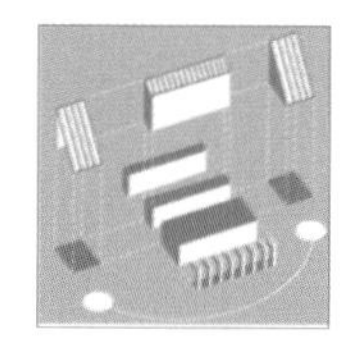

실과 중정: 구획된 구성

28 실들은 난방조건 또는 실내열원의 사용유무에 따라 「난방구역」을 구성할 수 있다. [난방, 환기]

재실자의 활동, 착의, 재실기간에 따라 난방 기준은 매우 달라지므로 실들은 비슷한 난방조건에 따라 구획되어 구성될 수 있다. 예를 들어 어떤 실에 난방이 약하게 필요할 때 다른 실에는 난방이 많이 필요할 수도 있고, 심지어 컴퓨터실은 냉방이 필요하기도 한다.

대개 사용기간이 짧은 공간들은 쾌적구역의 범위가 넓은데, 난방이 되지 않는 계단실이나 복도가 그 예이다. 일반적으로 「완충구역」들은 냉난방이 되지 않는다. 반면에 「썬스페이스」나 중정 같은 다른 공간들은 쾌적할 때는 사용되고, 쾌적하지 않을 때는 사용되지 않는다(「이동」). 또한 좀 더 연속적으로 오래 사용되는 실들은 난방조건과 기준의 범위가 있다. 예를 들어, 체육관은 일반사무실보다 냉방이 더 필요하다.

난방구역의 공간적 의미를 고려한다.

1. 비슷한 난방조건의 **실들을 함께 묶는다.**
2. 외부이거나, 냉난방이 되지 않거나, 태양열을 이용하는 동선 주변에 **재실공간들을 구성한다.**
3. 가장 난방이 많이 필요한 **실들**은 겨울철 태양을 향하도록 **배치한다**(「태양과 바람을 마주하는 실」). 「패시브솔라 건물」의 유치원을 참고한다.
4. 기후적 분리와 조절 정도를 만들 수 있는 **다양한 실(개방형, 반-밀폐형, 밀폐형 실)을 디자인한다.** 「외부 미기후」 전략들을 이용하여 난방구역의 크기를 줄인다.
5. **어떤 구역이 패시브만으로 난방이 가능한지,** 또는 액티브난방이 비상용으로 필요한지 확인한다. 패시브만 사용하는 실들은 묶어서 열배분시스템과 기계설비를 최소화할 수 있다.

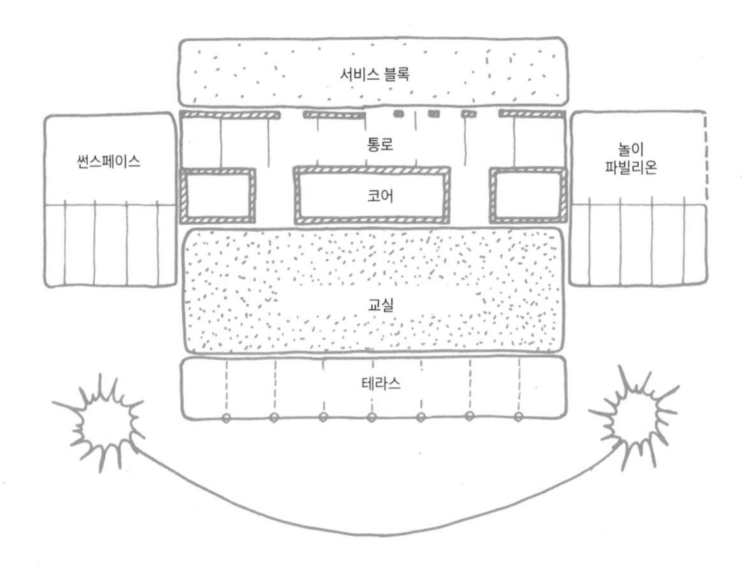

<솔라시티 유치원, 난방구역들>

오스트리아의 린즈에 위치한 **솔라시티 유치원**[13]은 다양한 온도 기준에 따라 난방구역들이 명확하게 구성되었다.[14] 「차양레이어」로 보호되는 남향의 외부구역은 가장 많이 노출되며, 유리로 된 놀이 파빌리온은 반-밀폐형 「완충구역」을 제공한다. 「썬스페이스」는 어떤 시간에도 지나다니기에 편안하다. 유리 천창을 통해 태양열로 난방되는 복도공간은 기계식 공조가 없고, 짧은 시간의 이동에만 사용되기 때문에 허용온도 범위가 넓게 설정되었다. 「직접획득」 교실들은 남쪽에 배치되어 빛과 열을 가장 잘 받아들이며, 북쪽의 서비스블록은 서비스 기능과 사적 공간을 제공하며, 창문은 주광에 필요한 만큼으로 제한된다. 남쪽으로 기울어진 큰 지붕은 「태양광전지(PV) 지붕」의 역할을 하고, 「집열」과 「태양열 온수」와 더불어 직접획득을 위한 「솔라개구부」가 설치되었다. 태양열은 중심부의 콘크리트구조, 「암반」, 물탱크에 저장된다(「축열체」).

13) Solar City Kindergarten, Linz, Austria, Olivia Schimek, 2007
14) Treberspurg, 2008; A+W, 2000

실: 구획된 구성

29 「완충구역」: 온도변화를 견딜 수 있는 실들은 원치 않는 더위나 추위와 이로부터 보호되는 실들 사이에 위치할 수 있다. [난방, 냉방]

건물프로그램에서 일부 공간들은 사용 특성(예: 창고)과 기간(예: 동선공간) 때문에 덜 엄격한 온도조건을 가지며, 어떤 공간(예: 침실)은 하루 중에 특정한 시간에만 온도조건을 가진다. 이러한 공간들은 외부환경과 섬세한 온도조절이 필요한 공간 사이의 열적 완충구역으로 이용될 수 있다.

빌라 가델리우스[15]는 스웨덴 린딩느의 차가운 북풍을 막아주는 완충구역으로 차고와 창고를 이용하였다. 또한 집의 남측을 동서방향으로 확장시키고 층고를 높여서 거실공간에 남쪽 태양이 잘 유입되게 하였다.[16]

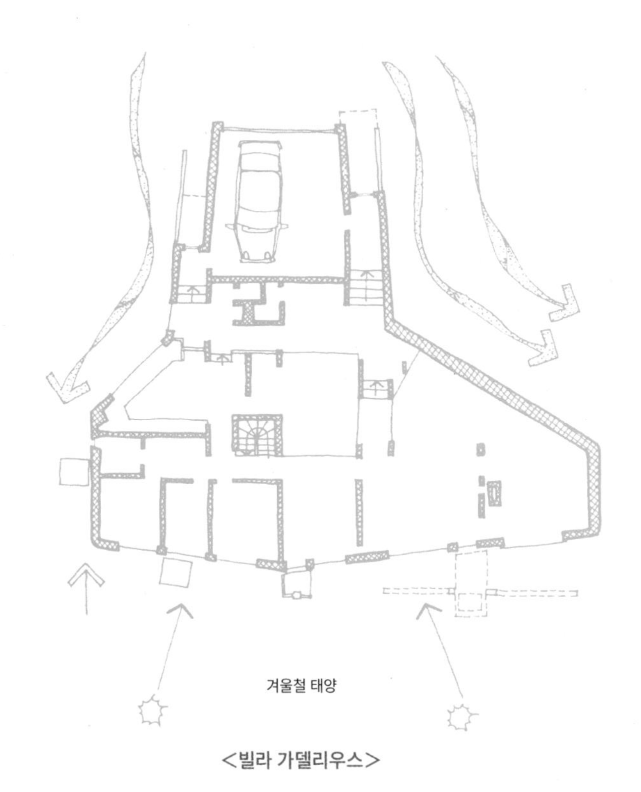

<빌라 가델리우스>

15) Villa Gadelius, Lidingö, Sweden, Ralph Erskine, 1961
16) Dustch Bauzeitung 11/1965; Collymore, 1994

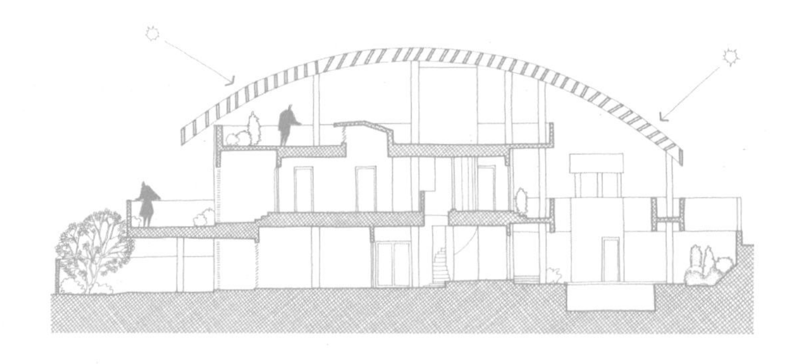

<루프-루프 하우스>

태양고도가 하루종일 높은 저위도에서는 지붕이 주요 집열체이다. 켄양은 말레이시아 쿠알라룸푸르에 위치한 **루프-루프 하우스**[17]의 지붕에 그늘진 실외실을 배치했다. 거실공간은 아치모양으로 굽은 흰색의 루버형 콘크리트 우산지붕 아래에 위치한다. 1층 평면은 외부공간에 의해 분할되어 그늘과 비를 피할 수 있도록 옵션을 제공하면서 주로 바람이 불어오는 방향으로 열려 있다.[18]

유리로 된 큰 실들은 기계식 냉난방을 하지 않는다면, 실내와 외부 사이에서 평균온도를 가지므로 겨울철에 난방부하가 감소한다. 또한 완충공간은 인접한 실들에서 사용할 수 있는 주광도 줄일 수 있어서 완충실을 마주하는 창문은 외부면의 창문보다 커야 한다. 관련 전략들인 「선형 아트리움」, 「썬스페이스」, 「차양레이어」, 「아트리움」, 「공기-공기 열교환기」를 참고하도록 한다.

만약 완충공간이 남향이라면, 인접공간을 난방할 수 있고 평균온도는 실내온도에 가깝다. 그러나 완충공간이 동향, 서향, 또는 북향이라면, 외피에 의한 열손실을 감소시키지만 겨울철의 태양열획득을 제공하지 않는다.

17) Roof-Roof House, Malaysia, Ken Yeang, 1984
18) Yang, 1987, pp.52-55; Khan, 1995, pp.108-109

실: 열린 구성

30 「투과성 좋은 건물」은 맞통풍 및 연돌환기를 위해 열린 평면과 단면을 통합하여 계획된다. [냉방, 환기]

맞통풍은 더운 기간에 사용되는 효과적인 냉방방법으로 공간에서 열을 제거할 뿐만 아니라 인체의 피부에서 땀의 증발률을 증가시켜 시원한 느낌을 준다(「맞통풍실」). 그러나 고온기후와 혼합기후의 더운 여름밤에는 공기흐름이 느려지기 때문에, 연돌환기가 중요한 추가전략이 된다(「연돌환기실」). 이러한 2가지 환기전략들은 동일 건물의 다른 실들에서 사용될 수 있다. 예를 들어, 맞통풍은 바람이 불어오는 방향과 고층에 사용되고, 연돌환기는 바람이 불어나가는 방향과 바람이 잘 들지 않는 저층에 사용될 수 있다.

맞통풍과 연돌환기는 모두 특정 구성들에서 더 잘 작동하며, 실들의 다양한 구성들을 촉진할 수 있다. 2가지 환기를 디자인할 때에 평면과 단면은 공기흐름을 위해서 열려 있어야 한다.

인도 뭄베이에 위치한 **칸춘준가 아파트**[19]에서 찰스 코레아는 각 층의 두 유닛들이 사용하는 수직코어를 이용하여, 바람을 막는 실내복도의 문제점을 해결하였다.[20] 이 방법은 공기흐름을 코어주변으로 건물의 한쪽에서부터 다른 쪽으로 흐르게 하였다.

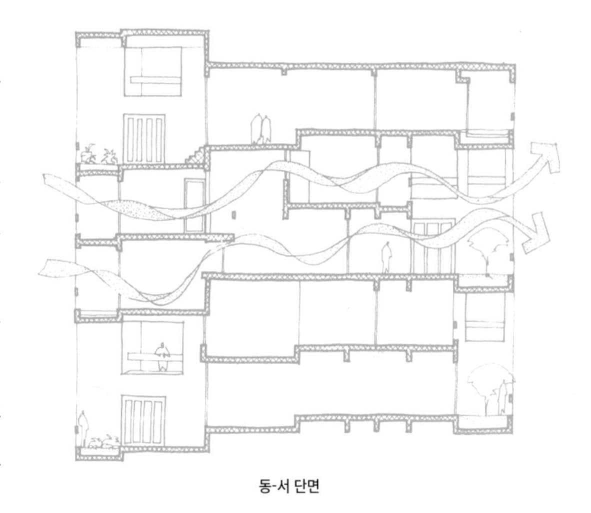

동-서 단면

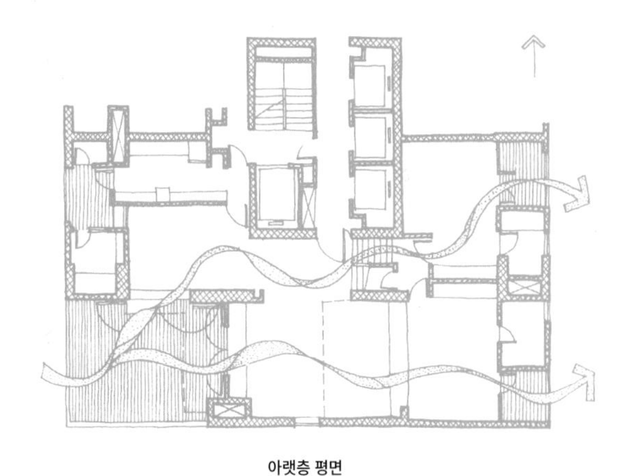

아랫층 평면

<칸춘준가 아파트>

19) Kanchunjunga Apartments, Bombay, India, Charles Correa, 1983
20) Khan, 1987; Correa, 1996

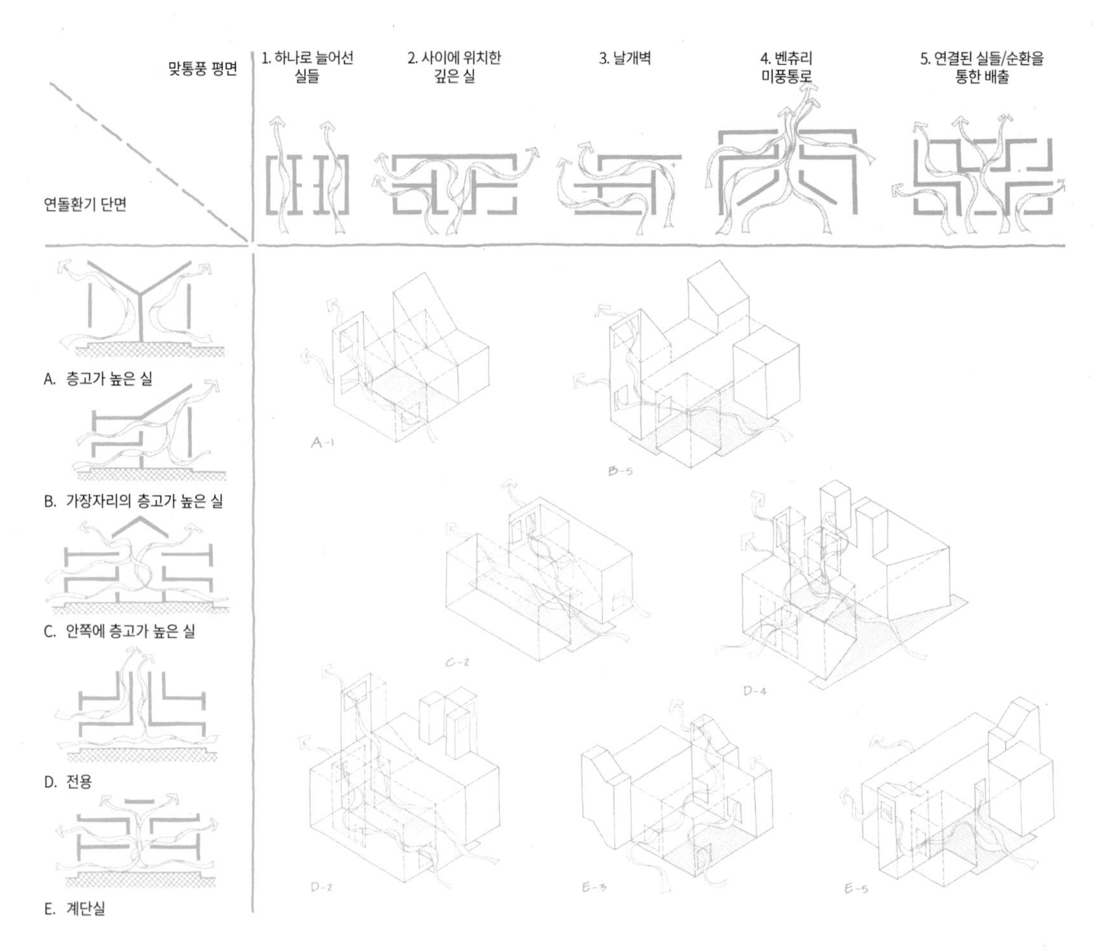

<맞통풍 및 연돌환기를 모두 설치한 실구성 전략들>

공기는 바람이 불어오는 방향에서 1~2개 이상의 방을 거쳐야 하기 때문에 평면과 단면은 느슨하면서 열려 있고, 사생활보호를 위해 침실은 위층에 위치한다. 복층으로 구성된 볼륨은 연돌환기의 기회를 제공하는 반면, 다양한 레벨의 변화는 최소한의 내부 파티션으로 공간정의를 만드는 데 도움이 된다. 바닷바람이 서쪽에서 불어오기 때문에, 주요 파사드는 동쪽과 서쪽을 향하며, 복층 높이의 테라스정원은 완충구역으로써 비와 태양으로부터 건물을 보호한다. 이와 동일한 기본 전략은 저층건물들의 1개 이상의 수직코어들에도 사용할 수 있다.

이상적으로 맞통풍되는 건물은 1개 실 정도의 두께를 가지며 얇고 긴 형태로 되어 바람을 잘 받아들인다. 그러나 현실에서는 대지제약이 거의 없는 작은 건물들이 아닌 이상, 이러한 경우는 거의 없다. 1개 실 이상의 두께를 가진 건물들과 복도가 있는 모든 건물들에서, 바람이 불어오는 방향의 실은 바람이 불어나가는 방향의 실로 가는 바람을 막을 수도 있다. **매트릭스 <맞통풍 및 연돌환기를 모두 설치한 실구성 전략들>에서 수평축은 공기를 실내의 모든 실로 들여오는 맞통풍을 위한 실구성 전략들을 보여준다.**

연돌환기는 급기구와 배기구의 높이에 좌우되며, 높은 실과 굴뚝에 의하여 그 효과는 극대화된다. **표의 수직축은 연돌환기를 위한 실구성의 여러 전략들을 보여준다. 표의 가운데 부분은 몇 가지 가능한 맞통풍과 연돌환기 구성을 조합한 다이어그램으로 나타난다.**

맞통풍과 연돌환기의 조합효과는 기압의 합에 의하며, 비선형적인 것으로 「투과성 좋은 건물」에서 상세하게 설명된다.

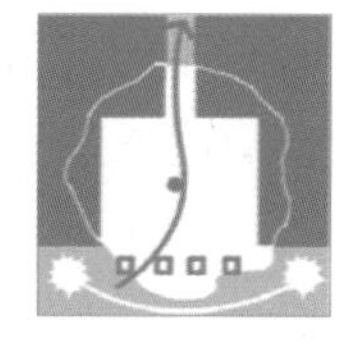

실: 배치와 향

32 태양과 바람에 따른 「실외실 배치」는 외부의 쾌적기간을 늘려줄 수 있다. [난방, 냉방]

건물들은 태양과 바람을 막을 수 있기 때문에 건물 주변에 다양한 미기후를 만든다. 태양과 바람 방향의 조합은 실외실들을 어디에 배치할지에 영향을 준다. 예를 들어, 고온습윤한 여름철에 바람과 태양의 방향이 서로 다르면, 실외실은 바람이 관통하고 그늘이 잘드는 건물북쪽에 위치시킨다. 반대로 여름바람과 태양의 방향이 일치하면, 바람에 접근하기 힘들기 때문에 실외실은 건물북쪽에 위치시키면 안 된다.

발터 그로피우스와 마르셀 브로이어는 추운 미국 뉴잉글랜드에 위치한 **그로피우스 하우스**[21]에 스크린이 설치된 실외실을 남쪽으로 길게 두어 여름남서풍이 지나가게 하였다. 만약 실외실이 북쪽에 설치되었다면, 건물에 의한 그늘을 제공받지만 바람유입은 없었을 것이다. 실외실은 불투명 지붕과 롤-다운(roll-down) 차양으로 그늘지게 한다. 햇빛이 잘드는 남향 2층에는 지붕데크를 만들었고, 불투명한 서쪽벽은 차가운 겨울바람을 막는다.[22]

난방 기간에는 실외실이 햇빛을 잘 받고 바람으로부터 보호되도록 배치하는 것이 최선이다. 냉대기후에서는 실외실을 시원하게 할 필요가 거의 없어서 햇빛이 잘드는 곳에 배치하는 것이 가장 기본이다. 겨울바람이 태양과 일치하거나 어긋나는 경우에 「바람막이」를 사용하여 공간을 보호할 수 있다.

버나드 메이벡은 캘리포니아주 버클리 근처의 시원하고 바람이 많이 부는 언덕 위에 **월런 메이벡 하우스**[23]를 지었다. 남서쪽의 실외실은 주택, 차고, 낮은 담으로 둘러싸여 있는데, 이 구성은 북-북서측에서 불어오는 겨울바람을 막는 동시에 재실자의 조망을 확보하게 한다.[24]

---

21) Gropius House, Lincoln, Massachusetts, USA, Walter Gropius & Marcel Breuer, 1937
22) *Process Architecture*, 1980
23) Wallen Maybeck House, Berkeley, California, USA, Bernard Maybeck, 1937
24) Woodbridge, 1992

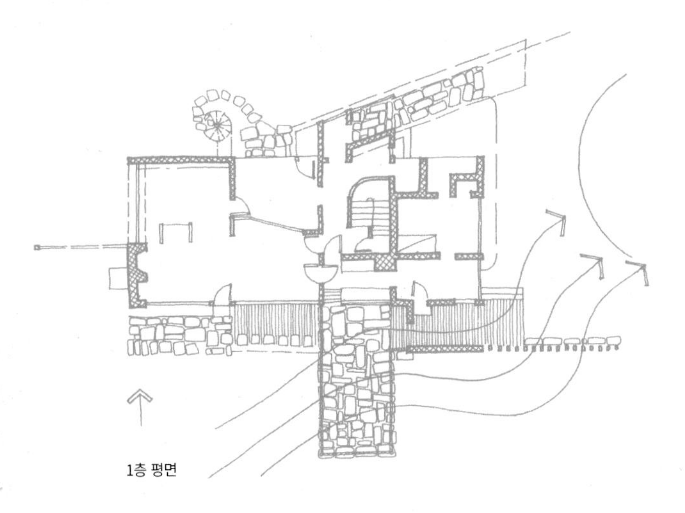

<그로피우스 하우스>

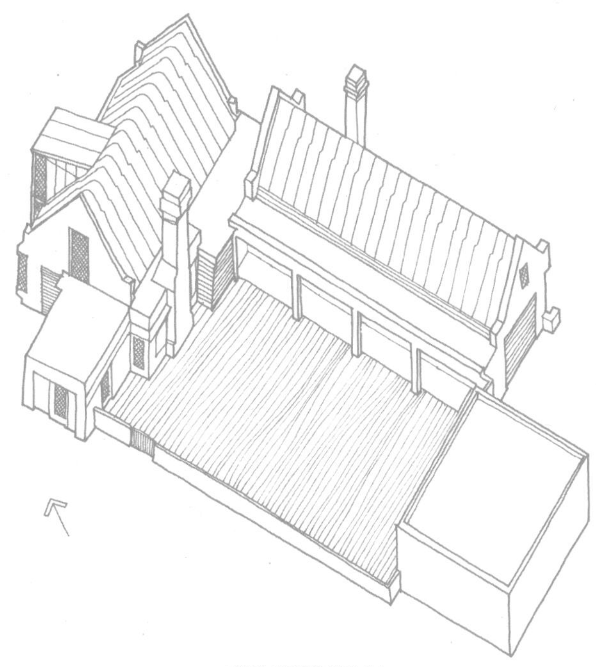

<월런 메이벡 하우스>

실과 중정: 형태와 외피

33 빛중정을 가진 「아트리움 건물」은 실내공간에 빛을 제공할 수 있다. [주광]

건물이 측면채광을 하기에 두꺼울 경우에 빛중정이나 아트리움이 실내공간을 채광할 수 있다. 아트리움에 인접한 실들을 채광하고, 기후-완충공간의 활동과 식재에 빛을 제공할 수도 있다. 잠재적으로 아트리움은 상업성을 증대시키고, 전도성의 열손실과 열획득을 줄이며(「완충구역」), 「썬스페이스」로써 겨울철 태양열획득을 제공할 뿐만 아니라 패시브 「연돌환기실」의 기능을 하는 등 장점이 많다.

프랭크 로이드 라이트는 뉴욕주 버팔로에 위치한 **라킨 오피스 빌딩**[25]에 높은 천창형 아트리움을 디자인하였다. 아트리움으로 향하는 개구부들에는 유리가 없으며, 아트리움은 사무공간으로 사용되었다. 하부에 서류보관함이 있는 밝은 색의 넓은 창문틀은 사무실 갤러리에 빛을 반사하는 「광선반」으로 사용되었다. 아트리움은 격자로 된 수평천장 위를 박공모양의 유리로 덮은 이중지붕으로 구성되었다.[26]

측광은 외부창 높이(H)의 2~2.5배 깊이까지 가능하다(「주광실 깊이」). 따라서 전체를 채광하기 위해서는 외벽과 아트리움 사이의 실 깊이가 창 높이의 $5H$로 제한되어야 한다. 만약 동선, 서비스, 창고공간에 인공조명 구역을 사용할 경우에 건물의 두께를 늘릴 수 있다. 건물두께는 자연채광이 되는 바닥면적의 비율에 영향을 미친다.

외벽과 아트리움 사이의 공간을 $6H$로 하여 총 재실 면적의 90~100%가 자연채광이 되게 하거나, $7H$로 하여 80~90%가 자연채광이 제공되게 한다.[27] 이는 모든 위도와 아트리움 크기에 적용된다. 그리고 아트리움 면적을 제외한 총 면적/순면적(a gross to net ratio)이 1.35이고, 주광의 최대투과율이 $2.5H$라고 가정한다.

아트리움에 인접한 실들에서의 주광 정도는 아트리움의 폭과 높이에 따라 결정되며, 주광량은 기후, 내부벽의 반사도, 아트리움을 향하는 창 위치와 크기, 아트리움 지붕설계, 유리투과도, 실내벽의 반사전략들에 따라 결정된다. 이는 외부측광처럼 실의 채광은 실형태, 유리투과도, 내부벽의 반사도에 따라 결정된다. 아트리움의 가장 중요한 요소는 아트리움의 폭과 높이에 따른 비율로, 높고 좁은 아트리움은 낮고 넓은 아트리움보다 하늘로의 "조망"이 적다.

---

25) Larkin Administration Building, Buffalo, New York, USA, Frank Lloyd Wright, 1904
26) Quinan, 1987
27) DeKay, 1992, 2010

<라킨 오피스 빌딩>

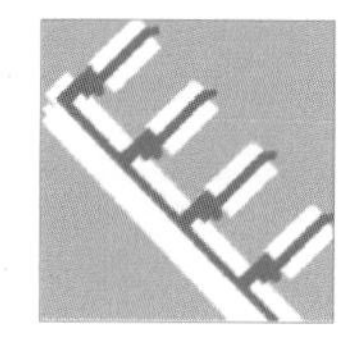

실: 얇은 평면의 구성

35 「얇은 평면」의 실구성은 각 공간에 햇빛을 제공한다. [주광]

실내에 이르는 빛의 양은 창문으로부터의 거리(「주광실 깊이」), 바닥부터 창문 높이, 창문 크기(「주광개구부」), 실표면의 반사도(「주광반사면」)에 의해 결정된다. 창에서 멀어질수록 내부에서 사용가능한 외부주광의 비율이 줄어든다. 따라서 건물의 두께는 채광에 중요한 디자인 요소이다.

Kiessel + Partner가 설계한 독일 겔젠키르헨의 **과학기술공원**[28]은 9개의 얇은 평면의 사무실 파빌리온들로 구성되며 사무실은 북향과 남향에 위치한다. 편복도로 연결된 동향의 사무실들과 이어지며, 건물의 모든 실에 충분한 자연광이 제공된다.[29]

아들러와 설리반이 설계한 **웨인라이트 빌딩**[30]은 한 개의 중복도를 따라 측창이 있는 사무실들로 구성된다. U자 형태 건물은 코너대지에 배치되어 2개의 도로에 연속된 파사드를 제공한다. 빛중정은 보통 O, U, E자 형태로 형성되는데, 이때 중정벽이 빛의 일부를 흡수하기 때문에 창문에 이르는 일사량이 줄어들게 된다. 웨인라이트 빌딩은 도로면에 접하는 실 깊이보다 중정면에 접하는 실의 깊이를 줄여서 이 문제를 해결하였다.[31]

빛투과량은 「광선반」으로 인하여 더욱 개선될 수 있다. 부분적으로 구름이 낀 하늘 또는 맑은 하늘에서 태양이 보이는 경우에 빛투과는 흐린 하늘보다 클 것이다. 태양반사장치를 사용한다면 건물폭이 증가되더라도 효율적으로 채광될 것이다(참고: 「얇은 평면」).

28) Science and Technology Park, Gelsenkirchen, Germany, Kiessler + Partner, 1995
29) Rumpf, 1995
30) Wainwright building, St. Louis, Missouri, USA, Adler and Sullivan, 1891
31) Cannon, 2011; Manieri-Elia, 1996

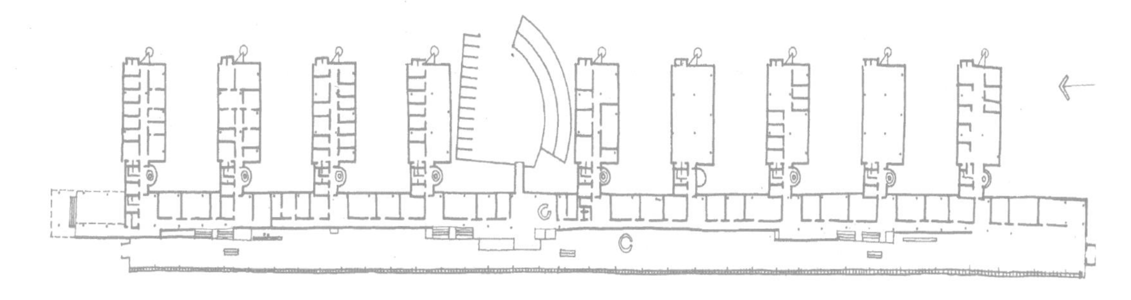

<과학기술공원>

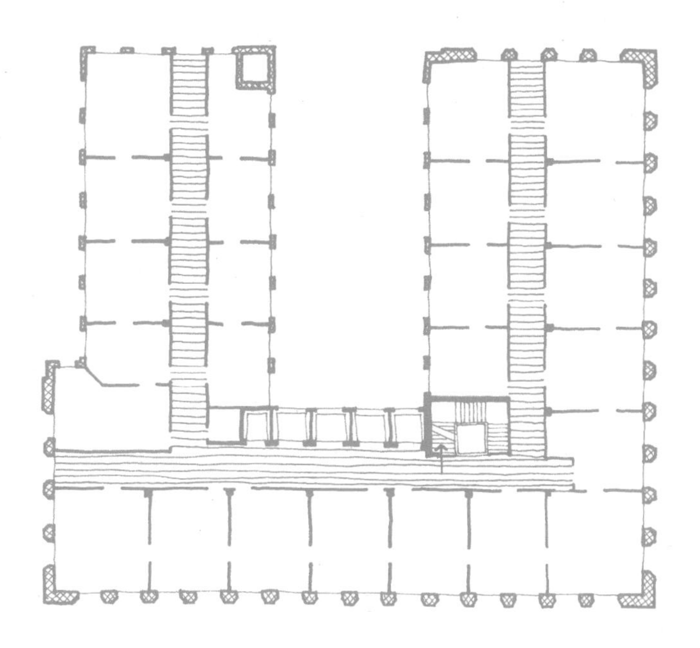

<웨인라이트 빌딩>

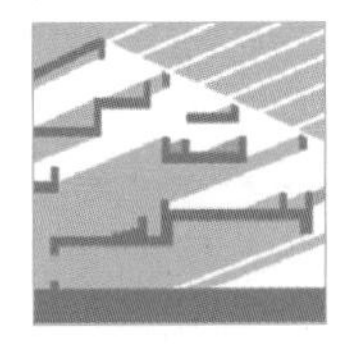

실: 두꺼운 구성

37 두꺼운 건물의 「깊은 채광」은 효율적으로 구성된 평면과 단면에 따른다. [난방]

태양을 향해 얇고 긴 구성들은 각 실의 태양열 확보를 통한 태양열난방이 가능하다(「동-서방향으로 긴 평면」). 반면에 2개 이상의 실을 가진 두꺼운 건물은 태양열 확보가 어렵다.

<두꺼운 건물의 태양열난방을 위한 평면 및 단면구성>은 햇빛을 더 깊이 건물에 유입시키는 몇 가지 형태전략들을 보여준다. 예를 들어 2개 이상 실 깊이의 평면은 각 실에 햇빛을 유입하기 위해 서로 엇갈리게 배치할 수 있다.

햇빛유입이 어려운 북향의 실들은 인접한 실들을 통해 햇빛이 전달될 수 있다. 건물이 남-북으로 길게 배치되는 경우에는, 단면상에서 단을 두어서 북측실이 남측실보다 더 많은 햇빛을 받도록 할 수 있다.

<두꺼운 건물의 태양열난방을 위한 평면 및 단면구성>

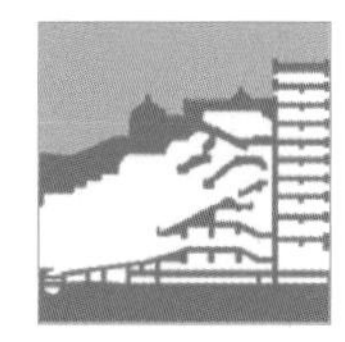

실: 구획된 구성

41 「주광구역」: 높은 조도가 필요한 활동들이 일어나는 실들은 창문과 가까이 배치하고, 빛이 많이 요구되지 않는 실들은 빛이 유입되는 곳에서 멀게 배치한다. [채광]

건물에는 다양한 시각적 작업과 조명 조건의 활동들이 일어난다. 그리고 건물외피에 가장 가까운 공간에는 낮 동안 최고 조도의 빛이 유입될 가능성이 높다. 따라서 빛이 필요한 활동구역들이 창문에 가까이 배치되고, 반면에 빛이 필요 없는 활동구역들이 내부공간의 깊은 곳에 위치한다면, 표면적/부피의 비율을 줄이게 되어 상대적으로 비싼 외피와 유리개구부의 양을 줄일 수 있다.

알바 알토가 설계한 미국 오레곤주의 **마운트엔젤 도서관**[32]은 도서관 내부에서 일어나는 활동들을 2가지 군(높은 조도가 필요한 독서공간, 낮은 조도가 필요한 서고)으로 나누었다.[33] 독서공간은 외벽의 개구부 주변과 중심부의 천창 아래에 배치하였고, 서고는 이 두 독서공간들 사이로 빛과 가장 먼 곳에 위치한다(참고: 「작업조명」의 투시도).

아들러와 설리번은 미국 일리노이주의 시카고에 위치한 **오디토리움 빌딩**[34]에서 비슷한 방법을 따랐다. 빛이 필요한 사무공간들로 외피를 두르고, 빛 제어가 필요한 오디토리움을 건물의 어두운 중심부에 배치하였다.[35]

고밀도 도심공간에서는 지상보다 고층에서 햇빛이 더 많이 유입된다(「주광외피」). 따라서 빛이 더 필요한 실들은 윗층에 배치하고, 빛이 덜 필요한 공간들은 지상층에 가까이 배치한다. 동선공간이나 화장실은 단시간 사용되고 창고에는 거의 머물지 않으므로 이러한 공간들은 주변조명이 덜 확보되는 곳에 배치하고, 반면에 오랫동안 머무는 공간은 주광개구부에 가까운 곳에 배치한다. 전반적으로 비슷한 조건의 실들을 함께 묶고 구역화하는 원리이다.

32) Mount Angel Abbey Library, St . Benedict, Oregon, USA, Alvar Aalto, 1970
33) Anderson et al., 2012
34) Auditorium Building, Chicago, Illinois, USA, Adler & Sullivan, 1889
35) Siry, 2002; Perlman & Vinci 1988; Pridmore, 2003; Canty, 1992

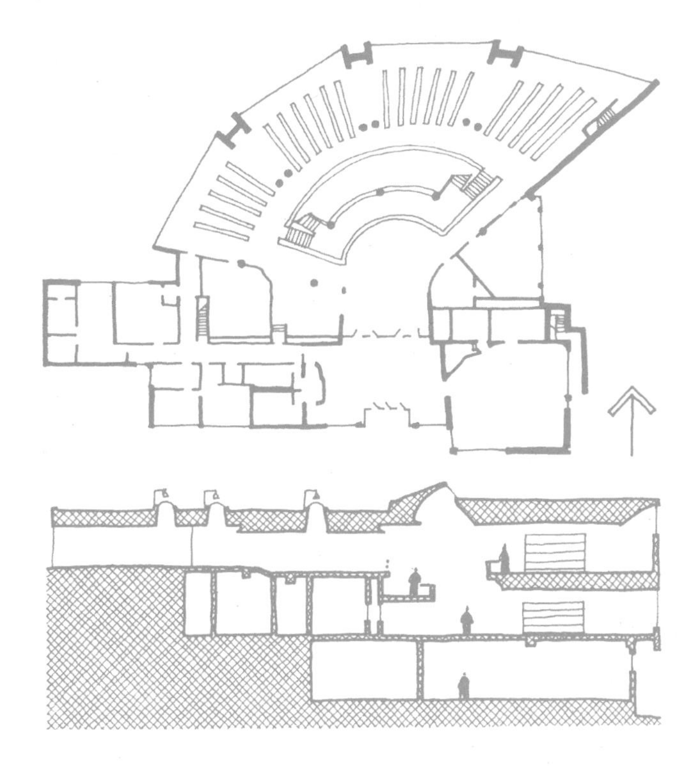
<마운트엔젤 도서관>

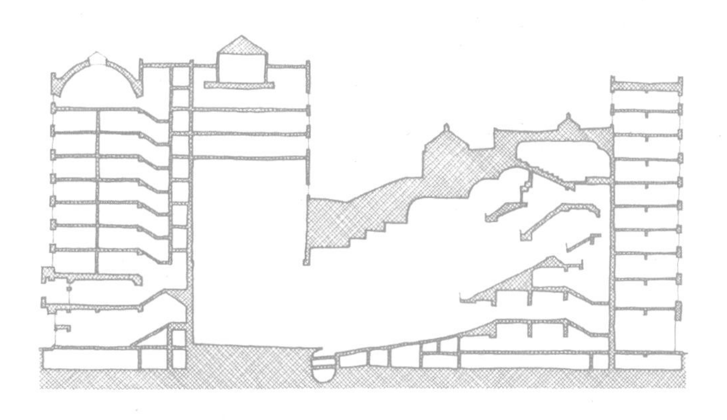
<오디토리움 빌딩>

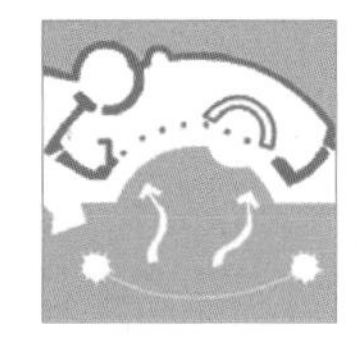

실: 향

43 「태양과 바람을 마주하는 실」은 태양열난방과 맞통풍의 효율성을 증가시킨다. [난방, 냉방, 환기]

건물 주위로 공기가 흐르면 바람이 불어오는 방향에는 고기압이 생성되고, 바람이 불어나가는 방향에는 저기압이 생성된다. 그리고 맞통풍은 급기구가 고기압 구역에 위치하고 배기구가 저기압 구역에 위치할 때에 이루어진다.[36] 최대환기는 급기구와 배기구가 크고, 「환기구」의 바람이 개구부에 비교적 수직일 때 발생한다.

우세풍에 직각부터 40°까지의 향 변화는 환기를 크게 줄이지 않는다.[37] **우세풍으로부터 20~45°의 향은 2면에 정압(+)을 주고 다른 면에 부압(-)을 준다.** 풍향을 알기 위해서는 「풍배도」와 「바람정보표」를 참고한다.

필리핀 교회는 폴딩도어(folding doors)로 된 긴 면이 완전히 열린다. 모든 환기 개구부는 폭풍우 시 건물이 환기될 수 있도록 깊은 차양 또는 내부 배수구로 보호된다.[38]

겨울철에 대부분의 태양복사는 오전 10시에서 오후 2시 사이에 남향 파사드면에 입사된다. 추가적으로 입사각이 더 예각일수록 유리면에 반사되는 복사량은 증가한다. 대형 솔라유리면과 낮은 야간유리면 열저항값(*R*-values)의 건물은 방위에 더 민감하다. 썬스페이스는 다른 태양열난방 시스템들에 비해 향에 절반 정도 민감하다.

만약 태양열 집열유리면이 남향에서 동서로 30° 이내이면 성능감소가 최적치의 10% 미만이 된다. 남향으로부터의 유리기울기가 감소할수록 집열성능도 저하된다.[39]

프랭크 로이드 라이트가 미국 오하이오주에 계획한 **마팅하우스**[40]는 남향으로 외부테라스가 형성되도록 실들을 활모형으로 구부려서 향의 유연성을 이용하였다.[41]

---

36) Melarango, 1982, p.321
37) Givoni, 1976, p.289
38) Fry and Drew, 1956, p.181
39) Balcomb et al., 1984
40) Marting House, Akron, Ohio, USA, Frank Lloyd Wright, 1947(unbuilt)
41) Architectural Forum, 1/1948

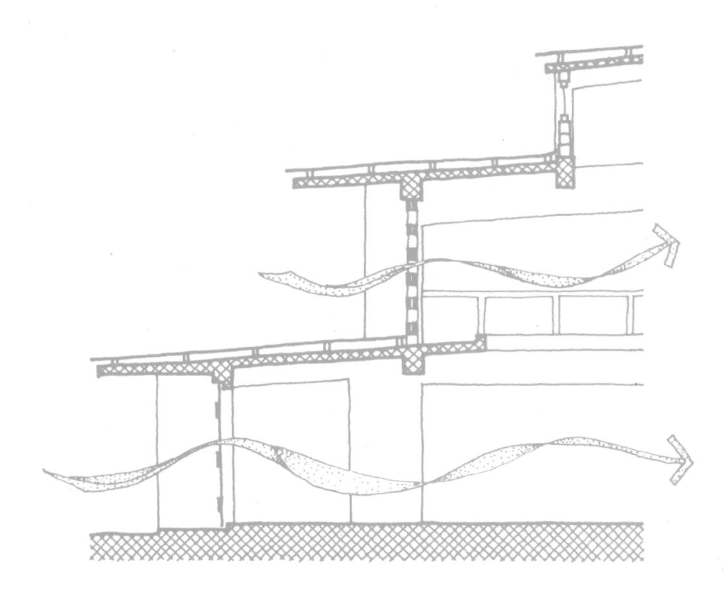

<필리핀 교회>

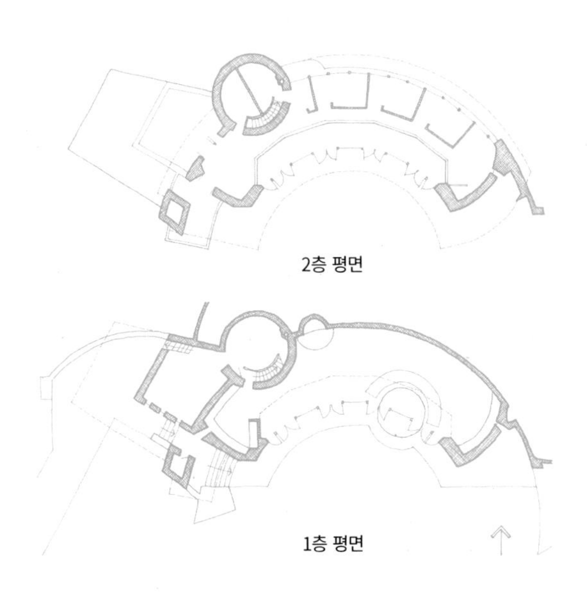

2층 평면

1층 평면

<마팅하우스>

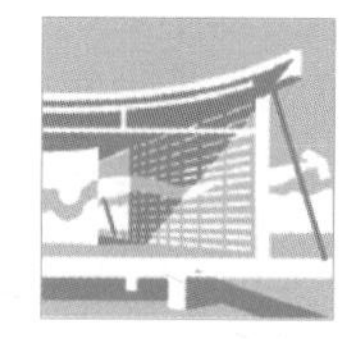

44 「맞통풍실」을 통과하는 공기흐름은 개방형 평면과 급기구와 배기구 사이의 연속된 공기경로에 인하여 증가된다. [냉방, 환기]

실내를 통과하는 공기흐름 정도는 급기구와 배기구, 풍속, 개구부에 대한 풍향, 연속된 공기경로로 결정된다. 공기흐름으로 제거된 열의 양은 내외부의 온도차에 따르며, 공기가 건물 주변으로 흐르면서 바람이 불어오는 방향의 고기압 구역과 바람이 불어나가는 방향의 저기압 구역을 형성한다. 가장 효과적인 맞통풍은 급기구와 배기구가 각각 고기압과 저기압 구역에 위치할 때에 일어난다.

폴 루돌프가 설계한 미국 플로리다주 사라소타에 위치한 **코쿤하우스**[42]는 건물을 하나의 실처럼 다루고, 완전히 개폐가능한 루버를 반대벽에 설치하여 환기구역을 최대화하였다.[43]

효율적인 환기는 바람이 창문에 직각으로 불어오지 않을 때에 이뤄진다.[44] **우세풍에 대한 직각에서 최대 40°까지 향의 변화는 환기를 크게 감소시키지는 않는다**(「태양과 바람을 마주하는 실」). 개구부가 바람이 불어오는 방향을 향하지 못할 경우와 창이 한쪽 벽에만 설치되는 경우에 조경과 날개벽들이 건물 주변의 정압(+)과 부압(-) 구역을 바꾸고, 풍향과 평행한 창문을 통해 풍향을 유도할 수 있다.[45] 만약 배치가 잘 되었다면 돌출된 수직핀은 한쪽 창문은 정압(+), 다른 창문은 부압(-)으로 만든다. 외부로 돌출된 창문틀 또한 비슷한 효과를 낸다. 날개벽의 효과는 바람이 불어오는 방향의 창문에 한정되며, 바람이 불어나가는 방향의 개구부에서는 효과가 없다. 마르티니크의 포르-드-프랑스에 위치한 **앤틸리스와 기아나의 아카데미**[46]에는 풍향에 따라 수시로 반응하는 수직핀들이 설치되었다. 이 수직핀들은 개구부에 음영을 만드는 데 도움이 되고, 개구부는 상부의 커다란 현관돌출부에 의해 비로부터 보호된다.[47]

---

42) Cocoon House, Sarasota, Florida, USA, Paul Rudolph, 1948
43) Fry and Drew, 1956, p.75
44) Givoni, 1976, p.289; Chandra et al., 1986, p.66
45) R. H. Reed, 1953, p.56; 1977, p.29
46) Rectorate of the Academy of the Antilles and Guiana, Fort-de-France, Martinique, Hauvette & Jerome Nouel, 1989
47) Hauvett and Contal, 1997; Jones, 1998

<코쿤하우스>

<앤틸리스와 기아나의 아카데미>

실: 형태와 에워쌈

46 「증발냉각타워」는 팬이나 바람을 사용하지 않고도 실들에 시원한 공기를 제공할 수 있다. [냉방, 환기]

증발냉각이 효과적인 기후에서 하향통풍식 증발냉각타워(냉각타워)를 사용하면, 팬이나 바람을 사용하지 않고도 시원한 공기를 실내에 공급할 수 있다. 만약 배기구가 상부에 위치하면 외부가 실내보다 시원한 기간에는 연돌환기로도 사용될 수 있다.

냉각타워는 고온건조한 외기를 습식증발패드로 덮인 높은 급기구를 통해 흡입하여 시원한 공기를 제공한다. 패드의 세류 흐름은 태양광(PV)으로 작동가능한 소형전기 워터펌프에 의해 공급된다. 공기가 패드를 지나가면서 물기를 머금게 되어 습도는 높이고 온도를 낮추게 된다. 고밀도의 더 차가운 공기가 중력에 의해 타워 샤프트 아래로 떨어지면서, 점유공간을 통해 그리고 일반적으로 개폐가능한 창호 밖으로 공기를 밀어내는 정압(+)을 생성한다. 그리고 급기구에서는 부압(-)이 생성되어 패드를 통해 더 많은 외기가 유입된다.

냉각타워는 타워 하단의 단일지점에서 공기를 공급하기 때문에, 타워를 중심으로 실들을 배치할 수 있다. 공기가 건물을 관통하려면, 공급타워에서 인접한 실들을 통해 배기창들로 연결되는 열린 통로가 있어야 한다. 작은 건물들은 하나의 타워를 통해 공기가 제공될 수 있지만, 여러 개의 타워들이 있는 큰 건물들에서는 각 타워가 건물의 한 구역을 냉각한다. 이는 미국 아리주나주에 위치한 **아리조나 대학 주거홀**[48]의 중정처럼 배출공기가 인접한 중정들을 완화시키는 데에도 사용할 수 있다.[49]

미국 텍사스주에 위치한 **라레도 블루프린트 시범농장**[50]은 사무실, 교육실, 포장실들이 있는 작업장들의 냉방에 하향통풍식 증발냉각타워들을 사용한다. 냉각타워를 통해 유입된 공기는 상부에서 작업장으로 내려가서 하부공간을 냉각하고, 인접한 작업장을 지나 연돌환기 굴뚝을 빠져나간다.[51]

48) Residence Halls at the University of Arizona, Tucson, Arizona, USA, Moule and Polyzoides
49) Steeles, 1997, pp.85-99
50) Laredo Blueprint Demonstration Farm, Laredo, Texas, USA, Pliny Fisk, 1990
51) Tilley, 1991

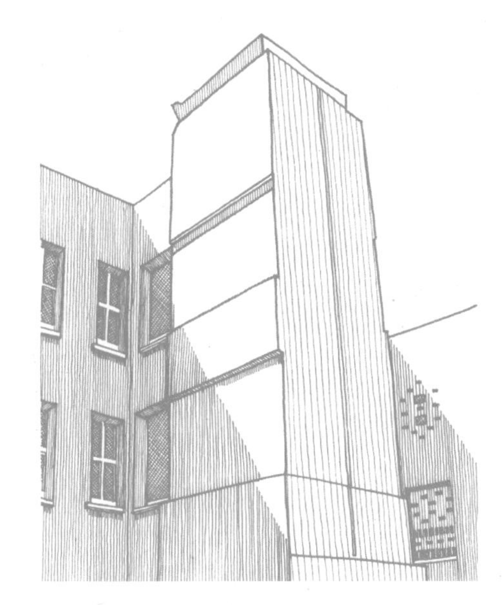

<아리조나대학 주거홀, 중정>

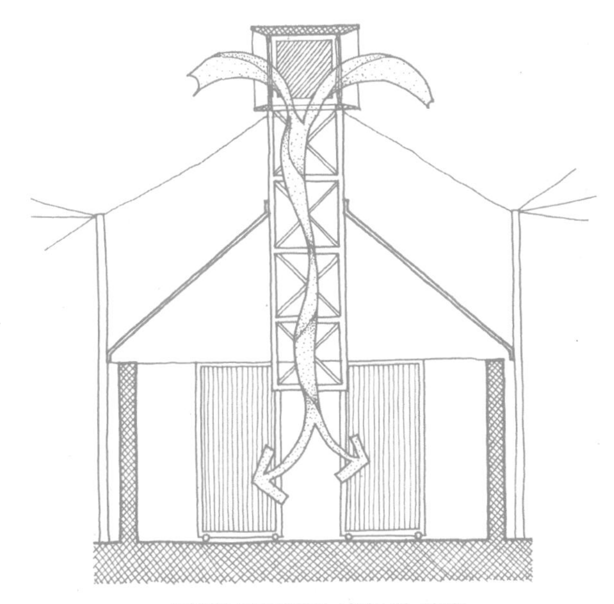

<라레도 블루프린트 시범농장, 단면>

실: 형태와 에워쌈

48 「직접획득실」은 창문을 통해 태양에너지를 수집하도록 열려 있으며, 공간 내에서 열을 저장할 수 있다. [난방]

태양에 의한 연간 난방부하의 비율은 태양복사량, 건물의 열손실률, 밤에 사용하도록 낮 동안 저장 가능한 축열량 사이의 균형에서 비롯된다. 수집가능한 복사에너지는 남향유리면의 크기(참고: 「솔라 개구부」)와 기후가 허용하는 복사에너지의 함수이다; 열손실량은 건물외피의 단열특성(「외피두께」)과 기후특성의 함수이다.

태양열 직접획득 건물은 「태양과 바람을 마주하는 실」에서 공기와 「축열체」를 데우기 위해 복사에너지를 모은다. 「축열체 표면의 열흡수율」 특성은 열을 흡수하도록 도와서 낮 동안 공기온도의 과열을 방지하고, 야간에 공간이 서늘할 때에 저장된 열을 공간에 다시 돌려준다.[52] 밤에 고성능의 「창과 유리의 종류」 및(또는) 「가동형 단열」은 수집된 열을 저장하도록 돕는다. 집열유리면과 축열체의 양이 증가함에 따라 실의 형태, 향, 재료에 대한 요구도 더 커진다.

미국 아칸사스주에 위치한 **센톤솔라캐빈**[53]은 이러한 요구들의 다이어그램적 표현이다. 남측 면은 평단면적으로 넓고 유리로 되어 있다. 반면 나머지 면들은 크기가 작고, 거의 창문이 없으며, 단열이 매우 잘 되어 있다. 그리고 콘크리트 바닥은 축열체로 사용된다.[54]

미국 펜실베니아주에 위치한 **밀포드 환경보호센터**[55]는 단면이 센톤솔라캐빈과 비슷하나 스케일이 훨씬 더 크고, 가장 큰 벽이 남향이 아니라 북향이다. 지붕창으로 남향의 유리 면적을 늘려서 햇빛이 건물의 북쪽 가장자리까지 유입되도록 하였다.[56]

52) Mazria, 1979, p.28
53) Shelton Solar Cabin, Hazel Valley, Arkansas, USA, by James Lambeth, 1974
54) Lambeth and Delap, 1977, p.56
55) Milford Reservation Environmental Center, Milford, Pennsylvania, USA, Kelbaugh & Lee, 1981
56) Progressive Architecture, 4/1980; 4/1981

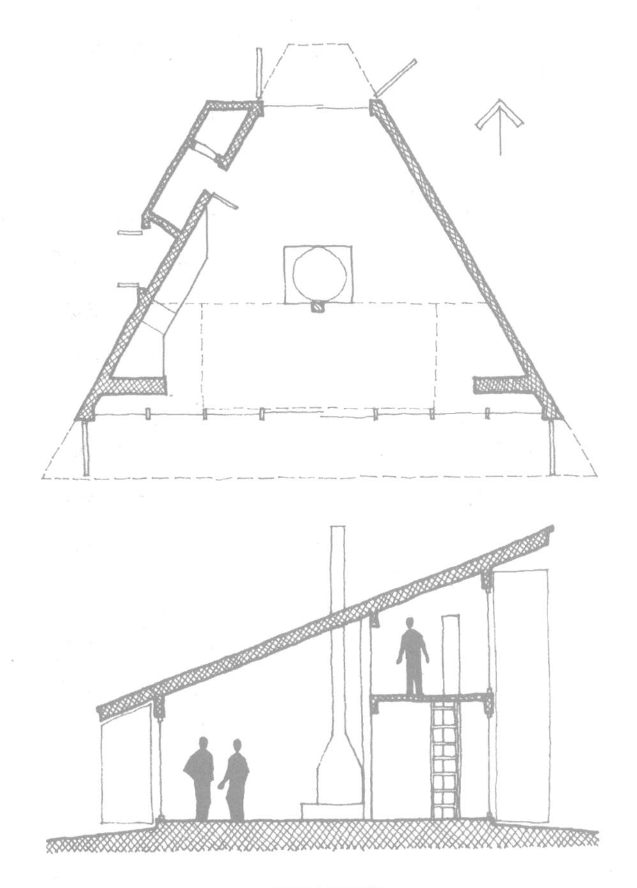

<센톤솔라캐빈>

<밀포드 환경보호센터>

실: 형태와 에워쌈

49 「썬스페이스」는 태양열을 모으고, 중앙에 저장하고, 다른 실로 배분하는 데 사용할 수 있다. [난방]

썬스페이스는 직접획득과 트롬브시스템과는 다르게 건물에 실을 추가한다. 썬스페이스는 건물의 나머지 부분으로 열전달을 하는 것이 목표이므로, 하루 동안 큰 온도변화로 인해 항상 쾌적하지는 않다. 낮에는 덥고 밤에는 추우며, 일반적으로 온도가 35°C까지 올라가고 7°C까지 내려갈 수 있다고 가정한다. 그리고 「축열체」가 많을수록 썬스페이스의 온도변화를 줄이고 수집된 열을 더 많이 저장한다.

썬스페이스는 주공간에 부착되어 1개의 공통벽을 공유하거나, 건물에 의해 둘러싸여 3개의 공통벽을 공유할 수 있다. 둘러싸인 썬스페이스는 하나의 노출면에서만 밤에 열을 잃으므로 부착형 썬스페이스보다 더 효율적이다. 일반적으로 열은 공통의 조적 축열벽을 통해, 그리고 공통벽의 개구부를 통한 대류에 의해 주공간으로 전달된다. 공통벽 또한 썬스페이스에 위치한 모든 축열체와 같이 단열벽이며, 열전달은 「대류순환」이나 환기팬에 완전히 의존한다. 충분한 열저장공간을 확보하려면 단열된 공통벽이 있는 썬스페이스에서는 일반적으로 물의 형태 또는 썬스페이스 바닥아래의 암반형태의 추가 축열체가 필요하다(참고: 「축열체 배치」).

낮은 열저항값(*R*-value)[57]과 겨울철 낮은 열획득을 가진 유리벽보다는, 부착형 썬스페이스의 「외단열조적벽」이 썬스페이스의 편안함과 성능을 모두 개선시킨다. 패시브솔라의 모든 방식과 마찬가지로 썬스페이스도 여름철 과도한 열획득을 방지하기 위해 차양과 환기가 필요하다.

많은 기후에서 야간단열(「이동단열」)이나 고성능의 「창과 유리의 종류」를 사용하여 썬스페이스의 성능을 크게 개선할 수 있다.

독일 베를린에 위치한 **솔라하우스 뤼조프스트라세**[58]는 한두 개 층 높이의 반-밀폐형 썬스페이스들을 3~6층에 사용하였고, 미닫이형 단열패널들이 야간에 이 곳을 단열한다. 유리층 사이를 폴리스티렌-비드(Polystyrene-bead)로 야간단열한 부착형 썬스페이스들은 반 층씩 레벨이 차이나는 구성(split-level)의 펜트하우스를 난방한다.

57) 열저항값, Resistance value, 이하 *R*-Value , 건축재료 등의 단열성능치

58) Solarhaus Lutzowstrasse, Berlin, Germany, Institute for Building, Environment and Solar Research (IBUS: Institute fur Bau-, Umwelt-, Solarforschung)

북향의 침실들은 반 층 낮게 배치하여 남쪽으로부터 태양열과 빛의 유입을 향상시킨다(참고: 「축열벽 및 지붕」의 단면[59]). 「썬스페이스」에서 더 상세한 지침들을 참고할 수 있다.

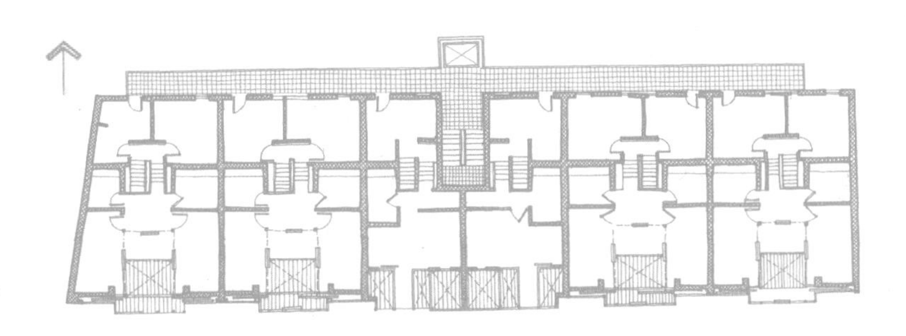

<솔라하우스 뤼조프스트라세, 남측 입면과 평면>

59) *A+W,* 12/1991; Kok and Holtz, 1990, pp.33-42

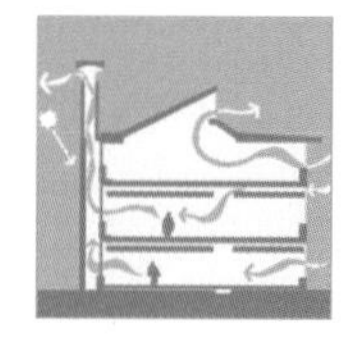

실: 형태와 에워쌈

53 「연돌환기실」들은 낮은 급기구와 높은 배기구 사이의 열린 단면과 경로들에 의해 증가된다. [냉방, 환기]

외부온도가 실내보다 낮고 바람이 불면 「맞통풍실」이 효율적인 냉방전략이 될 수 있다. 하지만 특정한 시간(예를 들어, 야간)에 바람이 불지 않거나, 일부 기후에서 바람이 매우 잔잔하거나, 또는 대지나 도시 상황이 건물의 바람확보를 막기도 한다. 이러한 경우에 바람이 건물을 관통할 필요가 없는 연돌환기는 맞통풍과 비슷한 냉방효과를 낼 수 있다. 또한 연돌환기는 향에 영향을 받지 않는 것이 장점이다.

연돌환기로 냉방되는 실에서는 따뜻한 공기가 상승하여 상부의 개구부를 통해 나가고, 하부로 들어온 시원한 공기가 그 자리를 채운다. 여러 가지 전략들이 연돌환기시스템을 향상시키기 위해 사용되며 이는 단면설계에서 다뤄진다.

효율적인 실 높이는 영국 가스톤에 위치한 **BRE 건물**[60]처럼 연돌굴뚝에 의해 증가될 수 있다. 건물 남측에 위치한 5개의 굴뚝은 하부 2개 층을 지원하고 급기구와 배기구 사이의 거리를 2개 층 높이로 확장시킨다. 유리로 된 남측파사드는 배출공기를 데워서 실내로 유입되는 공기와의 온도차를 증가시킨다. 또한 굴뚝의 팬들은 자연적인 공기흐름이 충분하지 않을 때에 환기를 돕고[61] 배기구는 건물 위로 흐르는 바람에 의해 생성된 부압(-) 구역에 배치하여 성능을 향상시킨다. 그리고 최상층의 고측창들을 통해 바람이 불어나가게 하여 연돌냉방을 시킨다.

영국 레이체스터에 위치한 **드롱포르트 공과대학의 퀸즈 건물**[62]은 개별 음향구역들을 별도의 굴뚝으로 환기시켜 방음한다. 오디토리움에서는 방음-급기구들이 의자 하부벽에 위치하여 의자의 하부에서 유입된 공기가 2개의 굴뚝을 통해 지붕 상부의 배기구로 나가며, 이는 주광과 환기를 따로 조절할 수 있도록 한다.[63]

60) Building Research Establishment(BRE) Office Building, Garston, England, Feilden-Clegg, 1996
61) Allen, 1997; Jones, 1998, pp.178-181
62) Queen's Building of the deMonfort University Engineering School, Leicester, England, Short+Ford Architects, 1993
63) Davies, 1995; Thomas, 1996, pp.171-188

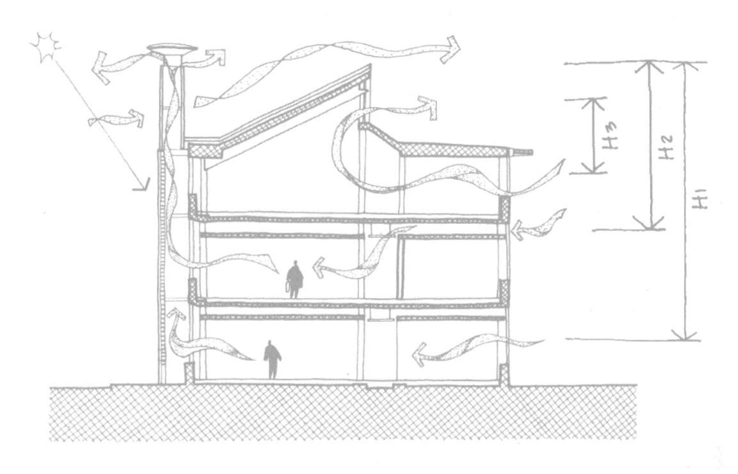

<BRE 건물>

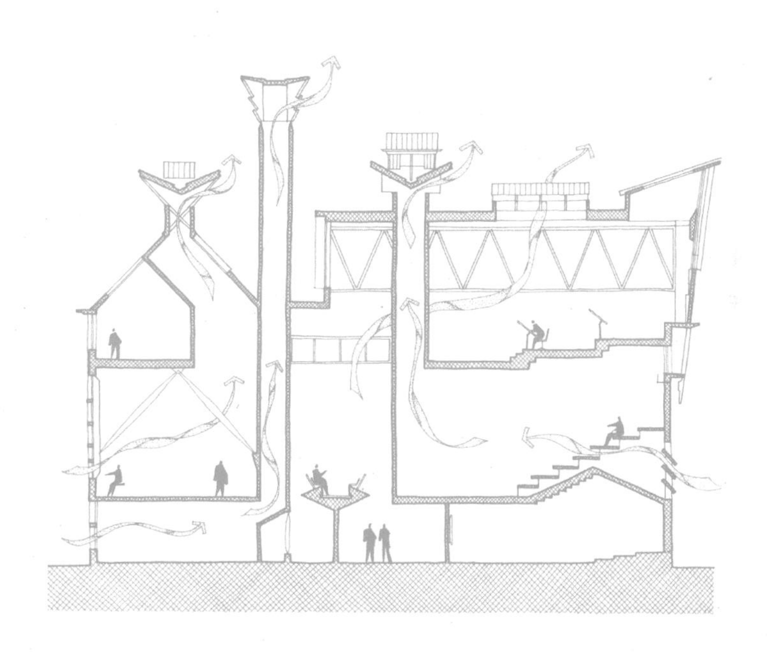

<드롱포르트 공과대학의 퀸즈 건물>

실: 형태와 에워쌈

54 「야간냉각체」: 축열체는 낮에 실의 열을 흡수한 후에, 밤에 환기를 통해 냉방하는 데 사용될 수 있다. [냉방]

축열체의 야간환기를 이용한 건물냉방은 2단계 과정에 달려 있다. 첫 단계는 낮에 외부온도가 환기하기에 너무 높을 때에는 건물외피를 닫고 초과획득된 열을 축열체에 저장한다. 두 번째 단계는 밤에 외부온도가 낮을 때에는 외기환기를 통해 축열체의 저장된 열을 제거한다. 이 과정을 통해 축열체는 다음 날 낮의 열흡수를 위하여 야간에는 냉각된다. 이것이 작동되기 위해서는 획득된 열을 흡수하기 위한 축열체가 충분히 있어야 하며, 충분한 면적에 배분되어 있어 열을 빨리 흡수하고 실내공기의 온도를 낮게 유지할 수 있어야 한다. 개구부들도 충분한 양의 시원한 외기가 축열체를 통과하여 낮 동안 축적된 열을 제거하고 건물 밖으로 나갈 수 있도록 커야 한다.

열대 고지대인 짐바브웨이의 하라레에 위치한 **이스트게이트 건물**[64]은 고밀도의 축열체와 야간환기를 이용하는 건물이다. 하부의 2개 쇼핑층들만이 기계공조되며, 상부에 얇은 사무실블록은 공기가 중앙의 아트리움으로부터 대형팬들의 도움으로 32개의 수직공급 덕트들을 통하여 유입된다. 그리고 공기는 바닥아래의 플레넘을 통해 수평으로 배분되어 축열체를 식히게 된다. 주요 축열체는 천장에 있으며, 노출된 표면적을 늘리기 위하여 아치형으로 되어 있다. 공기는 실아래의 창들로 들어와 내부를 대각선으로 이동한다. 이는 높은 격벽(bulkhead)들에서 수집되고, 굴뚝타워들을 통해 지붕의 배기구들로 배출된다. 이러한 공기흐름은 낮에는 신선한 공기공급에 충분한 정도로 감소되며, 거대한 구조는 내부열이나 외피를 통한 열을 흡수할 수 있다. 그리고 야간에는 공기흐름이 시간당 7회 환기로 증가된다.[65]

64) East Gate Building, Harare, Zimbabwe, Pearce Partnership and Ove Arup Engineers, 1996
65) Slessor, 1996

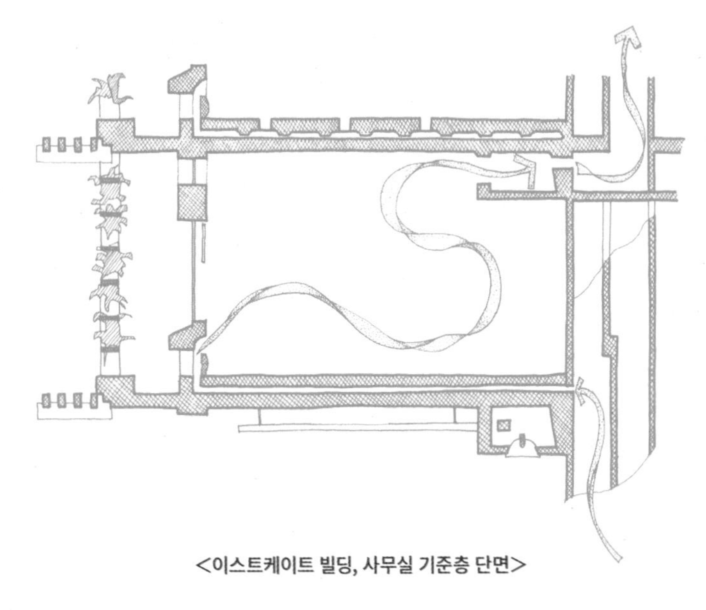

<이스트케이트 빌딩, 사무실 기준층 단면>

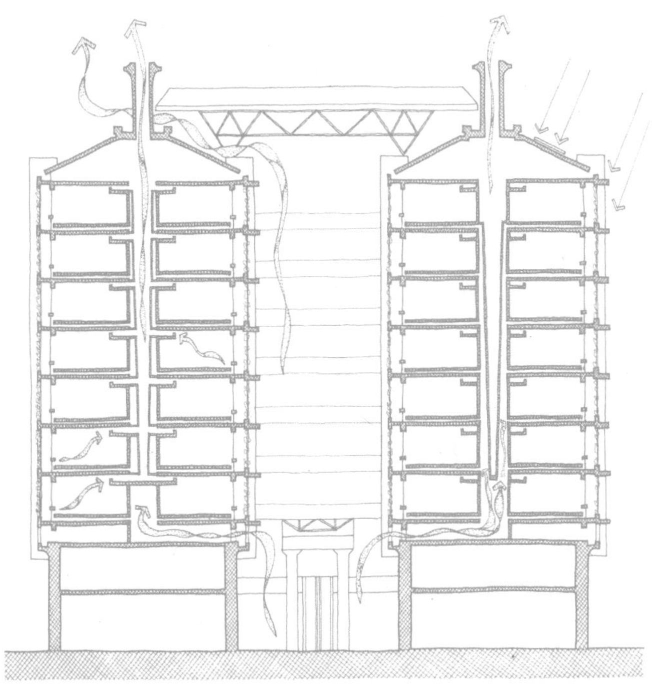

<이스트케이트 빌딩, 단면>

벽, 지붕, 바닥: 향, 위치, 재료

60 「축열체 배치」는 태양열난방, 패시브냉방, 또는 모두를 최적화할 수 있다; 축열체는 태양열이 수집되는 인접한 실, 또는 멀리 떨어진 실외실에 배치될 수 있다. [난방, 냉방]

축열체는 실내공기와 만날 때에 열을 저장할 수 있는 단열된 외피 내 재료를 뜻한다. 축열성이 높은 건물은 낮 동안 잉여-태양열을 저장하여, 겨울밤에는 난방을 위해 사용하고 여름에는 야간의 시원한 공기로 식힌다.

무거운 재료들은 열을 저장하고 가벼운 재료들은 단열을 한다. 이 2가지 재료유형은 시공논리가 다르고 사람들이 공간을 경험하는 방식에 매우 다른 영향을 미친다. 따라서 2가지 재료들의 크기와 그들 간의 관계는 초기디자인에서 중요한 고려사항이며, 특히 패시브난방 또는 패시브냉방을 하는 건물에서 중요하다. 「축열체」 전략은 태양열난방을 위한 축열체 크기를 정하는 지침을 제공하고, 「야간냉각체」, 「옥상 연못」, 「접지」 전략들은 패시브냉방 적용을 위한 크기결정에 필요한 과정들을 제공한다.

난방을 위해 조적을 「축열체」로 사용할 경우에는 조적의 면적이 공조되는 바닥 면적만큼 클 수 있다. 그리고 「야간냉각체」의 경우에는 바닥 면적의 2배가 될 수 있다. 따라서 축열체의 배치는 디자인에서 중요한 결정사항이다. 바닥, 벽, 천장의 축열체 배치는 열이 축열체 안팎에 흐르는 정도에 영향을 미친다. 이는 실내공기와 축열체 사이의 대류교환에 대한 열전달계수[66]가 외피의 향들에 따라 달라지기 때문이다.

다음의 축열체 배치를 위한 지침들은 「패시브솔라 건물」과 「패시브냉방 건물」 모두에 적용된다.

- **구조적 축열체를 실내공기에 노출시켜** 공기와 열이 교환될 수 있게 한다.
- **「외단열」을 하여 외피 내 축열체가** 외부에 열을 잃지 않도록 **보호한다.**
- **축열체는 여름철 태양을 피하게 배치하며 완벽히 그늘지게 한다.**

66) 열전달계수, Heat Transfer Coefficient

다음의 축열체 배치를 위한 지침들은 「패시브냉방 건물」에 적용된다.

- **축열체를 사람들이 볼 수 있는 곳에 배치하여** 인체가 열을 방사(냉각)하고, 축열체가 공간의 평균 복사온도(MRT)[67]를 낮출 수 있다.
- 천장에도 **축열체를 비중 있게 배치하여** 열교환을 최대화한다.
- **천장용 환기팬을 사용하여** 천장과 벽들의 축열체와 열교환을 증가시킨다.
- **축열체를 천장 벽에도 부가적으로 배치한다.** 이는 바닥에 설치하는 것보다 효과적이다. 야간의 공기가 축열체와 직접 접촉하도록 「환기구 배치」를 선택한다.

다음의 축열체 배치를 위한 지침들은 「패시브솔라 건물」에 적용된다.

- **「직접획득실」과 「썬스페이스」에서 축열체는 바닥, 벽, 천장에 위치하거나,** 용기에 물을 담아 배치시킬 수 있다.
- **가능한 축열체를 태양열 집열실**(직접 또는 태양열 축열체) 내에 배치해서 열적으로 연결되도록 한다. 이는 다른 실에 떨어져 있는 축열체보다 4배까지 작동한다.
- **고밀도의 조적저장체를 가능한 넓은 영역에 걸쳐 배분한다.**
- **패시브솔라 바닥은 일부시간(오전 10시~오후 2시) 동안 태양열을 직접 받을 수 있는 면적으로 제한한다.**
- 물이 축열체인 경우에 **물 용기의 모양이 아니라 물의 부피가 중요하다.**
- **직접획득실에서 수직면에 열을 저장하면 최적성능을 얻을 수 있다.**[68]

표 **<위치와 유형에 따른 패시브난방을 위한 축열체 배치>**는 재료종류와 실에서의 위치에 따른 배치대안들을 정리한 것이다. 예를 들어, 스페인 세비야에 위치한 **1992년 엑스포 영국관**[69]은 CA-1에 해당한다. 파빌리온의 서측 파사드는 막(membrane)이 둘러싸고 물로 채워진 화물컨테이너들로 구성된다. 낮에는 내부열과 태양열을 흡수하고 밤에는 냉각되어 심한 일교차를 완화시키는 축열체의 역할을 한다.[70] 표에 나타난 선택사항들에 대한 상세한 설명은 「축열체 배치」에 있다.

67) 평균복사온도, Mean Radiant Temperature, 이하 MRT
68) Balcomb, 1984
69) U.K. Pavilion, EXPO '92, Seville, Spain, Nicholas Grimshaw & Partners, 1992
70) Davies, 1992; Haryott, 1992

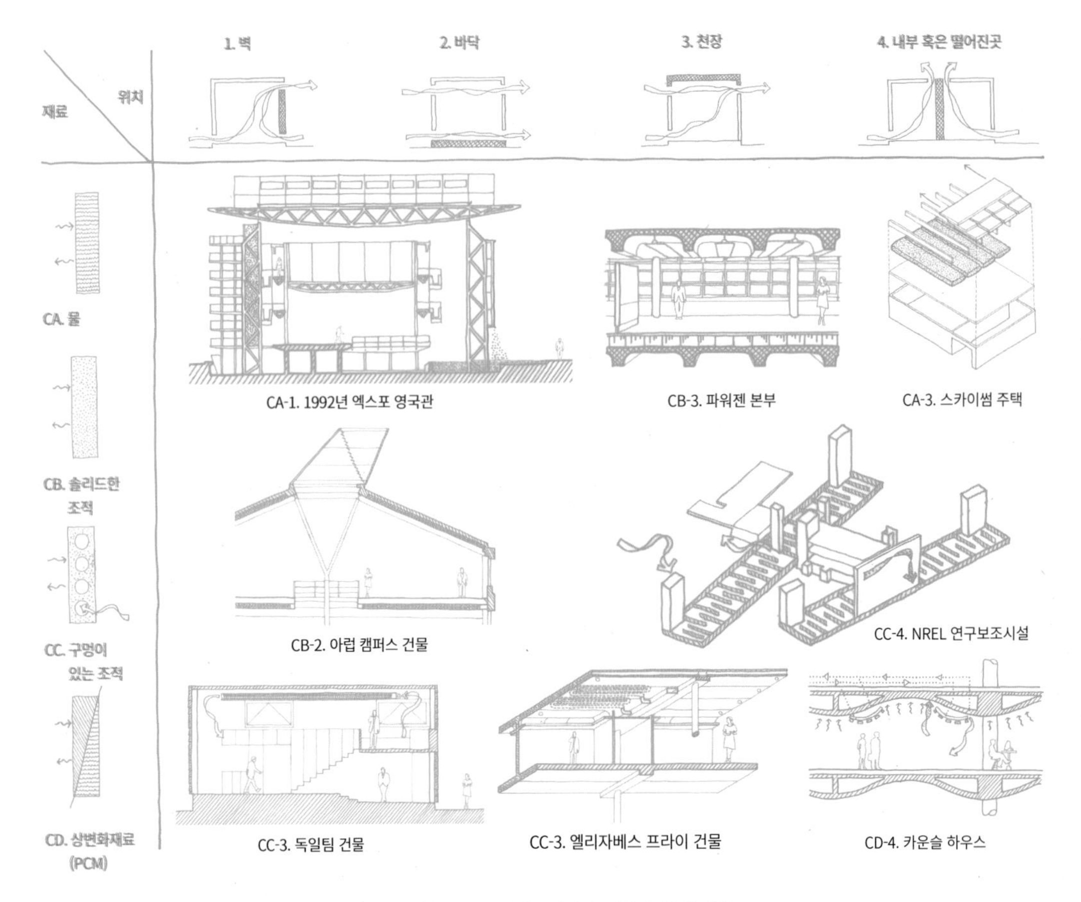

<위치와 유형에 따른 패시브난방을 위한 축열체 배치>

「축열체 배치」는 표 **<위치와 유형에 따른 패시브난방을 위한 축열체 배치>**를 포함하며, 실의 재료 유형 및 위치에 따라 축열체 위치 대안들을 구성한다.

실과 중정: 레이어

63 오버헤드 「차양레이어」는 높은 고도의 태양으로부터 중정과 건물을 보호하며, 반면에 수직차양레이어는 낮은 고도의 태양으로부터 보호한다. [냉방]

온대기후 위도의 여름이나 열대기후 위도는 일 년 내내 태양고도가 높아서, 수평차양이 외부공간에 효과적으로 그늘을 만든다. 그러나 태양고도가 낮은 오전이나 오후에는 수직차양이 더 효과적이다.

<주디스 차피 하우스>

차양장치는 애리조나주 투손에 위치한 **주디스 차피 하우스**[71]처럼 불투명하거나 루버형태로, 건물과 외부공간들을 부분적으로 덮어 그늘을 만든다.[72]

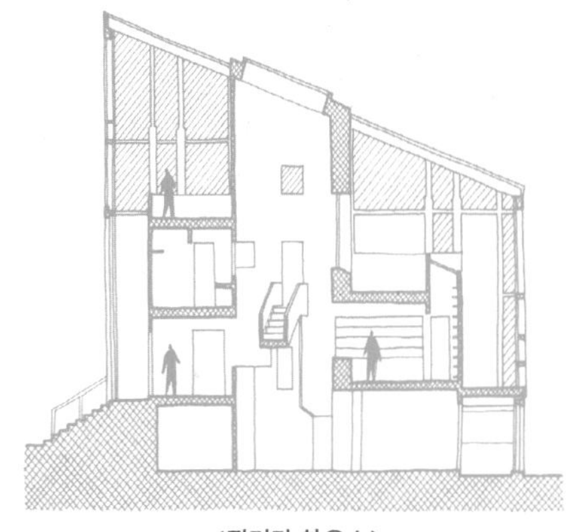
<짐머만 하우스>

고온기후에서 여름의 폭염시간은 보통 일출 무렵부터 시작하여 저녁까지 연장된다. 주택 같은 일부 건물들은 한낮보다는 이른 아침이나 늦은 오후에 더 많이 사용된다. 따라서 햇빛이 굉장히 낮은 고도에서 들어올 때에 외부공간에 그늘을 만들어주는 것이 필요하다. 버지니아주 페어팩스에 위치한 **짐머만 하우스**[73]의 차양레이어는 낮게 유입되는 햇빛을 차단하고자 상부 차양을 중정 너머로 매우 길게 연장시켰다. 큰 전망창들로 뚫린 수직의 레드우드 격자외피는 낮은 각도로 유입되는 태양으로부터 현관과 상부의 지붕테라스까지 그늘을 만들어준다. 외부지붕은 반투명한 플라스틱으로 마감처리되었고, 열이 축적되는 것을 방지하기 위해 하부를 통해 완전히 환기된다.[74] 차양은 추울 때에 햇빛을 실내로 유입하고, 더울 때는 햇빛을 막도록 움직일 수 있다. 고정된 차양은 하지 전후로 몇 달 동안 음영을 균등하게 만드는 잠재적인 단점이 있다. 3~4월과 같은 서늘한 봄에는 햇빛을 끌어들여야 하고, 8~9월 같이 더운 여름에는 그늘이 필요하다. 이를 위해 「차양달력」을 참고하도록 한다.

---

71) Ramada House, Tucson, Arizona, USA, Judith Chafee, 1975
72) Watson & Labs, 1983, p.15
73) Zimmerman House, Fairfax County, Virginia, USA, William Turnbull/ MLTW, 1975
74) *GA Houses,* 1976, pp.98-103; *Architectural Review*, 6/1976, p.381

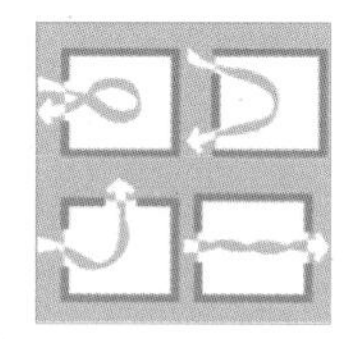

창문: 위치와 향

69 「환기구 배치」는 실내의 맞통풍률을 높이고, 공기가 재실자에게 직접 닿아 냉각을 촉진하도록 최적화할 수 있다. [냉방, 환기]

환기는 실내의 더운 공기를 제거할 뿐만 아니라, 공기를 충분히 빠르게 흐르게 하여 피부에서 수분을 증발시켜 냉각에 영향을 줄 수 있다. 주변의 외기온도가 쾌적영역보다 높으면, 열제거와 재실자의 냉각을 위한 환기구들을 설계한다.

「생체기후도」를 이용하여 쾌적한 풍속을 결정한다. 실내풍속은 표 <외부풍속의 백분율로 산출된 평균 실내풍속>으로 수정하여 추정할 수 있다. 이를 통해 제안된 실디자인에 가장 근접한 창들의 크기와 배열을 선택한다.

이 표는 멜라라뇨의 연구[75]를 기반으로 하며 개구부 높이가 벽 높이의 1/3이라고 가정한다. 평균 실내풍속은 외부풍속, 바람이 개구부에 닿는 각도, 개구부의 위치와 크기에 관련된 함수이다. 개구부는 벽 너비의 2/3이고 한쪽 벽에만 있는 경우에 풍향에 따라 평균 풍속은 외부풍속의 13~17%이다. 2개의 개구부들이 동일한 벽에 배치된 경우에 각각 입구와 출구로 작용하므로 평균풍속은 외부풍속의 약 22%이다. 개구부들 사이에 수직날개들이 추가되면 바람이 벽에 비스듬히 불 때에 평균풍속을 35%로 증가시킬 수 있다(참고: 「맞통풍실」).

만약 각 개구부들이 2개의 벽들에 위치한다면, 평균 실내풍속은 외부풍속의 35~65%로 훨씬 높다. 이는 한쪽 개구부가 반대편 개구부보다 항상 높은 압력 영역에 위치하기 때문이다. 공기흐름의 양과 열제거량은 개구부들의 크기에 크게 영향을 미친다(「환기구」).

평면과 단면 모두에서 개구부와 내부간막이들의 위치는 실내를 통과하는 공기흐름 경로에 영향을 미친다. 반대편의 개구부들은 빠른 기류를 만들지만, 인접한 벽들의 개구부들과 창에 비스듬한 풍향들은 난기류와 공기혼합을 촉진하여 실내전체에 더 균질한 풍속분포 및 냉각효과를 제공한다. 또한 개구부들은 공기가 지나가면서 재실자들을 식히도록 배치해야 한다. 개구부가 천장이나 바닥 근처에 있는 경우에 재실자의 점유구역(바닥에서 0.3~1.8m)에서는 최대풍속이 발생하지 않는다.

75) Melaragno, 1982

벽높이에 대한 개구부 높이의 비율	1/3	1/3	1/3
벽너비에 대한 개구부 너비 비율	1/3	2/3	3/3
단일개구부	12~14%	13~17%	16~23%
동일벽에 있는 2개의 개구부들	-	22%	23%
인접한 벽에 있는 2개의 개구부들	37~45%	37~45%	40~51%
반대편에 있는 2개의 개구부들	35~42%	37~51%	47~65%

<외부풍속의 백분율로 산출된 평균 실내풍속>

범위 = 개구부에 직각에서 45°로 부는 바람

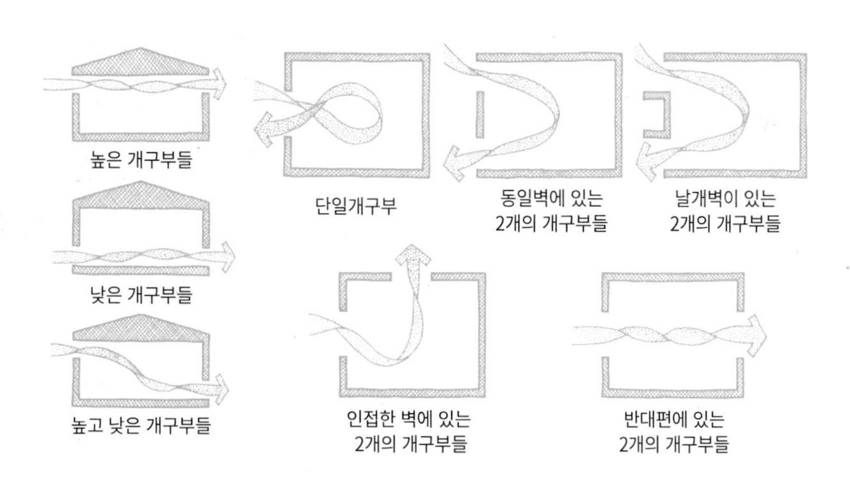

지붕과 벽: 크기와 향

78 「태양광전지(PV) 지붕과 벽」의 적절한 향 배치를 통하여 태양광을 수집하고, 건물 전기부하를 충족하도록 충분히 넓어야 한다. [전력]

태양광전지(PV)는 태양광을 직류전기(DC)로 변환한다. 다른 태양에너지 수집장치들과 마찬가지로 PV는 향이 적절할 때에 더 많은 태양에너지를 모으며, 특히 남향 배치는 태양광 수집효과를 극대화한다. 따라서 **태양광 수집장치는 남향의 30° 이내로 향해야 한다.** 그리고 위도가 높을수록 겨울철의 수집량은 남향이 아닌 경우에 상당히 줄어든다. 한편 열대 위도에서는 태양고도가 높으므로 태양광 수집장치의 향보다는 기울기가 산출량에 더 큰 영향을 미친다(참고: 「태양과 바람을 마주하는 실」).

에너지 생산을 최대화하기 위한 <PV 권장각도>는 수평선을 기준하여 기울어진 각도이며, 겨울은 위도 + 15°, 여름은 위도 - 15°, 연간생산으로 보면 위도와 같다. PV 크기에 대해서는 「태양광전지(PV) 지붕과 벽」의 상세한 내용을 참고한다.

PV는 평지붕, 경사지붕, 남향벽에 설치될 수 있다. 특히 수직면에 설치된 PV출력량은 태양고도가 높은 여름철이나 저위도 지역에서 상당히 **줄어든다**. PV는 다음과 같은 다양한 방법들로 건물디자인과 통합될 수 있다.

1) 받침대에 장착되거나 건물구조에 부착
2) 건물외피 위에 설치
3) 건물구조에 전체적으로 부착되어 건물외피의 역할
4) 지붕타일, 스팬드럴 패널[76], 차양장치, 유리와 같은 다른 재료들과 통합

그리고 PV에 도움이 되는 지붕디자인 전략들은 다음과 같다.
1) 동-서방향으로 지붕마루
2) 남향으로는 큰 경사지붕, 북향으로 작은 경사지붕
3) 북향지붕에 굴뚝, 배관통풍구, 기타 지붕관통장치들 배치

76) 스팬드럴, spandrel

PV는 차양 역할도 한다. 스페인의 세비야에 위치한 **1992년 엑스포 영국관**[77]의 지붕 상부에 설치된 PV는 조명과 증발냉각벽 수펌프[78] 가동에 이용되면서, 동시에 지붕과 천창의 차양 역할을 한다.[79]

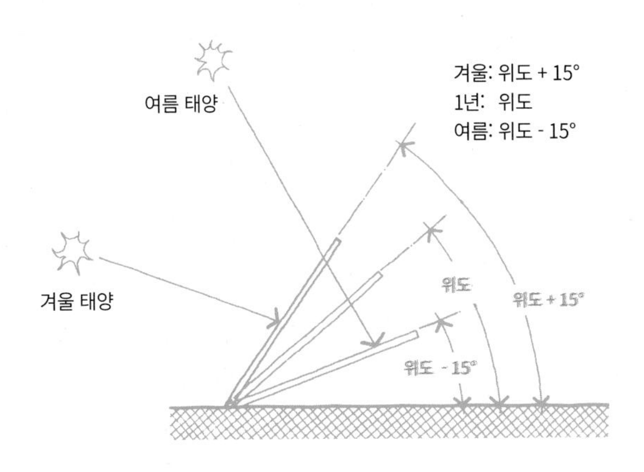

<PV 권장각도>

<1992년 엑스포 영국관>

77) U.K. Pavilion, EXPO '92, Seville, Spain, Nicholas Grimshaw & Partners, 1992
78) 증발냉각벽 수펌프, evaporative wall water pumps
79) Davies, 1992; Haryott, 1992

지붕: 크기, 위치, 향

79 「태양열온수」 시스템들은 햇빛을 수집하기 위해 충분히 넓은 지붕, 적절한 경사각과 향이 요구된다. [전력]

온수는 가장 간단하고 경제적이며 효율적인 태양에너지 사용방법이다. 따라서 항상 태양광전지(PV)를 고려하기 전에 태양열온수에 투자하도록 한다. 태양열온수 시스템은 난방연료 사용과 환경오염을 줄이고 경제성이 높은 등 장점이 많다. 물 또는 추운기후에서는 동파예방을 위해 부동액을 태양열집열기에 계속 순환시킨다. 이를 위해 펌프가 자주 사용되는데 순수하게 패시브시스템을 통해 작동되는 방법도 있다.

물은 집열기를 통과하며 태양열로 가열된 후에 온수저장탱크로 순환한다. 부동액의 경우에 데워진 용액은 열교환기를 사용하여 탱크의 물을 가열한다. 물은 탱크(또는 열교환기)에서 집열기로 다시 순환되며, 태양열이 부족한 한겨울이나 사용량이 많은 기간에는 보조 온수난방기를 사용해서 열을 제공한다.

그리스 아테네 근교의 **솔라빌리지 3**[80]는 태양열집열기를 사용하여 온수를 공급하고 동시에 지붕테라스 처마 역할을 하도록 디자인되었다.[81] 태양열 집열기는 남향으로 기울어져 있으면서, 여러 종류의 집열기들을 이용해 능동적으로 냉난방기능을 구현한다. 온수는 가정용으로 사용되며, 필요에 따라 난방용으로도 쓰인다. 개방형 레일들에 번갈아 가면서 배치된 집열기는 지붕테라스에 양지와 그늘을 모두 만들어 조망과 계절별 용도에 있어 선택의 폭을 확장시킨다.

집열기의 크기는 여러 요소에 의해서 영향을 받는다. 예를 들면, 건물대지에서 수집되는 태양에너지량, 급수온도, 온수온도, 온수사용량에 따라서 다르다. 크기결정 세부사항들은 「태양열온수」를 참고하도록 한다.

집열기는 가능한 남향으로 한다. 집열기가 정남향에서 벗어나게 설치되면(특히 고위도 지역의 겨울) 태양열을 적게 받는다. 그러나 연간기준으로 알래스카 위도에서의 성능은 남향으로부터 최대 50°까지 기울여도 10%의 성능저하를 보였다.[82]

---

80) Solar Village 3, Athens, Greece, Alexandros N. Tombazis and Associates, 1978-89
81) Cofaigh et al., 1996, pp.147-154; *Architecture in Greece,* 1986, pp.196-199
82) Siefert, 2010

집열기 설치권장각도는 PV와 동일하며 「태양광전지(PV) 지붕과 벽」 다이어그램 참고하면 된다. 연중 흐린 하늘이 많은 지역에서 집열기의 경사각은 위도보다 낮으면 좋다. 이는 흐린 날씨에서는 천구(sky dome)의 중심부가 지평선보다 3배나 밝기 때문이다. 알래스카 같은 고위도 지역에서는 겨울철 태양열 양이 매우 작기 때문에, 위도보다 10~20° 정도 낮은 각도에서 연평균 최대성능을 발휘한다.[83]

<솔라빌리지 3>

83) Siefert, 2010

창문: 레이어

91 「외부차양」은 창에 그늘을 제공하고 태양열획득을 줄인다. [냉방]

외부차양에는 수평차양, 수직차양, "계란판(egg crates)"이라 불리는 격자차양이 있다. **수평차양**은 태양고도가 높을 때에 남향파사드에 효과적인 그늘을 만들며, 차양 깊이는 창문벽면의 음영길이를 결정한다. 태양고도는 겨울보다 여름에 높으므로 수평차양이 여름에는 그늘을 제공하고 겨울에는 햇빛을 유입하도록 균형을 잡을 수 있다. 여름의 태양움직임은 6월 21일을 기준으로 대칭이므로, 남향의 수평차양은 하절기(8~9월) 동안 창에 그늘을 만들지만 문제는 햇빛이 필요한 서늘한 계절(3~4월)에도 그늘을 만든다는 것이다. 이는 캔버스 차양처럼 **계절에 따라** 그늘을 조절할수 있도록 하여 해결될 수 있다. 또 **활엽수인 덩굴**은 서늘한 봄에는 잎이 없지만, 뜨거운 여름부터 초가을에 걸쳐 잎이 무성하므로 효과적인 차양이 된다. 고정차양과 가동차양의 기간을 결정하기 위해서 「차양달력」을 참고하도록 한다.

태양고도가 낮으면 **수직차양**이 효과적이며 넓은 수직면이 태양을 면한다. **수직차양**은 태양고도가 매우 높은 열대위도를 제외하고는 수평요소가 필요 없는 북향에서 가장 효과적이다.

격자차양은 수평과 수직차양의 장점을 모두 결합한 것으로 남향을 제외한 입면에서 특히 효과적이다. 르 꼬르뷔지에가 설계한 인도의 아메다바드에 위치한 **제분동업자 조합건물**[84]에서 서측파사드의 수평요소는 태양고도가 높은 이른 오후에 그늘을 만들고, 비틀어진 수직요소는 늦은 오후 서쪽에 낮게 떠있는 햇빛을 가려준다.[85] 또한 브리즈 솔레이[86]는 공기순환을 통해 갇힌 열을 제거하도록 유리에서 멀리 떨어져 있다.

차양장치들은 깊이와 간격의 **비율**이 일정하다면, 차양 특성들을 바꾸지 않고도 크기가 다양할 수 있다.

---

84) Millowners' Association Building, Ahmedabad, India, Le Corbusier, 1954
85) Futagawa, 1975
86) 브리즈 솔레이, brise soleil. 프랑스어로 sun-breaker를 의미함.

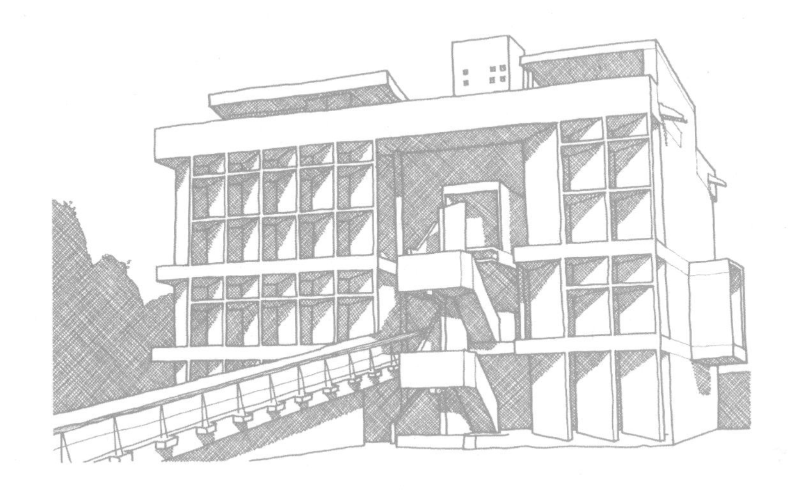

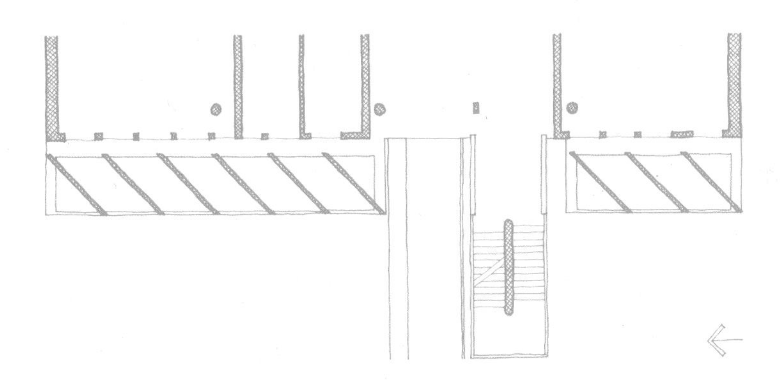

<제분동업자 조합건물, 서측파사드>

태양과 건물외피들 사이의 **식재**는 다음 3가지 방법들로 건물의 열획득을 줄인다: 창을 투과하는 복사량을 줄이거나, 불투명 표면에 태양부하를 줄이거나, 증발을 통하여 건물외피 주변의 외기온도를 낮춘다. 칠레의 산티아고에 위치한 **콘소르치오-비다 오피스**[87]는 서향의 강한 햇빛으로부터 보호하기 위해 덩굴격자로 된 **수직스크린**을 사용하였다.[88] 격자틀은 2~4층의 다양한 높이로 창문외벽에서 1.5m 떨어져서 설치되었다. 덩굴은 빛을 여과하고 일사획득의 약 60%를 차단한다. 책의 이미지는 시공하고 4년 후 덩굴이 격자의 절반을 덮을 정도로 자란 상태를 보여주는데, 식재를 가능한 빨리 심어야 하는 이유와 덩굴이 완전히 자라기까지 차양의 중간전략들이 필요하다는 것을 보여준다. 2층 높이의 짧은 격자구조물은 더 많은 화단이 있어서 같은 기간 동안 덩굴이 전체 파사드를 덮을 수 있게 해주었을 것이다. 덩굴은 나무보다 훨씬 더 빨리 빽빽한 잎구조를 만들 수 있으며, 이러한 녹음수는 건물이 완공되기 전에 자라기 시작할 수 있다.

다양한 외부차양 요소들의 차폐계수(SC)는 「창의 일사획득」에서 찾아볼 수 있으며, 크기결정에 대한 상세한 내용은 「외부차양」을 참고한다.

87) Consorcio-vida Offices, Santiago, Chile, Enrique Browne & Borja Huidobro, 1993
88) Slessor, 1999

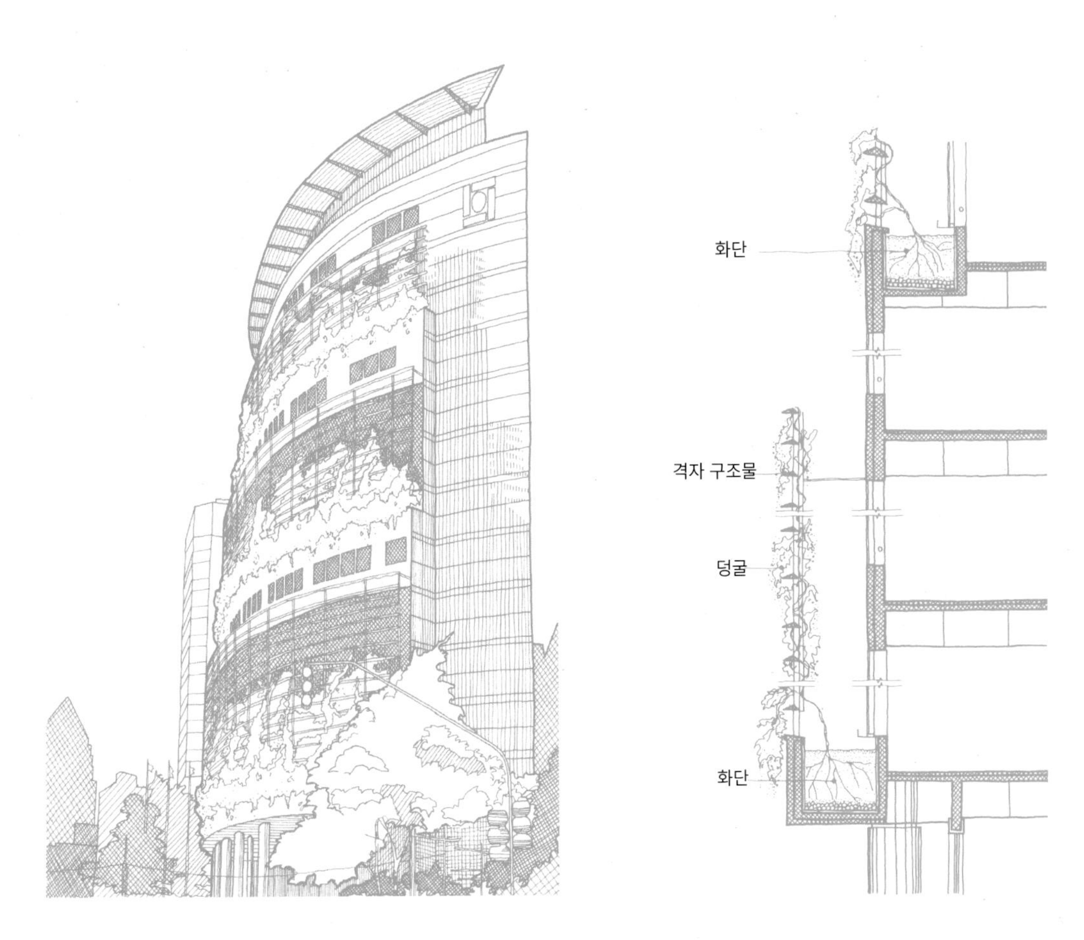

<콘소르치오-비다 오피스, 서측파사드>

태양, 바람, 빛
친환경 건축 통합설계 디자인전략 | 3E |

초판 1쇄 인쇄 2021년 10월 15일
초판 1쇄 발행 2021년 10월 20일

공 저 MARK DeKAY · G.Z.BROWN
공 역 박지영 · 이경선 · 오준걸
펴낸이 김호석
펴낸곳 도서출판 대가
편집부 박은주
기획부 곽유찬
경영관리 박미경
마케팅 오중환
관 리 김경혜

주 소 경기도 고양시 일산동구 장항동 776-1 로데오 메탈릭타워 405호
전 화 02) 305-0210 / 306-0210 / 336-0204
팩 스 031) 905-0221
전자우편 dga1023@hanmail.net
홈페이지 www.bookdaega.com

ISBN 978-89-6285-289-9 93540